燃气三联供系统
规划 设计 建设与运行

杨旭中　康　慧　孙喜春　编著

中国电力出版社

CHINA ELECTRIC POWER PRESS

内 容 提 要

本书介绍了燃气发电、供热和制冷所需的知识与资料，适用于燃用气体燃料的以燃气轮机和内燃机为主要原动机的燃气调峰机组、热电联产机组和分布式能源站。内容包括综述、规划与政策、气体燃料、冷热负荷、主机选型、制冷制热设备、工程范例、接入系统、技术经济评价、工程建设、生产运行的准备工作等十一章。

本书可供从事燃气发电行业规划、设计、制造、施工、运行和管理工作的同志参考，也可供从事相关专业教学与研究的同志使用。

图书在版编目（CIP）数据

燃气三联供系统规划、设计、建设与运行 / 杨旭中，康慧，孙喜春编著. —北京：中国电力出版社，2014.4（2018.8 重印）
ISBN 978-7-5123-5519-4

Ⅰ. ①燃… Ⅱ. ①杨… ②康… ③孙… Ⅲ. ①燃气轮机－热电冷联供 Ⅳ. ①TK47②TK01

中国版本图书馆 CIP 数据核字（2014）第 024431 号

中国电力出版社出版、发行

（北京市东城区北京站西街 19 号 100005 http://www.cepp.sgcc.com.cn）
航远印刷有限公司印刷
各地新华书店经售

*

2014 年 4 月第一版 2018 年 8 月北京第二次印刷
787 毫米×1092 毫米 16 开本 25.25 印张 620 千字
印数 3001—4500 册 定价 **78.00** 元

　　气体燃料是我国主要的一次能源之一，随着节能减排和控制温室气体排放要求的日趋严格，其比重将逐年上升。

　　燃气发电、供热与制冷是气体燃料的主要用户之一，近年来在我国已有较快发展。燃气是优质能源，但也是不可再生能源。综合我国国情，与燃煤相比，燃气是相对贫乏的能源，也是比较昂贵的能源。因此，如何统筹考虑这些特点，是促进燃气发电行业健康发展的主要研究课题。

　　燃气发电机组按产品和功能可分为燃气调峰机组、热电联产机组与分布式能源站三类，其中分布式能源站是近期新发展的工艺技术，但由于它与热电联产机组两者之间尚难划清界限，因此在本书编著时，对燃气发电、供热与制冷作了全面介绍，但考虑燃气发电和热电联产方面已有较多论著，故本书以分布式能源站为阐述重点。

　　本书第三、四、六章与第五章第九节由中国电力工程顾问集团公司康慧编著；第十、十一章由中国华电集团公司孙喜春编著；其余章节由电力规划设计总院杨旭中编著。杨旭中负责全书统稿。

　　书中引用了电力规划设计总院、中国电力工程顾问集团公司、中国华电集团公司及住房和城乡建设部的工作成果，在此表示感谢。

　　鉴于燃气发电行业历时尚短，特别是对于分布式能源站还要不断总结经验并达成共识，加之限于编著者水平，书中不足及疏漏之处在所难免，衷心希望读者能够及时指正。

编著者

2014 年 3 月

综　述

第一节　概　述

一、燃气发电再次受到热烈追逐

近年来，世界各国均致力于发电结构调整，燃气发电再次受到热烈追逐，主要原因有以下几点：

（1）燃气发电属于清洁能源范畴。燃气发电的二氧化碳排放量仅相当于燃煤发电的 1/2 左右，其发电过程完全是成熟技术，在可再生能源还存在多种需要攻关的课题，一时还取代不了化石能源角色的情况下，燃气发电可以避开新一代技术带来的烦恼，以成熟技术比较轻松地实现国际社会分配给本国的温室气体减排指标。

（2）经济规律对燃气发电具有强力推动力。综合比较目前可以选择的各种发电技术，燃气发电是眼下风险最小、成本最低的选择。风能、太阳能、核能发电的工程造价，均在燃气发电的 2～3 倍以上，而且在运行中还存在运行小时数低或核燃料后处理以及核电站退役的高费用，发电企业顾虑较多。燃煤发电本来是最经济的方式，但在环境问题影响下，各国立法机构纷纷出台或酝酿着多个法案，例如提高脱硫标准、提高 NO_x 排放标准、对烟气中的重金属含量立法、对 2.5μm 以下超细粉尘排放立法等将一个个相继到来，发电企业感到有可能要进入增加成本的无底洞。特别是若对温室气体排放的立法出台，发电企业更是感到目前技术水平的二氧化碳提升系统（CCS）带来的经济压力难以承受。综合比较之后，燃气发电就成了发电企业心仪的建设对象。

（3）燃气发电是可再生能源电源的好搭档。不论风电、太阳能，受有风无风、白天黑夜、晴天阴天等天气变化影响，作为电源都属于可间断电源。应对可间断电源的方法，基本归为提高天气预测水平，设置蓄能装置，增加旋转备用三大手段。但前两个手段当前尚无能力满足大规模可再生能源的调峰需要，唯有增加旋转备用容量是可靠手段。但在现有发电结构中，核电不能调峰，燃煤发电机组虽可调峰，但深调能力差，步程慢，而燃气发电机组具备频繁启停能力，启动快，单循环机组冷启动至满负荷只需 8～9min，联合循环机组启动只需 30～40min，这一明显优势使燃气发电被政府机构和企业视为推动大规模可再生能源计划的"双胞胎"。燃气发电充当的这一特殊角色实际也是促进可再生能源大规模发展的突出贡献。

（4）天然气资源的多元化，可开采量的大幅增加，促成燃气发电的建设进入高速通道。近年来，世界各国除努力勘探开发常规天然气外，还大力勘探开发页岩气、煤层气、煤制气，其量之大已在一定程度上改变了燃料供应格局，并稳定压低了天然气价格。以至于"非常规天然气（unconventional gas）"作为一种新概念已经成为国外媒体上常见的术语。美国非常规天然气的市场份额从 2000 年只占 1%，到 2010 年占 20%，10 年增加 20 多倍，预计 2035 年将占到 50%。美国页岩气的大量发现引起全社会庆贺，媒体甚至对此发出"Bye Bye, LNG!"的欢呼。产气量的增加导致 60 年来最大幅度的价格平稳下降。美国天然气价格已持续相当长一段时间稳定在 3～4 美元/百万 Btu，有时还要更低，与在高位运行的油价脱了钩，按同等热值计算比较，这一价格只相当于油价的 30%，与煤炭价格大致相当，甚至略低于煤价。再加上燃气发电具有造价低、建设周期短的优势，燃气发电的优势带来的快速增长是顺理成章的。

二、对"十二五"及"十二五"以后若干年内的认识

以上不能不带来我们的思考：西方主要工业化国家的做法对我们有什么启示，在"十二五"以及"十二五"以后的若干年内，我国要不要致力发展燃气发电，能不能发展燃气发电，怎样发展燃气发电，燃气发电在我国将承担什么角色，都需要我们认真研究。

（1）燃气发电在当前电力工业中将承担的重要角色，是其他任何发电形式难以取代的。在温室气体和环境问题面前，各国面对的难题是一样的，长期依靠的熟悉的常规燃煤发电方式被视为是不适宜的，可再生能源发电在技术的成熟程度和规模上又取代不了燃煤发电的地位，两难的处境推动各国寻找各自的适用技术或技术组合，实际上是在各种发电技术中寻找三种角色。第一种，是以低成本直接减排二氧化碳的技术，最好是成熟技术，可以直接拿来就用的技术。第二种，是可以为可再生能源的发展障碍提供突破手段的技术，至少是在代价不高的前提下，满足类似百万千瓦、千万千瓦风电场接入电力系统，保证电力系统可以安全可靠调度运行的技术。第三种，是可以起到向下一代发电技术提供过渡桥梁作用的技术，即不一定是最先进的低碳技术，但其先进的低碳水平与国际社会对今后几十年分阶段的减排指标安排相吻合，其资源可以满足几十年以上，运行到几十年后可以被下一代更先进发电技术取代。不难看出，燃气发电技术可以集以上三种角色于一身，这对任何国家都是难于忽视的。尤其是我国这样的燃煤大国，可再生能源发电计划庞大，需要配套的调峰能力和捆绑输电能力也是可观的。我国有关规划部门指出，2020 年我国风电装机容量将达到 2 亿 kW，太阳能发电 2020 年达到 2000 万～5000 万 kW。按有关国家研究，每 7～8MW 的风电、太阳能发电就需要 1MW 能快速启停的可靠调峰容量配套才能满足电网调度要求。这些调峰容量不是电网中原有的，而是需要伴随风能、太阳能的开发同步建设的。我国电网原本普遍缺少调峰容量，对可再生能源发电配置的新调峰机组需求比其他国家比例还要高些，按上述计算仅此一项就需要 4000 万 kW 左右的燃机配套。因此我国对燃气发电的角色是需要的，而且是迫切的。

（2）在"十二五"及以后，我国天然气资源的开发技术进步和资源量的增长是可以相对乐观预期的。天然气发电的快速增长并作为通向下一代先进发电技术的桥梁，关键是气源，有没有足够的气是核心问题。我国当前天然气的供应虽然有一定缺口，但国家正在多管齐下解决这一问题，一方面加大国内天然气勘探开发力度，类似普光气田这样 100 亿 m³/年产量的大气田已经或还要投入生产；另一方面加大引进力度，中亚天然气管道、中哈天然气管道、中缅油气管道正陆续建设并先后投运；更重要的是国家重视页岩气、煤层气、煤制天然气等非常规天然气资源的开发，开展国际合作，引进先进技术和装备，推动天然气资源规模开发。国家发展和改革委员会有关研究机构负责人透露，国家相关部门已经认识到天然气发电能够为电力调峰起到的调节作用，因此在"十二五"期间，国家将下大决心大力发展天然气发电，增加其比重。国内典型能源大省——山西省主要负责人曾表示：山西省"因煤而兴，因煤而

困"要顺应时代潮流，坚定转型发展，要建设气化山西，利用好丰富的煤层气、焦炉煤气、煤制天然气。在山西实施煤炭工业的转型。在大型企业层面，中国海洋石油总公司（简称中海油）已经与美国 chesapeake 公司联合宣布，中海油将以 20 亿美元购入其鹰滩页岩气项目 33.3%股权，该公司是全球页岩气领域的领军者，在美国有多个页岩区块，有丰富钻采经验。中海油这样做的原因就是看到过去 10 年美国非常规天然气增加了 20 倍，改变了天然气供应格局，美国 2009 年页岩气产量 890 亿 m^3，已超过我国天然气产量，而我国与美国地质类似，前景诱人。中国石油天然气集团公司（简称中石油）在澳大利亚也在竞购 Arrow 公司，该公司正是世界知名煤层气开发商，这种并购无疑将加速中石油获得相关技术，加速国内煤层气开发。据国际能源署称，中国仅页岩气就拥有 26 万亿 m^3，煤层气也超过 30 万亿 m^3，但苦于缺乏勘探和钻进技术无法开采。我国相关国家机构、地方政府、大型企业已有共识，已经或正在转化为天然气资源"十二五"的战略布局，相信国内外普遍预测的 2020 年中国天然气供需达 2000 亿 m^3，2030 年接近 4000 亿 m^3 是能够实现的，燃气发电的角色也是重要的。

（3）"十二五"天然气发电有新的技术追求，需要与时俱进做好相关工作。"十二五"的燃气发电不完全是对前几年燃气发电工程的技术重复，时代对燃气发电有更高的要求，燃气发电工程应该充分回应这些要求。这些要求包括：

1）为满足环境和排放更严格的标准，应该选择更高技术水准的燃气机组，近几年燃气轮机制造商在竞争中开发了更高效率的机组，单循环效率43%～45%，联合循环效率58%～60%，NO_x 排放为 $15×10^{-6}$，CO_2 排放低于燃煤发电的 50%，这样的机组无疑更适合时代的要求。

2）为适应和保障风能，太阳能发电的大规模上网、燃气发电的设备和工艺系统设计要有更出色的启停和调峰能力。燃气轮机制造商已经明确锁定这一目标，并取得了进展。比如 ALSTOM 公司，在其代表性的 GT24、GT26 燃气机组中研究开发了双燃烧室设计，采用双燃烧室顺序燃烧（又称再热燃烧），效率更高，启动更快，而且在关闭第二燃烧室喷嘴情况下，机组稳燃负荷可轻松降到 20%，机组排放水平还能与带基荷时的排放水平持平而不上升。这样的机组无疑更符合当下的要求。再如 SIEMENS 公司，瞄准燃气轮机将在电网中承担的新角色，致力开发缩短启动时间的 FACY（Fast Cycling）技术，内容包括机组在多次启停工况下，各种相关装置设备（如余热锅炉、汽轮机组）如何满足快速启停而不拖后腿，汽轮机不必等待蒸汽参数达到某个标准再启动，而是与燃气轮机基本平行启动。第一代 FACY 技术把启动时间从 100min 降到了 55min，第二代技术已经成功将启动时间缩短到 40min 以内。当然，这些优异性能的取得不能仅依靠燃气轮机制造商就能取得，工程设计单位也必须研究优化整套机组的启动顺序，优化整个工艺系统的设计，优化所有相关设备装置的选择，保障燃气机组以电网中重要角色的身份表现出相称的优异性能。

3）丰富燃气发电的类型，拓宽思路以多样化的形式实现燃气发电的目标。燃气轮机发电、联合循环发电、煤层气发电、城市垃圾转化沼气发电、焦炉煤气发电都属于燃气发电的内容。IGCC 燃气发电把煤气化和发电结为一体，更适合我国这样以煤炭为主要一次能源的国家。同时，IGCC 也可以多样化，除了把煤气化与燃气发电结为一体的方式外，因地制宜地把煤气化和燃气发电分设两地两厂，也是可行的选择。我国已在内蒙克什克腾旗建成 40 亿 m^3/年煤制天然气项目，核准了内蒙汇能、辽宁阜新煤制天然气项目，如将煤制天然气用管道输往燃气电厂发电，实际也是 IGCC，不同的无非是煤炭气化与燃气发电不在一厂而已。我国煤矿有多处煤炭自燃几十年，数千万吨煤炭已经在自燃中气化（但是非甲烷化），若引进先进技术和装备，将其纳入煤制天然气（甲烷），气源的规模也是相当可观的。

（4）当然，人类不可能长期依赖燃气发电，因为天然气也是不可再生的。但燃气发电可以用相对洁净的方式为人类争取到至少几十年的时间，让人类分阶段实现可再生能源、新一代能源的能源战略的革命。待到太阳能、风能、可控核聚变、快堆、海底天然气水合物、二氧化碳的资源化、大型蓄能技术、大规模燃料电池、海洋能等这些处在激烈竞跑中的新能源有一项或几项真正取得突破，人类将改变自己的能源面貌时，当前成熟的燃气发电技术或将升级为燃料电池技术，或将在竞争中落伍。不管将来如何，在未来和今天之间，天然气发电是重要的过渡桥梁。仅从这一点看，"十二五"的天然气发电就应该值得我们充分重视，并作出足够的努力。

三、燃气电站分类产品与功能

（一）三类机组

燃气机组可以分为三类，其产品分别为：

（1）燃气调峰机组，产品为电。

（2）热电联产机组，产品为热和电联供。

（3）分布式能源站，产品为冷、热和电三联供。

（二）机组功能

（1）电网调峰。按照《产业结构调整指导目录（2011年本）》，在气源充足、重要负荷中心建设的用于电网调峰的燃气机组属于鼓励类。

（2）天然气管网削峰填谷。按照《关于发展天然气分布式能源的指导意见》（发改能源〔2011〕2196号文），推荐燃气机组发挥对电网和天然气管网的双重削峰填谷作用，以提高能源供应的安全性。

（3）热电联产机组还要保障供热范围内热负荷（工业用汽、采暖和生活用热水等）的供应。

（4）分布式能源站还要保障供冷范围内冷负荷的供应。使用蒸汽、热水或电力在站内制冷。

四、燃气调峰机组

（1）按照《产业结构调整指导目录（2011年本）》，在气源充足、重要负荷中心建设的用于电网调峰的燃气机组属于鼓励类。因此，上述三个条件，是燃气调峰机组的必要条件。

（2）按照《关于发展天然气分布式能源的指导意见》（发改能源〔2011〕2196号文），推荐燃气机组发挥对电网和天然气管网的双重削峰填谷作用，以增加能源供应的安全性。

（3）为了提高能源转换效率，优化产业结构，节能减排，达到政企双赢，燃气调峰机组宜采用大容量、高效率的F级联合循环机组。详见第五章。

（4）纯电网调峰机组，发电设备率利用小时为1200～1500h，兼顾气网填谷时，年利用小时将增加到3500h左右。详见第十章。

五、热电联产机组

（1）热电联产机组必须"以热定电"，以满足火电装机规模宏观调控的要求。

（2）"以热定电"，实质上就是用最小的装机容量满足热负荷需求。过去用"热电比"指标来要求与判别。从《热电联产和煤矸石综合利用发电项目建设管理规定》（发电能源〔2007〕

141 号文）颁发起，已经改用"最大的抽排汽（或供热）能力利用率"，它比"热电比"科学，易于操作，更能体现产业政策定量的要求。

（3）供工业用汽的燃煤热电厂，原则上应采用背压机组；供采暖负荷的热电厂，除集中供热面积超过 1800 万 m^2 的大型城区，可安装 2 台 300MW 级凝汽采暖两用机组外，其余情况下，也应采用背压机组。这一原则如何用于燃气机组，详见第五章。

（4）鼓励燃气调峰机组兼顾向邻近用户供热，但需解决间断调峰与连续供热之间的矛盾。当最大抽（排）汽能力利用率不满足要求时，仍按燃气调峰机组管理。

六、分布式能源站

（一）分布式能源的定义

长期以来，国内外的专家学者对于分布式能源的称谓和定义问题一直存在争议，各持己见，难以统一。其中，有代表性的几个定义如下。

1. 世界分布式能源联盟（World Alliance Decentralized Energy，WADE）

WADE 对分布式能源的定义是分布式能源是分布在用户端的、独立的各种产品和技术。包括：

（1）高效的热电联产系统。功率为 3kW～400MW，如燃气轮机、蒸汽轮机、内燃机、燃料电池、微型燃气轮机、斯特林发动机等。

（2）分布式可再生能源技术，其中包括光伏发电系统、小水电、生物能发电，以及微风风力发电等。

2. 美国能源部

美国能源部对分布式能源的相关定义是分布式能源（也叫做分布式生产、分布式能量或分布式动力系统）可在以下几个方面区别于集中式能源，即：

（1）分布式能源是小型的、模块化的，规模大致在千瓦至兆瓦级；

（2）分布式能源包含一系列的供需双侧的技术，包括光电系统、燃料电池、燃气内燃机、高性能燃气轮机和微燃机、热力驱动的制冷系统、除湿装置、风力透平、需求侧管理装置、太阳能（发电）收集装置和地热能量转换系统；

（3）分布式能源一般位于用户现场或附近，如分布式能源装置可以直接安装在用户建筑物里，或建在区域能源中心，能源园区或小型微型能源网络系统之中或附近。

3. 丹麦政府能源环境部

丹麦政府能源环境部关于分布式能源的定义较简单，即满足：靠近用户的发电方式，不连接到高压输电网，装机容量小于 10MW 的能源系统，即可称为分布式能源。

4. 北京燃气集团

北京燃气集团认为"分布式能源是相对于传统的集中供电方式而言的，是指将冷热电系统以小规模、小容量（数千瓦至 50MW）、模块化、分散式的方式布置在用户附近，可独立地输出冷、热、电能（Cooling, Heating & Power，CHP）的系统，其先进技术包括太阳能利用、风能利用、燃料电池和燃气冷热电三联供等多种形式。"

5. 中国科学院工程热物理学家徐建中院士

徐建中院士对分布式能源的定义是："分布式供电是相对于传统的集中式供电方式而言的，是指将发电系统以小规模（数千瓦至 50MW 的小型模块式）、分散式的方式布置在用户附近，可独立地输出电、热或（和）冷能的系统。"

6. 中国电力科学研究院副总工程师胡学浩教授

胡学浩教授对分布式能源的定义是："分布式发电（DG）或分布式能源（DER）是一种分散、非集中式的发电方式。其具有以下特点：接近终端用户；容量很小（几十千瓦至几十兆瓦）；以孤立方式或与配电网并网方式，运行在 380V 或 10kV 或稍高的配电电压等级上（一般低于 66kV）；采用洁净或可再生能源（天然气、沼气、太阳能、生物质能、风能—小风电或水能—小水电）；常采用热电联产（CHP）或冷热电联产（CCHP）的方式。"

7. 清华大学热能系焦树建教授

焦树建教授认为分布式电站是相对于传统的集中方式而言的发电系统，它将规模较小的发电设备乃至供热和制冷设备，以分散的方式布置在用户附近。同样，清华大学电机系朱守真教授则认为：分布式电源是一种直接连接在配电网或者计量的用户侧的电源设备，具体是指功率不大（几十千瓦至几十兆瓦）、小型模块化、分布在负荷附近的清洁环保发电设施，经济、高效、可靠的发电形式。

8. 华南理工大学传热强化与过程节能实验室华贲教授

华贲教授认为"分布式能源系统（Distributed Energy System，DES）是在有限区域内采用冷热电三联供（Combined Cold Heat and Power，CCHP）技术通过管网和电缆向用户同时提供电力、蒸汽、热水和空调用冷冻水服务的综合能源供应系统，所以总称'冷热电联供，DES/CCHP'"。

9. 政府主管部门

直到 2004 年，我国国家发展和改革委员会能源局就发展分布式能源问题向国务院总理温家宝进行汇报的文件《国家发展改革委关于分布式能源系统有关问题的报告》（发改能源〔2004〕1702 号）中正式使用了"分布式能源系统"的概念，至此"分布式能源"才得到我国官方语言的认可，形成统一认识。国家发展和改革委员会对分布式能源的定义是："分布式能源是近年来兴起的利用小型设备向用户提供能源供应的新的能源利用方式。与传统的集中式能源系统相比，分布式能源接近负荷、不需要建设大电网进行远距离高压或超高压输电。可大大减少线损，节省输配电建设投资和运行费用；由于兼具发电、供热等多种能源服务功能，分布式能源可以有效地实现能源的梯级利用，达到更高能源综合利用效率。分布式能源设备启停方便，负荷调节灵活，各系统相互独立，系统的可靠性和安全性较高；此外，分布式能源多采取天然气、可再生能源等清洁能源为燃料。较之传统的集中式能源系统更加环保。热电联产是目前典型的分布式能源利用方式，在发达国家已得到广泛的推广利用。"

10. 英文名称

热电联产的英文名是 Combined Heat & Power（CHP），或专用单词 Cogeneration，它是一项能提高能效而且同时产生热和电的技术。冷热电三联供的英文名是 Combined Cold Heat and Power（CCHP），也是一项能提供能效，而且能同时产生冷、热、电的技术。从理论上讲，差不多任何能源均可作为 CHP 和 CCHP 的原料，其中包括煤炭、柴油、燃料油、天然气、液化石油气、煤气、煤层气、矿井瓦斯、焦炉煤气、地下汽化气，以及沼气、秸秆气等各种可再生能源等。但是，实际上不同国家 CHP 系统的应用和燃料的选择有所不同，如在西方发达国家，目前大量应用的是以天然气为原料的内燃机、燃气轮机或者联合循环热电联产机组的燃气热电联产，从长远来看，天然气仍将在西方国家的 CHP 系统中占据主导地位，且新能源原料的比例也将会有所增加；在我国，目前的 CHP 系统大多以煤炭为原料并用于区域供热和工业应用。而从现在开始到2030年，随着用于楼宇供热供冷的小型CCHP应用的快速发展，以天然气和新能源为原料的CHP系统的比例将会大大增加。

11. 总体分析

国际上分布式能源系统主要是以天然气资源为主，由于天然气管网的发展和天然气燃料的良好环保性能，以及天然气资源的巨大发展前景，以天然气为燃料的燃气热电联产已经成为分布式能源系统的主要内容。同时，风力发电、太阳能光伏发电、生物质能发电等可再生能源发电系统，也是分布式能源的重要组成部分。目前，分布式能源在全球的发展十分迅猛，应用范围非常广泛，国外已将天然气分布式能源成功应用在大型公共建筑、建筑群、社区、院校、医院、政府机构、大型商厦、办公楼、数据中心、宾馆、体育馆、农业大棚等，其在能源系统中的比例不断提高，正在给能源工业带来革命性的变化。

（二）天然气分布式能源基本特征

由于目前国内外的天然气分布式能源项目多建在城市，且大多采用热电联产（CHP）或冷热电联产（CCHP）的方式运行，所以燃气热电联产的特征基本反映了天然气分布式能源系统的基本特征。天然气分布式能源的基本特征主要有以下几个方面。

1. 冷热电联产化，有效提供能源综合利用效率

因为天然气分布式能源系统是将采暖、电力、制冷和生活热水，以及除湿等系统优化整合为一个新的、统一的能源综合系统，所以天然气分布式能源不仅可以同时向用户提供电、热、冷等多种能源应用方式，而且实现了优质能源的梯级合理利用，有效提高能源的利用效率（可达70%～90%），是节约能源、提高能源利用效率、增加能源供应、应对能源短缺、能源危机和能源安全问题的一种优化的途径。

目前，芬兰、丹麦的一些区域热电分布式能源系统的能源综合利用效率已经接近95%，而荷兰一些项目将分布式能源排放的废气注入大棚种植花卉，能源低位发热量利用效率已经超过100%，同时废气中的二氧化碳、水蒸气成为气体肥料滋润植入生长，将资源用尽。

2. 投资收益高，输配电损耗小

因为天然气分布式能源系统采用燃气内燃机、小型燃气轮机、微型燃气轮机、燃料电池等小型或微型发电设备，并与供热、制冷、除湿、生活热水等装置组成分布式能源系统，规模一般都比较小，是用户自力更生解决能源供应，通过提高能源综合利用效率，从而减少能源费用支出的一种能源投资收益方式，所以其投资回报率一般都比较高。同时，天然气分布式能源系统一般靠近用户侧安装就近供电、供热及供冷，这不仅可以省去长途输电设施、多层变电、配电系统的电网建设，而且可提高供电可靠性，优化电力系统，降低输变电损耗。此外，分布式能源系统可以替代集中供热的热力厂、热力管网、换热站等设施，减少城市的市政建设投资和财政补贴问题。

3. 低排放，环保标准高

由于天然气分布式能源采用绿色能源天然气做燃料，同时燃气轮机使用了低氮氧化物排放的燃烧室技术，所以它可以大大减少有害气体及废料的排放，SO_2、固体废弃物和污水排放几乎为零，温室气体（CO_2）减少50%以上，NO_x减少80%，TsP减少95%，从而减轻了城市的环保压力。同时，由于天然气分布式能源摒弃了大容量远距离高电压输电线的建设，由此不仅减少了高压输电线的电磁污染，而且减少了高压输电线的线路走廊和相应的土地占用，也减少了对线路下树木的砍伐，使得占地面积全部被省略，耗水量也减少60%以上，实

现了绿色经济。

4. 控制管理智能化

由于天然气分布式能源系统网络能够将每个能源装置的自动控制计算机连接，实现智能化指挥调度，并根据整体的电力、热力、制冷需求，蓄能与燃料变化进行优化调节，从而彻底平衡电力、热力、制冷、热水和燃料的峰谷变化平衡问题，做到控制管理智能化。同时，天然气分布式能源系统普遍容量较小，机组的启停和调节都很迅捷，便于无人值守，因此十分灵活和易于操作。

5. 智能电网与可再生能源

分布式能源系统是构筑智慧能源体系和智能电网系统的基础，为用户端大量接入分布式可再生能源，以及消化不稳定的太阳能、风力和小水电设施所发电力。实现电网自下而上地提高系统效率，优化供需结构，节约设施资源，降低整体投资。分布式能源是智能电网的基础，就如同互联网中的电脑一样，通过智能电网实现了一个扁平化的信息时代的能源系统，实现了能源用户和能源生产者之间的相互交融，彻底改变了工业时代日渐落伍的能源理念与供需关系。

6. 因地制宜，能源利用多样性

由于分布式能源可利用多种能源，如洁净能源（天然气）、新能源（氢）和可再生能源（生物质能、风能和太阳能等），并同时为用户提供电、热、冷，因此是节约能源、增加能源供应、应对能源危机和能源安全问题的一种良好途径。

7. 提高供电安全性和能源供应可靠性

天然气分布式电源星罗棋布地布置在用户端的能源系统，既可用作常规供电，又可承担应急备用电源，需要时还可用作电力调峰，与智能电网一起可以共同保障各种关键用户的电力供应安全，所以当大电网出现大面积停电事故时，具有特殊设计的天然气分布式能源系统仍能保持正常运行，从而弥补大电网在安全稳定性方面的不足。分布式能源可以采用天然气、燃油双燃料设计，在电网瘫痪和燃气供应中断的同时，继续保障电力供应。天然气分布式能源系统比较简单，易于启动关闭，可以在大电力系统崩溃后进行黑启动，也可以为电网提供转动无功补偿，由此可提高供电及电网的安全性、可靠性和稳定性。

8. 满足边远地区及特殊场合的供电需求

由于我国许多边远及农村地区远离大电网，因此难以从大电网向其供电，而燃气分布式能源系统则非常适合对乡村、牧区、山区、发展中区域及商业区和居民区提供电力。燃气分布式能源可以利用小规模天然气资源、沼气、秸秆气和其他工业可燃性废气资源。

9. 对于规划建设的有利条件

（1）占地面积小，选址灵活；

（2）建设周期短，投资风险小。

10. 对于生产运营的有利条件

（1）输出功率比光伏、风力发电等可再生能源相对平稳，在保障供气的条件下可控。

（2）如能冷、热、电三联供，发、输、配电综合成本较低。

（三）对于分布式能源站定义的建议

1. 指导思想

（1）符合国际、国内共识，使它易于被有关各方接受；

（2）不仅从技术层面、经济层面，还要从政治层面，即从体制、机制，法规、政策，规划、宏观调控等角度进行研究，使它符合国情；

（3）尽量量化设限，使之易于操作。

2. 三个必要条件

（1）小型。其理由是：

1）小型化是国内外共识，而分散化是小型化的原因，模块化是小型化的措施。

2）在我国电力工业发展历程中，大、中、小型火电机组已有明确的划分规定。即100MW及以下为小型，135MW和200MW级为中型；300MW及以上为大型，这是国情。

3）不宜特别为燃气发电机组制定大、中、小型的划分规定，以体现在继承的基础上进行改革的要求。

（2）冷、热、电三联供。其理由是：

1）只有在厂内制冷，才能更好地实现能源的梯级利用，使全年能源利用效率能够达到70%以上指标的要求。

2）无论是过去、现在或将来，利用发电厂供应的蒸汽或热水，在企业或商住区制冷都是存在的，迄今为止，它均计入热负荷，即属于热电联产范畴。

3）由于厂内制冷供冷范围一般为1.5km，在厂内制冷与小型化，分散化的特点也是协调的。

（3）并网不上网。其理由是：

1）过去曾有过就地消纳、向邻近地区供电；以35kV（或110kV）及以下电压接入系统等说法，但这些说法均为纯技术性的要求。

2）由于燃气相同热值价格比燃煤高；小型化能源利用效率低；如不采用自备电厂或直供电方式，分布式能源站将难以营利和生存。详见第十章。

3）自备电厂的要求之一就是并网不上网，电能只能单向从网到厂站输送。

4）因此，在工业园区拟建的分布式能源站，应具备自备电厂的其他必备条件。例如，由工业园区内主要需要热负荷的企业，特别是"141号文"中规定可以建设自备热电站的企业，合资建设分布式能源站，投运后，其"以热定电"的电力，可以享受自备电厂的电价，达到网、厂双赢的目的。

5）对于工业园区，这一条件最难实现，但它又是分布式能源站保本赢利能够生存的必要条件。

3. 定义与实施分析

（1）对分布式能源站建议的定义是冷、热、电三联供，并网不上网的小型燃气能源供应站。

（2）这一定义的主要目的是与热电联产机组相区别，以利于分类管理。

（3）按照上述定义，在大型城区和工业园区建设的E级（中型）和F级（大型）燃气机组不属于分布式能源站范畴。

（4）按照上述定义，在旅游集中服务区、生态园区和大型商业设施等处建设的10MW及以下燃气机组，多采用内燃机组，一般均属于分布式能源站（这与丹麦一致）。

（5）按照上述定义，对于规模较小的工业园区或城区，如拟安装10~100MW的燃气机组，如B级（小型）燃气—蒸汽联合循环机组，除非三个必要条件都满足，难以划入分布式能源站，需要努力创造条件，或按照热电联产管理。

第二节　国外天然气发电简况

一、天然气储采量

1．天然气储量

（1）根据 BP 世界能源统计，2006 年全世界天然气探明剩余可采储量为 181 万亿 m^3，储采比为 63。

（2）天然气资源 75%以上集中在中东、欧洲及欧亚大陆。探明剩余可采储量最大的前五个国家为俄罗斯、伊朗、卡塔尔、沙特阿拉伯和阿联酋，分别占 26.3%、15.5%、14%、3.9% 和 3.3%，储采比均超过 77。

2．天然气生产量

（1）根据 BP 世界能源统计，2006 年全世界天然气生产量为 28653 亿 m^3。

（2）其中产量最高的五个国家为俄罗斯、美国、加拿大、伊朗和挪威，分别占 21.3%、18.5%、6.5%、3.7%和 3.0%。

3．中外对比

中国人口众多，天然气储量不大，生产量居世界第 13 位，占 2.0%，如按人均生产量计算，排名还要靠后。因此，发展燃气发电产业，还需进口天然气（含 LNG）。

二、热电联产和分布式能源站

（一）历史及现状

国际上研究分布式能源技术从 20 世纪 70 年代就开始发展起来，但其真正快速发展起来却是近十几年的事情，特别是美、加大停电之后。这也是随着能源与信息技术的发展，对环境与资源意识的提升，对电力供应安全的要求升级，能源市场化体制改革所出现的必然结果，是人们对能源供应品质和环境质量追求的结果。目前，燃气冷热电联产已经成为天然气分布式能源系统的主要内容，美国、日本及欧洲等先进国家和地区纷纷将天然气分布式能源系统作为国策大力推广。其中天然气冷热电联产的应用十分普及，发电机组的余热 80%以上被有效利用，取得了显著效果。

据国际能源署（IEA）统计，世界主要国家及地区的热电机组（CHP）装机容量已经达到 329.2GW，其中主要国家和地区 CHP 装机容量见表 1-1。

表 1-1　　　　　　　　　　世界主要国家和地区 CHP 装机容量

国家和地区	CHP 装机容量（MW）	国家和地区	CHP 装机容量（MW）	国家和地区	CHP 装机容量（MW）
美国	84707	中国台湾	7378	丹麦	5690
俄罗斯	65100	荷兰	7160	英国	5440
中国	28153	加拿大	6765	斯洛伐克	5410
德国	20840	法国	6600	罗马尼亚	5250
印度	10012	西班牙	6045	捷克	5200
日本	8723	意大利	5890	韩国	4522
波兰	8310	芬兰	5830	瑞典	3490

续表

国家和地区	CHP 装机容量（MW）	国家和地区	CHP 装机容量（MW）	国家和地区	CHP 装机容量（MW）
奥地利	3250	爱沙尼亚	1600	土耳其	790
墨西哥	2838	巴西	1316	拉脱维亚	590
匈牙利	2050	印度尼西亚	1203	希腊	240
比利时	1890	保加利亚	1190	爱尔兰	110
澳大利亚	1864	葡萄牙	1080		
新加坡	1602	立陶宛	1040		

注 数据来源：IEA。

"G8+5" 国家 CHP 装机容量占总容量的比例如图 1-1 所示。

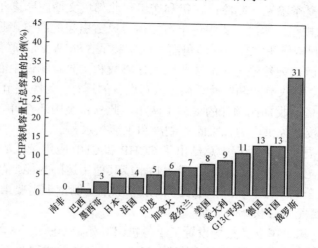

图 1-1 "G8+5" 国家 CHP 装机容量占电力总装机容量的比例

（二）美国应用燃气热电联产的现状

从 20 世纪 70 年代末期开始发展以来，美国 CHP（热电联产）发展非常快速。据统计显示，2000 年，美国在商业、公共建筑中的 DES（分布式发电）/CHP 为 980 座，总装机容量 4.9GW，其中有 72%是以天然气为原料的；工业 CCHP（冷热电）系统有 1016 座，总装机容量 45.5GW，其中 64%用天然气。美国加州大停电后美国进一步加大了 DES/CCHP 建设力度，到 2003 年，美国 DES/CCHP 总装机容量达到 56GW，占全美电力总装机容量的 7%，年发电总量为 310 亿 kWh，占终端电力消耗量的 9%。

至今，美国已有 6000 多座分布式能源站，CHP 装机容量也达到 84.7GW，占电力总装机容量的 8%。其中，以天然气为原料的 CHP 装机容量达到 61.8GW，占 CHP 总装机容量的 73%；天然气 CHP 数量占 CHP 总数量的 69%，如图 1-2 所示。

美国 CHP 装机容量在各个州的分布差异非常大，目前主要分布在加利福尼亚州、纽约州和德克萨斯州，三个州的 CHP 装机容量均超过 5GW，这三个州是美国经济最发达的地区，也是美国能源消耗最多的三个州。

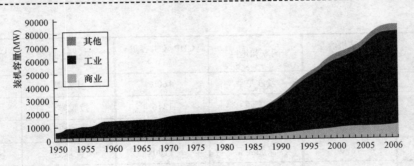

图 1-2　美国 CHP 累计装机容量变化

　　美国的 CHP 和 CCHP 有许多成功的应用实例，如：在明尼苏达州的达科塔天然气站就安装了由 1 台 Capstone 30kW 微型燃气轮机+余热锅炉+制冷/除湿设备和 1 台 Capstone 60kW 的微型燃气轮机+吸收式循环制冷机组成的 CCHP 系统，为该站提供液化天然气所需的电力，余热用于冬季取暖和夏季除湿、制冷；在伊利诺伊州北部埃文斯庄园老年公寓安装了发电容量 1400 kW 的三联供机组，解决了集中供电可能由暴风雪引起的断电，起到了节能和降低运行费用的效果；在伊利诺伊州常绿公园的玛丽医院安装了 3.8MW 的三联供系统，作为突然断电时的后备电源，为解决突然停电可能造成的医疗事故和实验室测试中断提供了保障，回收的余热用于房间取暖、吸收制冷和医院杀菌，该套设备的运行，为医院节省了 10 万美元的电费，设备安装成本投资回收期比预计的提前了两年。此外，美国还在许多大学校园里建立了 CCHP 冷热电系统为校区提供电力、采暖、制冷和生活热水。

　　美国在研究和发展 CCHP 过程中总结出了 CCHP 和 CHP 应用领域的划分。CCHP 系统可以向建筑物同时提供电力、制冷、供暖、卫生热水或其他用途的热能，故 CCHP 系统侧重的领域是商用写字楼及公寓楼宇。CHP 只能提供电力和热能，侧重于需要工艺用热的工业企业。

　　（三）日本应用燃气热电联产的现状

　　日本自 1981 年在东京国立竞技场设置了 1 号机组开始，就进入了天然气冷热电联供系统的新时代。随着技术的开发和政策方面的鼓励，日本天然气冷热电联供系统的数量不断发展。到 1997 年 3 月末，日本的天然气冷热电联供系统累计 820 座，装机容量达到 1420MW（包括蒸汽轮机）。其中，民用 520 座，装机容量 300MW。主要是以商业店铺、医院、旅馆应用为主；工业用 300 座，装机容量 1120MW（包括蒸汽轮机），主要是在钢铁、造纸和食品等行业应用居多。

　　近年来，日本分布式能源发展快速，其中 CHP 装机超过过去 20 年的总和。2006 年，日本 CHP 装机容量达到 8.7GW，占日本整个电力总装机的 4%。其中，以天然气为原料的 CHP 装机容量达到 4.5GW，占 CHP 总装机容量的 51.2%。

　　日本 CCHP 也有许多成功的应用实例，如：在日本东京六本木山街区的新城森大厦就采用冷热电三联产（CCHP）机组（机组大小为 38.6MW），该 CCHP 系统主要是由 6 台蒸汽回注式燃气轮机（每台功率 6360kW）、1 台背压式蒸汽轮机（功率 500kW），以及 8 台吸收式制冷—加热器（6 台 2500t，2 台 2000t）组成，为该大厦提供电力、热量及冷量。日本住宅区的微型热电联产应用也非常成功，一般单个住宅用户微型热电联产功率不超过 10kW，对于小型商业机构，如运动场、公共浴室和饭店所采用的微型 CCHP 功率分别为 5、6kW 和 9.9kW。截至 2008 年 6 月，通过日本煤气公司安装的微型住宅用热电联产机组已经超过 60000 台。

（四）欧洲应用燃气热电联产的现状

（1）欧洲委员会在"大气改变对策的能源框架"中，将热电联产放在非常重要的位置，被认为是对实现排放目标贡献最大的一项技术。目前欧洲的热电联产发电量已占其总发电量的9%（其中丹麦、芬兰和荷兰已达到30%以上），且已有多个冷热电联产系统投入运行。

（2）荷兰的热电联产发展水平在欧盟名列前茅。荷兰的热电装机容量占总装机容量的40%。

（3）丹麦从1980年开始大力发展热电联供的热电厂（CHP）。自1994年起，70%以上的区域集中供热热源来自CHP。1986年，丹麦政府建设了一批总发电容量为450MW的小型CHP。丹麦目前CHP技术的发展方向，一是更加大规模化，二是将地区性的区域供热厂的燃料由煤改为天然气、垃圾及生物质能等。此外，积极支持有实力的企业和边远地区新建自己的区域热电厂。1996年，全丹麦共有8个互联的CHP大区，CHP的供电装机容量达8197MW，供热装机容量达9571MW。目前的技术水平可达到煤/电转化效率超过50%；连同供热考虑，燃煤总效率高达90%以上。现在，越来越多的人口密集地区的CHP使用天然气作为燃料，其热电效率指标还略高于燃煤技术。CHP每千瓦容量的建设成本为4000～5000丹麦克朗。

在丹麦和荷兰，小型热电联产机组都为燃气内燃发电机组，废气余热锅炉供热。

（4）德国政府正在采取措施鼓励发展小型热电联产系统，尤其是在其东部地区。2002年1月25日，德国新的热电法获通过。该部法律中的具体激励措施包括：某些类型的热电企业享有并网权；CHP电厂在正常售电价格之上还可以按每千瓦时售电量获得补贴；热电近距离输电方式所节约的电网建设和输送成本返还CHP电厂。这部新法律对已有CHP电厂，不限规模给予鼓励；对未来2MW以下新建电厂和利用燃料电池技术的CHP电厂亦给予长期的补贴，补贴资金通过小幅调高电网使用费来平衡。最近的一项相关研究认为小型CHP在建筑中的运用将拥有广阔的前景，并且CHP技术的广泛普及将对德国实现其承诺的京都协议书的目标意义深远。

德国统一后重新定都柏林，这是自第二次世界大战的一个标志性举动，向世界宣告一个统一的新德国重新回到世界，而重新建设在二次大战中被苏联红军摧毁的议会大厦更是一个具有历史意义的事件。德国设计师在新建的议会大厦的地下室安装了分布式能源系统，并第一次将这一系统与地下蓄能技术进行结合，将非采暖季多余的废热存入地下，冬季再将这些能量用于大厦和周边的供暖。德国人通过提高能效、环保和新技术向世人昭示了"新德国"的含义。

（5）芬兰是世界热电联产（CHP）发展的领头羊，同时也在世界区域供热（district heating，DH）领域处于较高水平。

芬兰热电总装机容量占全部装机容量的32%，当量供热比率为85.5%。处于高寒地区，全年供暖周期长，并终年需要热水供应，芬兰的分布式能源主要是CHP，其中许多区域分布式能源的能源综合利用效率超过90%。这些CHP采用分级供热技术，通过地板辐射低温供暖的回水温度低于30℃，将CHP的余热充分利用。

（6）英国只有5000多万人口，但在过去20年中，已超过1000个小型成套的分布式能源CHP设备被安装在遍布英国的各大饭店、购物商城、休闲中心——游泳池、医院、综合性大学和学院、园艺、机场、公共部门建筑、商业建筑——写字楼等及其他相应场所中提高能源利用效率。

英国CHP的10%由1000多套小型装置供应，这些小型装置主要集中在建筑物领域，即楼宇冷热电联产（BCHP）。英国典型的CHP热电联产的规模大致是娱乐中心90kW、酒店

110kW、医院 450kW、写字楼 450kW、学校 160kW、政府机构 800kW。

（7）法国是一个主要依靠核电的国家，由于气候原因，法国建筑一般都不需要制冷，但是，近些年来由于全球气候变暖，夏季的酷暑天气时有发生，经常导致许多老人非正常死亡，发展冷热电联供越来越引起法国的关注。目前，已有将冷热电联供系统用于商业楼宇的例子，未来可能安装更多的分布式能源。

（五）国际天然气分布式能源发展前景

当今，随着能源市场特别是电力市场的不断开放和人们对环境保护的更加关注，分布式能源越来越受到各国的重视，不断地出台新政策鼓励其发展。分布式能源是世界能源工业发展的重要趋势，是实现能源高效梯级利用的核心，是智能电网的基础，是人类可持续发展的一个重要组成部分。它通过减少能源中间环节损耗，以"按需供能"方式，以实际需求和资源、环境等综合效益确定规模在用户端实现能源的"温度对口，梯级利用"，将能源利用效率提高到一个新的水平。

随着分布式能源水平的提高、各种分布式电源设备性能不断改进，效率不断提高，控制自动化水平不断升级，分布式发电的成本也在不断降低，分布式能源的应用范围将不断扩大。

1. 美国 CCHP 发展目标

近年来，美国本着开发和商业化的目的，针对 CCHP 的应用，在天然气、电力和暖通空调等行业的制造业进行了广泛深入的合作。工业界提出了"CCHP 创意"和"CCHP2020 年纲领"，以支持美国能源部的总体商用建筑冷热电联供规划。按照"CCHP2020 年纲领"目标，到 2020 年，在美国 CCHP 将成为商用建筑高效使用矿物能源的典范，通过能源系统的调整，将极大地推动经济增长和提高居民生活质量，同时最大限度地降低污染物的排放量。

目前，美国能源部认为美国 CCHP 发展的潜力还有 110～150GW，其中工业领域 CCHP 潜力为 70～90GW、商业及民用领域 CCHP 潜力为 40～60GW。同时。美国还制定了大力推广冷热电联技术应用的战略目标，见表 1-2。

表 1-2 美国 CCHP 战略目标

年份	战略目标
2005	（1）确保行业法规朝有利方向发展： 1）税收优惠； 2）碳化物排放交易化； 3）合理的电力推出费用。 （2）建立 200 个示范点
2010	（1）20%的新建商用建筑使用 CCHP； （2）5%的现有商用建筑使用 CCHP； （3）25%的美国能源部热电联产（CHP）项目用户使用 CCHP
2020	（1）50%新建商用建筑/学院采用 CCHP； （2）15%现有商用建筑/学院采用 CCHP

2. 日本 CHP 发展目标

虽然分布式能源尚缺乏规模经济性，但是却解决了许多集中式发电不能解决的问题，降低了线损，分散了投资风险，减少了由于地震可能带来的损害。日本政府 2003 年出台的《能源总体规划设计》中就系统阐述了发展、普及使用分布式能源燃料电池、热电联产（CHP）、太阳能发电（PV 光电）、风力、生物质能和垃圾发电的目标，其中有关往复式发动机热电联产的目标是到 2010 年实现装机 10GW。

目前，虽然天然气分布式能源利用在国际上仅占较小比例，但可以预计未来的若干年内，天然气分布式电源不仅可以作为集中式发电的一种重要的补充，还将在能源综合利用上占有十分重要的地位。因此，无论是解决城市的供电，还是解决边远地区和农村地区的用电问题，都具有巨大的潜在市场，一旦解决了主要的障碍和瓶颈，天然气分布式能源系统将获得迅速发展。总之，天然气分布式能源利用技术的应用前景是十分广阔的。

第三节 国内天然气发电简况

一、天然气发电产业

（一）天然气储采量与消费量

（1）天然气储采量与消费量逐年上升。

（2）天然气消费量，1978 年为 1829 万 t 标准煤，2008 年已升为 9690 万 t，虽然在一次能源中所占比重仅从 3.2%升为 3.4%，但总量已增至 5.3 倍。

（3）2011 年，中国天然气产量突破千亿大关，达到 1025.3 亿 m^3，但消费量更达到 1313 亿 m^3，不足部分需要进口。其中仅进口 LNG，按照海关总署统计就达 1221 万 t，同比增长 30.7%。

（4）预计到 2015 年，我国天然气消费量将达到 2600 亿 m^3，其中自产 1700 亿 m^3，进口 900 亿 m^3。

（5）预计到 2020 年，我国天然气消费量将达到 3265 亿 m^3，其中自产与进口各半。与目前石油进口比例相当。

（二）燃气发电装机容量

截至 2010 年底，全国全口径发电设备容量 96641 万 kW，其中火电 70967 万 kW，占 73.43%。

截至 2010 年底，全国 6000kW 及以上发电设备容量 93412 万 kW，其中火电 70391 万 kW。在火电装机中燃气发电 2642 万 kW，占 3.75%。

2011 年末，燃气发电装机容量已达 3265 万 kW。预计到 2015 年，燃气发电装机容量将达到 6000 万 kW（不含分布式能源站）。到 2020 年，燃气发电装机容量将从 0.78 亿 kW 增到 1.2 亿 kW（含分布式能源站）。

（三）燃气热电联产现状

在我国，目前燃气冷热电三联供系统还不是很多，各地的示范工程都遭遇到不少阻力，主要是电力并网和备用电力保障问题制约了分布式能源的推广。我国政府主管部门已开始重视这项技术，并制定了相关的政策。2000 年，由中国国家发展计划委员会、国家经济贸易委员会、建设部和国家环保总局联合下发了《关于发展热电联产的规定》（计基础〔2000〕1268号）。这是贯彻《中华人民共和国节能法》第 39 条：国家鼓励发展"冷热电联产技术"的法律，实施可持续发展战略，落实环保基本国策和提高资源综合利用效率的重要行政规章。该规定再次重申了国家鼓励发展热电联产的政策，支持发展以天然气为燃料的燃气轮机热、电、冷联产项目，特别强调了国家鼓励发展，小型燃气发电机组组成的冷、热、电联产全能量系统。

二、近年来的几件大事

（一）热电联产政策研究

（1）2000 年，国家发展计划委员会、国家经济贸易委员会、电力部、建设部联合发布了《关于发展热电联产的规定》（计基础〔2000〕1268 号文）并配套颁布了《热电联产项目可行性研究技术规定》、《热电联产项目可行性研究深度规定》等文件，进入 21 世纪以来，它起到了较好的指导作用。但随着发改能源〔2007〕141 号文件，《大中型火力发电厂设计规范》（GB 50660—2011）、《火力发电厂可行性研究报告内容深度规定》（DL/T 5375—2008）等文件和标准的印发，现已基本上被取代。

（2）2007 年，国家发展改革委以发改能源〔2007〕141 号文印发《热电联产和煤矸石综合利用发电项目建设管理暂行规定》，总结了进入 21 世纪以来，热电联产产业发展中的经验与教训，对计基础〔2000〕1268 号文进行了更新。该文原拟附有《热电联产规划编制规定》，电力规划设计总院（简称电力规划设计总院）受委托已编出报批稿，虽未同步印发，但已广泛使用。

（3）从 2009 年起，受国家能源局委托，电力规划设计总院牵头组织热电联产产业政策调研，针对"141 号文"执行中存在的问题，进行了量化分析与研究，对"141 号文"提出了补充修改意见，并编写了城市与工业园区两项热电联产规划范本，形成了报批稿。该规定虽尚未正式印发，但也已广泛使用。

（二）分布式能源站政策研究

（1）国家能源局石油天然气司于 2009 年 6 月 24 日在京召开分布式能源座谈会，决定尽快制定行业标准和政策。

（2）国家能源局石油天然气司于 2009 年 10 月 23 日在京召开我国天然气分布式能源专题研讨会，由国网能源研究院与中国电机工程学会热电专委会课题组汇报了各自完成的《我国天然气分布式能源发展相关问题研究》，认为可供制定指导性文件参考。

（3）国家能源局石油天然气司于 2010 年 12 月 24 日在京召开分布式能源主题研讨会，会议为国务院研究室提供了大量信息和建议，会后国务院研究室组织八人小组赴北京、广州、重庆、上海等地调研，并向国务院提交报告。

（4）2011 年 4 月国务院研究室提出研究报告总 445 号，即《关于加快天然气热电联供能源发展的建议》。

（5）国家发展和改革委员会等四委、部、局以发改能源〔2011〕2196 号文印发了《关于发展天然气分布式能源的指导意见》，作为"十二五"规划配套指导性文件之一。

（6）2012 年，受国家能源局电力司的委托，电力规划设计总院牵头组织了燃气发电机组产业政策调研工作，赴北京、上海、江苏、浙江、广东五省调研，编写了调研报告。

（三）分布式能源站有关规定

（1）《分布式发电管理办法》。由国家能源局新能源司委托中国科学研究院工程热物理所主编，适用于：

1）装机容量 50MW 及以下的小水电；

2）以 35kV 及以下电压（东北地区为 66kV）接入系统的风能、太阳能和其他可再生能源发电；

3）除煤炭直接燃烧外的各种废弃物发电，多种能源互补系统，资源综合利用发电；

4）规模较小、分散型的天然气热电联供冷热电联供等。

（2）《燃气冷热电三联供技术规程》。由住房和城乡建设委托城市建设研究院和北京市煤气热力工程设计院主编，已于 2010 年 8 月 18 日由该部以第 757 号公告批准执行。

（3）《分布式能源站并网技术规定》。由国家电网公司主编，已上报国家能源局。

（4）《分布式电源接入电网技术规定》。由国家电网公司委托中国电力科学研究院主编。

（5）《分布式供能系统工程技术规程》。上海市工程建设规范，2005 年起试行，2008 年颁发。

（6）电力行业标准《分布式供能系统设计技术规范》。由上海电力设计院有限公司主编，目前已完成报批稿。

（7）国家标准《燃气冷热电联供工程设计规范》。由城市建设研究院主编，目前正在征求意见。

三、电力行业动态

（一）中国电力企业联合会

中国电力企业联合会行业发展部于 2010 年 7 月 19 日在京召开分布式电源和微网技术发展研讨会，会议特请三位专家做相关报告。

1）国家电力科学研究院李树森总工程师：分布式电源和微网技术发展和现状。

2）国家风力发电工程技术研究中心张连兵副主任：北京亦庄风电微网项目介绍。

3）国网能源研究院新能源研究所李琼慧所长：我国分布式能源现状与面临的问题。

中国电力企业联合会有关部门均有代表参加了会议。

中国电机工程学会热电专业委员会代表在会议讨论中介绍了自 2000 年为领导部门起草制定计基础 1268 号文中写入发展燃气—蒸汽联合循环热电厂和分布式冷、热、电三联产以来，所开展的一系列工作和完成 2009 年能源局石油天然气司委托的《我国天然气分布式能源发展相关问题研究》，引起到会代表的重视。

（二）国网能源研究院

（1）国网能源研究院接受委托并于 2010 年 6 月完成《我国分布式能源政策法规问题》（初稿）征求热电专委会意见，并交换意见。国网能源研究院还将在内部资料《决策参考》中刊出《我国分布式能源发展对公司的挑战及建议》。

2010 年 12 月提出第二稿召开评审会议。会议邀请上海市发展改革研究院、华能经济技术研究院、中国石油规划总院、热电专委会和南方电网综合能源有限公司五个单位的专家参会，提出修改意见。

参会专家从不同角度对报告提出若干补充修改意见，上海的代表介绍了上海发展分布式能源的情况和今年的新进展，上海市发展和改革委员会很重视分布式能源的发展，制定了有效的措施和实施机构。近期上海准备通过上海虹桥分布式能源工程搞综合能源服务公司，解决分布式能源站直供各企业用电问题。

该报告认真总结了我国分布式能源发展现状及存在的问题；国外发展情况及政策法规现状；分布式能源的定位和发展趋势；分布式能源政策法规关键问题研究和相关建议。

国网能源研究院战略所课题组表示将吸收各位专家意见，进一步深入开展工作。

（2）国网能源研究院在完成《我国分布式能源政策法规问题研究》之后，又组织力量完成《分布式能源与电网协调发展研究》。该资料除论述国内外分布式能源发展经验之外，还提出分布式能源与电网的关系、对电网的影响和发展中深层次存在问题的原因分析并提出若干具体的建议。通过内部评审，专家们认为该课题可申请国家电网公司的科技进步奖。

（三）南方电网公司

南方电网公司近来也转变态度，重视分布式能源。近期投资数千万元在佛山市供电局大院建成一套燃气分布式能源站，供大院三座办公楼用电和制冷。内装三台美国 Capstone 产 200kW 微型燃气轮机和远大公司生产的双效溴化锂制冷机，已投产，目前在测试中。据计算，该站能源利用率为 75% 左右。

（四）五大发电集团

（1）中国华电集团公司。成立新能源发展有限公司，大力发展分布式能源。广州大学城投产后，又筹建 10 余个分布式能源站，总容量近 100 万 kW。有些已通过公司内部评审，一些工程年内开工。在《中国发电》发表文章《打造分布式能源新亮点》，目前已在南宁、武汉、南昌、石家庄等处成立一批分布式能源筹备处。

（2）中国华能集团公司。惠州市东江高新科技开发区签订 4×39 万 kW 冷热电联供燃气机组分布式能源项目，总投资约 60 亿元。

（3）中国国电集团公司。与深圳市签署框架协议，积极筹划在深圳投资建设分布式能源电站等项目；与舟山市签订合同协议，规划建设分布式能源。

（4）中国电力投资集团公司。上海高培中心"分布式供能系统项目"；珠海"横琴冷热电联供能源站"项目，用户范围包括珠海十字门 CBD 和澳门大学在内的 $25km^2$ 工业、商住区各种终端利用能源的供应商，远期目标为 8 台 9F 机组，服务范围将达 $100km^2$。

（5）中国大唐集团公司。四川分公司与广元市利州区政府签订了框架协议，建投广元纺织服装科技产业园天然气分布式能源，物资公司配合四川分公司开展该项目前期工作。

四、中国分布式能源产业联盟简介

（一）组织

中国分布式能源产业联盟由从事与分布式能源相关的投资、研发、生产、经营和咨询业务的企事业单位和个人组成的非营利性的组织。以中国节能协会、国际铜业协会为主要依托单位。

联盟的宗旨是通过各项活动，在政府与企业之间发挥桥梁和纽带作用，整合及协调产业资源，提升联盟成员在分布式能源技术与产品研发、制造、集成、服务水平，促进分布式能源产业的健康发展，促进分布式能源站及各种相关设备的不断升级和推广应用。组织机构见图1-3。

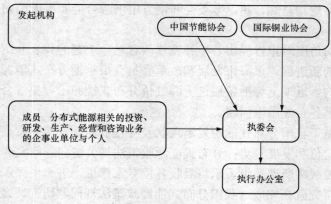

图1-3　组织机构

（二）成员

分布式能源相关的投资、研发、生产、经营和咨询业务的企事业单位与个人，涉及的主要企业类型包括：

（1）发电机组同步发电机、燃气轮机、内燃机、微燃机；

（2）供热制冷设备（各种吸收式制冷机组、热泵、燃气锅炉）；

（3）电力设备（高低压开关柜、变压器、电气元件、电线电缆）；

（4）辅助设备（电热器、冷凝器、蒸发器、电动机、风机水泵调频设备）；

（5）控制设备（电子电器元件、一二次仪表、控制柜）；

（6）可再生能源（太阳能发电、热电器、水电、风电、生物质能、地热能）。

（三）职能

（1）促进国家分布式能源政策的贯彻执行；

（2）促进省市地方分布式能源规划的实施；

（3）促进分布式能源标准规范的制定；

（4）开展国内外先进技术调研与交流讲座活动；

（5）建立信息平台使科技成果在联盟成员间共享；

（6）通过专家组的活动协助成员单位提升技术水平；

（7）联合申请国内外相关课题与奖励；

（8）承担政府及主部门交办的各项任务。

（四）依托单位——中国节能协会

中国节能协会成立于1989年，是在民政部注册成立的节能行业的一级社团组织。在业务上受国家发展和改革委员会、工业和信息化部、科学技术部、国家质量监督检验检疫总局、国家能源局等部门指导。拥有众多企业会员。

中国节能协会自成立以来，始终以节约能源、提高能效、推动资源综合利用和保护环境为己任，以资源节约为中心，紧紧围绕节能减排中心工作，开展调查研究、宣传培训、咨询服务和组织节能减排技术开发及推广应用等活动，在政府、行业、企业之间发挥桥梁和纽带作用。

主要业务范围包括：

（1）对中国能源开发利用现状进行调查研究，为政府宏观决策提供依据，为企业提供咨询服务；

（2）宣传国家节能减排、新能源方针和政策，促进企业节能降耗，提高能源利用效率；

（3）组织收集、整理和交流国内外节能减排的先进技术与信息，编辑出版有关出版物；

（4）组织研发节能减排和新能源方面的新技术和新产品；

（5）推广高效节能新技术，新工艺和新产品；

（6）组织各种形式的节能管理和节能专业技术培训；

（7）受政府委托，在全国范围内推荐优秀节能产品、节能新技术及优秀节能科研成果；

（8）举办国内外节能科技成果、节能技术、节能产品研讨会和展销会。

（五）依托单位——国际铜业协会

国际铜业协会是非赢利性和专业性的国际组织，有42个国内外会员单位。总部设在美国纽约，下设北美洲、拉丁美洲、亚洲、欧洲四个地区分支机构，在全球65个国家通过 31 个地区代表处开展市场推广活动。自成立以来，在向政府部门提供制定有关政策的依据和建议，建立行业内外伙伴关系，市场推广、整合全球资源与技术的产业平台、促进经济可持续发展等方面起了显著的作用。2009 年 7 月由中国节能协会与国际铜业协会（中国）共同发起成立了中国热泵产业联盟（以下简称联盟）。该联盟的成立旨在整合热泵产业资源，提升联盟成员在研发、制造及服务等方面的水平，推进热泵技术和产品的推广和应用。目前联盟成员包括十余家热泵行业的主要生产厂商和行业媒体。联盟的成立标志着我国热泵产业进入崭新的发展阶段。各成员单位可获得从技术研发、行业发展及市场策略等多方面的支持，有利于我国热泵产业的发展。这一举措受到发展改革委的重视和支持，已相继在上海、杭州、南京、深圳、重庆等的国内主要城市开展工作。热泵产业联盟树立了很好的先例，分布式能源相关产业比热泵产业更加量大面宽，既有跨行业的特点，又通过分布式能源系统的机电一体化和智能网络，建立起相互依存的紧密联系，具有共同的产业发展方向和利益。

规 划 与 政 策

第一节　国外管理办法与优惠政策

热电联产系统（CHP）从 20 世纪 70 年代起在发达国家兴起，由于其在能源转换效率方面所具有的突出优势，使得其在世界各国的能源领域逐步具有显著地位。目前，世界各国都把热电联产作为节约能源、改善环境和应对气候变化的重要措施，积极地、因地制宜地提倡不同形式、不同规模的热电联产（含冷热电联产）系统，并且各国政府也都不同程度地从法律、法规、规划、技术标准及税收等方面制定了相应的推广热电联产发展的优惠政策。

一、国际支持 CHP 发展政策综述

目前，国际上支持 CHP 发展的政策主要可以分为七大类。

（一）财政政策

财政政策方面主要包括以下各项措施：

（1）初始投资支持。在项目投资时给予相应支持，如直接的项目补贴、财税优惠及加速折旧等。

（2）运营支持。常用的方式是强制的电网回购剩余电量，要求电网提供备用电力保障、燃料税豁免等方式。

（3）研发资助。对低碳 CHP 技术（如微型燃机、燃料电池）的政府资助，帮助 CHP 产品商业化。

（4）政策作用。这些财政支持政策能够大力推动 CHP 的发展。

（5）能承担额外的投资成本。与常规方式相比，CHP 系统尽管运营成本可能比较低，但常常需要更高的初始投资。以补贴或低息贷款等方式承担部分投资可以帮助投资者解决初始投资紧张问题。

（6）外部成本内部化。财政支持反映了 CHP 项目与传统项目相比，对环境和社会的贡献。

（7）关注市场失灵。能源市场并不总是开放和竞争性的，比如用电紧张地区，CHP 项目收益性与电厂相比要差一些。财政支持能够调节电力市场的不足。

（8）应用国家。国际上有许多国家和地区采用财政政策中的不同措施来支持 CHP 的发展。

1）电网回购。波兰、西班牙、德国、荷兰、丹麦、捷克、匈牙利、印度等。

2）投资补贴。意大利、荷兰、西班牙、比利时、美国、加拿大、中国上海、印度、韩国、日本等。

3）财税支持。荷兰、瑞典、比利时、意大利、德国、英国、美国、韩国、印度、日本等。

（二）公共事业公司配额义务政策

（1）该政策要求电力供应商必须提供一定比例的来自 CHP 的电力，保证 CHP 电力市场。

电力供应商可以用两种方式满足要求：拥有 CHP 电站；从 CHP 电站或市场上购买，能源市场监管部门进行认证管理，配额证书可在市场交易。

该政策通过对电力供应商的配额要求为 CHP 创造市场，同时为 CHP 电力分配交易证书，便于进行市场交易。

（2）应用国家有比利时、波兰、意大利等。

（三）指定地方基础设施和供热规划

（1）为了能够高效地供冷供热，地方基础设施和供热规划通过确认和平衡供需，确定合理的供应结构，支持高效的供应方案，如 CHP。

（2）对一定规模的建筑物，强调能源供应的优化，建筑标准对建筑的能效设定了要求，该要求可以用节能措施，可再生能源发电和 CHP 满足。

（3）通过规划促进了 CHP 的发展：

1）能源、供热、供冷协同规划，确定了通过地方区域管网输送的稳定的热冷负荷；

2）帮助 CHP 投资商克服了供热供冷管网的初始投资成本问题；

3）设定建筑标准，促进了小型的楼宇式 CHP 的应用，成千上万的新建筑大量应用 CHP，降低了规模成本。

（4）应用国家有丹麦、芬兰、德国、意大利、俄罗斯、瑞典、波多黎各、韩国、中国、英国、德国、奥地利等。

（四）气候变化配额降低政策

（1）CHP 项目尽管减少了全球的温室气体排放，但增加了当地的排放。如果当地的排放交易方案在设计上不考虑到这点，那么 CHP 项目将不得不比供热锅炉或公共电网供电模式购买更多的配额，这不能正确反映 CHP 对排放的贡献，也将对 CHP 发展带来消极影响。

（2）一些国家引入新的配额分配方案来克服 CHP 面临的问题，同时推动排放交易方案考虑 CHP 的状况，不应该惩罚 CHP。

（3）应用国家有欧盟。

（五）清洁发展机制

（1）COM 清洁发展机制将天然气分布式能源纳入补偿范围，可以参加碳交易，对发达国家或发展中国家企业采用的天然气分布式能源的减排量制定了方法论并予以核定。

（2）减排交易可以在欧盟国家或美国芝加哥交易所进行交易。

（六）入网政策

在入网措施中，国际上主要采取了制定入网接入标准和确定优先接入等措施。

（1）接入标准。对接入输变电网络，根据电压等级提供清晰的接入规则，流程清晰而且透明。

（2）优先接入。给 CHP 发电优先接入电网。

（3）净电表。允许电能通过电表双向流动，并保证销售价等于购买价。

（4）优先调度。保证了 CHP 发电的优先权。

（5）许可豁免。允许 CHP 项目在没有发电机许可证的情况下发电，以帮助降低成本。

（6）对电网的激励。使他们不会因接入 CHP 而收入减少。

1）将电量和利润间的联系分离。

2）允许或鼓励电网开发 CHP 电站。

3）允许电网在系统使用的收费上灵活掌握。

4）政策作用。电网接入措施使得 CHP 项目能够向电网售出任何多余的电能，而且在需求超过 CHP 产出时从公共电网购电。

5）应用国家有美国、英国、荷兰和德国等。

（七）能力建设（拓展和研发）政策

（1）拓展和教育提高了对 CHP 的认识，通过各种活动和培训项目是潜在用户认识 CHP 及其适用性，研发支持了 CHP 技术和应用的发展，研发资助也可以用于潜在用户的培训。

（2）应用国家有德国、荷兰、日本。

二、美国

美国从 1978 年开始提倡发展小型热电联产，目前除了继续坚持发展小型热电联产之外，正走向高效利用能源资源的小型冷热电联产——分布式能源系统。

美国联邦政府在 1987 年颁布的能源法中规定，经营电网的电力公司必须收购热电厂的电力产品。其电价和收购电量以长期合同的形式固定。进入 20 世纪 90 年代，在放松对公益事业管制的呼声中，又允许独立电厂将自发的电力直销用户，电力公司只收相应的"通道"（电网）费用。为了提高能源的利用效率，2001 年，"美国能源政策"提出了给予热电联产 10%～20% 的税收优惠和简便的审批程序的政策性建议措施，鼓励提高能源的生产与使用效率。另外，近几年美国能源部资助了 10 多个有关热电联产方面的科研项目。目前，美国联邦能源委员会已发布小型发电机互联标准，很多州和地区也已开始制定自己的与热电联产有关的联网政策、排放标准及税收政策。

总体来讲，美国支持分布式能源 CHP 发展的优惠政策具体主要集中在以下三点：

（1）给予分布式能源项目减免部分投资税；

（2）缩短分布式能源项目资产的折旧年限；

（3）使分布式能源项目获得经营许可证的程序简单化。

三、日本

日本将热电联产作为 21 世纪城市建设必不可少的设施，认为它是一项附加值很高的社会资本。因此，制定了相关的法令和优惠政策保证该项事业的发展。相关法令有《供热法》、《城市规划法》、《防止公害法》和关于推动热电联产发展的指导标准等。在这些法令中明确规定，在新建和改建 3 万 m^2 以上的建筑物时，一定要纳入到城市集中三联供系统中。优惠政策有鼓励银行、财团对冷、热、电、三联供系统出资、融资；对城市集中三联供单位进行减税或免税。措施上也是有条件、有限度地允许这些分布式发电系统上网，并且通过优惠的环保资金予以支持。

（一）税赋

（1）对防治环境污染的能源项目投资执行促进税标准（租特法第 42 条第 5 款），供热设施及用户端设备，投产年折旧率按 30% 计算，并减免税 7%。

（2）对区域供热工程费用核算执行特定标准（法人税法第 45 条）。

（3）有关供热的固定资产税执行特定标准（地方税法第 349 条第 3 款）：区域供热用折旧资产税，投产最初 5 年减免 2/3、第二个 5 年减免 1/3。

（4）免除供热设施占地的特别土地保有税（地方税法第 566 条）。

（5）免除与供热行业有关的事业所得税（地方税法第 701 条第 34 款）。

（二）银行融资

针对区域供热系统需要大规模投资，日本有关金融机构长期施行通融资金、低利息等制度。

（1）日本开发银行及北海道东北开发公库融资比例为设备额（含用户端）的40%（开发银行为购地提供30%），特别利率为3%/年（一般低息为6%/年）。

（2）公害防止事业团。

1）融资比例：设备额的70%（大企业），80%（中小企业及地方公共团体）。

2）支付利息：大企业5.60%/年（前3年），5.80%/年（第4年以后）；中小企业及地方团体：4.55%/年（前3年），4.75%/年（第4年以后）。

（3）新能源财团给予利率补贴（余热利用）：

1）补贴条件：融资额在5亿日元（按1:105汇率约合476.2万美元）以内。

2）补贴比例：3%/年的利息补贴。

（三）政府补贴

（1）日本通产省每年对有效利用低品位能源的区域供热系统，其设计、管理等均为上乘的企业发放一定数额的行业补助金，以促进该行业的积极发展。其补贴额逐年呈上升趋势。1992年公布补助金额为19.28亿日元（约合1840万美元），补助比例为全行业数的15%。

（2）预开展该行业的科研补助金：

1）补助金额：2亿日元（约合190.5万美元）。

2）补助对象：地方公共团体等。

3）补助比例：50%。

（3）行业普及宣传补助金：

1）补助金额：0.25亿日元（约合23.8万美元）。

2）补助对象：新能源财团。

（4）行业科研开发补助金：

1）补助金额：8.49亿日元（约合808.6万美元）。

2）补助对象：新能源产业技术综合开发机构。

（5）20世纪80年代末，日本鼓励CHP发展的优惠政策包括修订《电力事业法》在内的一系列放宽管制的办法出台；1995年底日本又批准了新修订的《电力事业法》。

其中最重要的变化是允许非公共事业类的供应商对需求大的用户售电，以前该项售电业务通常被电力公司所垄断。

四、丹麦

丹麦在热电联产方面实行的是有计划的市场经济方式。政府对热电联产的优惠政策最多、最落实。以下几点对热电联产的推广极为重要：

（1）热力规划中，保留热电联产供热区域，避免与其他能源竞争。

（2）建立合理的热电联产—电力定价规则，与燃料成本挂钩，确保热电联产与热电分产相比具有经济优势。

（3）参考污染物（NO_x、CO_2）排放—税收/补贴条例安排能源税收、投资补贴用于热电联产项目的支持。

具体做法为：

（1）1981 年，丹麦制定了集中供热的法规，城市供热规划由中央政府批准，强制实行区域集中供热，不搞竞争，从法律上解决了热电的电力上网问题。

（2）1990 年，丹麦会议通过了必须将 1MW（1.3t/h）以上的燃煤锅炉改造成天然气或垃圾热电厂，热网工程费用可从政府得到 30% 的补贴。

（3）1992～1996 年，如果改造导致对于热用户更高的热价。政府对区域供热改造为小型热电联产和生物能系统给予投资补贴。五年期间，政府每年拨款 5 千万丹麦克朗。

（4）1992 年，政府对以天然气或可再生性燃料为基础的小型热电联产和工业化热电联产的电力生产向热网转卖时给予补贴。这项补贴为每兆瓦时 100 丹麦克朗，而基于沼气和稻草的热电联产或以木料为燃料的小型试验或示范工厂，会获得每兆瓦时 170 丹麦克朗的额外补贴。

（5）1993～2002 年，政府为了推广区域供热系统的应用和促进大型区域供热系统，对在热电联产供热区域内 1950 年前建造的房屋中装有中央供热系统的给予补贴。这项补贴一般为总成本的 30%～50%。

（6）1995 年，电力供应法案的一项修正案规定，独立生产者（小型热电联产等）出售的电力应遵照可避免成本原则定价，其中包括设施节省出的长期投资成本。

（7）1995 年，在工商业中引入环保税。全部税收所得作为投资拨款返还给工商业。其中约 40% 的款项将发放给工业热电联产。在全国范围内征收 CO_2 排放税，按热电厂上网电量对电价按人民币 0.15 元/kWh 补贴。

（8）1997 年，政府给予以废弃物或天然气为燃料的小型热电联产的补贴为每千瓦时 70 丹麦克朗。对装机容量不超过 4MW 的工厂补贴以 8 年为限；对 4MW 以上的工厂，奖励年限为 6 年。

（9）1998 年，电力供应法案的一项修正案在负载调度方面对小型热电联产和可再生性燃料生产的电力给予优先。该法案还为大型热电联产工厂引入了经济担保，确保联产。

（10）1998 年 1 月 1 日，丹麦部分电力市场对外开放，允许自由竞争。用电量超过 11MWh 的工业用户和输电公司如今可以自由选择供电商。这部分约占市场开放的 90%。与此同时，法案要求所有用户优先使用基于分散式热电联产、工业化热电联产的电力，以及可持续使用的能源。

五、荷兰

荷兰的热电联产发展水平在欧盟名列前茅。荷兰的温室中都装有小型活塞式燃气发电机组。废气中的 CO_2 放入温室中被植物光合作用吸收，既可以减排 CO_2 还可以提高植物的产量。

荷兰政府把热电联产作为达到京都议定书规定的减排二氧化碳的主要手段及节能的一项重要措施，并采取多种鼓励政策促进 CHP 的发展，其中包括：

（1）应用热电联产可免除能源调节税，电力自用；

（2）1998 年在供热法案的基础上又提出了热电联产激励计划，主要措施是投资许可，优惠的燃气税率和建立一个 CHP 促进机构；

（3）荷兰新的电力法案给予热电联产以特殊地位，即规定热电联产的发电量优先上网，并对用于公用电网的电，按照最小税率征税；

（4）荷兰政府还规定对有稳定热负荷的热电厂，其天然气价格较其他工业用户便宜 2 美分/m^3。

六、法国

（1）法国对热电联产的投资给予 15% 的政策补贴。

（2）对于冷热电联供，法国以电力公司和法国煤气公司为主，为用户提供 BCHP 项目实施的技术、资金、服务以及后期的运行、维护、管理。政策规定，当 BCHP 系统满足基本的技术条件后，电力部门必须允许他们上网售电。

七、德国

自开展电力市场自由化改革后，德国的电价从 1998 年的水平下降了 30%。电价的下滑使 CHP 的竞争力下降，CHP 工业受到影响。为了扭转这种局面，政府出台了新的扶持政策，即：

（1）对于总效率达到 70% 以上的电厂免征 0.085t 标准煤/kWh 的天然气税；

（2）对自备电厂完全免除电力税；

（3）总效率达到 57.5% 以上的联合循环电厂免税；

（4）传统利用锅炉的电厂的天然气税从 0.164t 标准煤/kWh 调高至 0.348t 标准煤/kWh。

2002 年 1 月 25 日，德国通过了新的热电法，其激励 CHP 发展的优惠政策包括：

（1）某些类型的热电企业享有并网权；并网，双向交易；不并网，高额补贴。

（2）CHP 电厂在正常售电价格之上还可以按每千瓦时售电量获得补贴。

（3）热电近距离输电方式所节约的电网建设和输送成本返还 CHP 电厂。

该部新法律对已有 CHP 电厂，不限规模给予鼓励；对未来 2MW 以下新建的利用燃料电池技术的 CHP 电厂亦给予长期的补贴，以鼓励新技术发展。补贴资金通过小幅调高电网使用费来平衡。德国政府正在采取措施鼓励发展小型热电联产系统，尤其是在其东部地区。

八、英国

（1）英国从上至下都积极支持分布式能源和热电联产。1995～2001 年间，英国的热电联产获得高速发展，热电联产量由 1995 年的 3390MW 增加到 2001 年的 4801MW，增幅达 41.6%，2010 年达到 10000MW。英国政府在 2001 年采取了一系列的措施，包括免除气候变化税、免除商务税、高质量的热电联产项目还有资格申请政府对采用节约能源技术项目的补贴金。英国政府还颁布了一套指南，规定所有发电项目开发商在项目上报之前都要认真考虑使用热电联产技术的可能性。其他的措施，如免税、电力贸易细则的修改、刺激热电联产的热负荷的增长等也都提上了议事日程。

（2）英国分布式能源小型热电联产取得了很大的成功。原因是英国政府为 CHP 创造了必需的市场和政策条件，这些条件包括合适的能源价格（用电和燃气的比价）、使用合适的燃料、认识局部供电的价值、当局的政策规定、发展新的财务管理方式等。

（一）能源价格

（1）CHP 是同时供热和供电最经济的技术，它需要和现有的发电设备竞争，特别是如果 CHP 的环保优势不能在能源价格中体现出来，就会影响 CHP 的发展。为此，英国自 2001 年 4 月 10 日起实施气候变化税，使 CHP 可以节省 20% 的能源费用。

（2）电价与天然气价格比非常重要，CHP 是一项长期投资（10～15 年），需要合理的（或优惠的）燃气价格，需要合理的用电价格。英国电力工业中使用天然气发电的比重比较大，而且电力工业已经私有化，电力价格按市场定价，电价与天然气价格比比较合理。

（二）燃料

CHP 使用的燃料是天然气，也可以使用柴油或生物质（包括垃圾）制气。天然气的充分供应，以及天然气管网的合理收费，对 CHP 的发展影响很大。英国工业及商业使用天然气为燃料的比重达 68%，能够充分供应天然气，不仅促进了 CHP 的发展，同时也提高了天然气的销售量。

（三）认识局部供电的价值

发展 CHP 可以节省公共电力的装机容量，输配电系统费用，可以不受输配电网容量的限制，还可以减少输配电损失。要发展 CHP 必须有透明的输配和终端用电的价格，公用电力部门愿意让 CHP 分享发、输、配电设施节省带来的效益；公用电力部门愿意接受 CHP 的剩余电力。

（四）当局的政策规定

英国规定允许一定限量内的电力直接销售。政府鼓励 CHP 的发展，例如英国政府改变政策并推迟 CCGTS 推出，从而引来对超过 1200MW 的新的 CHP 的投资。对住宅用 CHP 和小型工业用 CHP 给予投资补贴。采取指导、案例分析、软件及 CHP 俱乐部向用户提供技术与经济信息和建议。

（五）融资

英国近期有超过 75%的 CHP 得到第三方贷款，通常是提供给电力或天然气事业部门的能源服务公司（ESCO）。ESCO 通过 CHP 获得客户，能源服务公司（ESCO）合同千差万别。ESCO 有的机构几乎将整个能源设施全部"外包"。

CHP 承包商负责场所内的 CHP 设备全部设计、安装、投资、操作及维护，ESCO 有的机构仅将 CHP 的运行和维护任务转包出去，而该 CHP 设备由其他承包商按资本购买并负责安装。在上述两种情况下，ESCO 承包商将以双方同意的价格向有关机构供应热能和电力。通常 ESCO 承包商还将负责采购燃料，管理安装场所内的其他能源设备，以及采购传统能源。

总之，从英国发展 CHP 热电联产的经验来看，仅仅依靠市场调节是不够的，还必须依靠政府的政策，为了发展 CHP，必须使电力和天然气有合理的比价、有充足的天然气供应、规定公用电网必须接受 CHP 的剩余电力，以及解决能源利用中的外部成本。成立能源服务公司（ESCO）作为支持政策的托付，也是一种办法，没有政府的政策支持，CHP 是很难发展的。

第二节 国内分布式能源政策研究

一、研究报告

2011 年 4 月国务院研究室提出"研究报告"总第 445 号《关于加快天然气热电联供能源发展的建议》，该文件共有四大部分内容：

（一）发展天然气冷热电联供能源具有重要意义

（1）有利于优化能源结构；

（2）有利于提高能源综合效率；

（3）有利于改善城镇空气质量；

（4）有利于保障电力供给的安全性和可靠性；

（5）有利于天然气和电力削峰填谷。

（二）发展天然气冷热电联供能源条件具备、时机成熟

（1）天然气供给能力迅速增强；

（2）技术已经成熟；

（3）经济性可望不断提高；

（4）试点项目全面推进。

（三）我国发展冷热电联供能源面临的问题

（1）机制不适应；

（2）政策不配套；

（3）法规不完善；

（4）技术待突破。

（四）建议

（1）加强统筹协调。建议国家发展和改革委员会、国家能源局更加重视天然气冷热电联供能源产业发展，切实加大统筹协调力度，按照"政策主导、企业主体，规划先行、市场导向、试点先行"的原则，明确工作思路，制定发展战略，纳入能源规划，完善产业政策，促进加快发展。

（2）明确工作思路。发展天然气冷、热、电联供能源是一项关系能源发展全局的工作，建议将天然气冷、热、电联供能源与城市热电能源供给规划和节能减排规划结合起来，与调峰电源建设和智能电网建设同步发展，不宜硬性规定单项规模和范围，不宜过度强调单一能效水平，充分发挥天然气冷热电联供能源在提高能效、保护环境、错峰填谷、电力调峰等方面的综合功能和使用。

（3）制定优惠政策。发展天然气冷热电联供能源，社会效益突出，公益特性明显，目前产业发展处于幼稚阶段，需要国家加大政策支持。一是加大财政支持。建议国家对天然气冷、热、电联供能源示范工程给予投资补贴；建议国家环境资源主管部门和财政主管部门在审核天然气冷、热、电联供能源项目节能效果基础上，对项目节约能源、减少污染排放予以奖励。二是加大税收支持。建议参照国家关于促进风电设备国产化的一系列税收优惠政策，对天然气冷、热、电联供能源上网电量增值税按 50% 征收；鼓励冷、热、电联供能源示范项目设备国产化，对使用国产设备的示范工程，可考虑返还 50% 增值税。三是实行价格优惠。建议改变天然气发电一厂一价机制，在考虑不同地区天然气成本和供热供冷效益等因素基础上，对天然气发电上网电价按不同区域核定不同的标杆上网电价，并随着天然气供给成本的变化定期调整，电网接受较高燃气电价的成本应及时通过调整终端销售电价疏导出去。

（4）完善法规标准。科学健全的法规标准体系，对促进冷热电联供能源健康有序发展至关重要。一是建议国务院法制办将《电力法》修订纳入工作日程，修改现有法规对分布式能源发电上网的相关限制条款，在完成《电力法》修订前，建议国家发展和改革委员会、国家能源局出台鼓励分布式能源发展的政策文件，对冷热电联供分布式能源发电上网作出规定并严格执行。二是建议国家能源主管部门，在国家电网公司已有工作基础上，尽快制定和完善国家冷、热、电联供能源接入电网管理办法，明确冷、热、电联供发电交网申请文件范本及审批程序等；制定冷、热、电联供发电并网申请文件范本及审批程序等；制定冷、热、电联供能源电量计量和调度管理办法，对电量双向计量方式、计量表性能、上网调度及电价结算等方面提出要求并严格执行。三是建议国家能源主管部门会同城市建设主管部门，制定天然气冷、热、电联供能源系统设计标准和建设管理办法，使系统设计有章可循，明确发电设备应达到的效率指标和项目建设控制性指标，引导产业规范科学发展。

（5）加快示范试点。建议在经济发达、天然气资源丰富、能源需求高的城市，加快建设一批天然气冷、热、电联供能源试点项目，探索解决制约天然气冷、热、电联供能源推广的瓶颈制约因素，形成促进天然气冷、热、电联供能源规模化、规范化发展的管理办法、标准体系以及政策措施，为未来天然气冷、热、电联供能源大发展创造条件，建议尽快开展页岩资源探矿权、采矿权试点，形成鼓励社会资本和国外企业参与我国油页岩资料勘探开采机制，加快页岩气资源开发力度。

（6）突破技术瓶颈。一是加强低压配电网的信息化控制、流量平衡控制、智能保护系统、微网智能管理与控制系统等微型智能电网关键技术研究，尽快突破微电网自愈控制、智能互动用电及需求响应等技术，为冷、热、电联供能源接入电网提供全面支撑。二是加强燃气轮机关键技术研发，尽快突破燃气轮机热部件和联合循环运行控制技术等核心技术。三是加大页岩气勘探开采关键技术的引进消化吸收工作，为我国页岩气大规模开发创造条件。

（7）鼓励各方参与。鼓励国家电网、南方电网、中石油、中石化、中海油等中央企业参与天然气冷、热、电联供能源积极性，大力扶持专业能源服务公司的发展，发展一批专业化的咨询设计机制，培育一批经济效益好、带动能力强、发展潜力大的骨干企业，形成各方参与发展天然气冷、热、电联供能源的格局。

二、发展天然气分布式能源的指导意见

国家发展和改革委员会等四会、部、局，以发改能源〔2011〕2196 号文印发了《关于发展天然气分布式能源的指导意见》，主要内容如下：

（1）天然气分布式能源是指利用天然气为燃料，通过冷、热、电三联供等方式实现能源的梯级利用，综合能源利用效率在 70%以上，并在负荷中心就近实现能源供应的现代能源供应方式，是天然气利用的重要方式。与传统集中式供能方式相比，它具有能效高、清洁环保、安全性好、削峰填谷、经济效益好等优点。

（2）指导思想。以提高能源综合利用效率为首要目标，以实现节能减排为工作抓手，重点在能源负荷中心建设区域分布式能源系统。包括城市工业园区、旅游集中服务区、生态园区、大型商业设施等，在条件具备的地方，结合太阳能、风能、地源热泵等可再生能源进行综合利用。

（3）基本原则是：

1）统筹兼顾，科学发展；

2）因地制宜，规范发展；

3）先行试点，逐步推广；

4）体制创新，科技支撑。

（4）主要任务是：

1）"十二五"初期启动一批示范项目；

2）建设 1000 个左右天然气分布式能源项目；

3）建设 10 个左右各类典型特征的示范区域；

4）未来 5～10 年内在装备核心能力和产品研制应用方面取得实质性突破；

5）初步形成具有自主知识产权的产业体系。

（5）目标是：

1）2015 年前完成主要装备研制；

2）当装机规模达到 500 万 kW 时，解决系统集成，装备自主化率达到 60%；

3）当装机规模达到 1000 万 kW 时，基本解决中小型、微型燃机等核心设备自主制造，装备自主化率达到 90%；

4）2020 年，在规模以上城市推广，装机规模达到 5000 万 kW，初步实现装备产业化。

（6）主要政策措施是：

1）加快规划指导；

2）健全财税政策扶持；

3）完善并网及上网运行管理体制；

4）充分发挥示范项目的带动作用，坚持自主创新；

5）鼓励专业化公司发展，加强科技创新和人员培养。

第三节　各省市出台的优惠政策

一、上海市分布式供能系统和燃气空调发展专项扶持办法（2008 年）

1. 资金来源

上海市用于补贴分布式供能系统和燃气空调设备投资的资金，由上海市节能减排专项资金安排。

2. 支持范围

2008 年 1 月 1 日～2012 年年底，在上海市范围内医院、宾馆、大型商场、商务楼宇、工厂等建筑物建成并投入使用，纳入上海市推进计划的单机规模 1 万 kW 及以下的分布式供能系统项目和燃气空调项目的单位。

3. 支持方式和标准

（1）对分布式供能系统和燃气空调项目单位给予一定的设备投资补贴，标准为分布式供能系统按 1000 元/kW 补贴，燃气空调按 100 元/kW 制冷量补贴。

（2）对分布式供能系统和燃气空调用户要优先保障天然气供应，并继续保持现有气价政策不变。遇上游天然气门站价格调整，实行上下游价格联动调整。

（3）对分布式供能系统、燃气空调项目的燃气排管工程，优先列入道路掘路计划。排管工程需在新建、扩建、改建的城市道路竣工后 5 年内或者大修的城市道路竣工后 3 年内的道路上开挖施工的，市、区县公路管理部门掘路修复费按现行市政定额标准收费（不收取加倍掘路修复费）。

（4）政府投资的重大基础设施建设项目，其设计单位要在可行性研究报告中，比选论证分布式供能系统和燃气空调的可行性，并优先考虑使用分布式供能系统和燃气空调方案。具备安装使用条件的，要优先使用分布式供能系统和燃气空调。

（5）经核准，建设符合《分布式供能系统工程技术规程》（上海市工程建设规范 DG/TJ 08-115—2008）并按照"以热（冷）定电"原则运行的分布式供能系统，电网企业要按有关规定接受并网，与项目单位签订并网协议，并积极提供相关服务。

（6）支持电力、燃气等能源企业和节能服务企业发挥技术、管理和资金等方面的优势，结合电力工业上大压小、燃气结构调整等工作，组建专业的能源服务公司。

4. 设备补贴资金申请程序

（1）申请设备投资补贴的项目单位向上海市推进燃气空调和分布式供能系统发展工作小

组办公室（该工作小组由上海市发展和改革委会同上海市建设交通委、上海市经济信息化委、上海市科委、上海市财政局等部门和单位组成，办公室设在上海市建设交通委燃气处，以下简称上海市推进办）索取分布式供能系统和燃气空调设备投资补贴申请表和分布式供能系统和燃气空调设备投资补贴确认表（统称申请表）。

（2）申请财政补贴的项目单位在项目建成后，要按规定完整填写申请表一式三份交上海市推进办，同时提交以下材料：

1）购机合同、购机发票（复印件）（如是外语的合同、发票，需有经翻译的中文件）。

2）有关项目的项目可行性研究报告以及项目核准或审批文件。

3）竣工验收报告。

4）企业法人营业执照（复印件）。

（3）上海市推进办自收到申请材料起 30 个工作日内，会同燃气企业进行调查核准，并将有关审核意见及专项扶持资金申请报告送上海市财政局。

（4）上海市财政局自收到有关材料后，按财政资金管理的有关规定，将补贴资金直接拨付到有关单位。

5. 计划编制程序

（1）各区县政府与燃气企业要在每年 8 月底前，编制分布式供能系统和燃气空调计划并报市推进办。计划包括发展台数、总制冷量或发电量和燃气需求量等数据。

（2）上海市推进办对各区县分布式供能系统和燃气空调计划进行汇总平衡后，编制全市年度推进计划，在每年 9 月底前报上海市节能减排领导小组办公室。

（3）上海市推进办在市减排领导小组办公室同意后，正式下达年度推进计划。各区县主管部门与燃气企业要按照下达的推进计划实施，并按季度向市推进办报送推进计划的落实情况。

（4）上海市推进办负责对推进计划实施进行检查与协调。

6. 部门职责

（1）建立专项扶持资金使用绩效跟踪考评和监督管理制度，落实部门管理责任。

（2）上海市发展改革委负责上海市分布式供能系统和燃气空调发展的协调推进工作，并组织对专项资金年度使用情况进行绩效评价。

（3）上海市建设交通委负责工作小组办公室的日常工作，组织制订和实施分布式供能系统和燃气空调推进计划，并对专项资金支持项目进行抽查和评估。

（4）上海市财政局负责资金的拨付，并与上海市审计局对专项资金的使用情况进行监督和审计。

（5）上海市经济信息化委、上海市科委负责进一步加大政策支持力度，组织相关设备制造企业、科研、设计机构开展对分布式供能系统和新型高效燃气空调新技术的攻关，促进关键设备国产化，提高系统集成水平，降低设备造价和系统维护成本。

（6）上海市消防局、上海市质量技监局、上海市安全监管局、上海市规划国土资源局、上海市环保局、上海海关等部门按职责做好相关工作，促进分布式供能系统和燃气空调的推广应用。

二、杭州市建委、经委、市财政局《关于加快推广使用溴化锂空调的若干意见》（2004 年）

（1）各部门、各单位要进一步认清杭州市抗缺电任务的严峻性、紧迫性和重要性，充分认识推广节电技术，是缓解供用电紧缺矛盾、让电于民的积极举措。要高度重视集中供热溴化锂制冷空调和燃气直燃型溴化锂空调的推广使用工作，有条件的部门和单位要改用溴化锂空调技术。

（2）杭州市各有关部门对在新建和改造项目中使用溴化锂空调的单位，要给予支持，并积极引导和推荐项目业主采用集中供热溴化锂制冷空调或燃气直燃型溴化锂空调，以减轻供电压力。

（3）杭州市各有关部门要结合当前安装用电负控装置工作，对已确定有条件安装溴化锂空调的单位，尽快安装负控装置，并认真督促具备安装和使用集中供热溴化锂制冷空调或燃气直燃式溴化锂空调条件的单位，尽快采用溴化锂空调。

（4）杭州市城建资产经营公司要组织和督促杭州市燃气有限公司和杭州市热力有限公司加大溴化锂空调应用市场开发力度，不断改进服务，采取有效措施加大市场营销力度，积极主动地做好推广应用工作。

（5）杭州市各有关部门要积极支持集中供热溴化锂空调和燃气直燃型溴化锂空调的使用和改造，加快新建、改建项目的审批工作，促进溴化锂空调技术的推广使用。

（6）对改造、使用溴化锂空调的企事业单位，参照企业技术改造有关政策，由同级财政按项目实际完成额的 8% 给予资助。

（7）对改造使用溴化锂空调后节电效果显著的企事业单位，经检查核定后，给予 10 万～30 万元奖励。

三、厦门市政府对企业使用冰蓄冷空调有补贴政策（2004 年）

为缓解全省电力供求矛盾，福建省物价局、经贸委出台相关政策，鼓励、推广冰蓄冷空调技术，对运用该技术的单位实行电价优惠和资金补贴。

冰蓄冷空调是一种先进的空调技术，使用冰蓄冷空调的企业，可以在用电低谷段制冰，在高谷段融冰，从而形成峰谷差价，节约用电成本，同时也缓解供电压力。

补贴政策对冰蓄冷空调用电实行特殊的峰谷电价，高峰、尖峰时段，执行用户对应用电类别的目录电价，低谷时段下浮 50%。2004 年和 2005 年两年内新建和改造冰蓄冷空调的用户将享受适当的资金补贴。

具体补贴标准为：新装冰蓄冷空调的，2004 年每千伏安补贴 200 元，2005 年补贴 100元；改建冰蓄冷空调的，2004 年每千伏安补贴 500 元，2005 年补贴 300 元；2006 年以后新建、改造的不再补贴。

第四节　做　好　规　划

一、做好规划的重要意义

（一）贯彻科学发展观

（1）全面的。涉及所在地区各类企业的发展。

（2）协调的。统筹安排政企之间，各级政府、各主管部门，各行业、各企业及广大人民群众之间的要求与利益。

（3）可持续的。远近结合，以五年规划与年度规划为主，兼顾中长期发展规划的要求。

（二）政府执行职能

（1）各级经济主管部门主要职能是制定规划；制定政策；加强执行力度；保护社会、公众利益，做到有所作为。

（2）其中规划是为制定政策，保护社会、公众利益服务的。

（3）应坚持以规划指导项目的原则，企业应自觉遵守这一原则，避免干扰政府科学决策。

二、燃气发电规划

电力规划设计总院曾组织调研组对苏、浙、沪、京、粤五省市进行调查，主要内容如下：

（一）江苏省

截至 2011 年底，江苏省电源装机 69918.1MW（不含省外），其中燃气发电装机 4063MW。为满足国民经济发展需求、有效增加电力供给，特别是进一步优化电力运行方式、促进电力节能减排，江苏省将于"十二五"期间逐步增加燃气发电装机容量，详见表 2-1 和表 2-2。

表 2-1　　　　　　　　　　**2010～2015 年江苏省电力供需表**　　　　　　　　MW，亿 kWh

序号	项目	2010 年	2011 年	2015 年
1	最大负荷	64040	69480	100000
2	装机容量	64580	69918.1	87500
2.1	水电	1137.8	1137.8	1137.8
2.2	煤电	54330	58575.3	63362.2
2.3	气电	3660	4063.0	12000
2.4	核电	2000	2000	2000
2.5	风电	1370	1581.3	6000
2.6	太阳能发电	90	395.9	800
2.7	其他	1992.2	2164.8	2200
3	全社会用电量	3499.3	3932.9	5600

注　1　水电装机数据含抽水蓄能机组。

　　2　2011 年公用气电装机容量约 3880MW，自备气电装机容量约 180MW。

　　3　2015 年，电力需求 1 亿 kW，考虑 15%备用，需要电力装机容量 1.15 亿 kW，其中区外送电 2250 万 kW，省内装机 8750 万 kW。

表 2-2　　　　　　　　　　**江苏省燃气发电项目明细表**

一、现役项目（12 台套，3880MW）				
序号	项目名称	装机容量（MW）	机组性质	投运年份
1	望亭燃机一期项目	390×2	调峰	2005
2	戚墅堰燃机一期项目	390×2	调峰	2005
3		200×2	供热	2011
4	华能金陵燃机一期项目	390×2	调峰	2006
5	张家港华兴燃机项目	390×2	调峰	2005
6	苏州工业园区蓝天燃气热电项目	180×2	供热	2005

二、在建项目（12 台套，2562MW）				
序号	项目名称	机组容量（MW）	机组性质	投运年份
1	华电吴江燃机热电联产项目	180×2	供热	2012

<table>
<tr><td colspan="5">二、在建项目（12 台套，2562MW）</td></tr>
<tr><td>序号</td><td>项目名称</td><td>机组容量（MW）</td><td>机组性质</td><td>投运年份</td></tr>
<tr><td>2</td><td>华电仪征燃机热电联产项目</td><td>254×3</td><td>供热</td><td>2012</td></tr>
<tr><td>3</td><td>国信淮安燃机热电联产项目</td><td>180×2</td><td>供热</td><td>2012</td></tr>
<tr><td>4</td><td>华能金陵燃机热电联产项目</td><td>180×2</td><td>供热</td><td>2012</td></tr>
<tr><td>5</td><td>大唐汾湖燃机热电联产项目</td><td>180×2</td><td>供热</td><td>2013</td></tr>
<tr><td>6</td><td>苏州工业园区北部燃机热电联产项目</td><td>180×2</td><td>供热</td><td>2013</td></tr>
<tr><td colspan="5">三、已开展前期工作的项目（13 台套，3231.4565MW）</td></tr>
<tr><td>序号</td><td>项目名称</td><td>机组容量（MW）</td><td>机组性质</td><td>投运年份</td></tr>
<tr><td>1</td><td>华电扬州燃机项目</td><td>400×2</td><td>调峰</td><td>2014</td></tr>
<tr><td>2</td><td>华电戚墅堰燃机扩建项目</td><td>400×2</td><td>调峰</td><td>2014</td></tr>
<tr><td>3</td><td>东亚电力无锡燃机项目</td><td>400×2</td><td>调峰</td><td>2014</td></tr>
<tr><td>4</td><td>东亚电力如东燃机项目</td><td>400×2</td><td>调峰</td><td>2015</td></tr>
<tr><td>5</td><td>华电维扬开发区分布式能源工程</td><td>16</td><td>分布式</td><td>2013</td></tr>
<tr><td>6</td><td>华电泰州医药城楼宇型分布式能源项目</td><td>0.2×2</td><td>分布式</td><td>2012</td></tr>
<tr><td>7</td><td>华电泰州医药城区域型分布式能源项目</td><td>15</td><td>分布式</td><td>2014</td></tr>
<tr><td>8</td><td>无锡太博酒店分布式能源项目</td><td>0.0565</td><td>分布式</td><td>2013</td></tr>
<tr><td colspan="5">四、拟开展前期工作的项目（1 台套，2326MW）</td></tr>
<tr><td>序号</td><td>项目名称</td><td>机组容量（MW）</td><td>机组性质</td><td>投运年份</td></tr>
<tr><td>1</td><td>待定</td><td>2326</td><td>供热</td><td>2015</td></tr>
</table>

注 现役项目统计数据只涉及 6B 及以上级别燃机。

（二）浙江省

截至 2011 年底，浙江省电源装机容量 60700MW（不含省外），其中燃气发电装机容量 3990MW。"十二五"期间，浙江省将逐步增加燃气发电装机容量，详见表 2-3 和表 2-4。

表 2-3　　　　　　　　　　　　2010～2015 年浙江省电力供需表　　　　　　　MW，亿 kWh

<table>
<tr><td>序号</td><td>项　目</td><td>2010 年</td><td>2011 年</td><td>2015 年</td></tr>
<tr><td>1</td><td>最大负荷</td><td>45600</td><td>53310</td><td>74500</td></tr>
<tr><td>2</td><td>装机容量</td><td>57280</td><td>60700</td><td>86710</td></tr>
<tr><td>2.1</td><td>水电</td><td>9690</td><td>9710</td><td>11400</td></tr>
<tr><td>2.2</td><td>煤电</td><td>34090</td><td>36820</td><td>49630</td></tr>
<tr><td>2.3</td><td>气电</td><td>3990</td><td>3990</td><td>13000</td></tr>
<tr><td>2.4</td><td>核电</td><td>3740</td><td>4400</td><td>6400</td></tr>
<tr><td>2.5</td><td>风电</td><td>250</td><td>320</td><td>1240</td></tr>
<tr><td>2.6</td><td>太阳能发电</td><td>3</td><td>4.045</td><td>80</td></tr>
<tr><td>2.7</td><td>其他</td><td>5517</td><td>5456</td><td>4960</td></tr>
<tr><td>3</td><td>全社会用电量</td><td>2821</td><td>3117</td><td>4300</td></tr>
</table>

注 水电装机数据含抽水蓄能机组。

表 2-4 　　　　　　　　　　　　浙江省燃气发电项目明细表

一、现役项目（16台套，3902.74MW）

序号	项目名称	装机容量（MW）	机组性质	投运年份
1	华电半山燃机项目	390×3	调峰	2005
2	浙能镇海燃机项目	394.6×2	调峰	2007
3	浙能萧山燃机项目	402.4×2	调峰	2008
4	国华余姚燃机项目	393.8×2	调峰	2007
5	琥珀德能燃机项目	56×2	调峰	2005
6	琥珀蓝天燃机项目	56×2	调峰	2006
7	琥珀京兴燃机项目	75	调峰	2006
8	宁波绿源燃机项目	52+36.5	调峰	2009
9	宁波科丰天然气热电联产项目	52.14	供热	2006

二、在建项目（8台套，254MW）

序号	项目名称	机组容量（MW）	机组性质	投运年份
1	华电杭州半山天然气热电联产项目	39×3	供热	2012
2	浙能萧山天然气热电联产项目	39	供热	2012
3	大唐绍兴江滨天然气热电联产项目	39×2	供热	2012
4	大唐江山天然气热电联产项目	10×2	供热	2012

三、已开展前期工作的项目（23台套，531MW）

序号	项目名称	机组容量（MW）	机组性质	投运年份
1	浙能镇海动力中心天然气热电联产项目	39×3	供热	2014
2	华电杭州下沙天然气热电联产项目	10×2	供热	2013
3	琥珀柯城天然气热电联产项目	10×2	供热	2013
4	华电龙游天然气热电联产项目	20×2	供热	2013
5	浙能常山天然气热电联产项目	10×3	供热	2013
6	琥珀安吉天然气热电联产项目	10	供热	2013
7	华电杭州江东天然气热电联产项目	39×2	供热	2013
8	浙能长兴天然气热电联产项目	39×2	供热	2013
9	浙能金东天然气热电联产项目	39×2	供热	2013
10	华能桐乡天然气热电联产项目	20×2	供热	2013
11	国电南浔天然气热电联产项目	10×2	供热	2013

四、拟开展前期工作的项目（　台套，　MW）

序号	项目名称	机组容量（MW）	机组性质	投运年份
1	—	—	—	—

注　现役项目统计数据只涉及6B及以上级别燃机。

（三）上海市

截至 2011 年底，上海市电源装机容量 25490MW（不含市外），其中燃气发电装机容量

3800MW。"十二五"期间，上海市将逐步增加燃气发电装机容量，详见表 2-5 和表 2-6。

表 2-5　　　　　　　　　　2010～2015 年上海市电力供需表　　　　　　　MW，亿 kWh

序号	项目	2010 年	2011 年	2015 年
1	最大负荷	26210	25490	37000
2	装机容量	18550	19900	25000
2.1	水电	—	—	—
2.2	煤电	14020	14070	—
2.3	气电	2580	3800	—
2.4	核电	—	—	—
2.5	风电	138	209	—
2.6	太阳能发电	6.7	6.7	—
2.7	其他	—	—	—
3	全社会用电量	—	—	1715

注　水电装机数据含抽水蓄能机组。

表 2-6　　　　　　　　　　上海市燃气发电项目明细表

一、现役项目（10 台套，3030MW）

序号	项目名称	装机容量（MW）	机组性质	投运年份
1	漕泾燃气热电联产项目	329×2	供热	2005
2	临港燃气电厂一期项目	403×2+423×2	调峰	2011（1～3 号）2012（4 号）
3	奉贤燃机项目	180×4	调峰	2006

二、在建项目（2 台套，1760MW）

序号	项目名称	机组容量（MW）	机组性质	投运年份
1	临港燃机项目	1640	调峰	2012
2	莘庄热电冷三联供改造项目	120	供热	2013

三、已开展前期工作的项目（7 台套，4000MW）

序号	项目名称	机组容量（MW）	机组性质	投运年份
1	崇明燃机项目	800	调峰	2013
2	闵行燃机项目	800	调峰	2013（1）2014（1）
3	南桥能源中心燃气热电联产项目	800	供热	2014
4	白鹤燃机项目	800	调峰	2014（1）2015（1）
5	吴泾九期燃机项目	800	调峰	2015

四、拟开展前期工作的项目（　台套，　MW）

序号	项目名称	机组容量（MW）	机组性质	投运年份
1				

注　现役项目统计数据只涉及 6B 及以上级别燃机。

（四）北京市

截至 2011 年底，北京市电源装机容量 6990MW（不含市外），其中燃气发电装机容量 2880MW。"十二五"期间，北京市将逐步增加燃气发电装机容量，详见表 2-7 和表 2-8。

表 2-7   **2010～2015 年北京市电力供需表**   MW，亿 kWh

序号	项目	2010 年	2011 年	2015 年
1	最大负荷	16660	15540	23500
2	装机容量	6070	6990	11000
2.1	水电	960	960	—
2.2	煤电	—	—	—
2.3	气电	1960	2880	—
2.4	核电	—	—	—
2.5	风电	—	—	—
2.6	太阳能发电	—	—	—
2.7	其他	—	—	—
3	全社会用电量	810	822	1150

注 水电装机数据含抽水蓄能机组。

表 2-8   **北京市燃气发电项目明细表**

一、现役项目（7 台套，1968MW）

序号	项目名称	装机容量（MW）	机组性质	投运年份
1	华润协鑫（北京）热电联产项目	150	供热	
2	京丰燃气发电热电联产项目	410	供热	
3	太阳官燃气热电联产项目	390×2	供热	2008
4	华电（北京）郑常庄热电联产项目	254×2	供热	2008
5	北京正东电子动力集团有限公司热电联产项目	120	供热	

二、在建项目（5 台套，3695MW）

序号	项目名称	机组容量（MW）	机组性质	投运年份
1	北京东南热电中心华能二期工程	923	供热	2011
2	北京西南热电中心草桥二期工程	838	供热	2012
3	北京东北热电中心京能燃气热电工程	845	供热	2013
4	北京东北热电中心国华燃气热电工程	845	供热	2013
5	未来科技城燃气热电冷联供工程	244	供热	2013

三、已开展前期工作的项目（4 台套，3087MW）

序号	项目名称	机组容量（MW）	机组性质	投运年份
1	北京西北热电中心京能燃气热电工程	1307	供热	2013
2	北京西北热电中心大唐燃气热电工程	1380	供热	2013

三、已开展前期工作的项目（4 台套，3087MW）			
序号	项目名称	机组容量（MW）	机组性质	投运年份
3	海淀北部燃气热、电、冷联供工程	200	供热	2014
4	通州运河核心区燃气热、电、冷联供工程	200	供热	2014
四、拟开展前期工作的项目（ 台套， MW）			
序号	项目名称	机组容量（MW）	机组性质	投运年份
1	—	—	—	—

注 现役项目统计数据只涉及 6B 及以上级别燃机。

（五）广东省

截至 2011 年底，广东省电源装机容量 81000MW（不含省外），其中燃气发电装机容量 10700MW。"十二五"期间，广东省将逐步增加燃气发电装机容量，详见表 2-9 和表 2-10。

表 2-9   **2010～2015 年广东省电力供需表**   MW，亿 kWh

序号	项目	2010 年	2011 年	2015 年
1	最大负荷	—	80000	110000
2	装机容量	71130	81000	—
2.1	水电	12600	12900	—
2.2	煤电	40830	50000	—
2.3	气电	5900	10700	—
2.4	核电	5030	6100	—
2.5	风电	620	1000	—
2.6	太阳能发电			
2.7	其他			
3	全社会用电量	—	4399	

注 水电装机数据含抽水蓄能机组。

表 2-10   **广东省燃气发电项目明细表**

一、现役项目（45 台套，10516MW）			
序号	项目名称	装机容量（MW）	机组性质	投运年份
1	东莞中电新能源热电联产项目	180×2	供热	2006
2	深圳前湾燃机项目	390×3	—	2006
3	大学城分布式能源站项目	78×2	分布式	2009
4	—	390×10+180×26+125×2	—	—
二、在建项目（10 台套，3270MW）			
序号	项目名称	机组容量（MW）	机组性质	投运年份
1	中海气电中山嘉明电厂天然气热电联产项目	390×3	—	2013～2015
2	中海气电珠海高栏港天然气热电联产项目	390×2	—	2013～2014

续表

二、在建项目（10 台套，3270MW）

序号	项目名称	机组容量（MW）	机组性质	投运年份
3	中电投珠海横琴岛天然气热电联产项目	390×2	—	2013～2014
4	国电中山民众天然气热电联产项目	180×3	—	2013～2014

三、已开展前期工作的项目（3 台套，7880MW）

序号	项目名称	机组容量（MW）	机组性质	投运年份
1	天然气调峰调频电厂项目	2730	—	—
2	天然气热电联产项目	4650	—	—
3	分布式能源项目	500	—	—

四、拟开展前期工作的项目（ 台套， MW）

序号	项目名称	机组容量（MW）	机组性质	投运年份
1	—	—	—	—

注 现役项目统计数据只涉及 6B 及以上级别燃机。

（六）建议

（1）应在能源发展规划和电力发展规划的指导下统筹利用燃气资源，并根据电力负荷和热（冷）负荷需求，科学合理地确定燃气发电规划。

（2）制定燃气发电规划时，应充分论证所在地区的气价、热（冷）价、电价、环境承受能力，以及燃气发电项目在电网调峰中所起的作用。

（3）以发电为主的燃气机组，必须为电网调峰；以供热（冷）为主的燃气机组，考虑到其对电网调峰的副作用，必须按照"以热定电"的原则进行规划，并合理制定热（冷）价与电价。

（4）燃气发电项目厂址不仅应邻近气网门站、城市气网或其他燃气气源，同时还应邻近供电、供热（冷）负荷中心。

（5）燃气发电项目大多位于重要负荷中心，应在项目可研阶段同步进行送出工程的可研工作。

三、热电联产规划

本部分内容是针对燃煤机组的，可供燃气机组参考。

（一）当前形势

1. 当前形势与存在问题

我国一直重视发展热电联产和集中供热，曾先后出台过很多鼓励和支持政策。1998 年原国家计划委员会等部门联合下发了《关于发展热电联产的若干规定》；2000 年原国家计划委员会等部门又作了必要的修改，并配套出台了《热电联产项目可行性研究技术规定》（以下简称原规定）。至 2007 年末，供热机组总容量为 10091 万 kW，占火电装机容量的 18.15%，占全国发电机组总容量的 14.05%。全国年供热量为 259651GJ，供热标准煤耗率为 40.50kg/GJ，供热厂用电率为 7.46kWh/GJ。

近几年来，由于电力工业体制改革，厂网分开；投资体制改革，采用项目核准制；以及宏观调控，不少产业政策相继明确与修改；特别是电价改革，从原来的"成本加法"向"边际电价法"过渡和煤价放开，不少热电联产企业经营出现困难，有一些外资打算撤资，产生了"热电联产事业举步维艰"的现象。

从总体上看，改革的方向是正确的，问题出在热电联产发展的思路上。过去重视的是发电能力和年发电量，希望"以电养热"，即重视"数量"的发展；从科学发展观的角度看，应改为"节能、环保与经济效益的和谐统一"，努力建设资源节约型、环境友好型和经济效益型的热电厂，即重视发展的质量与效益。

通过思路的转变、政策的导向和措施的落实才能解决以下四个问题：

（1）解决大、小热电的问题。需要从规划上着手，促进热电联产项目做大，能够选用较大容量、较高参数的机组。

（2）解决真、假热电的问题。主要通过机组比选和严把核准关，解决"小凝汽机组"（含小抽汽机组）屡禁不止的问题。

（3）解决好热价和电价的关系。主要是确保热电企业供热收入，从利益机制上转变热电联产项目"重电轻热"的观念，实现热电厂发电竞价上网。

（4）解决供汽和采暖负荷的区别问题。通过正确对待两类热负荷的特点，有的放矢，促进热电联产健康有序发展。

2. 热电联产规划与机组选型

热电联产规划是城市供热规划的组成部分，重点是解决热源布局问题，其与热网规划相互依存。它以城市总体发展规划为指导，并应与建设规划、能源规划、环境治理规划等专项规划相协调。大、中、小型城市以及相对独立的工业区都要编制。

过去受编审条件的限制，城市供热规划中，热源部分十分简单，缺乏多方案比较与论证。为此，建议改为有相应电力咨询和设计资质的单位编制，其内容深度应满足规定要求，并由省级政府投资主管部门组织审查并批准，报国家发展和改革委员会备案，以便开展项目可研、申请进入三年滚动发展规划与进行项目核准工作。

热电联产规划工作与规划范围内热电厂的初可报告均应依据中长期电力发展规划进行编制，两者相互依存，密不可分；应同步安排，紧密配合。

为了使热电联产项目做大，需要采取以下措施：

（1）对于燃煤热电厂，特别是当采用凝汽采暖两用机组时，在技术经济合理的前提下，热源应尽量集中，以扩大热电联产项目规模，选用较大容量、较高参数的机组。

（2）热源布局优化要突破现有管理及投资体制，打破地区与行业界限。城市热电厂可以对周边工矿企业供热；工业区和自备热电厂也应从城市供热角度出发，考虑向周边地区供热的合理性。

（3）与原规定相比，从现有技术条件与实践经验出发，供热半径可以比原规定适当放大。蒸汽管网放大到5～8km；热水管网放大到15～20km。

现有供热机组大致可以分为两大类型：

（1）常规供热机组。从20世纪50年代开始，为了发展热电联产事业，从苏联引进了供热机组标准并进行了研制，它包括单抽（工业或采暖）、双抽和背压机组。

这些机组的特点是：

1）单机容量为50MW及以下；相应进汽参数为高压及以下。

2）与同功率凝汽机组相比，高压缸进汽量增加至150%～200%，确保它们在抽、排汽时仍能满发。

3）当抽汽量适中时，机组可以超发，因此，25～50MW 的抽汽机组，配套发电机为 30～60MW。

在半个世纪的实践中，这类机组有了很大的发展，主要包括：

1）进口双抽机组额定功率已达 142MW，发电机配 165MW。

2）50MW 及以上机组已采用超高压参数。

3）出现了抽汽背压型机组。

这类机组通常采用母管制、非再热，机炉容量不要求一一对应，应综合平衡。

（2）抽凝两用机组。从 20 世纪 70 年代开始，出现凝汽采暖两用机组，其特点是：

1）单机容量为 125MW 及以上，相应参数为超高压或亚临界。最先出现的是对现有 100MW 高压机组进行改造，现已很少采用。

2）以凝汽机组为原型，有中间再热，所配高中压缸与锅炉均保持不变，故多抽汽则少发电。

3）在凝汽工况时效率较高，由于多采用从中低压缸连通管上加三通、装蝶阀方式对外供热，故在抽汽工况时效率下降，由于受分缸压力限制，抽汽压力往往偏高。

4）采用单元制，一般一机配一炉。

这类机组由于工程需要已有双抽机型出现，即兼供采暖及工业用汽。应该指出，这类机组不宜大量带稳定的工业负荷，只适于带少量（调峰或备用）工业用汽。因为：

1）采暖抽汽压力低，对机组发电容量影响小，由于采暖期不长，对全年发电量影响更少；而工业用汽压力高，全年相对较稳定，影响较大。

2）在工程实践中曾经作过比较，当工业抽汽量达到 160t/h 时，如果加配一台 25MW 的背压机，再装一台 220t/h 的高压炉与 200～300MW 的凝汽采暖两用机组组合供热，不仅本身可发 25MW，凝汽采暖两用机组发电能力也可减少 45MW，合计而增加的投资仅 1 亿元，虽然电厂运行复杂一些，但仍比较合算，现已有建设实例。

按照现行产业政策：

（1）有条件时，应选用 200MW 及以上的抽凝机组，特别是 300MW 及以上的凝汽采暖两用机组。因为在采暖季节节能效益显著；在非采暖季节与电网内同期安装的凝汽机组（以下简称替代机组）相比，负面效应有限；全年发电能力与发电量影响较小。此时，对热电比的要求可以适当放松，从长远看可以满足即可。

（2）如采暖负荷较小或主要供工业用汽时，应优先采用 50MW 及以下的背压或抽汽背压机组，与原规定不同，即使热负荷波动或季节性采暖也应优先考虑。因为：

1）背压机组利用压差发电，相当于旋转中的减压减温器，只要锅炉能正常运行，可以调节，背压机也就能够正常运行和调节。

2）目前，纯背压机组的电厂较少，在最近统计的 61 个电厂中只占 3～4 个，这项统计与现存的思路与原规定有关，但说明这种方案从实践上也是可行的。据了解，不乏原审定装 2 台背压机，但项目法人自行改为 1 抽 1 背的实例；也不乏将抽汽机改背压后，扭亏为盈的经验。

3）关键在于做好多方案比选，做好节能、环保和经济效益三项评价。

（3）除利用余热、余气等资源发电的项目外，原则上不再采用次高压及以下的抽汽机组。

对于高压 25～50MW 的抽汽机组，以及 100～125MW 级的抽凝两用机组，只有通过三项评价，并经全面技术经济比较认为比纯背压机方案确实优越时，方可推荐，并送国家发展和改革委员会核准，以体现从严控制。

从长远看，应发展大型高效专用供热机组，包括：

（1）以采暖负荷为主时，仍采用凝汽采暖两用机组，但应解决调节方式落后、抽汽压力高导致供热工况效率下降等问题。

（2）以工业负荷为主或两类负荷比重相近时，应适当增大高压缸和锅炉容量，或减少发电机容量，使发电机常年能够满发。为此，应组织调研，制定标准并进行试制。

3．做好三项评价

（1）比较标准。热电联产方案过去多与平均发电煤耗比，与分散小锅炉比，这样做并不能真正体现节能、环保和经济效益的和谐与统一。它应该与热电分产方案相比，以同时期安装的集中供热锅炉房和替代机组为比较对象，当然，对象要因地制宜，随电网大小与城市规模有所区别。

（2）能源效率评价。节约资源尤其是节约能源已成为基本国策。目前，我国燃油大量进口，形势严峻。国家"十一五"计划要求，按 GDP 计算，能耗要求降低 20%。

抽汽或抽凝两用供热机组可以看成背压机组与凝汽机组的复合机组。其背压发电部分标准煤耗可以低于 200g/kWh，显然是节能的；但其凝汽发电部分，如采用次高压及以下参数，标准煤耗将为 500g/kWh 左右或者更高，即使采用 25～50MW 高压机组或 125MW 超高压机组，标准煤耗也将达到 400g/kWh 左右或者更高，远远超过安装替代机组的标准煤耗，即呈负面效应，需要分别计算。除了能源效率评价外，在方案优化时，其他资源的合理利用也应进入方案比较，以体现循环经济的要求。

（3）环境影响评价。保护环境也是基本国策之一，对于城市形势尤为严峻。为此，在热源布局和机组选型的多方案比较中，应从保护环境角度进行认真分析，对于采暖负荷，在采暖季节能够节能，有正面的环境效益；在非采暖季节有可能不节能甚至多耗能源，特别是对直辖市而言，热电厂多建于城、近郊区，而替代机组则按规定不能建于城、近郊区，故均应分季节、分地区分别计算。

（4）经济效益评价。热与电是两种属性不同的商品，热为公益性产品，由政府定价；电为竞争性产品，通过电价改革，最终应实现竞价上网。

新中国成立以来，热电厂的热价与电价一起采用"成本加法"，并采用"热量法"划分热、电成本。由于这种办法把热电联产的效益基本上归于发电，受到不少专家的质疑与反对，并提出"实际焓降法"、"火用分析法"，并展开争论。目前，电价改革已从"成本加法"转变为"边际电价法"，即同一地区、同一时期、同类电厂采用相同的上网电价。此时，在电力设计部门中，原来采用的按照"补偿成本，依法纳税，合理回报"的原则为每一项目求出含税上网电价的办法，已改为按照规定的上网电价计算出该项目可能的资本金回报率，由投资方决策是否建设。

这一改革可以解决多年来热电成本如何分摊的难题，因为只要输入规定的上网电价和热价即可求出资本金回报率，总成本无须在热与电之间进行划分。

政府在确定热价时，应遵循以下原则：

1）由地方政府价格主管部门制定公平、合理的价格，给予与集中供热锅炉房同等的政策、税收和定价等优惠条件。在热电联产规划、初可研、可研阶段，政府应出具承诺文件，作为经济评价的依据并实现煤热价格联动、同等催交欠费。

2）该价格应与新建集中供热锅炉的热价测算相当，但可考虑热电厂选厂条件较为苛刻，与集中供热锅炉房相比，热网输送成本之间的差异。

电网公司应支持热电联产事业，除采用相同的上网电价外，还应该：

1）承认凝汽采暖两用机组多抽汽可调出力下降，最低出力上升以致调峰幅度将减少的特性，在采暖季节仍给以凝汽机组相同的负荷率，使其全年发电利用小时数能与凝汽机组持平。

2）由于热电厂也处于电负荷中心，一般出线电压低，送出工程投资少，可否适当考虑这一特点，研究给予可能提供的优惠。

4. 前瞻性与实用性相结合

（1）在编制规定时，已注意积极采用新技术。例如：

1）积极鼓励和引导用户利用热电厂提供的热媒进行公用建筑和有条件的居民小区集中制冷，以提高热电厂全年平均热效率，降低电空调在电力负荷中所占的比例，提高能源综合利用效率，同时降低社会投资成本。

2）当有条件采用天然气等气体燃料进行采暖时，应优先建设热电冷分布式能源站。

3）发展大型高效专用供热机组。

（2）在编制规定时也已注意因地制宜，不搞"一刀切"。例如：

1）对于燃煤热电厂，特别是当采用凝汽采暖两用机组时，在技术经济合理的前提下，热源应尽量集中，但如采用背压机组，集中程度可能稍低一些更为优化；至于当采用天然气作为采暖用燃料时，更宜推荐建设热电冷分布式能源站。

2）对于规划范围内已有的发电厂，多面临关停问题，为了充分利用其厂址资源，应研究通过技术改造实现热电联产的可能性。但从热源布局角度看仍应合理，机型选择也应适宜，能够通过三项评价。

3）为了节约能源，应首先充分利用规划范围内企业的余热、余气等资源，此时，如果资源大于供热要求，可以安装抽汽机组，但不应采用补充煤或气体燃料的方法来扩大其发电能力。

4）在编制采暖和热水负荷时，应考虑太阳能热水系统在建筑领域推广应用的影响。

（二）城市热电厂热电联产规划

1. 如何落实热负荷

（1）概述：

1）热负荷按时段分为现状、近期和远期，必要时还可以增加中期一挡。

2）热负荷以城市总体规划和供热专项规划为基础，热电联产规划的时段宜与城市相关规划一致。即现状为编制前一年或当年；近期为3年，即接近投产年限；中远期为5～10年或更长一些，一般间隔5年。

3）热电联产规划的编制单位对城市相关规划的热负荷应进行供热范围优化，动态调整与进一步落实，不能单纯采取"拿来主义"。

4）城市热负荷中除采暖外，还应积极收集和研究供应制冷和生活用热水负荷，以提高非采暖期机组运行的经济性。

5）除城市建筑采暖外，还应积极收集和研究工业用汽负荷，区分用蒸汽采暖的工业负荷与用热水采暖的热水负荷，不应重复计列，以利于统一规划；减少热源数目；提高非采暖期机组运行的经济性，达到节能、环保和经济效益的统一。

6）应提供最大、最小、平均热负荷。

（2）现状热负荷：

1）确定供热区域的范围，一般以供热专项规划推荐意见为准，但可以进一步优化调整。

2）阐明规划区内的人口（户籍、常住与流动）、占地面积、现有建筑面积。人均面积一般以户籍或常住人口为分母。

3）热指标采用统计值。

4）阐明集中供热普及率及热电联产系数。

5）阐明热网情况、供热参数及运营方式等相关情况。

（3）近期热负荷：

1）规划区的范围与人口以审定的相关规划为准。

2）人均建筑面积应实事求是。以天津市主城区为例，目前按常住人口计算，约为 $30m^2/$ 人，除居住外，已包括商业等公用建筑。而静海县城因人口少，平房多，目前约为 $40m^2/$ 人。随着城市化的进程，人口增加，人均居住条件改善和平房改楼房，这些数字会有变化，但不可能急剧改变，如大连市区七年间拟从 $27.7m^2/$ 人增至 $48.3m^2/$ 人，需要落实。

3）建筑能耗应区分住宅、公用建筑与厂房，并应体现建筑节能要求，逐年下降。天津滨海新区供热规划中，目标是住宅 $35W/m^2$，公用建筑 $50W/m^2$，如按照 72:28 计算，相当于 $39W/m^2$ 的水平。大连市区因工厂厂房较多，住宅区仅占到 65%。

（4）远期热负荷。落实远期热负荷的原则与做好三项评价基本相同。与此同时，还应考虑：

1）采用低温采暖、热泵利用等新技术。

2）发展可再生能源与清洁燃料以及电热锅炉等技术。在天津滨海新区供热规划中，规定从长远看，清洁燃料将达到 10%，可再生能源（如地热等）将达到 15%，明确了方向与目标。

3）努力发展制冷与生活用热水负荷，实现热、电、冷三联供。

2. 充分利用现有设备

（1）概述：

1）在现有热负荷条件下，供需一般是平衡的。因此，在热电联产规划中，应对现有热源进行调查和充分描述。

2）大中型热电联产项目，从规划到建成，一般需要 3 年以上的时间。因此，在热电联产规划中应对正在建设的热源进行调查和充分描述，确保在这段期间，供需仍能继续平衡。

3）现有设备大致可以分为：入户采暖设备和 7MW 以下的分散锅炉房（分散供热），7MW 及以上的集中供热锅炉房，小型热电厂（单机容量为 100MW 及以下，主蒸汽参数为高压及以下），大中型热电厂（单机容量为 125MW 及以上，主蒸汽参数为超高压及以上），可再生能源及清洁燃料以及余热、余压和余气的利用。

2009 年，新投产的余温余压等循环利用发电即达到 10.9 万 kW。

4）只有扣减以上热源中拟保留的部分，才是真正的项目设计或规划热负荷。

（2）入户采暖设备和 7MW 以下的分散锅炉房：

1）这是首先要拆除或改造的设备，它所占的比重用（1-集中供热率普及率）来表达。

2）平房区的改造与分散锅炉房的拆除，受经济条件与分散程度的限制，只能逐步实现，受居民经济承受能力的约束，上楼后不一定能维持原有的人均面积。

（3）集中锅炉房：

1）应分阶段按照节能、环保效益大小与热电联产机组投产速度逐步拆除。首先拆除相当于蒸发量为 10～20t/h 的效率较低的小锅炉。

2）按照带尖峰及做备用的需要，适当保留一些符合环保要求及效率较高的蒸汽锅炉或热水锅炉。

（4）小型热电厂：

1）按照上大压小和节能的要求，小凝汽机组与小抽汽机组应坚决拆除，否则，在节能调度的原则下，与小背压机组相比，在非采暖季节不能多发电量，在煤价上涨，特别是上网电价要分阶段降至标准电价的形势下，由于煤耗高，从电厂效益出发，也无保留的必要。静海电厂现有 2×25MW+1×12MW 机组，非采暖季节只开一台，供应 15t/h 工业用汽，年标准煤耗仅 310g/kWh，说明了上述认识的作用及改为小背压机组的必要性。

2）为了充分利用现有设备，包括中压热电厂，特别是高压热电厂，锅炉与发电机均可保留，拆除凝汽机组或抽汽机组，改装背压机组。这样做，不仅落实了上大压小的政策，不可能再高能耗发电；而且背压机组标准煤耗在各类机组中最低；还可以保持供热不中断，利用非采暖季节进行改造，对供暖无影响，既可以不必"先建后拆"，也可以继续利用电厂人力等资源，保持安定团结。

3）低真空供热的汽轮机，在采暖季节，实质上是背压运行，无冷源损失，这也是静海热电厂年均标准煤耗低的另一个原因。为了保证不会凝汽运行，按照上大压小的要求，应拆除原来配套的冷却塔等凝汽发电设施，使它彻底成为背压机组。由于其供水温度低，特别适用于低温采暖（如利用地板采暖）；也可以与常规采暖区串联运行或用混水方式运行，即用常规热网系统的回水供低温采暖，提高同口径管道的供热能力，降低煤耗。

4）改造后的小型热电厂与集中供热锅炉房相当，也要通过环境评价，增加必要的治理措施。

（5）大中型热电厂：

1）城市周边，在供热半径允许范围内的凝汽式发电厂，应研究向附近市区供热的可行性。在规划时，应仍列入可利用的热源，通过可研工作，给以必要的政策，使它在技术上和经济上可行。

2）城市供热区域内现有的大中型热电厂，其小型机组可以参照前述意见；其中型机组（指 125MW 和 200MW 机组）可以保留，或改为背压机组，以增大其供热能力，提高全厂的热经济性。

3）现有热电厂要通过规划与可研工作，研究其规划容量或最终规模，充分利用其厂址条件，达到热源要少、规模要大的目的。

4）根据供热参数和总体热源布局要求，现有热电厂还可以同步建设或预留扩建尖峰热水锅炉的条件。

（6）其他热源：

1）利用清洁燃料、可再生能源及余热、余压和余气等热源，应继续保留。

2）在规划中还应为此留有一定的份额，参与平衡，以鼓励其发展。

3. 优化规划布局

（1）三级规划：

1）从城市规划角度看，有城市总体规划。供热专项规划和热电联产规划，应明确各级规划的任务及相互关系。

2）从供热地区角度看，有市级（直辖市或地级市）、县级（直辖市的区、县，地级市的主城区、县级市与县）和划定的供热地区三级，这三级规划编什么、做到什么深度也应提出推荐意见。

3）从天津市的调查出发，配合总体规划应有供热专项规划，它需要解决以下问题：

a）现状、近期和远期分片的热负荷；

b）现有热源调查；

c）解决本规划区供热问题的方针、政策与指标要求；

d）初步可行的热电联产热源；

e）供热区域划分的推荐意见。

4）仅为已划分的特定供热地区，根据需要和可能，分步编制热电联产规划。它以审定的供热规划为依据，动态调整和进一步落实热负荷；研究现有设备如何充分利用；对规划的供热范围和热源布局进行优化；对热电联产项目机组选型进行多方案比较；提供节能、环保的经济效益比较及推荐结论；提出为实现规划所需的政策与措施，即按现行规定要求，由有资质的单位，做到要求的深度。

5）如果按大行政区进行热电联产规划，范围太广，每个供热区域的内容深度不同，难以满足要求。如果供热专项规划已能满足开展热电联产规划的前提，可以直接按需要，逐步编制每个供热区域的规划。

6）在编制供热专项规划和热电联产规划时，必须从全局出发，优化供热区域划分意见。以静海县为例，原供热规划了6个功能区，分别解决热源与热用户的平衡问题，从初步分析看，根据供热半径有可能改为2～3片，进行整合；在静海主城区，原来的静海热电厂只规划了4片域区，未计入周边的工业区和发展区，也应进行调整。再以滨海新区为例，原规划为6个供热区，也建议优化重组为4个供热地区，在一个供热地区内可以有多个热源，联网运行。而大连新区原规划分为7片，从热电厂供热能力看，也可以减少。

7）条件合适时，供热规划与热电联产规划可以合并编制，但应满足两类规划规定的要求。

8）单一热源并仅安装背压机的项目，可以不编热电联产规划。

（2）原则：

1）为使热源集中、规模做大，能够安装大容量、高参数机组，在半径10km范围内，除非单个热源容量受限制，不应设置第二个大中型采暖热电厂。

2）从技术条件出发，国外已有从数十千米外供热的实例，哈尔滨第三发电厂计划供热到哈尔滨市松北地区，主管线长度为22km，已证明从经济上也是合适的，对于现有热源或向边远地区供热，可以不受10km供热半径的限制。

3）大中型凝汽采暖供热机组，应只承担50%～70%的采暖负荷，此时，其年供热量已占64%～90%，其余的热负荷可由其他热源承担，实现供热方式多样化，达到最佳节能、环保和经济效益。

4）其他热源包括：

a）保留的尖峰热水锅炉或蒸汽锅炉（加热交换器供热水）；

b）保留的小型热电厂（已全部改为背压机组）；

c）大中型热电厂内保留的小型锅炉（已改配背压机组）；

d）大中型热电厂内建设的尖峰热水锅炉；

e）利用清洁燃料、可再生能源和余热、余压、余气供应的热量。

5）城市热电厂在供应采暖负荷的同时，要发展制冷和生活热水负荷；还要兼顾可能的工业用汽。

6）城市热电厂的总规模受到电源发展规划的制约。某省在供热规划中，几乎每个县都拟建设 2×300MW 机组，少数也要建 2×200MW 机组，大型或特大型城市更规划了若干个热电厂，致使总规模达到 80GW，如果该省每年开工建设火电项目 4GW，即使除热电厂外一律不建，也至少要 20 年才能实现，但这是不可能的，说明这样的方针是不现实的。

4. 机组选型

近年来，从可批性与灵活性相结合出发，已形成了 2×300MW 级机组申请核准的高潮。这不仅为电力规划所不容，而且也未体现因地制宜的合理要求，根据城市规模与采暖负荷的大小，可以分为以下六种选择：

（1）特大型城市，特别是 150 万～200 万人口以上（或采暖建筑面积超过 4000 万 m^2）的城市，尤其是对于扩建工程，在热网联系坚强，一台机组停用，能够保证 60%～75%的采暖负荷，即除最冷月外，在不影响室内温度的条件下，可以安装 600MW 级机组，天津市目前已按该原则规划，在主城区与滨海新区的一批热电厂中，扩建工程均推荐安装 600MW 机组，大连市也有类似规划。哈尔滨汽轮机厂提出，不论采用现有机组的 1.0MPa 抽汽压力，通过后置汽轮机供基本和尖峰热网加热器用汽的方案；还是高中压缸改分缸，中压缸采用双流，增加排汽管数和通过面积，以降低采暖抽汽压力的方案，每台机均可供汽 900t/h 以上。对于 600MW 机组，从宏观调控出发，应从严控制，以免出现申请建设 2×600MW 热电工程的浪潮。

（2）大型城市，总的供热面积达到 1800 万 m^2 以上，仍可考虑安装 2×300MW 机组。供热面积更大时，也可考虑与背压机组组合。

（3）当供热面积不能满足要求时，如果 2×200MW 机组抽汽能满负荷运行，而且年均供电煤耗能超过 310g/kWh，即年能源利用率超过 50%时，经论证和审批，也可采用 2×200MW 机组。此时，采暖建筑面积大约相当于 1200 万 m^2。由于 200MW 机组煤耗较高，为避免不长时间内就面临上大压小，需要慎重对待。

（4）扩建电厂，当开工规模受限时，可以先上一台机组，过几年再上第二台。

（5）供热面积较小的中小型城市，可以先上集中锅炉房供热，有条件时再上发电机组。

（6）对于中小型城市，特别是供热面积相对较大、采暖期相对较长的城市，可以研究用小型蒸汽锅炉配背压机加尖峰热水锅炉组合供热的方案。此时，背压机组的供热能力可以只占一半左右，相应的年供热量占 74%左右，其余由尖峰热水锅炉供应。

5. 问题

（1）无论是现有小型热电厂改为纯背压机供热，还是为中小城市推荐背压机加尖峰炉的方案，都会遇到非采暖期停运带来的诸多问题。

首先要转变观念。过去认为热负荷稳定用背压机组，不稳定用抽汽机组，以保证其发电出力。由于采暖负荷是季节性的，在采暖期间，随气温变化也很大，理所当然应采用抽汽机组，不用背压机组。现在看，小型抽汽机组耗能大，是关停对象；即使保留，出于节能调度也难以多发电量；何况煤价上涨，热电厂上网电价维持标杆电价，多发多亏，已成为一条死路。而安装背压机组，本质上是为了节能而不是发电，相当于在集中供热锅炉房安装了一套旋转的减压减温器，以回收电能，只要它比锅炉房多用的建设投资能用售电收入收回，就是合理的。

其次是要开源。通过供应工业用汽、制冷和生活热水负荷，采取非采暖季节不要全厂停机。

再次是政策上要扶植。地方政策给集中锅炉房的热价、补贴或优惠政策应相应地给小型热电厂，基于显著的节能效益，如果能基本上按照集中锅炉房的建设标准控制工程造价，它在经济上应该是合算的。

最后，只要经济上合算就会有投资主体，如果能够在政策上优惠或引导，就更应能够解决。按照现行规定，背压机组不占开工规模，所发电量全额上网；如果加上明确小背压机组不属于上大压小范围，下放核准权，鼓励地方投资主体投资，必要时对中央投资主体加以引导，相信它们会因地制宜地迅速成长起来。

非采暖季节人员如何安排会面临与集中供热锅炉房相似的问题，根据现有的经验，可以采用以下措施：

1) 自身承担检修，集中放假。以火电厂目前实行的五班四运转为例，加上交接班与学习，年工作小时数约为 1900h。如果小型热电厂采用四班三运转，每周休息 1 天，每个月 200h；自身承担检修 2 个月，集中休假 2 个月，也计 200h，即当采暖期为 4 个月时，工作时间已达 1200h，大致为 2/3；当采暖期为 6～7 个月时，工作时间已达 1800～2000h，与正常工作大致相当。

2) 开展多种经营，包括承担热力公司的任务，灰渣、石膏综合利用，以及自己承担扩建施工任务等。

3) 全年制用工（骨干）与季节性用工相结合，给季节性用工一定补偿，使其年收入有吸引力。

（2）无论地方政府还是热电企业均希望保留原定热电电价，即采用"成本加"的办法，为热电企业制定高于标杆电价的上网电价。

（3）认真执行节能调度，使小凝汽机组和小抽汽机组均无法生存，达到节能和上大压小的目的。

（4）热网建设结合市政建设，局部地段要适度超前，以避免反复修建，多花钱，影响交通。

（三）工业区热电厂热电联产规划

1. 如何落实热负荷

（1）概述：

1）热负荷按时段分为现状、近期和远期，必要时还可以增加中期一挡。

2）热负荷以工业区总体规划和供热专项规划为基础，热电联产规划的时段宜与工业区相关规划一致。即现状为编制前一年或当年；近期为 3 年，即接近投产年限；中、远期为 5～10 年或更长一些，一般间隔 5 年。

3）热电联产规划的编制单位对工业区相关规划提供的热负荷应进行动态调整与进一步落

实，不能单纯采取"拿来主义"。

4）工业用汽按供汽压力和温度的要求，一般可分为四类，即：

a）工业用汽轮机驱动用汽。用汽点压力主要为 3.43MPa，也有 8.8MPa 和 2.35MPa 的用户。对用汽点的温度也有较严格的要求。

b）中压工业用汽。当工艺要求需加热工质至 200℃ 左右时，需要 2.0MPa 左右的抽汽，在工业区内，一般所占份额不大。

c）低压工业用汽。即传统 0.8～1.3MPa 或 1.0～1.6MPa 抽汽供应范围。

d）保暖用汽。用于设备、储罐保暖和厂房采暖等处，一般在 0.3MPa 以下。

在热负荷统计时，应先分类，即按供汽压力进行调查和叠加，并考虑一定的同时率。

5）工业用汽也应划分采暖与非采暖季节，体现保暖用汽的差别；并提供最大、最小、平均值，体现热负荷的稳定程度。

6）工业区热电厂也应向周边热用户供热，以减少热源点，取得更好的节能、环保和经济效益。因此，还应统计工业区内外的采暖、制冷和热水负荷，以及其他可能供应的工业用汽。

（2）现状热负荷：

1）切忌按锅炉蒸发量进行统计。由于锅炉蒸发量要有裕度和备用，它将远大于实际供汽量。

2）要根据规划布局、产业政策和市场需求对现状进行分析，作为预测今后数年热负荷的基础。

（3）近期热负荷。由于工业区是政府搭台，企业唱戏，加上核准要求，热用户存在许多不确定因素。故应区分为：

1）已有企业达到设计生产规模时要求的热负荷；

2）已核准并正在建设项目；

3）已核准项目；

4）正开展前期工作中的项目；

5）已列入工业区规划的项目。

应根据项目类别分别进入近期与远期，一般前三类可以进入近期规划，其热负荷比较落实。

（4）远期热负荷：

1）近期热负荷是设计热负荷，是编制热电联产近期规划和热电联产项目本期建设规模和机组选型的依据；而中远期热负荷，是规划热负荷，是编制热电联产远期规划和热电厂规划容量及分期建设的依据。

2）中远期热负荷中可以计入已列入工业区规划的项目，特别是已开展前期工作的项目。

2. 充分利用现有设备

（1）概述：

1）在现状热负荷的条件下，供需一般是平衡的，因此，在热电联产规划中应对现有热源进行调查和充分描述。

2）大中型热电项目，从规划到建成，一般需要 3～5 年。因此，在热电联产规划中，应对正在建设的热源进行调查和充分描述。确保在这段期间，供需能继续平衡。

3）现有设备大致可以分为：

a）工业用汽锅炉；

b）小型热电厂（单机容量为100MW及以下，主蒸汽参数为高压及以下）；

c）大中型热电厂（单机容量为125MW及以上，主蒸汽参数为超高压及以上）；

d）清洁燃料、可再生能源以及余热、余压、余气等资源利用。

4）只有扣减以上热源供汽能力（拟保留部分）以后，才是真正的项目设计或规划热负荷。

（2）工业用汽锅炉：

1）应分阶段按节能、环保效益大小与热电联产机组投产速度逐步拆除。首先拆除10t/h以下的小锅炉，再拆除低压和次中压锅炉。

2）按照带尖峰、作备用以及满足工业用汽轮机驱动用汽及中压蒸汽的需要，作为保留与否的判据。

3）环保不过关或需要很大投入的锅炉房，应优先拆除。

（3）小型热电厂：

1）按照上大压小的要求，小凝汽机组与小抽汽机组应坚决拆除，否则在节能调度的原则下，与小背压机组相比，基本上不能多发电量；在煤价上涨，特别是上网电价要分从阶段降至标杆电价的形势下，由于煤耗高，从电厂效益出发，也无保留的必要。

2）为了充分利用现有设备，包括中压热电厂，特别是高压热电厂，锅炉与发电机可以保留，拆除凝汽机组与抽汽机组，改装背压机组。这样做，不仅落实了上大压小的政策，不可能再高能耗发电；而且背压机组标准煤耗比大中型凝汽供热两用机组的标准煤耗还要低；它还可以保持供热不中断，不致对用户造成不良影响，即可以不要求"先建后拆"；还可以继续利用电厂人力等资源，保持安定团结。

3）改造后的小型热电厂与集中供汽锅炉房相当，也要通过环境评价，增加必要的治理措施。

（4）大中型热电厂：

1）工业区已有的大中型热电厂，其小型机组可以参照前述意见处理；其中型机组（指125MW和200MW机组）可以保留，或改为背压（含抽背，下同）机组，以增大供汽能力，提高全厂的热经济性。

2）工业区周边，在供汽范围以内的凝汽式发电厂，应研究向工业区供应低压工业用汽及保暖用汽的可行性。

（5）其他热源如下：

1）利用清洁燃料、可再生能源及余热、余压和余气等热源，应继续保留。

2）在规划中还应为此留有一定的份额，参与平衡，以鼓励其发展。

3. 优化规划布局

（1）工业区应有总体规划，必要时应深化，即编制供热专项规划。

（2）工业区拟建的公用热电联产项目，应以工业区总体规划和供热专项规划为基础，编制热电联产规划。规划应由地方主管部门委托，由有资质的电力设计或咨询部门牵头，联合工业区主体企业的设计单位进行编制，报省级发展和改革委员会审批，报国家能源局核备。潜在的投资主体应避免干预，编制单位更不能"奉命设计"。

（3）为使热源集中，规模做大，能够安装大容量、高参数机组，在低压工业用汽和保暖用汽压力允许范围内，例如8km以内，除非单个热源容量受限制，不应设置第二个大中型热电厂。

（4）工业用汽轮机驱动用汽和中压供汽，如由大中型热电厂供汽，压力、温度难以满足时，可以建设自备热电厂、小型公用热电厂或建设、保留工业锅炉解决。

（5）要打破地区、行业、所有制界限。工业区热电厂可以向周边地区供热；工业区公用与自备热电厂应联网运行，充分发挥双方的优势。

4. 机组选型

（1）工业区热电厂主供工业用汽，用汽稳定。日负荷变化一般在70%～100%范围内；节假日仍在50%左右。由于用汽点多，一般负荷突降不超过总热负荷的10%。因此，按照现行产业政策，应优先采用背压机组。小型背压机组目前品种已较齐全，大中型背压机组可以按照汽轮机最大进汽量和锅炉最大连续蒸发量与凝汽式机组相同的原则及用户需求由汽轮机厂生产，技术上没有大的难度。

（2）某些地区仍希望安装300MW或600MW的凝汽供热两用汽轮机，希望在保证热负荷供应的条件下，多装机，多发电，企业与地方均多受益，这是可以理解的，但应看到它有以下问题：

1）凝汽供热两用汽轮机，以少发电为代价进行供汽；与采暖用汽不同，工业用汽是全年性的，相对稳定的，抽汽压力较高的热负荷，对机组出力影响较大。例如300MW机组，如抽足低压工业用汽，发电能力将降低到200MW以下，对装机资源是很大的浪费；如果为1台200MW的凝汽供热两用机组，加装1台25MW的背压机和1台220t/h的锅炉，对外供汽160t/h，此时，背压机发电为25MW，凝汽供热机组因少抽汽，相对而言多发电45MW，合计70MW，由于仅投资1亿多元，单位千瓦投资仅为凝汽机组的1/2左右，十分合算。

2）300MW凝汽供热两用机组实际上是由背压机组和凝汽机组复合而成的。前者发电量应全额上网；后者应与300MW凝汽机组同级调度。因此，无论煤耗或发电量均不及网内新建设的600MW及以上和超临界及以上的大容量、高参数机组。不仅加大了耗煤量，而且还加大了运煤量和环境排放总量，在煤价上涨的今天，经济效益也不如用背压机供热、用600MW及以上机组供电合算。因此，应严格控制以免造成学习城市采暖，在全国范围内形成第二个"一刀切"，形成在工业区建设300MW热电联产机组的高潮。

因此，仅在电、热负荷当地均有需要，而且省网有电力发展空间时，可以争取热、电互补。

（3）为每一个工业区公用热电厂是否应保留一台凝汽供热两用机组或抽汽机组，这是有争论的，本书认为亦应严格控制，因为：

1）纯背压机组的方案，根据各汽轮机厂的一致意见，调节并无问题；最低负荷主要由锅炉确定；低负荷运行时内效率低，但这与凝汽、抽汽机组相似，而且背压机组的发电煤耗还不受影响。考虑了热电联产项目的热负荷是逐年上升的，停用部分现有供汽设备即可保证电厂有足够的热负荷，能安全运行。

2）与600MW级机组相比，300MW级凝汽机组发电煤耗已较高；中型超高压机组如果尚可容忍，小型机组则已属于关停范围，不可能再新建。

（4）当采用背压机组与一台凝汽供热两用机组组合方式时，还应注意以下问题：

1）要有专门的论证，以满足核准要求。

2）利用凝汽供热两用机组的低压抽汽（含凝汽器排汽）加热锅炉补给水，以提高全厂经济性。

3）在电网需要电厂多发电时，背压机组满负荷运行，使全厂可调出力最高。

4）在电网不需要电厂多发电时，凝汽供热两用机组抽足，充分利用进汽参数高，在同样供汽量条件下，背压部分可多发电的优势。

5）在总体平衡中，背压机组带基荷，凝汽供热机组带尖峰及作为备用。

6）充分利用备用锅炉的能力。

（5）对于工业汽轮机驱动用汽，由于供汽压力高，且对供汽温度也有较严格的要求，输送距离有限。管径小了压降大；管径大了温降大，应该通过专门计算论证由热电厂供应是否可行。

（6）对于中压工业用汽，由于供汽压力较高，在汽轮机侧已难以设置旋转隔板调压；由于数量一般较小，可以通过汽轮机不调节抽汽（含冷段）减压供汽或利用工业区内其他热源解决。

（7）在汽轮机容量和参数优化意见中，不宜推荐双抽（工业和采暖）、三抽（加中压用汽）机组，特殊情况下，由供需双方协商处理。

（8）背压机组进汽温度建议允许通过排汽温度反推：125MW级机组是否再热，可否适当提高进汽温度解决，值得探讨。

（9）过去的工程实践证明，对于采用不调节抽汽减压供热，从冷段抽汽［按锅炉调温要求和兼顾高压缸末级叶片强度，不宜超过（10%～15%）BMCR的汽量］比从中压缸第一级以后抽出，其热经济性、管道投资及调节范围均更为有利。

5. 自备热电厂

（1）按照现行规定，石化、化工、钢铁与造纸等行业允许建设自备热电厂，这是由这些企业用汽量大、部分用汽参数高的特点确定的。

（2）自备热电厂作为企业的动力车间，也应有供热规划或相应的设计，随主体部分规划、设计、审批与核准。由于涉及电力建设规模和产业政策，在申请核准时，国家能源局应会签，提出意见。

（3）自备热电厂同样应优先考虑装设背压机组，凝汽发电部分应以充分利用余热、余压和余气为主，不应多添加新的燃料。

（4）工业区内的自备热电厂应与公用热电厂联网运行，争取由公用热电厂大中型机组供应低压或保暖用汽，以提高整体的经济性。

（5）工业区的热电联产规划，宜由电力设计和咨询部门牵头，主体企业的设计单位参加，共同编制。

（6）在工业区内建设公用还是自备热电厂、自备热电厂建多大，从根本上说是一个经济利益的问题，即企业用电采用成本电价（直供）还是销售电价的问题。为此，一是要明确自备电厂的定义，即它是与主体企业同一投资主体、其发电能力小于自身用电、靠电网补充与备用的电厂；二是鼓励工业区内允许建设自备电厂的多个主体企业合资办厂，各企业以热定电的电量，通过直供享受自备电厂电价政策，否则，例如，在天津临港化工区内，各化工企业纷纷按照现行规定建设一批小型自备热电厂，从国家利益看，显然是不合理的；三是严格限制自备电厂机组的凝汽发电部分，从而达到国家、用户企业及电力企业三赢的结果。

（四）若干政策性的建议

在协助起草《热电联产和煤矸石综合利用发电项目建设管理暂行规定》（发改能源〔2007〕141号）的同时，电力规划设计总院（即中电工程）还编写了《热电联产规划编制规定》（试行），它虽然未曾正式颁发，但已广泛使用，两个文件的认识与体会见第一部分。

该规定自颁发以来，起到了良好的指导作用，但也发现在执行中，缺乏量化的要求，给实现宏观调控带来困难，为此，国家能源局再次组织了调研，对城市和工业区热电厂调研中的认识见（二）、（三）两部分。

在以上调研的基础上，正在形成补充性质的规定，现将有关问题的认识简述如下：

1. 城市热电联产规划编制

（1）城市热电联产规划以供热专项规划为基础，但应进一步落实热负荷，并根据热源与热负荷分布情况，打破行政区划、行业和热源所有制界限，优化供热分区。

（2）特大型城市或部分大型城市，热电联产规划可以按照优化后的供热分区进行编制，但要有全市城区总体热电联产规划的说明。

（3）如欲合并编制供热专项规划与热电联产规划，其内容深度与编制单位应满足两个规划的要求。

2. 城市热电厂机组选择要求

（1）落实热负荷：

1）以编制年或前一年为现状热负荷如实统计的年限。

2）以编制年后三年为设计热负荷预测的年限，它大致与机组投产年相当。

3）规划热负荷的年限可采用与供热专项规划相应的年限。

4）热负荷统计与预测分为采暖建筑面积、集中采暖建筑面积（考虑集中供热普及率）及采暖热负荷（考虑采暖热指标应逐年减少，满足节能要求）。

5）考虑人口（一般以户籍人口为基础）、人均居住面积和集中供热普及率的增加与热指标的下降，采暖热负荷增长率一般为5%左右，城市化进程较快的少数城市，短期年增长率一般也不超过10%，不能仅根据地方政府部门的设想，而是要考虑经济实力与批准的城市总体规划。

（2）热电厂应承担的热负荷：

热电联产工程应承担的热负荷，应考虑充分利用现有热源与热化系数，一般不超过2/3。

（3）机组选型原则如下：

1）当城市（或供热区域）集中采暖建筑面积超过1800万 m^2 时，可以配置 $2\times300MW$ 机组。

2）当供热能力仍不足时，应优先扩建背压机组。

3）当城市（或供热区域）人口不足40万时，采用集中供热锅炉房、非煤热源和背压机组联合供暖。

4）当城市（或供热区域）人口超过40万，但集中供热面积不足1800万 m^2 时，机组选型应通过多方案比选，根据省、市具体条件确定。

5）已有或拟改造的热电联产机组，应从上述配置规模中扣除，故扩建工程可只上一台。

53

6）200MW 和 600MW 凝汽采暖两用机组，由于煤耗较高或因占用装机规模大，除有专门论证可单报单批外，一般不做推荐。

3. 工业区热电厂

（1）规划原则如下：

1）热电联产规划以工业区总体规划和供热专项规划为依据，但要按规定进一步落实热负荷。

2）打破行业与所有制界限，向周边供热半径允许范围内的热用户供热。

3）允许建设自备热电厂的石化、化工、钢铁与造纸等类企业，鼓励合资建设工业区公用热电厂，按照以热定电原则，享受直供电价。

（2）落实热负荷：

设计热负荷仅包括已有、正建设、已核准（按权限）和拟同步申请核准的用户；不包括规划中及仅有意向的用户，这些用户的热负荷应纳入规划热负荷。

（3）机组选型原则如下：

1）原则上装设背压机组。

2）允许装设一台同级抽汽机组，可利用备用炉的容量，以增加初期负荷适应能力，解决锅炉补给水加热用汽等。

3）原则上不装设凝汽供热两用机组，如因其他原因需要考虑时，应有专门的论证，其深度应符合要求。此时，推荐与背压机组联合运行，由两用机组承担少量尖峰热负荷与备用，利用不调整抽汽（含汽段）供汽。如采用两用机组大量、长时期供汽时，应研究适当减少汽轮机冷端及发电机容量。

4. 机组选型比较

（1）凡符合以上推荐原则时，机组多方案比选工作可以从简。

（2）凡不符合以上推荐原则时，仍要求多方案比选，进行三项评价。

（五）正确处理热电联产各方关系

为使热电联产事业健康发展，就必须遵循以人为本，全面、协调、可持续的科学发展观和建设和谐社会的要求，正确处理与热电联产事业有关的各个方面之间的关系。作为火电投资领域的咨询师，一是要宣传、贯彻国家制定的政策；二是要了解地方和企业的实际情况与诉求；再从中选择各方面均能接受的建设方案。以下从四个大的方面分别阐述一些认识与建议。

1. 政企关系

（1）概述。为了实现从社会主义计划经济向社会主义市场经济的转变，电力工业经历了两次重大的改革。在"九五"期间，全国基本建设战线经历了"五制改革"；电力行业带头撤销电力工业部，成立了国家电力公司，实现了"政企分开"的第一步。进入 21 世纪以后，国家实行了投资体制改革；国家电力公司解体，组建了五大发电集团公司、两大电网公司、四个辅业集团；为了进行电力市场监管，还成立了国家电力监管委员会；为了实现宏观调控的要求，制定了一系列的产业政策，并采取了必要的调控手段，从而进一步体现了"政企分开"的要求。

（2）政府的职责。在社会主义市场经济的前提下，政府的职责主要是制定规划、制定政策与保护公众利益，并使这三个方面的要求能够贯彻落实。与此同时，也要转变在计划经济时期，对建设项目多次进行审批的做法。

（3）企业的职责。在社会主义市场经济的前提下，企业作为市场竞争主体和法人实体，要按照项目法人责任制的要求，从项目前期策划、实施到投产后的运营，全过程负责，并享有相应的权利、义务和利益。在追求保值增值的同时，企业必须遵循国家的规划与政策，并承担应负的社会责任。

（4）规划指导项目。在处理政企关系上，为了热电联产事业的健康发展，必须遵循"规划指导项目"的原则。即由地市发展改革委委托，有资质的电力咨询或设计部门牵头编制某一供热区域的热电联产规划；经省级发展改革委组织审查；报国家发展改革委（通过国家能源局）核备以后，再根据规划推荐的项目，由省发展改革委初定项目的开发商（即投资主体）申请开展项目前期工作的"路条"，完成可行性研究阶段的全部工作，再报国家发展改革委核准。与此同时，潜在的开发商才能合法，成为正式的投资主体。

（5）存在的问题与建议。由于开发建设项目的积极性和支付规划编审费用等多方面的原因，目前在签订委托热电联产规划编制合同时，有的由地市级发展改革委出面；有的由项目潜在的开发商受地市级发展改革委的嘱托签订合同；也有的直接由项目潜在的开发商委托。为此，建议：

1）编审热电联产规划是政府行为，地市级发展改革委应主动、积极按规定进行委托。

2）在项目成立后，所需费用可由受益的项目开发商支付。

3）项目潜在的开发商，无论是否存在竞争，也无论项目前期工作已进行到什么程度，均不应干扰规划编制单位的工作，更不要利用编制单位来贯彻自己的不合理的意图。

4）编制单位应遵守"客观、公正"的职业道德，按照国家政策和项目的实际情况，科学地编写规划文件，即要有抗干扰的能力。

5）规划评审时，要检查"规划指导项目"的落实情况，做出科学、求实的评价。

2. 各级政府及部门之间的关系

（1）中央和地方政府的关系。中央各主管部门在制定规划、政策和规定时，应充分考虑各地不同的实情，切忌"一刀切"。各级地方政府要遵循中央制定的规划、政策和规定，结合各地实情拟订实施方案与措施，并及时向中央反映自己的合理诉求。

城市采暖供热是惠及民生的工程，也是节能减排的重点，受到各方的高度重视。在2003年以前，各级地方政府靠招商引资，由各类投资主体建设了一大批安装小型抽汽机组的热电厂，利用当时的电价政策，制定并执行大大高于大型凝汽机组的上网电价，以电补热，使居民热价能保持在较易接受的水平，形成了地方政府与热电企业利益第一次的结合。

电力工业体制改革以后，特别是电价改革进入第二阶段，即实行同一地区、同一时段、同类电厂取用相同的上网电价，即标杆电价以后，这些供热企业严重亏损，暴露了它们能耗高、欠环保、管理水平低、电热成本高等一系列的软肋，很难生存下去。与此同时，国家制定了热电联产机组选择的产业政策和上大压小的方针，主张建设300MW及以上的凝汽采暖两用机组和背压机组，以代替这些小型抽汽机组。经过发改能源〔2007〕141号文的调研、形成与贯彻，这一建设方针已得到落实。

发改能源〔2007〕141号文出台后，地方政府为解决采暖热源，只能依靠五大发电集团公司、省投资公司和其他有足够实力的开发商建设热电厂，而这些开发商大多仍然停留在已形成的"做大做强"的意图上，积极投资建设300MW级供热机组，对安装背压机多持不够积极的态度。因此，仅电力规划设计总院一家，在不到 3 年的时间里，就审查了 150 余台 300MW 级供热机组的设计，在全国形成了建设 300MW 级供热机组的热潮。目前，从宏观调控出发，电力装机已经不可能有这么大的空间，以某省发展改革委的分析为例，国家同意的火电开工规模，连地市级城市也难以照顾周到，更不能考虑建设矿口、路口、港口凝汽式发电厂。因此，地方政府与热电企业之间的第二次的利益结合也必然受到了宏观调控的限制。为此，在京的专家们建议在机组选型上遵循以下原则：

1）40 万人口以下的中、小城市供热区域，城区采暖应主要靠背压机组和集中供热锅炉房解决。

2）集中采暖面积超过 1800 万 m^2 的城区，可以安装 2×300MW 凝汽采暖两用机组，优先推荐 350MW 超临界机组，与保留的现有热源联合运行。

3）供热区域内集中采暖面积更大时，对于热电厂的扩建工程，也优先推荐扩建背压机组。

4）工业园区内的工业热负荷，应主要安装背压机组；经论证，允许申请建设一台同级抽汽机组。

针对当前火电开发商的疑虑，建议再次明确或配套出台下列政策和规定：

1）背压机组所发电量应全额上网，电网企业不得拒收。

2）背压机组容量不占宏观调控规定的开工规模，并进一步研究这类项目核准权可否下放，即由省级发展改革委核准（环境保护部已将这类项目的审批权下放）。

3）地方政府应为背压机组提供与集中供热锅炉房相同的热价、补贴和优惠政策，并承诺协助收费到位。

4）省级投资公司与五大发电集团公司均应积极参与这类项目的建设；必要时，也可考虑给五大发电集团公司，与可再生能源相似，下达适当的指令性要求。

与此同时，对于这类热电厂，鉴于电网电力平衡中一般不计入这部分电力，设计单位应在执行 GB 50049—2011《小型火力发电厂设计规范》的基础上，适当降低建设标准。项目法人应积极吸取集中供热锅炉房和一些发电企业的成功经验，从用工制度、工资报酬、全年较均衡地安排各项任务等多方面采取措施，以解决采暖期与非采暖期忙闲不同的问题。

（2）政府内各主管部门的关系。热电联产规划涉及许多政府主管部门，除发展改革委以外，还有住建、环保、国土、工信以及经贸委等单位。在省级发展改革委组织规划审查时，应邀请有关单位参与审查。

对于城市热电厂来说，主要是协调发展改革委同住房与城乡建设主管部门的关系。有以下几点值得注意：

1）热电联产规划是三级规划。从供热来说，它应该遵循城市总体规划和供热专项规划，即一、二级规划；从发电来说，它应遵循中长期电力发展规划。它与近期电力发展规划、热网规划及电源初步可行性研究等成果相互支持，互为因果。

2）可按行政区域编制全行政区的规划，确定热源建设原则，合理划分供热区域；也可急事先办，按照特定供热区域编制符合内容深度要求的热电联产规划，如某一城区（或工业区）等。

3）规划由有资质的电力咨询设计单位牵头编制，必要时可邀请住建（或主要工业企业）

设计单位参加，使两个设计单位的优势互补。

4）规划中的热负荷以供热专项规划中提供的负荷水平为基础，但也要根据内容深度要求和实际已变化的情况进行核实和调整。

（3）地方各级政府之间的关系。地方各级政府，指省级、地市级和县级人民政府。主要有以下注意事项：

1）省级发展改革委负责规划审查，通常采取专家评审方式，以求广泛听取、协调各方意见。在省内决策时，要按照国家发展改革委宏观调控的要求，结合各地方情况，进行综合平衡。

2）地市级发展改革委负责规划委托；如实提供统计数据，以及规划所需的各类资料，关键是提供可信的发展速度；对供热地区内新老热源和热网建设进行协调；承诺需要由地方政府解决的各项问题。

3）县级人民政府在地市级发展改革委的组织下承担分担的工作，提供合理的资料与诉求。

3．各类企业之间的关系

与热电联产事业有关的企业主要有：

（1）发电企业；

（2）电网企业；

（3）热源企业（如集中供热锅炉房）；

（4）热网企业（热力公司）；

（5）工业企业（是用户，也可能提供热源）。

主要注意事项如下：

（1）网厂分开之后，发电企业与电网企业之间要解决以下问题：

1）在前期阶段，通过接入系统（包括一、二次）设计审查与批复，明确准入规则；

2）投产前进行安全评审，签订上网协议，以便今后安全上网与合理调度；

3）投产后服从统一调度，并执行标杆电价。

（2）提倡热源与热网建设一体化。目前，工业用汽管网大多由热电厂负责建设；采暖用热水大多通过热力公司供应，但由热电企业负责建设热网并运营的也占有一定份额。

为了减少矛盾，专家们倾向提倡热网与热源建设一体化，即由同一投资主体独资或控股建设，以便统一运营，扬长避短，统一核算。

（3）联网运行，统一调度。城区现有供热设备中，凡符合环境保护要求的集中供热锅炉房与小型热电厂（应先期改为背压机组）应该尽量保留，与新建热电厂联网运行，统一调度，以承担调峰与备用任务。

由于这些热源利用小时数将大大减少，已不可能正常还本付息与盈利，为此，可研究采取以下措施：

1）通过收购或重组，由与热源一体化的热力公司独资或控股，以求统一核算。

2）实行两部制热价，容量热价用于还本付息等固定费用；热量热价用于支付其他运行成本，以求热电厂、热网和这类热源均能保本微利，将热电联产的收益合理进行分配。

（4）建设多用户自备热电厂。企业建设自备热电厂，自发自用，可以节约购电费用，成为企业追求经济效益的重要措施。但按照发改能源〔2007〕141 号文的规定，为了控制"小热电"的建设，满足节能、环保和宏观调控的要求，明确"在已有热电厂的供热范围内，原则上不重复规划建设企业自备热电厂。除大型石化、化工、钢铁和造纸等企业外，限制为单一企业服务的热电联产项目建设"。

例如，在赴天津市调研的过程中，市发展改革委提出，在滨海化工区入住的企业中，不少均符合建设自备热电厂的条件，如果同意它们自行建设，必然出现一批"小热电"；如果建设公用热电厂，这些企业就只能支付销售电价，损失销售电价与上网电价之间的效益，难以接受。为此，专家们建议建设多用户自备电厂，其特征是：

1）由属于上述四个行业，即有权建设自备热电厂的企业合资建设较大型的热电厂；

2）热电厂"以热定电"，主要安装背压机组；

3）以上企业"以热定电"的电量仍享受上网电价，即与自备电厂相同，保障这类企业的利益；

4）以上企业超过"以热定电"的电量，以及其他企业所需的电量仍支付销售电价，与公用电厂相同，保障电网企业的利益。

这样做，可以使国家、发电企业与工业企业都是赢家；与分散的"小热电"相比，电网企业也未减少收入，反而易于监督。

（5）煤热价格联动。当前，煤价上涨较快，火电几乎全行业亏损，除稳定煤电双方供求关系外，在煤电价格联动的基础上，对于热电厂，还要考虑煤热价格联动。

1）对于工业用汽，浙江省经贸委采取了有效措施，实行煤热价格适时联动，创造了成功经验，可供学习与推广。

2）对于采暖用热水，由于涉及广大居民利益与承受能力，煤热价格很难及时联动，进行调整，故还应研究其价格形成机制，使能适时联动。

4. 地方政府和企业与广大城市居民的关系

（1）按照"以人为本"的科学发展观和政府要"惠及民生"的要求，对于城市居民，要提供足够的热源，维持室内温度并收取合理的能承受的热价。

（2）采暖用热水是公益性商品，地方各级政府对此项目有直接责任。因此，要根据中央制定的产业政策和宏观调控要求，作好热电联产规划，制定必要的政策和措施，以实现批准的规划要求。

（3）工业企业也有职工及家属，甚至有独立的生活区，因此，除工业生产和采暖用汽外，还需要承担城市采暖一定的责任。为此，要打破行业界限，本着统一规划的原则，企业自备热电厂可以向周边供采暖热负荷；城市公用热电厂也可以供企业生产和采暖用汽。这样，可以使热源数目减少，单机容量做大，达到更好的节能减排效果。

（4）在热价与电价形成机制与评价方法上，坚持以下原则：

1）上网电价执行标杆电价，这是电力工业体制改革，网厂分开，电源侧竞价上网，目前第二步是实行标杆电价的全局性要求。

2）地方政府为热电厂提供与集中供热锅炉房相同的热价、补贴与优惠政策。

3）改革以"热量法"（即将热电联产效益基本归于发电的传统办法）为基础的热电联产项目经济评价方法，即输入热价和标杆电价求资本金内部收益率；或输入热价和资本金内部收益率求上网电价，再判断项目是否可行。

4）此时，电热成本实际上已与电热价格脱钩，相应的煤耗、厂用电等技术经济指标也需要相应修改，以反映新的认识与规定。

5）研究并及时实施煤热价格联动，以动态进行调整，维护热电企业的合理权益。

四、分布式发电规划

（1）根据分布式发电管理办法，各省级能源主管部门应会同有关部门，根据各种可用于分布式发电的资源情况和当地用能需求，编制本省（区、市）分布式发电综合规划，明确分布式发电各重点领域的发展目标、项目布局，建议规划和时序等。

（2）国家能源局负责制定全国分布式发电发展规划和产业政策，指导、监督各地分布式发电建设和管理工作。各省规划报国家能源局备案。

（3）资源是基础。省级能源主管部门会同有关部门，对可用于分布式发电的资源进行调查评价，掌握当地资源量和分布情况，以及可调入资源量，为编制规划与项目建设提供决策依据。

（4）协调是关键。分布式发电规划应与城市规划、天然气管网规划、配电网建设规划和无电地区电力建设规划等相衔接。

（5）天然气分布式能源站作为"规模较小、分散型的天然气热电联供、冷热电三联供"的电源，是规划主要领域之一。

（6）在《关于发展天然气分布式能源的指导意见》中，也提出了统筹天然气资源、能源需求、环境保护和经济效益，科学制定发展规划的要求，确保天然气分布式能源健康、有序发展。

国家发展改革委、国家能源局根据能源总体规划及相关专项规划，会同住房和城乡建设部等有关部门研究制定天然气分布式能源专项规划。各省（区、市）和重点城市发展改革委和能源主管部门会同住房城乡建设主管部门，同时制定本地区天然气分布式能源专项规划，并于城镇燃气、供热发展规划统筹协调，确定合理供应结构，统筹安排项目建设。

五、各省市规划

1. 广东省发展改革委《关于开展全省工（产）业园区热电冷联产规划编制工作》文件

（1）各市发展改革局（委）牵头会同经贸、国土规划、建设、环保、供电以及相关工（产）业园区管理单位等有关部门，结合本市经济社会发展和产业布局规划，研究提出本市工（产）业园区热电冷联产建设规划（设想）。

（2）热电冷联产必须以集中供热供冷为前提，对不具备供热供冷条件的园区，暂不考虑规划建设热电冷联产项目。各市要优先考虑解决已列入 2007 年 3 月由广东省发改委等 6 部门联合印发的《关于印发广东省已通过国家审核公告的各类开发区名单的通知》（粤发改区域〔2007〕335 号）的工（产）业园区的热电冷联产项目建设，对其他提出的需要建设热电冷联产项目的工（产）业园区必须同时附上省政府批准设立园区的相关证明文件。

（3）各市提出的本市工（产）业园区热电冷联产建设规划（设想）要重点预测热力负荷情况，并应包括以下内容：

1）本市产业布局和工（产）业园区布局总体规划情况（附相关文件）。现有、规划建设园区的地理位置、交通条件、占地面积、功能定位、已进驻或规划引进企业数量及类型等。

2）园区现有企业用热负荷需求现状、目前供热采取的措施手段。包括：现有锅炉的数量、参数情况，企业用热负荷现状（最大值、平均值、最小值）、用热参数（温度、压力）、用热工艺情况与用热时段、燃料类型，园区集中供热热源点及管网现状。

3）园区现有在建、规划企业用热需求预测。特别是结合产业转移、宏观经济形势变化科学测算热负荷，要考虑现有企业因企业转型、经营困难而大批减少甚至停止用热需求的情况。

4）热电冷联产集中供热供冷建设方案或设想。包括：燃料选择，对现有供热供冷系统的改造和处置等相关说明材料；对热电冷联产规划建设规划方案的能耗和环境影响论证分析。

（4）各市工（产）业园区热电冷联产建设规划（设想）要形成书面材料，并在 8 月 31 日前报送发展改革委能源处（同时发送电子版）。发展改革委将根据各市提供的材料，在有重点地选择部分工（产）业园区做深入调研的基础上，组织编制全省工（产）业园区热电冷联产建设规划，确定重点建设项目，对热负荷及建设条件落实的热电冷联产项目优先予以安排推进。具体调研时间另行通知。

2. 四川省德阳市发展改革委《德阳市分布式能源规划》

2009 年 5 月 8 日，由四川省德阳市发展改革委主持的《德阳市分布式能源规划》专家评审会在成都召开。以原国家电网公司总工程师、中国电机工程学会热电专业委员会主任周小谦为首的专家，对华电清洁能源公司委托西南电力设计院编制的规划进行了深入的审查。

德阳市是四川省地级市，地处汶川地震灾区西部，人口近 400 万，是包括东方汽轮机厂等著名企业的重工业基地，GDP 占四川省第二位。2007 年总能耗 534 万 t 标煤，大部分靠外来的煤和电力。虽然天然气资源丰富，储量 800 亿 m^3；但用量在 2007 年只占总能耗的 17%。结合灾区重建，德阳在下辖的什邡、绵竹等 3 市 2 县 1 区范围内，初期规划了 14 个工业园区分布式能源站，总供热负荷约 800t/h；7 个城区分布式能源站，总供冷热面积约 45 万 m^2；均以天然气为一次能源。远期的数量和规模还将进一步增长。系统组合有燃气轮机（内燃机）+余热锅炉+汽轮机+溴化锂吸收制冷机等几种不同类型。规划实现后将大大提高该市的用能效率，减少排放。德阳市结合灾后重建，工业入园区、循环经济等项目，启动几个分布式能源站的建设。

到会专家在发言中高度评价了作为我国第一个由地级市政府主持制订全市"分布式能源规划"的重要意义。华南理工大学华賁教授指出：在天然气产业的快速发展，节能减排压力不断增加，促进分布式能源建设正走向高潮之际，这个规划的制订和实施将对全国产生积极的影响。华教授还提出了对规划的一些建设性意见。

3. 广州市热电联产和分布式能源站发展规划

广州市热电联产和分布式能源站发展规划由广东省电力设计研究院编制，并于 2012 年 5 月 28 日组织了专家评审。其内容不再详述。

六、发展思路与预计

（一）2015 年～2020 年燃气电站分省预测

根据国家能源局油气司提供的数字，2015 年全国各省（区、市）燃气电站预计装机容量及用气量见表 2-11，2020 年预计见表 2-12。表中发电用气比重全国平均近 24%；发电量按每方气 4.5kWh 考虑，燃机利用小时按 3000h 考虑。

表 2-11　　　　　　　　2015 年燃气电站情况　　　　　　　　亿 m³、亿 kWh、万 kW

序号	省市	天然气消费			气电装机容量		
		总量	发电用气占比	发电用气	总量	其中：平衡中已考虑	可新增量
	合计	2600	23.7%	616.7	9251	3281	5970
1	北京	137	27.0%	37.0	555	372	183
2	天津	52	46.3%	24.0	361	6	355
3	河北	71	6.2%	4.4	66	0	66
4	山西	52	4.4%	2.3	35	0	35
5	山东	107	8.1%	8.7	130	0	130
6	内蒙古	60	7.0%	4.2	63	39	24
7	黑龙江	46	3.5%	1.6	24	16	8
8	吉林	32	2.0%	0.6	10	13	−3
9	辽宁	105	2.9%	3.0	45	4	41
10	上海	103	43.3%	44.6	669	478	191
11	浙江	105	50.2%	52.7	791	399	392
12	江苏	223	38.3%	85.3	1280	574	706
13	安徽	38	0.0%	0.0	0	0	0
14	福建	58	49.7%	28.8	432	386	46
15	湖北	75	11.7%	8.8	132	36	96
16	湖南	53	5.0%	2.7	40	0	40
17	河南	97	19.1%	185	278	156	122
18	江西	33	7.6%	2.5	38	0	38
19	四川	192	4.1%	7.8	117	99	18
20	重庆	101	5.2%	5.2	78	0	78
21	陕西	66	3.5%	2.3	35	0	35
22	甘肃	48	1.0%	0.5	8	5	3
23	宁夏	39	20.0%	7.8	117	6	111
24	青海	65	5.5%	3.6	54	30	24
25	新疆	171	9.5%	16.3	245	0	245
26	广东	297	60.0%	178.1	2672	590	2082
27	广西	13	0.0%	0.0	0	0	0
28	云南	16	0.0%	0.0	0	0	0
29	贵州	16	0.0%	0.0	0	0	0
30	海南	69	14.3%	9.0	148	72	76
31	西藏	2	0.0%	0.0	0	0	0
32	香港	55	89.8%	49.4	741		741
33	澳门	7	87.1%	6.1	92		92

表 2-12				2020 年燃气电站情况			亿 m³、亿 kWh、万 kW	
序号	省市	天然气消费			气电发电量	气电装机容量		
		总量	发电用气占比	发电用气		总量	其中：平衡中已考虑	可新增量
	合计	4000	23.7%	949	4269	14232	3281	10951
1	北京	211	27.0%	57	256	854	372	482
2	天津	80	46.3%	37	167	556	6	550
3	河北	109	6.2%	7	30	102	0	102
4	山西	0	4.4%	4	16	53	0	53
5	山东	165	8.1%	13	60	200	0	200
6	内蒙古	92	7.0%	6	29	97	39	58
7	黑龙江	71	3.5%	2	11	37	16	21
8	吉林	49	2.0%	1	4	15	13	2
9	辽宁	162	2.9%	5	21	69	4	65
10	上海	158	43.3%	69	309	1029	478	551
11	浙江	162	50.2%	81	365	1216	399	817
12	江苏	343	38.3%	131	591	1968	574	1394
13	安徽	58	0.0%	0	0	0	0	0
14	福建	89	49.7%	44	199	665	386	279
15	湖北	115	11.7%	14	61	203	36	167
16	湖南	82	5.0%	4	18	61	0	61
17	河南	149	19.1%	28	128	427	156	271
18	江西	51	7.6%	4	17	58	0	58
19	四川	295	4.1%	12	54	180	99	81
20	重庆	155	5.2%	8	36	120	0	120
21	陕西	102	3.5%	4	16	53	0	53
22	甘肃	74	1.0%	1	3	12	5	7
23	宁夏	60	20.0%	12	54	180	6	174
24	青海	100	5.5%	6	25	83	30	54
25	新疆	263	9.5%	25	113	376	0	376
26	广东	457	60.0%	274	1233	4110	590	3520
27	广西	20	0.0%	0	0	0	0	0
28	云南	25	0.0%	0	0	0	0	0
29	贵州	25	0.0%	0	0	0	0	0
30	海南	106	14.3%	15	68	228	72	156
31	西藏	3	0.0%	0	0	0	0	0
32	香港	85	89.8%	76	342	1140		1140
33	澳门	11	87.1%	9	42	141		141

（二）分布式能源站发展条件

1. 用户需求

由于天然气分布式能源站建设在冷、热、电的终端用户，要实现能源站燃气发电装置较高的开机率和较好的经济效益、节能效益，在进行能源站的规划设计时，首先应认真、准确地计算确定用户的冷热电负荷及其变化，并不能简单地采用建筑物工程设计中的有关数据；其次是根据用户的各建筑或各个区域的使用功能，正确地制定能源站的运行模式。

（1）冷热电负荷的确定。认真利用和分析冷热电供应范围的各建筑物、各个功能区域的工程设计负荷数据，按业主提出的使用要求和各类区域的功能、环境参数要求等，参考类似使用功能的建筑或区域的冷热电负荷及其变化，计算并绘制不同季节的冷、热、电负荷曲线，包括供冷季、供热季和过渡季的典型日负荷曲线和连续负荷曲线如图2-1~图2-4所示。

在确定总的冷、热、电负荷时，还应根据各建筑物或各功能区域或房间的使用特点，计入冷、热、电负荷的同时使用系数，该系数通常应该小于1.0。通过以上程序确定的冷、热、电计算负荷才能做到"比较接近投入运行后的实际需求情况"，从而避免：

1）能源站的设备配置不当或某些设备能力偏大，不能做到经济运行甚至运行困难。

2）燃气发电装置的余热不能充分利用，达不到预期节能目标。

3）燃气发电装置的发电能力不能充分发挥，有的机组可能长期处于低负荷运行，甚至常常出现停机状态，致使经济效益降低、投资回收期增加。

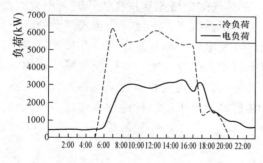

图2-1 某办公楼典型日冷负荷曲线（供冷期）

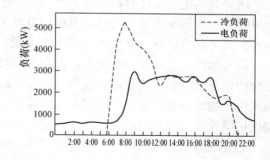

图2-2 某办公楼典型日热负荷曲线（供暖期）

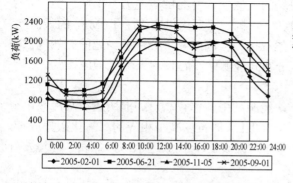

图2-3 某大厦典型日电力负荷曲线（供冷）

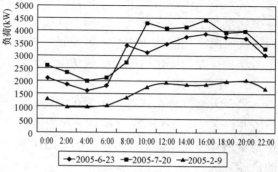

图2-4 某大厦典型日电力负荷曲线（供暖期）

（2）运行模式。这里所说的运行模式主要是：

1）年运行天数。供冷季、供热季、过渡季或月或周运行天数和每天的运行小时数。在进行能源站的规划、设计时，应按此确定全年的运行小时数及其分布情况，这是关系到能否真正做到节能减排和经济运行的基础数据。

2）能源站生产电力的出路。独立自用，并网售电、并网不售电（或并网不上网），推荐采用并网不售电的运行方式。

我国的气候特点可分为严寒地区、寒冷地区、夏热冬冷地区、夏热冬暖地区等，各地区各类建筑为确保室内所需的工作环境、生活环境或生产环境，对供热、供冷的需求差异明显，寒冷地区既要求冬季供热，又需要夏季供冷。冬季、夏季要求较长供热、供冷时间，且整个供热季或供冷季的冷、热负荷变化较大，因为这些地区昼夜温度变化较大，所以每天的负荷也在变化；在夏热冬冷地区虽然与上述地区类似冬季也需供热，但热负荷较低，夏季需供冷，其冷负荷较大且供冷时间较长；夏热冬暖地区主要是要求供冷。其冷负荷较大且供冷时间可能长达 10 个月，但在夏季、过渡季甚至是冬季所需冷负荷也是随环境条件和使用功能不断变化。这些冷、热负荷的变化直接影响到（DES/CCHP）的运行状态，影响燃气发电机组的运行小时数和负荷率，最终影响到节能减排的实际效果和经济效益。所以在进行（DES/CCHP）的规划、设计时必须准确地确定运行模式。根据一些工程项目实际情况分析研究表明，（DES/CCHP）的年运行时间不宜少于 3000h，每天的运行时间，宜为 10～18h，在城市电网的谷段不宜运行，以利于整体供电系统的削峰填谷。

鉴于我国电力生产是以煤电为主。我国燃煤、天然气的价格差异将在较长时间不会改变，所以燃气发电的成本难于与燃煤发电成本竞争，劣势不会改变。天然气分布式能源站建设在用户终端，具有实现"并网不售电"的可能，天然气发电量全部自发自用，并且保持能源站生产电力始终低于实际使用电力，总是要从城市电网购入部分电能，这样既可减少使用城市电网的电费支出获得较好的经济效益，又可通过天然气分布式能源系统、设备的合理配置，确保用户端的可靠供电，目前国外一些企业、公共建筑就是采用这种运行模式，并将天然气发电机组作为应急备用电源。

2. 天然气供应能力、供应压力

为确保建设的天然气分布式能源站安全、可靠、稳定的运行，拟建能源站的城市、地区和所在现场应具有可靠的天然气供应管网。根据拟建的能源站的规模、运行时间和燃气发电装置对天然气压力的要求等，认真核实所在现场的天然气管网的供应能力、供应压力。由于各类燃气发电装置对燃气压力的不同要求，如燃气轮机一般要求供应大于 1.0MPa 的天然气，而燃气内燃机只需约 0.2MPa 或更低一些的天然气压力。因此应十分注意当地的天然气供应压力及其可能的变化情况，一般情况下天然气分布式能源站不宜设置天然气增压设备。

3. 环保效益

由于天然气分布式冷热电联供能源站的一次能源利用效率较高，如前所述，与冷热电分产（供）的方式相比一般可提高一次能源效率 30%以上，即可以减少相应的二氧化碳排放量，据初步估算，发电能力 100MW 的 CCHP 系统每年可减少 CO_2 排放近 10 万 t，属于环境友好的供能方式。

燃气发电装置的 NO_x 等的排放量也是较低的，据有关制造厂家的产品资料，燃气轮机发电装置排放的烟气中 NO_x 可达 25×10^{-6}，燃气内燃机发电装置的烟气中 NO_x 浓度为 1500mg/m^3 或 250mg/m^3，后者增设了空气增压器和后处理装置，发电能力会有所降低。与 GB 13271—

2001《锅炉大气污染物排放标准》的烟气中 NO_x 排放量规定值 $400mg/m^3$ 相比，优于或接近标准要求，若按单位供热量的能耗折算的排放烟气 NO_x 浓度，将低于锅炉排放标准的要求约 15%。因此采用天然气冷热电联供与分供相比，实属环境友好型。

（三）总体思路

根据天然气分布式能源的发展条件和适应用户需求及此种综合能源供应系统的特点，我国发展天然气分布式能源系统的总体思路如下。

（1）在具有天然气或液化天然气（LNG）可靠、稳定供应的城市、地区，城市有供冷、供热需求的建筑或建筑群，如工业园区、科技园区、商业建筑、宾馆、交通设施（机场、车站）、文体设施、医院、写字楼等。

1）天然气西气东输管线沿线的城市、地区；

2）陕西进京天然气输气管线等沿线的城市、地区；

3）具有天然气源或油田气源并已建管网的地区、城市，如四川、重庆等；

4）已建立的 LNG 供应网的城市、地区，如广东、福建等。

（2）预期规模。应按用户或用户群的冷、热、电负荷及其变化的需求，结合微电网、智能电网的建设情况等确定天然气分布式能源站的规模，在一般情况下应为：

1）供应一幢建筑或邻近建筑的能源站的规模宜为兆瓦级，小于 10MW。

2）供应工业园区等的区域性或建筑群的能源站的规模宜小于 25MW。

3）为供应工业园区等的冷热电供应半径为 5km 左右的中心能源站的规模宜为 100MW。

（3）总体布局。为了健康、平稳地发展天然气分布式能源，实现优良的经济效益、节能效益，应按下列步骤进行布局安排：

1）按我国的气象分区，即高寒地区（黑龙江、辽宁、吉林等）、寒冷地区（北京、天津、河北、山西、陕西、甘肃等）、夏热冬冷地区（上海、江苏、浙江、湖北、湖南、四川、重庆、贵州等）、夏热冬暖地区（广东、广西、福建、海南等）的冷负荷、热负荷及其变化的特点，首先在各地区内安排一定数量的示范项目，并对这些项目的设计方案统一组织专家评审，投入运行后总结验收。

2）各地区的示范项目，应首先选择公共建筑中年运行时间稳定且为 4000h 左右的建筑或建筑群。

3）积极开展有冷负荷、热负荷需求的工业企业进行示范，在取得安全、可靠、稳定运行的经验后，认真总结、推广。

4）选择数个规模适度的工业园区或科技园区进行天然气分布式能源与微电网、智能电网结合的示范项目，从规划、设计、施工到运行管理，进行全过程的经验总结，为较大规模的天然气分布式能源提供实施依据、经验。

（四）四个特点

必须认识天然气能源用于发电、供热与制冷，有四个特点。

（1）天然气是优质、高效率和清洁能源，这已有广泛共识，是发展燃气发电行业的驱动力。

（2）天然气属于化石燃料，仍为不可再生能源，它与其他可再生能源和资源综合利用是不同的，因此，政策有所不同。

（3）结合国情，天然气是比较贫乏的一次能源，2011 年，我国天然气产量仅 102 亿 m^3，居全世界第六，人均产量更是靠后；预计到 2020 年，我国对于进口天然气的依存度将达到一半左右，大体上相当于目前进口石油的依存度，因此，必须实行总量控制。

（4）用于发电、供热与制冷，天然气又是比较昂贵的能源，与燃煤相比，其发热量折合标准煤价格高出一倍以上，并有进一步提高的趋势，因此，具体工程一定要根据经济分析作好风险分析。

统筹考虑以上四个特点，才能科学制定规划与政策，正确进行工程决策。

第五节 机 组 选 型

无论制定规划还是产业政策，机组选型都是核心问题之一。

燃气机组可以分为以下三类：

（1）凝汽发电机组，产品为电；

（2）热电联产机组，产品为热和电联供，根据供热性质不同又可分为采暖供热机组和工业用汽机组；

（3）分布式能源站，产品为热、冷和电三联供。

影响燃气机组选型的因素很多，包括燃料、环境、运行模式、热力特性、可靠性要求、可维护性、轴系方案、余热锅炉类型、蒸汽系统的流程与参数等。下面按照不同的机组类别分述。

一、电网调峰与 F 级机组

（1）燃气机组启动迅速，启动成功率高，运行灵活，适宜调峰，因此燃气凝汽机组主要承担电网调峰任务，也承担部分气网调峰任务。机组容量越大，额定负荷下设计效率越高。目前成熟的大型燃气机组为 F 级机组。为了提高能源转换效率，优化产业结构，节能减排，实现政企双赢，凝汽式调峰机组宜选用大容量、高效率的 F 级联合循环发电机组。

（2）为了降低电网购电成本，电网企业希望机组调峰；而发电企业为了降低上网成本，希望提高设备年利用小时。

（3）部分发电企业认为不适于调峰，主要理由是 GE 公司供应的 9F 机组，全世界已有 7 台出现了压气机叶片断裂、转子返修或更换的事例，其中在国内有 5 台，包括金陵、戚墅堰、漕泾电厂各 1 台。在供货合同中，虽然 GE 公司承诺机组能够两班制运行，在一个检修间隔期间，可启停 500 次，但实际上，以上机组均在启停 200 次以后出现事故。

多数发电企业和政府主管部门以及电网企业对此持不同意见，理由是：

1）多数 9F 机组未出现这类事故，包括前述三厂同期投产的另一台机组。

2）GE 公司原有承诺可以承担两班制运行要求，并且针对压气机这一较为薄弱的环节提出了改进措施，可以在处理事故时或提前购买更换有关设备。

3）其他 F 级机组尚未发现类似事故，今后采购可以选用 F（改进后）或 F 级其他供货厂商的产品。

（4）F 级机组参与调峰是有代价的：

1）直接发生的是启停一次所需的天然气、蒸汽、厂用电和其他消耗，这也都需要消耗能源。根据江苏省的调研结果，每次冷态启动消耗天然气约 10 万 m³，损失约 5 万 m³；每次热态启动消耗天然气约 4 万 m³，损失约 2 万 m³；每次停机消耗天然气约 3 万 m³，损失天然气约 1 万 m³；每次热态启动消耗备用蒸汽约 40t，消耗厂用电量约 1.37 万 kWh。

2）频繁启停导致检修周期缩短，备品备件用量和检修成本增加。根据 GE 公司要求，机组运行时间达到 8000h 后应进行小修，运行时间达到 48000h 后应进行大修。每次启停均需按照设备厂家提供的公式折算为一定的运行时间。根据江苏省 3 个 9F 燃机电厂的统计，近三年平均修理费为 9672.56 万元。详细数据见表 2-13。

表 2-13   9F 机组电厂年修理费用   万元

项 目	2009 年	2010 年	2011 年
华能金陵	8812.97	7993.84	11889.51
华电戚墅堰	13709	6493	13289
华电望亭	9736	4940	10190

3）频繁启停增加故障几率，致使机组可靠性降低。

（5）为此，电网调峰对于燃气机组宜按以下顺序进行：

1）热电联产机组在"以热定电"和满负荷之间运行；

2）燃气调峰机组周启停调峰；

3）燃气调峰机组如按两班制调峰，优先实行"机群调峰"。

二、以热定电与优化的热电联产机组

（1）燃气热电联产机组，与燃煤热电联产机组相同，从宏观调控出发，为解决惠及民生、满足工业用汽需求与控制装机规模之间的矛盾，必须"以热定电"。燃气机组由于"以热定电"以外凝汽发电成本比燃煤机组高，更应从严要求，优先选用背压型汽轮机。按照"以热定电"的原则选择合理的机组类型，不但能够满足供热需求，而且可以提高联合循环热效率。以供热量为 260t/h 的工业用汽热电站为例，选用 2 套 E 级联合循环机组，此时抽汽式汽轮机接近达到最大供热能力，联合循环热效率接近 70%；而选用 2 套 F 级联合循环机组，联合循环热效率仅 64.7%。对于超过 300t/h 的供热量，E 级机型可选一抽一背，热效率将更高，最高可达到 74%。如热负荷达到 400t/h 以上，2 套 E 级联合循环机组难以满足供热需求，则可选用 2 套效率更高的 F 级燃机。

（2）因此，如采用抽汽机组时，应以额定工况进汽量和最小凝汽量求出最大供汽（热）能力，以此作为机组选择的依据。为了满足供热安全的要求，机组台数一般为 2～3 台；由于容量级差一般为成倍增加，工业用汽设计热负荷宜在最大供汽能力的 2/3 以上；由于采暖用热一般宜由汽轮机抽汽与集中供热（尖峰锅炉）联合供应，凝汽采暖两用机组设计热负荷宜采用最大供热能力。

（3）为了增加机组供热能力，可以采取下述措施：

1）优先采用背压机组。例如两台工业用汽机组可以一抽一背，以背压机组带基本或最小热负荷。

2）采用 SSS 离合器，凝汽采暖两用机组采暖期解列低压缸，机组背压运行，可将最小凝汽量也供热网，以增加供热能力；非采暖期连上低压缸，机组凝汽运行，承担电网调峰和气网削峰填谷任务。例如，北京草桥电厂建设 1 套 F 级带 SSS 离合器的"二拖一"燃气—蒸汽联合循环供热机组，带低压缸运行时，供热能力为 592MW；低压缸解列后，最大供热能力可增加至 700MW。

3）加装以溴化锂为吸收剂的热泵，以抽汽作为高温热源，回收循环水带走的热量，即低温热源，以增加供热能力，一般可增加20%的供热能力（中温热源），并可进一步节能减排。

（4）为了提高一台燃机与相应的余热锅炉停用对工业用汽或采暖用热的保证率，可以采取下述措施：

1）采用"二拖一"的配置方式以提高机组热效率，可以采用三台相同容量的发电机组，减少投资，利于维护。此时，由于配置了全容量的减压减温器，供热的安全性不受影响，仅在一抽一背配置的条件下，运行的灵活性才略有降低。以热负荷300t/h为例，配置1台F级燃机或2台E级燃机正常运行时均可满足供热要求。若仅配置1台大功率F级燃机，出现故障时停机对热用户的影响极大，应急保障供应蒸汽的费用很贵；而使用功率小一半的2台9E级燃机，1台机组检修或故障时，另1台机组可采用余热锅炉直接减温减压来承担热负荷供应，确保可靠供热。

2）保留、收购网内或厂内设置尖峰锅炉并可作为备用。

3）必要时汽轮机停运，以增加对外供热能力。例如，"一拖一"配置的F级燃气—蒸汽联合循环机组，正常运行时汽轮机的最大抽汽量约300t/h；在汽轮机停运情况下，余热锅炉产生的高、中、低压蒸汽直接通过100%容量的旁路系统减温减压后对外供热，则最大对外供热量超过450t/h。

4）研究在烟气量不变的条件下，余热锅炉是否增加补燃设施。

（5）调度方式。

1）无论汽网还是水网，当有多热源可用时，应该"统一规划、联网运行、节能调度、互为备用"。此时，热电厂可以向下游产业（热网）延伸，通过收购、扩建、改建等手段，实现统一核算；也可由地方政府主管部门拟定节能调度准则，并由受益企业给可能亏损企业以适当的补偿。

2）机组带基本负荷，锅炉带尖峰负荷并作为备用。

3）当有燃煤、燃气两种热源时，为降低热源成本，在能源、环境条件允许时，燃煤机组优先调度。

（6）热电联产机组一般选用F、E或B级机组，B级机组应配置背压型汽轮机；采用抽汽供热方式时，F、E级机组（一拖一）的最大供热能力见表2-14。

表2-14　　　　　　　　　　　不同等级机组最大供热能力

机组型号	PG9351F	PG9171E
额定功率（MW）	255.6	126.1
最大供热能力（t/h）	300t/h	150t/h

注　同等级机组额定功率与最大供热能力成正比。

三、分布式能源站

1. 机组类型

（1）燃气内燃机。目前最大容量已达3000kW以上，相应的发电效率为40%左右。

（2）小型燃气轮机。目前最大容量为1万kW，相应的发电效率为32%左右；一般300kW以下的也称为微型燃机。

（3）燃气蒸汽联合循环。目前常用F、E或B级机组，由于机组容量超过10MW，一般认为采用 F、E 级机组的电站不属于分布式能源站。

2. 选型原则

（1）燃机可选用重型、轻型或工业型机组，根据工程条件，通过招标确定。

（2）余热锅炉一般采用自然循环、多压、卧式露天布置锅炉，利用排烟加热热水。当有景观等要求时，可以采用立式，紧身封闭，烟囱立在炉顶，四周用女儿墙美化。一般不补燃，但在需解决一台燃机或余热锅炉停运时，用热保证率的要求，可以研究是否补燃，以减少装机规模或备用锅炉容量。

（3）蒸汽轮机如需供热（冷）时，一般采用抽汽式机组，当有两台机组时，对于工业用汽，可研究一抽一背配置方式，对于采暖用热，可以研究是否采用 SSS 离合器。

（4）供热设备可以采用余热锅炉、烟气加热器（加热热水）或以溴化锂为吸收剂的热泵。

（5）制冷设备可以采用以烟气（必要时补燃）、蒸汽或热水为高温介质的制冷设备或采用电制冷。

四、建议

（1）燃气调峰机组主要用于电网调峰与气网削峰填谷，应选用 F 级及以上等级的燃气—蒸汽联合发电机组，禁止选用单循环或 E 级以下联合循环机组。

（2）热电联产机组应坚持"以热定电"原则，优先选用背压型汽轮机；根据热负荷大小，选用 F、E 和 B 等级的燃气蒸汽联合循环机组，其中 B 级机组应配置背压型汽轮机。

（3）分布式能源站应根据小容量、热电冷三联供、就近供给能源的原则，选用 B 级以下的燃气蒸汽联合循环机组，小型燃机单循环机组或燃气内燃机组。

五、对几个问题的认识

（一）6F 型机组

（1）近年来，已有燃气发电项目选用 6F 型机组，主要原因是：

1）进气温度高，为 F 级，对节能减排有利；

2）容量比 B 级大，有利于填补 B 级与 E 级之间的空挡。

（2）选用 6F 型机组有如下问题：

1）主机需要全部进口，更换备件较贵；

2）仅有一家制造厂生产，不利于"货比三家"；

3）项目投资较高。

（3）建议：

1）暂不出现于机组典型目录；

2）具体项目可以明确按照总容量符合要求进行招标，例如可以选用 3 台 6B 或两台 6F 机组；

3）机组选型与选择制造厂同时进行，通过全面的技术经济比较，评标时确定。

（二）鼓励燃气调峰机组兼顾供应热（冷）负荷

（1）主要原因：

1）提高能源利用效率；

2）解决分散热源带来的环境保护问题。

（2）但也需要解决电网调峰要求与热（冷）网连续供应之间的矛盾，为此：

1）仍按电网调峰要求和电网、气网双调峰的要求，确定机组运行方式与年利用小时。

2）少量的热（冷）负荷，可以通过建筑物储热（间断性采暖）、水罐储热（工业用汽利用进出汽压差）等方式解决。

3）较大的热（冷）负荷，可以通过保留、收购热网现有锅炉，在厂内建设调节用锅炉，同步建设燃气轮机、余热锅炉和背压机等方式解决。

4）由于它仍属于燃气调峰机组，按现行管理权限，仍应报国家发展改革委核准。

（三）热电联产机组多方案比较

1. 比较原则

（1）以热电分产为比较平台，不仅供热量要满足要求，发电量各方案也要补齐。

（2）热电分产方案，供热采用燃气锅炉，锅炉效率取90%。

（3）热电分产方案，发电采用9F燃机联合循环机组或660MW超临界燃煤机组。当气源充足、电网要求热电联产机组参与调峰时，宜用前者；当电网只接受"以热定电"电量，并按燃煤机组标杆电价支付购电费用时，宜用后者。

（4）以F、E和B级燃机参与方案比较，均配抽汽机组。

（5）以项目工业用汽需求为100t/h及200t/h为代表，前者是B级燃机最佳范围；后者为E级燃机最佳范围。

（6）参考已有资料，增加了B级燃机配背压机方案。

（7）增加了燃气锅炉配背压机方案。汽轮机内效率取80%，汽耗取14kg/kWh。

（8）采用简化计算法，能源利用效率按式（2-1）计算

$$\eta = \frac{P_1 + P_2 + Q}{P_1/\eta_1 + P_2/\eta_2 + Q} \tag{2-1}$$

$$Q' = \frac{Q}{\eta_3}$$

式中　P_1+P_2——发电量补齐后的发电功率，取2套9F机组，即781.6MW；

P_1——联合循环或背压机发电功率，MW；

P_2——补齐发电功率，对于热电分产方案，P_2为0，MW；

η_1——联合循环或背压机效率，%；

η_2——补齐凝汽机组效率，%；

Q——年均供热量，MW；

Q'——燃气锅炉能耗量，仅配燃气锅炉时才计入此项，MW；

η_3——燃气锅炉效率，%。

（9）由于年发电量已拉齐，年供热量相同，两者之和除以上述利用效率，乘以年利用小时，即为近似的年节能量。

2. 计算结果

（1）工业供汽量为100t/h，计算结果见表2-15。

表2-15　　　　　100t/h年均供汽量装机方案比较

指标	单位	热电分产	F级配抽汽机	E级配抽汽机	B级配抽汽机	B级配背压机	燃气炉配背压机
单套出力	MW	390.8+390.8	390.8+369.1	186.7+171.7	48.3+48.3	7.1+2×29.7	7.1

续表

指标	单位	热电分产	F级配抽汽机	E级配抽汽机	B级配抽汽机	B级配背压机	燃气炉配背压机
合计出力	MW	781.6	759.9	358.4	96.6	66.5	7.1
全厂热效率	%		59.90	56.83	65.23	取 70.00	取 72.00
项目利用效率	%		59.90	56.83	65.23	70.00	87.95
补缺出力	MW	基准	21.7	423.2	685.0	715.7	774.5
F级效率	%	56.40	56.40	56.40	56.40	56.40	56.40
补气利用效率	%	58.18	65.15	61.66	62.50	62.43	61.57
补缺出力	MW	基准	21.7	423.2	685.0	715.7	774.5
煤机效率	%	42.95	42.95	42.95	42.95	42.95	42.95
补煤利用效率	%	44.88	64.56	52.69	48.86	46.15	46.97
备 注			1台供热 1台调峰与作备用	1台供热 1台调峰与作备用	2台供热 另1台调峰与作备用	改配1台背压机	配1台背压机

（2）工业供汽量为 200t/h，计算结果见表 2-16。

表 2-16　　　　　　　　　　200t/h 年均供汽量装机方案比较表

指标	单位	热电分产	F级配抽汽机	E级配抽汽机	B级配抽汽机	B级配背压机	燃气炉配背压机
单套出力	MW	390.8+390.8	390.8+344.3	2×171.7	4×48.3	2×7.1+3×39.6	2×7.1
合计出力	MW	781.6	735.1	343.4	193.2	133.0	14.2
全厂热效率	%		63.18	63.60	65.23	取 70.00	取 72.00
项目利用效率	%		63.18	63.60	65.23	70.00	88.00
补缺出力	MW	基准	46.5	438.2	588.4	648.6	767.4
F级效率	%	56.40	56.40	56.40	56.40	50.40	56.40
补气利用效率	%	59.80	73.97	69.99	68.80	68.78	66.77
补缺出力	MW	基准	46.5	438.2	588.4	648.6	767.4
煤机效率	%	42.95	42.95	42.95	42.95	42.95	42.95
补煤利用效率	%	46.66	72.46	59.07	55.31	54.21	51.02
备 注			1台供热 1台调峰	2台供热	4台供热 另1台调峰	改配2台背压机	配1台背压机

3. 分析意见

（1）以项目能源综合效率为比较指标时，在相同供热量的条件下，下一级燃机在 67%～100%最大抽汽量利用率时，比上一级高，说明热电联产的效益超过了参数低的影响，这也是建议"以热定电"时，最大抽汽量利用率不低于 2/3 的理由之一。

（2）配背压机组比抽汽机组不仅少占装机规模，少用天然气，而且可以提高项目能源利用效率，这也是优先采用背压机的理由。

（3）但如以燃煤机组为热电分产比较平台，由于燃煤机组效率低，燃机出力低，补缺功率高，B 级甚至 E 级燃机综合能耗均高于 F 级机组。

（4）如以 9FA 机组为热电分产比较平台，B 级与 E 级均次于 F 级，在 200t/h 时，E 级与 F 级相近，应结合工程情况，规划与总量控制要求等因素进行论证。

（5）项目供汽量在 200t/h 以下时，热电分产，即采用燃气锅炉配背压机的方案，在气、电总量控制的前提下，可能是较优的。

第六节　准　入　条　件

建设项目必须通过申请由政府主管部门核准，下面介绍燃气发电项目核准的准入条件。

完善燃气发电相关标准和政策，促进燃气发电产业健康发展是构建安全、稳定、经济、清洁现代能源产业体系的必然要求，其中准入条件的制定和完善无疑是燃气发电项目健康发展的关键。

根据国家有关法律法规和产业政策，按照优化布局、调整结构、节约能源、保护环境、安全生产的原则，建议对燃气发电项目提出如下准入条件。

一、项目建设条件和生产布局

根据资源、能源、环境容量状况和市场供需情况，各有关省（区、市）应按照国家有关产业政策、发展规划等要求，统筹燃气资源、电力负荷和热（冷）负荷需求，在满足能源总量和电力开工规模总量控制的条件下，科学合理制定省（区、市）燃气发电规划，并报国家能源局核备。

（1）为保障能源安全、协调能源供需，燃气发电项目应符合国家能源、产业、用地政策及能源、产业发展规划。在国家能源战略的统一部署下，各省（区、市）应结合本区域燃气资源、管网建设及消费结构、电力工业发展规划、供热规划、环境容量等因素，组织编制燃气发电专项规划。燃气发电专项规划应由有资质的中介咨询机构评审，经各省（区、市）发展改革委（能源局）批复，并上报国家能源局核备。

（2）结合燃气资源供应格局，重点在东中部地区重要用电负荷中心规划建设燃气调峰发电项目；东中部经济发达或人口稠密的中心城市可适度建设燃气热电联产或冷热电多联供项目；限制主要煤炭输出地区建设燃气发电项目。

二、项目建设规模和技术装备

为满足节能环保、资源综合利用和安全生产的要求，实现合理规模经济，燃气发电项目的建设规模与技术装备应达到以下要求：

（1）燃气发电项目的建设应充分考虑燃气资源利用的社会效益、环保效益和经济效益等各方面因素，根据气源条件、负荷需求、环保空间及地域特点等确定机组的性质。

（2）燃气发电项目应使用管道天然气、液化天然气（LNG）等商品天然气，以资源可靠落实为首要条件，厂址应邻近天然气长输管道门站或液化天然气接收站，通过专用管道引接。业主单位应根据项目年用气量及特点，与燃气供应企业签署长期供用气合同（协议）。

（3）燃气发电企业应积极采用符合要求的先进技术和排污强度小、节能环保的设备以及安全设施。

（4）依据各类型燃气机组的特性和适用范围，结合所在地区的气网和电网运行特性，通过技术、经济等多方面综合比较，合理确定燃气发电机组的机型及建设规模。

（5）燃气调峰发电项目应选用 F 级及以上等级的燃气—蒸汽联合发电机组，禁止选用单循环或 E 级以下的联合循环机组。

（6）燃气热电联产项目应以热电联产规划为依据，统筹考虑其他热源点建设和替代燃煤小锅炉，坚持以热定电的原则确定建设规模。

（7）燃气热电联产项目汽轮机部分优先选用背压型机组；选用抽凝机组的，应选用 E 级或 F 级及以上等级联合循环机组，其中，选用 E 级机组的，单套机组承担的热负荷应不低于 100t/h（折合蒸汽量，下同）。热负荷需求低于 20t/h 的，优先选用燃气锅炉（可根据需要配置背压型热电联产机组）。

（8）新建燃气发电项目的总体规划应贯彻节约集约用地的方针，并应通过积极采用新技术、新工艺和设计优化，严格控制厂区、厂前建筑区、施工区用地面积，以及严格控制取土和弃土用地；现有燃气发电项目应当厉行节约集约用地原则。

三、环境保护

（1）新建和改扩建燃气发电项目应严格执行《环境影响评价法》，依法向有审批权限的环境保护行政主管部门报批环境影响评价文件。按照环境保护"三同时"的要求，建设项目配套环境保护设施并依法申请项目竣工环境保护验收，验收合格后方可投入生产运行。未通过环境评价审批的项目一律不准开工建设。现有燃气发电企业应依法定期实施清洁生产审核，并通过评估验收，两次审核的时间间隔不得超过三年。

（2）燃气发电机组排放的大气污染物应达到 GB 13223—2011《火电厂大气污染物排放标准》和污染物排放总量控制要求。项目所在地有地方标准和要求的，应当执行地方标准和要求。

（3）燃气发电项目应按照法律、行政法规和国务院环境保护主管部门的规定设置排污口。废水排放应符合国家相应水污染物排放标准要求，凡是向已有地方排放标准的水体排放污染物的，应当执行地方标准。

（4）燃气发电厂厂界噪声应符合 GB 12348—2008《工业企业厂界环境噪声排放标准》的要求。

四、安全和社会责任

（1）燃气发电企业应遵守《安全生产法》、《职业病防治法》、《发电企业安全生产标准化规范及达标平级标准》等法律法规，执行保障安全生产的国家标准或行业标准。

（2）燃气发电企业应有健全的安全生产组织管理体系，有安全生产管理检查、隐患排查和治理、重大危险源监控、职工安全生产培训等相关制度。

（3）燃气发电企业应遵守国家法律法规，依法参加养老、失业、医疗、工伤等保险，并为从业人员缴足相关保险费用。

五、准入条件

（一）燃气发电机组

1. 必要条件

（1）气源落实。

1）厂址应邻近天然气长输管线门站或 LNG 接收站，通过专用管道引接；也可从城市天然气管网引接或从其他气源引接。

2）天然气用量在省（区、市）能源和气源总量控制范围之内。

3）发电企业与天然气长输企业、城市燃气企业或其他气源企业签有长期供气合同，内容包括量（含分季）、质（主要为发热量与硫分）与价格约定（含调价办法）。

（2）电力市场落实。

1）项目已列入电力发展规划和天然气发电规划，装机规模在省（区、市）装机规模控制范围之内。

2）电网企业同意接入系统，认可并网与设计中推荐的运行方式。

3）已有明确的电价形成机制与电价约定。

（3）项目审核：

1）已同意项目开展前期工作；

2）已有可研报告审查意见；

3）已附齐所需的支持性文件，包括气源和电力市场落实所需的文件。

2. 优先条件

（1）位于东中部地区重要负荷中心的项目；

（2）位于天然气资源充足、经济承受能力强、环境负担重、能源品质要求高的发达地区和人口稠密地区的项目；

（3）有上大压小替代容量和节能奖励容量的项目。

3. 限制条件

（1）限制在主要煤炭输出地区建设天然气发电项目；

（2）限制简单循环和 B 级及以下燃机联合循环机组。

（二）热电联产机组

除对燃气发电机组的要求外，还包括：

（1）按照发电能源〔2007〕141 号文的规定，具有由地（市、盟）发展改革委委托，有资质的咨询设计单位编制，省（区、市）发展改革委组织专家评审（含中央咨询单位专家）的热电联产规划，并报国家能源局核备。

（2）在规划中应落实热负荷：

1）设计热负荷水平年为编制期后三年。

2）工业园区只计入已有、在建与已核准企业热负荷。

3）城市采暖以现状热负荷为基础，年增长一般低于 5%，有特殊理由时，短期也不超过 10%。

（3）在规划中应合理利用现有供热设备：

1）保留环境保护条件允许（加必要的技改）效率较高的锅炉供应尖峰负荷。作为备用或承担抽汽压力较高，供热距离较远的工业用汽。

2）凡邻近有凝汽机组时，特别是扩建电厂的现有机组，应优先考虑改为供热机组，有条件时，可以改为背压机组。

（4）在规划中应对机组选型进行论证：

1）贯彻"以热定电"的要求，工业园区落实的设计热负荷不少于机组最大供热能力的 2/3；城市采暖热负荷中 2/3 由机组承担，与最大供热能力相当，其余 1/3 由热网内保留的其他热源承担。

2）工业用汽机组有条件时可以仅安装一台背压机组或"一抽一背"。

（5）在热电联产规划与项目可行性研究报告中，应有关停小锅炉的承诺与地方主管部门的保证。

（6）鼓励燃气调峰机组兼顾附近的热负荷，此时应妥善解决机组调峰与热网连续供热要求的矛盾，并仍按燃气调峰机组的要求，申请核准。

（三）分布式能源站

1．必要条件

（1）小型化。

（2）冷、热、电三联供，并在站内制冷，以满足梯级利用，能源利用效率不低于70%的要求，因此供热（冷）半径一般在15km以内。

（3）投资主体自备，即并网不上网，所发电量自行消纳，联络线单向输入，即可减少从电网的购电量与购电成本，以争取经济上可行。

2．机组容量与选型

（1）按电力工业现行规定，小型火电机组指单机100MW及以下的机组。

（2）上海市规定，分布式能源站单机容量应在10MW及以下，即采用燃气内燃机或小型燃机（单循环）发电机组。

（3）广州大学城分布式能源站安装2套（二拖一）78MW联合合循环机组，现仅供大学城生活用热水，所发电量全额上网。

（4）目前分布式能源站与热电联产机组之间界限不清，不利于管理。已有E级甚至F级机组也拟作为分布式能源站的实例。

（5）按照前述必要条件，建议：

1）单机10MW及以下，拟采用燃气内燃机或小型燃机（单循环）时，应划入分布式能源站。

2）如拟采用B级燃机，应结合前述的必要条件综合考虑。

3）如拟采用E级甚至F级机组，应作为热电联产项目处理。

（四）结论与建议

1．燃气发电机组

必要准入条件有三个方面共5条，其中优先条件3条、限制条件2条。可归纳如下：

（1）坚持规划指导项目的原则。各省（区、市）应在电力发展规划的基础上编制天然气发电规划；热电联产项目还应编制热电联产规划；分布式能源项目还应纳入分布式能源规划。

（2）坚持宏观调控的原则。对各省（区、市）的火电开工规模及天然气供应总量实行总量控制。

（3）采用大容量高效机组。燃气调峰机组应采用F级机组；热电联产机组宜采用F级机组，经论证也可采用E级机组；20t/h供汽量以下的项目，应考虑采用燃气锅炉，合理时应加装背压机组。

（4）分布式能源站应符合小型化，冷、热、电三联供和并网不上网的原则，作为与热电联产机组划分的要求。

（5）按照燃煤机组项目申请的要求，取齐支持性文件，包括气源和电力市场落实所需文件和有资质的单位提供的可研审查意见。

2．热电联产机组

除对燃气发电机组的要求外，还应符合热电联产有关规定。

3. 分布式能源站

必要条件有三个方面，单机 10MW 以下属于分布式能源站，B 级机组根据必要条件综合考虑；E 级与 F 级机组属于热电联产项目。

4. 鼓励类

建议在修编《产业结构调整目录》时，按照以上必要条件进行归纳，作为进入鼓励类产品的条件。

第七节 监 督 与 管 理

关于燃气发电行业的监督和管理问题，提出以下 3 条建议：

（1）有关省（区、市）政府能源主管部门要按照国家电力发展规划和产业政策，在与本地区燃气利用规划、电力发展规划充分衔接的基础上，抓紧编制本地区燃气发电专项规划，经科学论证和专家评议后，合理安排燃气发电项目布局和建设时序。燃气发电专项规划在实施过程中，可根据实际情况进行滚动调整。

（2）列入所在省（区、市）燃气发电专项规划的项目方能申报核准，上报核准时，申报企业应提供所在省（区、市）燃气发电专项规划及其审批意见、省级主管部门对燃气来源和总量控制的论证与批复文件（热电联产项目还应提供供热区域的热电联产规划及其审批意见）、燃气供应企业的供气承诺函等相关支持性文件。

（3）省级政府能源主管部门要会同有关方面对热电联产项目进行定期年度核验和不定期抽查，检查"以热定电"实施情况，凡低于核准要求的，应限期整改；整改仍达不到要求的，取消其享受的优惠政策；检查与整改结果上报国家能源局，作为该投资主体后续项目是否核准的依据之一。

第八节 设 计 标 准 简 介

燃气发电供热和供冷工程设计应该遵循的设计标准主要包括：

（1）GB 50660—2011《大中型火力发电厂设计规范》；

（2）GB 50049—2011《小型火力发电厂设计规范》；

（3）GB 50494—2009《城镇燃气技术规范》；

（4）DL/T 5174—2003《燃机—蒸汽联合循环电厂设计规定》；

（5）DL/T 5204—2005《火力发电厂油气管道设计规程》；

（6）CJJ 145—2010《燃气冷热电三联供工程技术规程》；

（7）CJJ 34—2010《城镇供热管网设计规范》；

（8）DG/T J08-115—2008《分布式供能系统工程技术规程》（上海市工程建设规范）。

正在编制中的设计标准主要包括：

（1）国家标准《燃气冷热电联供工程技术规范》，由城市建设研究院主编，征求意见已完成。

（2）电力行业标准《分布式供能站设计规范》，由上海电力设计院有限公司和中国华电工程（集团）有限公司主编，已完成报批稿。

气 体 燃 料

第一节 概 况

气体燃料分为常规天然气和非常规天然气（主要包括煤层气、页岩气、可燃冰以及油田伴生气和致密砂岩气），本节将介绍常规天然气和非常规天然气中的煤层气、页岩气和可燃冰。

一、常规天然气

（一）我国常规天然气资源储量及分布

我国沉积岩分布面积广，陆相盆地多，形成了多种优越的天然气储藏的地质条件，与短缺的石油资源相比，天然气资源蕴藏相对丰富。

近几年来，我国天然气探明储量逐年增加，为天然气工业加速发展奠定了坚实的物质基础。近中期天然气探明储量仍将保持持续、稳定的增长势头。按照可采资源量计算，中国天然气资源探明程度仅为 11.34%，剩余资源勘探潜力巨大。

近年来，我国天然气产量迅速增加，天然气产量和消费量都保持了两位数以上的增长幅度。其中，天然气产量年均增幅在 18% 左右，2007 年产量达 688.53 亿 m^3，2008 年产量达 760 亿 m^3，2009 年产量达 850 亿 m^3。2010 年，我国天然气的总供应能力 1100 亿 m^3 左右。

总体而言，我国是"天然气储量大国"。截至 2008 年底，我国已探明天然气地质储量 6.34 万亿 m^3，相对于 55.89 万亿 m^3 的预测远景资源量，勘探潜力巨大。由于技术进步等因素，我国天然气探明储量逐步提高，2008 年我国天然气探明储量 2.46 万亿 m^3，世界排名第 14 位，占世界天然气探明总储量的 1.3%。

我国的天然气储量主要位于鄂尔多斯盆地（27%）、四川盆地（23%）、塔里木盆地（19%）、渤海湾盆地（8%）和松辽盆地（7%），其余分布在约 10 个盆地的小型储层中。

我国陆上西部的塔里木盆地、鄂尔多斯盆地、四川盆地、柴达木盆地、准噶尔盆地，东部的松辽盆地、渤海湾盆地以及东部近海海域的渤海湾、东海和莺琼盆地是我国天然气储量的主要聚集区域（见表 3-1）。

表 3-1　　　　　　　　　　我国天然气田主要分布地区的资源情况

天然气田分布地区	面积（万 km^2）	远景资源量（万亿 m^3）	地质资源量（万亿 m^3）	剩余资源量（万亿 m^3）	探明地质储量（万亿 m^3）	资源探明率（万亿 m^3）
塔里木盆地	56.0	11.34	8.86	10.38	0.96	8.47%
鄂尔多斯盆地	25.0	10.70	4.67	8.69	2.01	18.79%
四川盆地	20.0	7.19	5.37	5.49	1.70	23.64%

续表

天然气田分布地区	面积（万 km²）	远景资源量（万亿 m³）	地质资源量（万亿 m³）	剩余资源量（万亿 m³）	探明地质储量（万亿 m³）	资源探明率（万亿 m³）
东海	24.1	5.10	3.64	5.03	0.07	1.37%
柴达木盆地	10.4	2.63	1.60	2.34	0.29	11.03%
南海莺琼盆地	14.0	4.17	2.40	3.91	0.26	6.24%
渤海湾	22.2	2.16	1.09	1.84	0.32	14.81%
松辽盆地	26.0	1.80	1.40	1.41	0.39	21.67%
准噶尔盆地	13.4	1.18	0.65	0.97	0.21	17.80%
其他		9.62	5.35	9.50	0.12	1.25%
合计	>211.34	55.89	35.03	49.55	6.34	11.34%

注 资料来源：《中国能源发展报告（2010）》，崔民选主编，社会科学文献出版社，2010年。

（二）新增储量

2008年8月，我国历时4年完成了新一轮全国油气资源评价。国土资源部新一轮全国油气资源评价结果显示：

石油储量产量进入平稳增长阶段，天然气储量产量进入快速增长阶段，到2003年，石油产量可以保持每年2亿t的水平，天然气产量可以达到每年2500亿 m³，油气当量"二分天下"的格局初步形成。同时，油页岩、页岩气和煤层气资源潜力可观，未来可以对常规油气资源逐渐形成重要的补充。我国能源生产正进入油气并举的阶段。

评价结果表明，我国石油远景资源量1086亿t，地质资源量765亿t，可采资源量212亿t，勘探进入中期。天然气远景资源量56万亿 m³，地质资源量35万亿 m³，可采资源量22万亿 m³，勘探处于早期。此外，非常规油气资源储量较为丰富。其中，煤层气地质资源量达37万亿 m³，可采资源量为11万亿 m³；油页岩折合成页岩油地质资源量达476亿t，可回收页岩油为120亿t；而油砂油地质资源量达60亿t，可采资源量为23亿t。

根据此次油气资源评价结果，近期内我国可采油气资源显著增加，尤其是天然气，可采资源量高达22万亿 m³，为我国一次能源"油气并举"战略奠定了良好的资源基础。

对比来看，2008年的油气资源评价结果表明：从中近期的发展来看，我国油气资源储量替代率和储采比将获得较大提升，清洁及高热值的天然气能源在我国能源消费结构中比例的提升，能够较为有效地舒缓我国对国际原油资源进口的压力。

（三）天然气产量

2011年全球天然气产量为32762亿 m³，我国为102.5亿 m³，在美国、俄罗斯、加拿大、伊朗、卡塔尔之后，排名第6，比重为3.1%。

二、煤层气

（一）关于煤层气的基本概念

煤层气，即煤层瓦斯或煤层甲烷，是与煤共生，开采煤炭时从煤体内析出的一种气体。煤层气的主要成分为高纯度甲烷（90%以上），是成煤过程中生成的自储式天然气体，以吸附和游离状态赋存于煤层及岩层，属于非常规天然气。

煤层气是我国常规天然气最现实、最可靠的替代能源，开发和利用煤层气可以有效地弥补我国常规天然气在地域分布和供给量上的不足。2020 年全国煤层气产量将达到 300 亿 m³，煤层气在气体能源消费中的比重达到 15%左右，将成为常规能源的必要补充。

作为一种重要的、储量丰富的煤炭副产品，煤层气的资源化利用，以及产业化开发与利用，2009 年以来已进入快速发展通道。

煤层气在我国煤炭工业史上是人们耳熟能详的煤矿安全生产"第一杀手"，是煤矿瓦斯爆炸事故的根源。同时，煤层气的温室效应约为 CO_2 的 21 倍。传统煤矿开采中对煤层气的大量排空对全球气候环境变化（温室效应）具有较大影响。但作为一种优质洁净能源，煤层气适于工业用途、化工原料、发电燃料以及居民生活燃料，也是一种热值高、污染少、安全性高的清洁优质能源。有数据显示，每 1000 m³ 煤层气相当于 1t 燃油和 1.25t 标准煤，煤层气发热量可达 8000kcal（1kcal=4.185kJ）。因此，从资源开发和环境治理的角度看，产业化开发和利用煤层气，实有一举多得之益。

（二）资源分布

从资源的角度看，我国的煤层气资源十分丰富，国际能源署（IEA）统计，我国煤层气资源量位列俄罗斯（113 万亿 m³）、加拿大（76 万亿 m³）之后，居世界第三，美国排第四。

根据中联煤层气有限责任公司最新一轮全国煤层气资源预测结果显示，我国煤层气资源总量为 31.64 万亿 m³。而国土资源部油气中心的新一轮煤层气资源评价结果更高，达到 36.81 万亿 m³，可采储量 10.87 万亿 m³。

根据该评估结果，我国埋深 2000m 以浅煤层气地质资源量约 36.81 万亿 m³，相当于 450 亿 t 标准煤、350 亿 t 标准油；与国内陆上常规天然气资源量 38 万亿 m³ 相当。煤层气可采资源总量约 10 万亿 m³，累计探明地质储量 1023 亿 m³，可采储量约 470 亿 m³。

截至 2009 年底，全国共施工各类煤层气井近 4000 口，建成煤层气地面开发产能 25 亿 m³/年，年产量达 7 亿 m³，煤层气抽采率约 30%，外输能力达 40 亿 m³/年。

我国 95%的煤层气资源分布在晋陕内蒙古、新疆、冀豫皖和云贵川渝等四个含气区，其中晋陕内蒙古含气区煤层气资源量最大，为 17.25 万亿 m³，占全国的 50%左右。从埋藏深度来看，1000m 以浅、1000~1500m 和 1500~2000m 的煤层气地质资源量，分别占全国煤层气资源地质总量的 38.8%、28.8%和 32.4%。

从区域分布来看，华北地区煤层气总资源量为 20.71 万亿 m³，占全国的 56.3%；西北地区煤层气总资源量为 10.36 万亿 m³，占全国的 28.1%；南方地区煤层气总资源量为 5.27 万亿 m³，占全国的 14.3%；东北煤层气资源量相对较少，仅占全国煤层气总资源量的 1.3%（见图 3-1）。

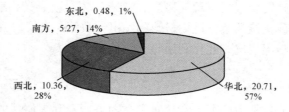

图 3-1 我国煤层气地区分布（单位：万亿 m³）

注：资料来源为发展改革委和能源局《煤层气（煤矿瓦斯）开发利用"十一五"规划》。

全国大于 5000 亿 m³ 的含煤层气盆地（群）共有 14 个，其中含气量在 5000~1 万亿 m³

之间的有川南黔北、豫西、川渝、三塘湖、徐淮等盆地，含气量大于 1 万亿 m^3 的有鄂尔多斯盆地东缘、沁水盆地、准噶尔盆地、滇东黔西盆地群、二连盆地、吐哈盆地、塔里木盆地、天山盆地群、海拉尔盆地等 15 个。其中，二连盆地煤层气可采资源量最多，约 2 万亿 m^3；鄂尔多斯盆地东缘、沁水盆地的可采资源量在 1 万亿 m^3 以上，准噶尔盆地可采资源量约为 8000 亿 m^3。

（三）勘探情况

我国煤层气资源勘探近年来逐步进入产业化阶段，先后在山西沁水盆地、河东煤田，安徽淮南和淮北煤田，辽宁阜新、铁法、抚顺、沈北矿区，河北开滦、大城、峰峰矿区，陕西韩城矿区，河南安阳、焦作、平顶山、荥巩煤田，江西丰城矿区，湖南涟邵、白沙矿区，新疆吐哈盆地等地区，开展了煤层气勘探和开发试验工作。截至 2006 年，我国煤层气勘探登记区块 64 个，总面积 81810km^2，分布在 12 个省区。

（四）我国煤层气的产业化技术与制度条件

近年来，由于能源清洁环保的要求，天然气得到重视；相应地，也带动了我国煤层气产业化的良好发展。截至目前，我国地面煤层气产业加快开发，储量和产能得到了迅速发展。累计施工煤层气井 3600 多口，增长 5 倍；年产量增长 18 倍，产能达到 25 亿 m^3。

在开发与利用技术创新方面，我国在煤层气利用技术方面已逐渐成熟。经过多年攻关，我国地面煤层气钻探、测试、排采等技术取得了长足进步，羽状水平井已推广应用。在一些地区，煤层气地面开发已经攻克了无法抽采利用、抽采利用不经济的难题，奠定了产业化开发利用煤层气的技术、经济基础。

从单纯的危害治理到治理与开发并重，我国已加强煤层气产业化规划和实施力度。

2005 年 6 月，《国务院关于促进煤炭工业健康发展的若干意见》指出："按照高效、清洁、充分利用的原则，开展煤矸石、煤泥、煤层气、矿井排放水及与煤共伴生资源的综合开发与利用。鼓励瓦斯抽采利用，变害为利，促进煤层气产业化发展。按照就近利用的原则，发展与资源总量相匹配的低热值煤发电、建材等产品的生产。"

总体上，我国煤层气产业化已进入快速发展通道。从产业推进方面看，自 2006 年将煤层气开发列入"十一五"能源发展规划以来，我国在财税制度方面给予煤层气开发提供了一系列优惠政策，包括"抽采销售煤层气实行增值税先征后退政策"、"对地面抽采煤层气暂不征收资源税"、"减免企业所得税"，以及提供补贴等。

目前我国煤层气产业已具备规模化技术条件和政策的扶持。已形成中联煤层气公司、中国石油化工集团公司、中国石油天然气集团公司及各地煤炭大型企业参与，海外军团与国内外科研院所共同合作开发煤层气资源的格局。2006 年来，政府又相继出台打破专营权、税收优惠、财政补贴等多项扶持政策，近期财政部又出台政策：煤层气开采企业可获得 0.2 元/m^3 的财政补贴，企业参与煤层气产业化利用与开发前景广阔。

三、页岩气

（一）页岩气的基本概念

页岩气（shale gas）是指赋存于富含有机质的页岩及其夹层状的泥质粉砂岩中，属于非常规天然气。主体位于暗色泥页岩或高碳泥页岩中，页岩气是主体上以吸附或游离状态存于泥岩、高碳泥岩、页岩及粉砂质岩类夹层中的天然气，它可以生成于有机成因的各种阶段天然气主体上以游离相态（大约 50%）存在于裂缝、孔隙及其他储集空间，以吸附状态（约

50%）存在于干酪根、黏土颗粒及孔隙表面，极少量以溶解状态储存于干酪根、沥青质及石油中，天然气也存在于夹层状的粉砂岩、粉砂质泥岩、泥质粉砂岩，甚至砂岩地层中，天然气生成之后，在源岩层内的就近聚集表现为典型的原地成藏模式，与油页岩、油砂、地沥青等差别较大。

与常规储层气藏不同，页岩既是天然气生成的源岩，也是聚集和保存天然气的储层和盖层。因此，有机质含量高的黑色页岩、高碳泥岩等常是最好的页岩气发育条件。

含气页岩层段，是指富含有机物的烃源岩系，以页岩为主，含少量砂岩、碳酸盐岩或硅质等夹层，其中页岩厚度占层段厚度的比例不小于 60%，夹层单厚度不超过 3m。

按照国土资源部油气中心的解释，如果符合以下条件，可以理解或定义为页岩层：

（1）夹层的单层厚度≤3m；

（2）夹层的总厚度的比重≤40%。

（二）美国的页岩气

据权威的"潜在气体燃料委员会"估计，美国最新增加的天然气储量，比原来在世界上位居天然气储量第三位的卡塔尔已探明储量的一半还要多。而且，随着勘探和开采技术的进一步完善，美国可供开采的天然气储量在今后还将大大增加。如将页岩气换算成石油，美国的储量是 1000 亿桶，欧洲则为 900 亿桶。

据悉，目前美国的非常规天然气的开发每年已经高达 1500 亿 m^3，超过了中国的全年天然气产量。

北美洲页岩气已达天然气生产总量的 17%，而 2006 年仅为 1%。预计到 2030 年，页岩气的供应量将有可能超过北美天然气总量的 50%，是未来几十年最有增长潜力的天然气供给来源。页岩气是 21 世纪北美能源最重大的突破，在价格没有明显增加的前提下，天然气的供应量有可能大幅度提高。

直到 2009 年下半年，人们才真正地把页岩气作为一个重大的能源话题来讨论，此前，人们认为为满足未来美国日益增长的天然气需求，大量进口 LNG 是不可避免的。当下，美国能源的专家们不再把进口 LNG 作为必然的选择了，而只是一种可能的选项罢了。美国是世界最大的能源消费国，它的一举一动都关联着世界能源市场的起落涨跌，曾经一度只涨不跌的 LNG 价格，由于北美页岩气的迅速发展，也出现了松动。

（三）页岩气资源前景预测

1. 世界页岩气技术可采资源量

世界页岩气技术可开采资源量前 20 排名见表 3-2。

表 3-2　　　　　**世界页岩气技术可采资源量前 20 排名表（未包括俄罗斯）**　　　　万亿 m^3

序号	国家	页岩气技术可采资源量	序号	国家	页岩气技术可采资源量
1	中国	36.10	7	加拿大	10.99
2	美国	24.41	8	利比亚	8.21
3	阿根廷	21.92	9	阿尔及利亚	6.54
4	墨西哥	19.28	10	巴西	6.40
5	南非	13.73	11	波兰	5.30
6	澳大利亚	11.21	12	法国	5.1

序号	国家	页岩气技术可采资源量	序号	国家	页岩气技术可采资源量
13	挪威	2.35	17	巴基斯坦	1.44
14	智利	1.81	18	玻利维亚	1.36
15	印度	1.78	19	乌克兰	1.19
16	巴拉圭	1.76	20	瑞典	1.16

注 资料来源：U.S.Energy Information Administration：World Shale Gas Resources：An Initial Assessment of 14 Regions Outside the United States，APRIL 2011。

2. 中国页岩气资源量预测

中国页岩气资源量预测见表 3-3。

表 3-3　　　　　　　　　　　　　中国页岩气资源量预测　　　　　　　　　　万亿 m³

年份	预测机构	资源量			技术可采资源量			说明
		取值	下限	上限	取值	下限	上限	
1997	Rogner	91.8						
2001	Kawata and Fujita	99.90						含中亚地区
2002	科罗拉多矿业大学	23.51	15.00	30.00				John B.Curtis
2008	中国石油勘探院廊坊分院	35.00		35.00				未包括褐煤及藏粤闽台地区的煤层
2009	国土资源部油气中心		30.00	100.00				
2009	中国石油	30.70						
2009	中国地质大学				26.00			
2009	中国石油	100.00		100.00				
2011	地质通报	100.00	85.90	166.40				
2011	美国能源情报署	144.44			36.10			四川、塔里木盆地
2011	国土资源部油气中心	155.00			31.00			
2011	2011 年预测结果平均	133.15	85.90	166.40	33.55			

（四）我国页岩气的发展规划

我国《页岩气发展规划（2011～2015 年）》于 2012 年 3 月 16 日正式发布，规划到 2015 年，基本摸清我国页岩气资源"家底"，并建成一批页岩气勘探开发区，初步实现规模化生产，页岩气产量达到 65 亿 m³/年，同时突破页岩气勘探开发关键技术，主要装备实现自主化生产，形成一系列国家级页岩气技术标准和规范，建立完善的页岩气产业政策体系。

"页岩气革命"是改变能源格局的大事，也是维护我国能源安全的一件大事。为加快推动我国页岩气发展，国家发展改革委、财政部、国土资源部、国家能源局研究制定该规划，主要任务是探明储量，掌握勘探开发技术。

值得注意的是，这两年的政府工作报告都提到了页岩气。其中，2012 年政府工作报告的表述是"优化能源结构,推动传统能源清洁高效利用,安全高效发展核电,积极发展水电,加快页岩气勘查、开发攻关,提高新能源和可再生能源的比重。"

（五）页岩气的开采

1. 关键技术

与常规天然气相比,页岩气存在初期投入大、开发成本高、回收周期长（一般为 30～50 年）等特点。

从开发生产技术上讲,开采页岩气的两项核心技术是水平钻探和压裂,石油工业有数十年经验的成熟技术,随着页岩气事业的迅速发展,这两项技术将会得到进一步的发展,其适用性和效率会得到提高。

2. 存在的问题

开展科技攻关,掌握适用于我国页岩气开发的关键技术。我国大大小小的石油企业都不掌握核心技术。国务院发展研究中心研究员张永伟曾撰文表示 "中国在钻机、压裂车组、井下设备等装备制造方面已有较强的技术和生产能力,国内公司的钻井设备已批量出口美国,用于页岩气开发。目前主要在系统成套技术和一些单项配套技术设备方面存在差距。"

目前最大的困惑还是"水力压裂法"以及"是否对环境有破坏及是否适用于中国"。据悉,水力压裂法是全球页岩气开采所采用的最普遍的一种方法,甚至被能源企业誉为获得页岩气资源的"金钥匙"。但该开采方法本就存在争议,一些专家认为水力压裂法会破坏地形;一些环保组织也坚称,由于该方法在使用过程中要添加大量化学物质,可能会导致水污染等情况的发生。

美国能源部的数据显示,页岩气单井钻井平均用水量高达 1.5 万 m^3。而从目前我国页岩气的开采区域看,主要还是集中于相对缺水的西部地区,同时,我国页岩气资源的地质结构也与美国相差甚远。我国的页岩气矿藏一般位于山区、沙漠、埋地深度大,开采费用每口井高达 1600 万美元,而美国只需几百万美元,总之,技术上可开采与经济上可开采不是一回事。

尽管前景被业内广泛看好,但尚普咨询去年年底的一份报告称,中国页岩气的市场前景"并不乐观"。对于原因,该机构分析:"首先,中国页岩气开发工作还处于初期阶段,缺乏经验、技术不成熟等都制约着中国页岩气行业的发展;其次,市场需求存在局限性,且受管道输送因素的影响,页岩气目前的供给明显存在区域化特征。"

四、可燃冰

（一）可燃冰的基本知识

1. 可燃冰

在一定的温度和压力下,某些低分子量气体（如 O_2、H_2、N_2、CO_2、CH_4、H_2S、Ar、Kr、Xe）以及某些高分子量碳氢化合物气体被包进水分子中,形成一种冰冷的白色透明结晶——气和水结合在一起的固体包合物,称为笼形包合物（clathrate kydrate）,当包含气体为甲烷（methene）时,其外表看上去像冰,但又具易燃特性,能像蜡烛一样燃烧,故称为可燃冰。在同等条件下,可燃冰燃烧产生的能量比煤、石油、天然气要多,而且燃烧后不产生残渣和废气,不污染环境。

可燃冰还有另外 5 个名称,即天然气水合物、甲烷水合物、固体瓦斯、气冰、甲烷笼形包合物，英文名称为 Natural Gas Hydrate，简称 Gas Hydrate，分子结构式为 $CH_48H_2O_2$。

可燃冰就像一个天然气的压缩包，包含着数量巨大的天然气。据理论计算，$1m^3$ 可燃冰可释放出 $164m^3$ 甲烷气和 $0.8m^3$ 水。这种固体水合物只能存在于一定的温度和压力条件下，一般要求温度 0～10℃，压力高于 3MPa，一旦温度升高或压力降低，甲烷气会悄悄逸出，固体水合物便趋于崩解，倏然消失。在常温常压下，可燃冰会分解成水与甲烷。因此，可燃冰也被看成是高度压缩的固态天然气。

2. 可燃冰的成因

可燃冰是自然形成的，分布在海底、大洋或深湖的沉积物，以及陆地永冻层中，这些地方有很多动植物的残骸，残骸腐烂时产生细菌，细菌排出甲烷，当正好具备高压和低温的条件时，细菌产生的甲烷气体就被锁进水合物中形成可燃冰。

形成可燃冰有温度、压力和原材料三个基本条件。首先，可燃冰可在 0℃以上生成，但超过 20℃便会分解。而海底温度一般保持在 2～4℃左右；其次，可燃冰在 0℃时，只需 30 个大气压即可生成，而在海洋的深度，30 个大气压很容易保证；最后，海底的有机物沉淀，其中丰富的碳经过生物转化，可产生充足的气源。海底的地层是多孔介质，在温度、压力、气源三者都具备的条件下，可燃冰晶体就会在介质的空隙间中生成。

海底可燃冰的分布范围要比陆地大得多，据估算，可燃冰分布的陆海比例为 1:100。在海洋深处，可燃冰有其特定的存在范围。一般来说，海底可燃冰只能存在于海底之下 500～1000m 的范围以内，再深入的话，会因为海底产生的地热使海水升温，不再符合可燃冰存在的温度条件。

3. 可燃冰是未来的新能源

目前地球上可供人类开采的石油、煤炭等能源正在日益减少，各国纷纷开始寻找新的替代能源，可燃冰受到人们的密切关注。世界上掀起寻觅可燃冰的热潮，一些国家相继把可燃冰作为后续能源进行开发研究，对可燃冰的科学考察取得了可喜成绩。美国、日本等国家先后在海底获得了可燃冰实物样品，而加拿大在冻土带内找到了可燃冰。专家认为，可燃冰这种新能源一旦得到开采，将使人类的燃料使用史延长几个世纪。

据粗略估算，在地壳浅部，可燃冰储层中所含的有机碳总量大约是全球石油、天然气和煤等化石燃料含碳量的两倍，海底可燃冰的储量够人类使用 1000 年。据最保守的统计，全世界海底可燃冰中储存的甲烷总量约为 1.8 亿亿 m^3，约合 1.1 万亿 t，如此数量巨大的能源是人类未来动力的希望，是 21 世纪具有良好前景的后续能源。

可燃冰具有独特的高浓缩气体的能力，高浓度气体等于高储量。甲烷可燃冰的能量密度是煤和黑色页岩的 10 倍左右，是一种罕见的高能量密度的能源。

可燃冰的商业开发尚在研究中，其商业用途尚无法进行定量估计，但可以定性分为以下几种商业用途：

（1）直接燃烧，可产生热量做功，且只产生少量二氧化碳和水，其用途等同于液化天然气（LNG），是一种绿色清洁燃料。

（2）作为汽车燃料。

（3）用于民用天然气调峰。

（4）在石化行业中使用。

（5）用于燃料电池。

根据现有资料，国内外尚无可燃冰在发电厂应用的试验研究。

可燃冰的实际使用技术是常规的，不存在大的技术障碍。

（二）可燃冰的分布和储量

1. 可燃冰分类

可燃冰分为陆上可燃冰气藏与海洋可燃冰气藏。

（1）陆上可燃冰气藏。目前陆地上发现的可燃冰气藏与我们一般见到的气藏能源（常规天然气之类的气体能源）储存形式相同，都在成岩的层状地层中，因此和常规气层的开采程序是基本相同的。陆上可燃冰气藏与海洋可燃冰气藏相比，气层厚度相对较大，并且均发现在含油气盆地中，气藏是下生上储型，气源是来自下伏地层中的常规气藏的热解气。

（2）海洋可燃冰气藏。目前海洋中发现的可燃冰数量与规模比陆地上的要大得多，现已知可燃冰 90%以上的储量都在海底。海洋可燃冰充填的天然气大多数来自同层沉积物形成的生物气。海洋可燃冰往往是在新生代成岩欠佳或未成岩的沉积物中，在砂岩和粉砂岩中以很细小的颗粒密密地进入到这些岩石的孔隙中，也有像大树深藏在泥土里的根须一样延展。

2. 可燃冰在地球上的分布与储量

（1）分布。据最新资料统计，目前已至少在全球 116 个地区发现了可燃冰，其中陆地永久冻土带 38 处，海洋 78 处。其中美国、日本各 12 处，俄罗斯 8 处，加拿大 5 处，挪威、中国、墨西哥各 3 处，秘鲁、智利、印度、阿根廷、新西兰、巴拿马、澳大利亚、哥伦比亚各 2 处，巴西、危地马拉、尼加拉瓜、委内瑞拉、巴巴多斯、哥斯达黎加、乌克兰、巴基斯坦、阿曼、南非、韩国 1 处，南极永冻带 5 处。

可燃冰矿藏探明储量与开展研究调查细致程度有关，许多没有被关注的海域也有可能存在可燃冰矿藏，随着研究和调查探查的增加，世界海洋中发现的可燃冰矿藏还将进一步增加。

（2）储量。在地球的海洋和陆地永久冻土层里，埋藏着大量的可燃冰。但是，地球上的可燃冰储量并没有确切的答案。虽然目前可燃冰的巨大储量没有得到证实，但是很多科学家已经对可燃冰富含的天然气做了估算，其结果是非常惊人的。

1）美国地质调查局的科学家卡文顿曾预测，全球的冻土和海洋中，可燃冰的储量为 $3.114×10^{15}$～$7.63×10^{18}m^3$，当时世界海洋中发现的可燃冰分布带只有 57 处，2001 年就增加到 88 处，目前，世界上已发现的可燃冰分布区已多达 116 处。

2）1981 年，据潜在气体联合会（PGC）估计，包括海洋和永久冻土区可燃冰在内的资源总量为 $7.6×10^{18}m^3$，其中永久冻土区可燃冰资源量为 $1.4×10^{13}$～$3.4×10^{16}m^3$。

3）日本学者山崎彰在第 20 届世界天然气大会所著的文章中对世界可燃冰的储量预计为，陆上约 $n×10^{12}m^3$，海洋为 $n×10^{16}m^3$，二者之和是世界常规探明天然气储量（$1.19×10^{14}m^3$）的几十倍。

4）据美国地质调查局（USGS）20 世纪 90 年代的推断，天然气水合物资源量大约为 $2.831×10^{15}$～$7.646×10^{16}m^3$。

5）有科学家推算，全世界海洋所储藏的可燃冰，其所含天然气约为（1.8～2.1）$×10^{16}m^3$，而目前估算的全球天然气储量为（0.180～1.0）$×10^{15}m^3$。

6）据俄罗斯科学家的初步估计，大陆上处于可燃冰状态的天然气资源达到 $1.0×10^{16}m^3$，而在海域内则有 $1.5×10^{16}m^3$。

7）据俄罗斯科学院院士 A.A.特罗菲姆克计算，世界海洋可燃冰生成带所产气的储量约为 $8.5×10^{16}m^3$，这一数量与当时美国学者的计算结果大致吻合。

8）2005 年 8 月，据美国地质调查局（USGS）通过广泛的调查，估计世界海域基于水合物形式的天然气储量为 $1.43×10^{18}m^3$，陆地为 $3.5×10^{17}m^3$。

目前，可燃冰资源的估计值仅仅是理论推测结果，变化范围较大，甚至相差几个数量级。实际上，科学家对可燃冰的储量都是估算的，根据目前的可燃冰勘探水平，从远景资源量再到地质资源量，再到地质储量，再到探明的储量，需要一定的时间。

3. 我国可燃冰的分布与储量

（1）我国海洋可燃冰的分布和储量。在我国广袤的海洋中，埋藏着数量巨大的可燃冰。根据已有勘探资料判断，我国海洋可燃冰资源不但非常丰富，而且分布范围较广。

1）我国南海蕴藏着丰富的可燃冰。据中国南海研究院院长吴士存博士估计，从目前地质构造条件看，南海可燃冰储量大约在 700 亿 t 油当量左右，大约相当于我国陆上和近海石油天然气总资源量的一半以上（油当量是按照标准油的热当量值计算各种能源量时所用的综合换算指标，是一种能源计量单位）。

2）西沙海槽是位于南海北部陆坡区的新生代被动大陆边缘型沉积盆地。新生代最大沉积厚度超过 7000m，水深大于 400m。通过国家"863"研究项目"深水多道高分辨率地震技术"而获得了可靠的可燃冰存在地震标志。探测资料表明，南海北部西沙海槽可燃冰存在面积大，是一个有利的可燃冰远景区。在西沙海槽已初步圈出可燃冰分布面积 $5242km^2$，其资源估算达 $4.1×10^{12}m^3$。

3）在我国台湾海域也存在可燃冰。根据台湾大学海洋所及台湾中油公司资料，在我国台湾西南海域水深 500～2000m 处广泛存在可燃冰存在迹象，台湾东南海底也发现大面积分布的白色可燃冰赋存区。

4）我国东海的可燃冰蕴藏量也很丰富。

（2）我国内陆可燃冰的分布和储量。我国陆上永久冻土带可燃冰蕴藏量丰富。与海底储藏的可燃冰相比，陆上储藏的可燃冰的勘探、开发技术相对来说比较容易，所以到目前为止，世界上几乎所有可燃冰的开发试验均在陆上冻土区进行，待将来获得成功之后，再推广到海底沉积物中。

我国冻土带面积辽阔，达到 215 万 km^2，占国土总面积的 22.4%，是世界上仅次于俄罗斯、加拿大的第三冻土大国。按照可燃冰在陆上冻土带的成藏理论，我国的冻土带地层中可能蕴藏着丰富的可燃冰矿藏。

1）羌塘盆地。羌塘盆地是最有前景的找矿远景区。羌塘盆地年平均地温最低、地温梯度最低、冻土层相对较厚，同时也是青藏高原成油成气条件最好的地区，有形成可燃冰的合适的温度和压力条件以及充足的气源条件。

2）祁连山木里地区。祁连山木里地区有丰富的煤层气，并在冻土层内发现有长年连续逸出的甲烷气体，推测这一地区在适当的温度和压力条件下易于形成可燃冰。另外，风火山—乌丽地区等也具有可燃冰的成藏条件。

3）东北地区。东北地区年平均气温最低、地温梯度最低、冻土最发育的漠河盆地地区有充足的气源形成可燃冰。据预测，青藏高原和黑龙江冻土带蕴藏的可燃冰将超过 1400 亿 t 油当量。

（三）可燃冰开发技术

1. 调查技术

可燃冰的调查技术手段较多，如地震地球物理探查、电磁探测、流体地球化学探查、海底微地貌勘测、海底视像探查、海底热流探查、海底地质取样、深海钻探等。

2. 开采技术

目前，可燃冰的开采办法主要有化学试剂法、减压法、热激发法、井下电磁加热法和置换法等。各个国家都在急切地寻找正确的开采技术，渴望能尽快地掌握开采技术，以弥补各国国内已出现的能源缺失。

开采的最大难点是保证井底稳定，使甲烷气不泄漏、不引发温室效应。可燃冰气藏的最终确定必须通过钻探，其难度比常规海上油气钻探要大得多，一方面是水太深，另一方面，由于可燃冰遇减压会迅速分解，极易造成井喷。研究成果表明，由自然或人为原因所引起的海底温压变化均可使水合物分解，造成海底滑坡、生物灭亡和气候变暖等环境灾害。

另外，开采海底可燃冰会不同程度地造成海底电缆、通信光缆等工程设备的损坏，并且至今针对这些问题也没有相应的对策和解决方案。

除此之外，还有降低开采成本的问题，必须降低到商业开采有利可图的程度。目前全世界开发和使用可燃冰资源的技术还不成熟，大量开采还需要较长一段时间，研究可燃冰的钻采方法已迫在眉睫。

3. 储运技术

天然气固态储运也称为 GtS 技术（gas to solid），它将天然气在一定的压力和温度下，转变成固体的结晶水合物。利用 $1m^3$ 的天然气水合物可储存 $150\sim180m^3$（标准状态下）天然气的特性，可以在较低的温度和压力下以水合物的形式储运天然气。

（四）可燃冰研发方面存在的问题

1. 相关理论不成熟

第一，到目前为止，还没有完全把握可燃冰形成的机理、成藏理论及分布规律。

第二，可燃冰的主要成分是甲烷，如果开发不当，有可能引起一系列的负面效应。如果没有成熟的开采收集甲烷的理论，难以有效防止甲烷溢出，将会酿成灾难。

第三，可燃冰的温压变化、海水汽化、深海钻探、海底运输、水下电缆、海底生物物种保护等理论难题有待解决。

2. 开采可燃冰可能会引发的问题

（1）温室效应；

（2）地质灾害；

（3）海水毒化。

五、气体燃料开发利用新技术简介

（一）煤炭的气化

1. 煤炭气化技术

煤炭气化是指煤在特定的设备内，在一定温度及压力下使煤中有机质与气化剂（如蒸汽、空气或氧气等）发生一系列化学反应，将固体煤转化为含有 CO、H_2、CH_4 等可燃气体和 CO_2、N_2 等非可燃气体的过程。煤炭气化技术用途广泛，可作为工业燃气、民用煤气、化工合成和燃料油合成原料气、冶金还原气，还作为联合循环发电（IGCC）燃气。煤炭气化技术与高效煤气化结合的发电技术就是煤炭气化燃料电池技术,其发电效率可高达53%。此外,作为基础技术,煤炭气化制氢广泛地用于电子、冶金、玻璃生产、化工合成、航空航天及氢能电池等领域。尤其,煤炭直接液化以及间接液化,都离不开煤炭气化。

2. 国际上的煤制气发展

由于与石油天然气等高热值能源相比,在经济性、易于运输的属性以及清洁性比较优势的相对变化,长期以来,即使在国际上,煤制气的产业化也仍然处于发展初期。目前,大规模的产业化项目仅有美国大平原公司一家,运行了20多年,综合经济效益良好。

世界上第三大煤炭生产国印度,其褐煤储量约为380亿t,更是密切关注煤炭气化技术的创新和进展。目前,印度石油天然气公司和印度煤炭公司联合建设了地下褐煤气化中试装置,印度Shiv-Vani油气开发服务公司与澳大利亚Linc能源公司也联合建设了褐煤气化和煤制油项目。印度哥达伐里电力和钢铁公司则认为发展煤炭气化,最终形成煤、化、电、冶联产模式,可使褐煤资源获得高效利用。

3. 我国规划的煤制气项目

在我国,尤其是2009年第三季度国内曾出现严重的"天然气荒",从本质上看是由于定价机制僵化而导致的供应严重不足,使天然气行业准政府定价机制"松绑",以促进有效供应的呼声日高,巨大的气体能源需求增长,使煤制天然气呈现出前所未有的良好发展时机。我国企业通过发展改革委批准"国家立项",以及在地方政府和企业通力合作之下已开工建设的有10个煤制天然气项目,合计产能接近200亿m^3/年,主要位于2007年以来煤炭新增储量巨大的内蒙古和新疆等地(见表3-4)。

表3-4　　　　　　　　　　我国目前已规划或投建的主要煤制天然气项目

投建企业	建设资源区	产能规模 (亿 m^3/年)	建设程度	总投资 (亿元)
神华集团	内蒙古 鄂尔多斯市	合成天然气20	已开工建设	一期140
大唐国际	内蒙古克什克 腾旗	40	已作为"国家级示范工程" 列入国家石化振兴规划	226
大唐国际	辽宁阜新	40	已作为"国家级示范工程" 列入国家石化振兴规划	约180
内蒙古汇能集团	内蒙古	16	已作为"国家级示范工程" 列入国家石化振兴规划	
神东天隆集团	新疆吉木萨尔 五彩湾矿区	13	发展改革委已批复	68.46
新汶矿业集团	新疆伊犁	20	已开工建设	约90
新疆庆华煤化工	新疆伊宁伊犁河谷	55	已开工建设	277以上
华银电力	内蒙古鄂尔多斯	18	规划中	174
中国海洋石油 总公司同煤集团	山西大同	40	规划中	210

注　资料来源:《中国化工报》,2009年11月。

（二）天然气液化技术

天然气液化装置按用途分为基本负荷型和调峰型。基本负荷型天然气液化装置指生产的天然气供当地使用或外运的大型液化装置，该装置每天的液化能力一般在百万甚至千万立方米以上。调峰型液化装置指为调峰负荷或补充冬季燃料供应的天然气液化装置，通常将低峰负荷时过剩的天然气液化储存，在高峰时或紧急情况下再汽化使用。该装置的液化能力较小，储存能力较大。

天然气液化装置按制冷方式分为级联式液化流程、混合制冷剂液化流程、带膨胀机液化流程三种模式。级联式（阶式）液化流程能耗最低，但是投资大，流程复杂，管理极为不便。混合制冷剂液化流程以丙烷预冷，最具竞争力，但是流程设备复杂，适应于大型基本负荷型 LNG 液化天然气工厂。带膨胀机液化流程紧凑、规模较小，但是能耗高，适应于调峰型 LNG 工厂。

（三）天然气冷能利用技术

LNG 蕴涵着巨大的冷能，含量为 840kJ/kg 左右，每吨 LNG 约 270kWh。LNG 冷能利用主要是依靠 LNG 与周围环境（如空气、海水或其他介质）之间存在的温度差回收储存在 LNG 中的能量。

目前，全世界 LNG 冷能利用的主要方式是生产液体空分产品和冷能发电。从 LNG 温度梯级上有不同的分类方式：在高于 0℃ 时，可用于空调及燃气轮机进气冷却；低于 0℃ 的利用则有：低温的冷冻冷减、CO_2 的液化（约-50℃）、石油化学工业利用（-100℃）、LNG 的再液化及空气分离（约-50℃）。

第二节 供 需 平 衡

一、我国气体燃料的需求预测

（一）我国天然气年消费量

我国天然气年消费量见表 3-5。

表 3-5　　　　　　　　　　我国天然气年消费量　　　　　　　　　　　亿 m³

年份	2000	2005	2009	2010	2011	2012	2013
总消费量	270	520	850	1069	1283	1540	1847
国内供应量	270	504	790	938	1078	1251	1426
进口量（缺口）	0	16	60	131	205	289	421

2009 年前，进口天然气以液化天然气（LNG）为主，从 2010 年始，我国进口天然气开始有液化天然气和管输天然气两种形式。

（二）我国天然气需求量

我国天然气需求量预测见表 3-6。

表 3-6　　　　　　　　　　我国天然气需求量预测　　　　　　　　　　　亿 m³

年份	2014	2015	2020
需求量预测	2217	2340	3000
国内可供应量	1626	1680	1800
缺口（进口量）	591	660	1200

2012 年后，天然气进口量逐年上升，预测到 2015 年，进口天然气量占总需求量的 28.2%，2020 年将占 40%。

由于我国天然气发展较晚，而且很长一段时间我国没有能源不足的问题，因此 2002 年以前我国基本上没有进行天然气的贸易。近年来，随着经济的发展以及能源供求的逐步紧张，开始进口液化天然气。2003 年，我国液化天然气进口量为 488.99 万 t，主要进口来源为沙特、阿联酋、泰国、马来西亚、阿尔及利亚、澳大利亚等国。

二、我国气体燃料的供应分析

据预测，2010～2015 年，中国天然气的产量增速在 8.5% 左右，而消费量的增速大约在 12% 以上。为了保证未来的天然气需求和能源供应的战略安全，我国在近几年已成功开辟了多元化的四大海外能源通道，即西北地区的中亚天然气管道、西南地区的中缅油气管道、东北地区的中俄油气管道，以及海上进口液化天然气（LNG）等。

（一）进口管输天然气

跨境天然气输送管道的建设正在进行。

（1）西北方向。中国—中亚天然气管道已经开始供气，全部完工后，每年的输气量将达到 300 亿 m^3 的既定目标。中国—中亚天然气管道是我国第一个跨国天然气能源通道，经土库曼斯坦、乌兹别克斯坦和哈萨克斯坦三国后进入我国，与西气东输二线相连，二者于 2008 年同步建设，建成后将成为西气东输二线的主要天然气来源。

（2）西南方向。中缅油气管道已经试运行，正式投产后，每年将有 120 亿 m^3 的天然气输送到我国西南地区。

（3）中俄天然气管道。2015 年，从东西两线同时向我国东北地区和新疆输气，预计输送能力将达到每年 680 亿 m^3。

（二）海上进口 LNG

1. LNG 接收站建设

已投运 5 座：广东深圳 LNG 项目（我国第一座 LNG 接收站，一期工程已于 2005 年投运，年进口量为 300 万 t，最终规模 600 万 t/年）、福建 LNG 项目、上海 LNG 项目。

中石油的江苏如东 LNG 接收站于 2011 年投运，中石化的山东 LNG 接收站于 2012 年投运。

正在规划和实施：浙江、广西和辽宁等。

预计 2015 年前，中国将在沿海地区建设 10 座 LNG 接收站。

2. LNG 供应合同

2008 年，中海油与卡塔尔天然气运营有限公司签署为期 25 年，每年 200 万 t 液化天然气长期资源采购协议。2009 年 11 月，中海油与卡塔尔天然气公司签订谅解备忘录，根据备忘录，卡塔尔天然气公司从 2013 年开始向中海油增加供应 300 万 t/年液化天然气。除了这一基准数量之外，卡塔尔天然气公司和中海油还将考虑每年增加 200 万 t 液化天然气的购销。该次谅解备忘录签署后，将使供应给中海油的液化天然气总量增加到每年 700 万 t。

2010 年 3 月 24 日，中海油与英国天然气公司签署了液化天然气购销及澳大利亚柯蒂斯液化天然气项目的有关协议。根据协议，中海油将在 20 年间每年从英国天然气集团采购 360 万 t 液化天然气。

仅中海油一家，目前已累计与外国公司签订了每年向中国市场供应 1600 万 t LNG 的长期供应合同，相当于未来 25 年中，每年向中国引进 220 亿 m³ 天然气。

2010 年 3 月 22 日，中石油集团联手壳牌公司收购的澳大利亚最大煤层气企业 Arrow 得到批准，未来该公司生产的液化煤层气将有一半运往国内销售。

注：管输天然气流量的单位是 m³，液化天然气流量的单位是 t，其换算关系取决于压力、热值、温度等因素，概略估算时，1t=1570m³。

三、气体燃料供需平衡问题

（一）我国天然气供应安全问题

目前，国际天然气市场的态势对我国来说有利有弊，但面对天然气进口量逐年增加的事实，如何保证未来天然气的供应安全，已经成为必须面对的事实，具体有以下五个问题。

1. 对外依存度过高

2015 年后，我国天然气的对外依存度将超 30%，然而，天然气对外依存度过高隐藏的风险，相比石油而言可能更为严重，石油对外依存度高，还可以从国际市场上购买，但管输天然气进口受区域分布的影响，我国管道天然气进口局限在周边三个国家，面临的风险较大。

目前，我国跨境天然气管道已经开始部分运营，中国—中亚管道尽管已经通气，但却面临着诸多问题，如地区安全、中亚国家政局稳定性、双边关系以及地区恐怖主义等，这一系列问题都将是对天然气进口安全的重大考验。

由于天然气的独特输送方式，国际上天然气"断供"事件曾不止一次上演。2006~2008 年，俄罗斯和乌克兰两国之间就因多次"斗气"而引发全球关注。乌克兰绝大部分天然气依靠俄罗斯供应，在两国之间发生矛盾时，俄罗斯曾多次以"断气"来教训乌克兰，这些事件不仅把乌克兰暴露在寒冬之中，还让欧洲国家感受到来自俄罗斯的阵阵凉意。

事实上，俄罗斯和乌克兰前几年频频发生的天然气"断供"事件也有一个特点，那就是俄罗斯把天然气作为武器，针对的是小国，而大国之间不会轻易做出这样的举动。由于天然气独特的运输方式，决定了进口国和出口国之间是一种双向依赖关系，"断供"，不仅让进口国承担风险，出口国也会蒙受巨大损失。在 2008 年的那次断气中，俄罗斯由于不能出口天然气，其损失高达 10 多亿美元，而且还损失了在国际市场上的信誉。

但也有专家认为不必对天然气对外依存度的增加过于悲观，中投咨询首席能源分析师姜谦认为：

（1）尽管天然气进口很大程度上依赖管道输送，存在"断供"风险，但我们可以用 LNG 作补充，日本和韩国的天然气消费量非常大，但是他们没有管输进口，完全是依赖 LNG，我们不用过分担心管输的不安全。

（2）我国对天然气的对外依存度增加到类似于石油的程度，还需要 10 年甚至更长的时间，这期间，我国的能源消费结构会加快调控，新能源和可再生能源的利用比例会大幅上升，对化石能源的依赖性会相对降低。

2. 季节性不均衡导致"气荒"

天然气生产是四季连续的，而我国目前天然气下游应用多是冬季多用，夏季少用，其冬夏耗量比达到 4:1，北京市甚至达到 6:1。由于天然气不易储存，在冬季室外气温连续下降时，天然气用量产生峰值叠加，常会产生气荒。

下面以北京市"气荒"为例进行说明。

北京市 2009 年底~2010 年初产生的气荒，曾对北京市的社会生活产生较大的影响。北京市的集中供热以天然气为燃料所占比重超过 66%（按供热的总面积计），表 3-7 是北京市 2004～2012 年天然气总耗量和冬季供暖耗气量。

表 3-7　　　　　　　　　　　　　　北京市近年天然气耗量　　　　　　　　　　　　　亿 m^3

年份	2004	2005	2006	2007	2008	2011	2012	2013
每年总耗气量	25.5	30.0	36.0	43.2	53	68.6	84	93
每年各季供暖耗气量	15.3	18	21.6	25.9	31.8	44	53.1	59

2015 年，北京市将关闭现在仍在运行的 4 个大型燃煤热电厂，而以燃气热电厂替代，到时北京的冬季供暖耗气量将更大。

北京的天然气用户大多是冬季供暖，冬夏季用气比例约为 6:1。由于天然气负荷适于随运随用，储存的成本极高，这种季节比例的不平衡，给燃气公司的经济供气造成极大的麻烦。北京市 2009～2010 年采暖季最冷期的天然气供应曾出现危机，详见表 3-8。

表 3-8　　　　　　　　　　北京市 2009～2010 年采暖季最冷期的日耗气量

日期	日耗气量（万 m^3/日）	当日最低气温（℃）
2009-12-25	4417	−10
2010-1-4	5295	−14
2010-1-6	5343	−16
2010-1-11	4886	−14
中石油最大日供气量	4900	
原计划 1 月平均日供气量	4200	对应的预定温度−9

从表 3-8 中可看出：2009 年 12 月 25 日～2010 年 1 月 11 日的 22 天，日耗气量均大于原计划 1 月平均日供气量 4200 万 m^3/日，有三天的日耗气量大于中石油最大日供气量 4900 万 m^3/日。在这种极端天气情况下，中石油做了大量工作，全面启动一级保障预案，尽最大努力保障向北京供气。但由于天气异常，用气量大幅增加，超出常规用气量，为了保障北京市居民的供热和正常生活以及燃气设施的正常运行，北京市政府决定启动燃气供热应急保障预案，以压缩公共建筑，保障居民用气和用热为原则，对大型商场、超市、公共建筑、写字楼和工业企业予以限气，供暖设施采取低温的方式运行。

冬季是天然气的需求旺季，供暖需求和燃料需求大幅增加。2009 年底的雨雪天气造成大部分地区气温骤降，国内天然气需求大幅增加，导致全国多处天然气供应告急。西安、武汉、重庆、宜昌、南京、扬州、杭州、日照等地纷纷启动应急预案，武汉市天然气日缺口达 60 万 m^3，约为平日正常情况下气量的 40%；南京市天然气日缺口达到 40 万 m^3，相当于南京计划用量的 40%，只得采用"保民用、压商业、停工业"的供气方案运行，影响了当地的社会经济生活。

3. 储气库短缺

建立地下储气库是国际上解决天然气供应安全的重要措施，目前，在全球 30 多个国家已建设了 600 多个地下储气库，库容高达 3332 亿 m^3，而我国至今仅建了 6 个库，储气设施不足，直接威胁到全国的供气安全。

美国储气库的储存量占其消费总量的 20%～30%，一旦遇到紧急状况，能够进行应急调配。储气库主要以地下储气库为主，因为地上气库的成本高，安全性差，需要保持低温、高压状态。

4. 天然气管网建设

对我国而言，天然气安全最大的隐患并非从国外进口气源可靠性如何，而是我国的管网建设落后，上下游各自为政。目前，我国共有天然气管道 3.6 万 km，但绝大部分管道之间都是孤立的，尚未把全国管道形成一个网络，在紧急情况下，各大主干管道之间难以相互备用。天然气网络的建设应上升到国家层面，因为企业集团为了各自的利益，不可能做到这一点，只有国家统筹才能做到。

5. 行业垄断

我国的天然气行业主要集中在中石油、中石化、中海油等大型国资企业，垄断过度，不利于行业健康发展。石油和天然气需要长期稳定的投资经营，应大力发展天然气或主要以天然气为主营业务的公司，以保证天然气的长期供应和运营安全，我国需要制定政策法规，规范天然气行业准入，促进公平竞争，鼓励和支持成立专业天然气公司，开放中上游市场。

（二）目前几个值得注意的动向

1. 美国天然气进口下降

2009 年末，国际能源署（IEA）发布的《2010 年国际能源展望》中称，美国天然气已经能实现自给，而全球天然气市场将面临过剩。

在这一格局变迁之中起作用的因素，除了国际金融危机致使能源需求大幅萎缩且至今未完全恢复外，美国页岩气的大量发现是导致供求关系变化的最大砝码。据报道，美国开采的非常规天然气已经满足了其一半的天然气需求，新的页岩气开采点在北美遍地开花，使美国在 2009 年以 6000 亿 m^3 的产量优势取代俄罗斯，成为世界上最大的天然气生产国。因此，页岩气被视为"游戏规则改变者"，它的出现改变了天然气的市场分布、行业状况和供求格局。

2. 国际天然气市场有转向买方市场的趋势

由于高油价的支撑，国际天然气价格曾一直处于高位。

页岩气是 21 世纪北美能源最重大的突破，在价格没有明显增加的前提下，天然气的供应量有可能大幅度提高，目前，曾经一度只涨不跌的 LNG 价格，由于北美页岩气的迅速发展，价格出现了松动。

突如其来的资源过剩和需求低迷，使天然气价格市场形势发生逆转，已经压低的天然气现货价格被进一步降低。IEA 认为，因为需求走弱但供给提高，全球天然气市场已从卖方市场演变为买方市场，天然气市场的过剩使得油气价格联动将减弱。这种情况至少会持续到 2015 年左右，可能对天然气定价机制产生深远影响。

这一格局的出现，对于天然气生产国和出口国而言绝不是好消息，而对于包括中国在内的市场买家来说，无疑将受益。

3. 今天的短缺就是明天的过剩，明天的过剩又可能导致后天的短缺

在金融危机爆发之前，美国经济形势发展良好，由于本国生产的天然气不能满足需求，而在非洲、中东和澳大利亚等地四处寻找气源，进口液化天然气（LNG）的价格也不断走高。美国并非唯一急于得到天然气的国家，在金融危机前世界经济的不断增长中，全球出现了对清洁能源难以满足的需求。令大多数观察家都难以想到的是，似乎遥不可及的过剩这么快就

到来了，这印证了柯林斯商品第一定律：今天的短缺就是明天的过剩。

但能源市场是变化无常的，谁也无法准确地预测 2015 年后我国对天然气的实际需求情况、我国页岩气的开采情况和国际能源市场天然气价格，或许还有柯林斯商品第一定律的逆定律：明天的过剩又可能导致后天的短缺。

（三）我国天然气行业的机遇

世界天然气市场形势出现的新变化，对于我国这样的需求大国来说，可谓千载难逢的历史机遇，可利用这一历史机遇做几件大事。

1. 加大引进天然气资源的动作

目前，我国天然气市场处于发展初期，从资源储量看，天然气在我国属于短缺资源，从勘探到形成规模一直到建成基础设施周期很长，进口资源供应以长期照付不议合同为主，现货余量小市场调整能力有限。

油气企业应抓住这一时机，加大引进天然气资源，在需求低迷的时候，天然气生产国特别需要稳定的出口市场，我国经济增长及其带来的能源需求，完全可以为其提供有保障的长期合同，这是对供需双方都有利的双赢之举。

在国际天然气市场价较低、我国有足够的外汇支付能力时，加大引进天然气资源的动作，保留国内资源以待后用，是明智的。但应掌握好分寸，在时机、数量上进行调控。

2. 启动价格改革工作

在新的天然气市场机遇下，我国国内久拖不决的天然气价改将由此获得契机。价格是政策导引方向的主要手段，通过定价，可以把政府推广什么、抑制什么、鼓励什么、限制什么直接体现出来。

今后宜借鉴国外的成熟经验，尽快逐步提高资源税率；同时采取各种补贴、税赋，适当加速人民币升值等综合举措，改革已经融入全球化市场的中国能源价格机制；促进我国能源市场健康发展、提高能效，兼顾控制成品油价格、控制 CPI 涨幅、保障人民生活等问题。

世界各国对天然气下游的不同用户都有不同的定价，以下是公认的天然气下游用户定价四原则：

（1）使用（替代）价值/承受能力原则；

（2）下游供应设备/运营成本原则；

（3）用气效率原则；

（4）市场开拓贡献原则。

贯彻这些原则，将会促进下游市场的快速开拓、成长，以及天然气的高效利用，真正达到发展天然气、加速节能减排的战略目标。

3. 制定天然气利用规划

在需要全面协调整合的各项工作中，最主要的是几个大规划的协调整合，包括产业发展和产业结构调整规划，节能减排规划，热电冷联产规划，能源结构调整规划，天然气项目规划，电力建设、电网发展规划，城镇建设规划，城市交通规划，工业园区规划和循环经济发展规划，以及区域生态平衡和环境保护规划。

4. 培育稳定的大宗下游用户

对于天然气而言，天然气利用技术路线正确，能源利用效率就会提高，所创造的价值也会提高,价格承受能力自然相应提高,而获得资源的机会就同样提高,能源供应的安全性也必然提高。

第三节 输 送

由于我国天然气资源集中分布在中西部地区,远离东部消费市场,两地之间的天然气输气管线建设滞后,以及气价不合理、下游消费市场限制等多种因素,使天然气开发严重滞后于勘探,天然气产量长期增长缓慢。因此,陆上天然气长距离运输管道和海上液化天然气登陆接收装置系统的全面建设,尤其是各个城市消费群之间管网的连通,成为我国迈入"天然气时代"的重要一步。

天然气运输方式有管道运输和液化天然气运输,目前仍以管道运输为主。运输距离在1000~4000km 时,管道运输为最佳成本选择。输气管道发展的趋势是长运距、大口径、高压力和网络化。运输距离大于 4500km 时,液化天然气运输要比管道运输经济。

一、国内外输气管线规划与布局

目前,我国已经初步形成了国外以中国—中亚、俄罗斯—中国(东西两线)和中国—缅甸的四条输气管线和国内以西气东输、西气东输二线,以及陕京线系统等管道为骨干、以兰银线、淮武线、冀宁线为联络线的国家级天然气基础管网(见表3-9)。同时,川渝、华北、长江三角洲等地区已经形成了相对完善的区域性管网。随着西气东输二线、川气东送以及配套支线和支干线的建设,中南地区、华南地区也将逐渐形成区域性管网。

我国国内天然气管道建设已经历两个阶段,第一阶段完成了局部天然气管网的建设,即陕甘宁气田和四川盆地天然气外输管线工程。第二阶段集中建设了我国东西方向天然气输气干线,即西气东输工程,缓解了沿途省、市能源短缺的矛盾。

表 3-9   国内外主要天然气管线布局

管线项目	长度(km)	开工、投产等相关情况
国内已投产的部分主要管线		
西气东输一线(新疆塔里木轮南—上海白鹤镇)	4200	2002 年 7 月开工,2004 年 10 月投产,途经 9 省区
川气东送(四川普光气田—上海)	1702	2007 年 8 月开工,2009 年 10 月投产,途经 8 省区
陕京一线(陕西靖边—北京石景山区)	1256	1996 年 3 月开工,1997 年 9 月投产,2000 年 11 月完成三期,途经 4 省区
陕京二线(陕西靖边—北京大兴区)	915	2004 年 3 月开工,2005 年 6 月投产,2009 年 10 月完成增输,途经 4 省区
涩西兰输气管道(青海涩北一气田—西宁—兰州西固)	931	2000 年 5 月开工,2001 年 9 月投产,途经 2 省区
忠武线(重庆忠县—湖北武汉)	1352	2003 年 8 月开工,2004 年 11 月投产,途经 3 省区,1干+3 支
冀宁线(河北石家庄—江苏南京)(西气东输联络线)	1498	2005 年 1 月开工,2006 年 1 月投产,途经 4 省区,1干+9 支
淮武线(湖北武汉—河南淮阳)(西气东输联络线)	443	2006 年 12 月投产,途经 2 省区

管线项目	长度（km）	开工、投产等相关情况
国外天然气管线		
中国—中亚天然气管道（土库曼斯坦—中国新疆霍尔果斯）	1801	2008 年 6 月开工，2009 年 12 月单线投产，双线 2011 年投产，途经土库曼斯坦、乌兹别克斯坦、哈萨克斯坦 3 国
中国—缅甸天然气管线（缅甸西海—中国贵港）	2806	2009 年 10 月原油管道首站开工，2013 年底投产，途经 3 省区
俄罗斯天然气西线（西西伯利亚—中国新疆）	300	计划 2015 年前投产
俄罗斯天然气东线（东西伯利亚、远东萨哈林—黑龙江）	380	2015 年后两三年内投产
国内在建和规划中部分主要管线		
涩西兰输气管道复线（青海涩北二气田—西宁—兰州）	945	2008 年 9 月开工，2009 年 12 月投产，途经 3 省区
榆林—济南输气管道（陕西榆林—山东济南）	1045	2008 年 11 月开工，2010 年 9 月投产，途经 4 省区
陕京三线（陕西长庆—河北永清）	851	2009 年 6 月开工，2010 年 10 月投产，途经 3 省区
秦沈天然气管道（河北秦皇岛—辽宁沈阳）	475	2009 年 6 月开工，2010 年 6 月投产，途经 2 省区，1 干+3 支
西气东输二线（新疆霍尔果斯—广东、香港、上海）	9102	2008 年 2 月开工，西段 2009 年 12 月投产，东段 2009 年 2 月开工，2011 年底投产，途经 14 省区，1 干线+8 支
西气东输三线（新疆—江西—福建）	300	预计 2014 年投产
西气东输四线（新疆塔里木盆地—四川）		开始规划

注 资料来源：《中国能源发展报告（2010）》，崔民选主编，社会科学文献出版社，2010 年 5 月出版。

到 2010 年，规划建设天然气管道约 1.6 万 km，总长度达到 4.4 万 km，实现天然气西气东输、北气南下、海气登陆、就近供应的目标。我国天然气管道将建成"横跨东西、纵贯南北、连通海外"的基本框架，形成以四大气区（新疆、青海、陕甘宁、川渝）外输管线和进口天然气管线为主干线、连接海气登陆管线和进口液化天然气等气源的全国性天然气管网。

二、中国—中亚输气管线

苏联解体后，中亚丰富的矿藏及其与阿富汗、伊朗临近的重要战略位置，使西方国家和中国开始寻求与之发展更为密切的关系。作为世界上拥有最为丰富的石油、天然气、金属矿藏资源的地区之一，中亚已成为俄罗斯、西方各国以及中国之间地缘博弈的能源争夺主战场。

随着天然气能源在我国能源消费结构调整中的地位日渐强化，由于本国油气等化石能源资源的相对短缺，我国加快了引入中亚天然气资源的西气东输工程的建设。

中国—中亚天然气管道，是中国第一条将境外天然气引入国内的管道工程，2012 年总体建成，可稳定供气 30 年以上。

中国—中亚天然气管道，起始于阿姆河右岸的土库曼斯坦和乌兹别克斯坦两国边境的格达伊姆，途经乌兹别克斯坦中部和哈萨克斯坦南部，从阿拉山口进入中国。该管道在中亚地区总长度约 2006km，其中土库曼斯坦境内长 188km，乌兹别克斯坦境内长 525km、哈萨克斯坦境内长 1293km。

中国—中亚天然气管道在我国新疆霍尔果斯口岸与国内的西气东输二线管道相接，从而构成了目前世界上规模最大、运输距离最长的天然气管道。

西气东输二线管道西起中哈边境，南至广州，东达上海。管道沿东南方向一路贯通新疆、甘肃、宁夏、陕西、河南、湖北、湖南、江西、广东、广西、浙江、上海、江苏、安徽等14个省（区、市），包括1条主干线和8条支干线，总长度超过9100km。预计到2012～2013年，每年将向中国华东和华南等经济发达地区输送天然气400亿 m^3，其中1/3将送往珠三角和香港特别行政区（见图3-2）。

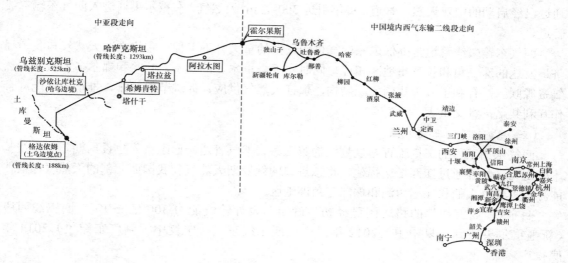

图3-2 中国—中亚天然气管线走向示意图

三、西气东输管线工程简介

（一）西气东输一线工程

西气东输一线工程，即"西气东输工程一期"，是"十五"期间我国以政府项目方式安排建设的特大型基础设施，总投资超过1400亿元。其主要任务是将新疆塔里木盆地的天然气送往豫皖江浙沪地区，沿线经过新疆、甘肃、宁夏、陕西、山西、河南、安徽、江苏、上海、浙江等10个省市自治区。

西气东输工程包括塔里木盆地天然气资源勘探开发、塔里木至上海天然气长输管道建设以及下游天然气利用配套设施建设。

从新疆至上海的西气东输一线管道工程于2002年7月正式开工，2004年10月1日全线建成投产，年供气能力至今已逾120亿 m^3。其主干线西起新疆塔里木油田轮南油气田，向东经过库尔勒、吐鲁番、鄯善、哈密、柳园、酒泉、张掖、武威、兰州、定西、西安、洛阳、信阳、合肥、南京、常州等大中城市，东贯9个省区，全长4200km。最终到达上海市白鹤镇，是我国自行设计、建设的第一条世界级天然气管道工程，是国务院决策的西部大开发的标志性工程。

（二）西气东输二线工程

西气东输二线工程是新中国成立以来投资最大的单体工程。西气东输二线管道工程，西起新疆霍尔果斯口岸，南至广州，东达上海，途经新疆、甘肃、宁夏、陕西、河南、湖北、江西、湖南、广东、广西、浙江、上海、江苏、安徽等14个省区市，干线全长4895km，主干线和 8 条支干线管道总长度则超过 9102km。西气东输二线,配套建设 3 座地下储气库,其中一座为湖北云应盐穴储气库,另两座分别为河南平顶山、南昌麻丘水层储气库。西气东输二线管道将开辟第二供气通道,增强长江三角洲和珠江三角洲地区天然气能源供应的安全性和可靠性。

西气东输二线管道主供气源为引进土库曼斯坦、哈萨克斯坦等中亚国家的天然气,国内气源作为备用和补充气源。中国石油天然气集团公司 2007 年 7 月与土库曼斯坦签署协议,将通过已经启动的中亚天然气管道,每年引进 300 亿 m³ 天然气,在霍尔果斯进入西气东输二线管道。

西气东输二线管道是确保国家油气供应安全的重大骨干工程,它将中亚天然气与我国经济最发达的珠三角和长三角地区相连,同时实现塔里木、准噶尔、吐哈和鄂尔多斯盆地天然气资源联网,有利于改善我国能源结构,保证天然气供应,促进节能减排,推动国际能源合作互利共赢,意义重大。

(三)西气东输三期工程

西气东输工程的三期工程是规划中的第三条天然气管道,已经进入建设周期。其路线基本确定为从新疆通过江西抵达福建,将拟进口的俄罗斯天然气和我国西北部的天然气,输往能源需求量庞大的长江三角洲和珠江三角洲地区。

目前,"西三线"的路线图已经初步确定,设计输气能力 300 亿 m³/年。西三线西段(新疆霍尔果斯到宁夏中卫)2012 年投产;西三线东段(宁夏中卫到广东韶关)2014 年底投产。

西三线干线管道西起新疆霍尔果斯首站,东达广东省韶关末站。从霍尔果斯—西安段沿西气东输二线东行,途经新疆、甘肃、宁夏、陕西、河南、湖北、湖南、广东共 8 个省、自治区。

西三线工程为 1 干 1 支,总长度为 4661km,干线长 4595km,与西二线并行约 3000km。

与西二线相同的是,中亚天然气仍是西三线的主要气源地之一。未来,土库曼斯坦、哈萨克斯坦和乌兹别克斯坦等国家将向我国增加供气量。

四、陆上液化天然气装置建设

我国陆上气源天然气液化装置建设情况见表 3-10。

表 3-10 　　　　　　　我国陆上气源天然气液化装置建设情况 　　　　　　　万 m³/日

名　　称	地点	规模	投产时间
绿能高科	河南濮阳油田	15	2001
新疆广汇	鄯善吐哈油田	150	2004
海南海燃	海口福山油田	25	2005
中国石油天然气集团公司西南分公司	四川犍为	4	2005
江阴天力 LNG 调峰站	江苏江阴	5	2005
新奥燃气	广州北海涠洲岛	15	2006
中国海洋石油总公司	珠海横琴岛	50	2007
苏州天然气管网公司	苏州	7	2007

名　　称	地点	规模	投产时间
甘肃兰州燃气集团	兰州燃气基地	30	2007
山东能源新矿集团	内蒙古鄂尔多斯	110	2007
四川新兴能源	四川达州	100	2007
重庆民生股份	重庆永生	15	2008
新疆广汇	新疆库尔勒	400	2008

注　资料来源:《中国能源发展报告(2010)》,崔民选主编,社会科学文献出版社,2010年。

五、气体燃料的储备和调峰

(一)储存和调峰的重要性

由于燃气的生产和使用不可避免地存在不平衡性(即燃气生产、输送的均匀稳定与燃气使用不均匀之间的矛盾),而且系统越大,不平衡性越明显。随着天然气消费量的增长,天然气的平均运距和运时都大大增加,更使得供需不平衡的矛盾加剧。若我国形成全国性的天然气系统,由此不平衡性(尤其是季节不平衡性)带来的问题将非常明显,冬季用气量大大高于夏季用气量。所以,必须采取一定的措施平衡燃气使用上的冬夏峰谷差。引起天然气消费需求量不平衡的主要原因是季节性气温变化、人们生活方式造成的用气量变化,某些用气企业生产、停产检修及事故等也能引起用气量的不平衡性。按照有关研究表明,我国城市燃气调峰能力不足是一个很大问题。以我国某市的预测数据分析,随着该市气化程度的提高,2007年民用和工业用总调峰量98.6万 m^3,缺口调峰能力20.6万 m^3,缺口率达20.9%;2010年缺口率上升到60.1%。预计2015年缺口率77.6%,2020年缺口率84.3%。这些充分说明解决城市燃气调峰能力的重要性。

为了能够安全、平稳、可靠地向用户供气,就需要进行天然气储备,即把用气低峰时输气系统中富余的天然气储存在消费用户附近,在用气高峰时用以补充供气量的不足或在输气系统发生故障时用以保证连续供气,天然气储存调峰的意义在于:它是调节供气不均衡性的最有效的手段,可减轻季节性用量波动和昼夜用气波动所带来的管理上和经济上的损害;保证系统供气的可靠性和连续性;保证输供系统的正常运行,提高输气效率,降低输气成本。

(二)天然气储备

建设天然气战略储备是城市安全供气的重要措施,发达国家为保证能源供应安全都建设了完善的石油、天然气战略储备系统。我国大规模应用天然气刚刚开始,天然气战略储备系统还没有实质性的考虑。从长远看,规划天然气战略储备系统的工作十分必要。随着我国用气规模的不断增长,储备量也要相应增加,即战略储备必须要动态发展。按照国外天然气安全储备的情况,我国的天然气储备可采用政府与企业共同承担,以政府为主;储备规模可远近期结合,近期15天、远期30天,储备方式可以采取多种形式,实现能源供应来源多样化,这在国际上是被普遍认同的发展模式,也完全适合中国的实际情况。

(三)调峰

天然气进入城市后,随着城市规模的不断扩大,供气量迅速增加。因此结合城市的用气规律和上游供气特点,合理地确定日时调节用气量和季节调节用气量,合理地选择储气调峰办法及设施是非常必要的。城市燃气用量是不断变化的,特别是民用和商业性的公共建筑用气量，每季、每月、每日、每时都在变化，高峰低谷差悬殊。但气源的供应不可能完全按照城市用气时的变化而同步随时调节。因此，为保证连续供气，解决气源供应和城市用气的平衡问题，首先应确定合理的调峰气量。

1. 季节调峰量的确定

季节调峰是指将季节性供大于求时的余气量储存，并将该储存作为补充量，在季节性供应小于需求时使用，以达到总的供需平衡。计算每年（达到设计规模时年份）供应大于需求的供需月不均匀系数之差是决定储气系数的主要因素。正确确定季节调峰的储气系数是重要的，系数过大，会增加储气设施的投资，造成浪费；系数确定过小，将失去调峰的意义。季节调峰储气容积系数按式（3-1）计算

$$A = \frac{1}{2}\sum(k_i - k_j) \times 100\% \tag{3-1}$$

式中　A——储气容积系数；

　　　k_i——大于 1 的月不均匀系数；

　　　k_j——小于 1 的月不均匀系数。

可参照同类城市月不均匀结合本地区的发展和用气特点，预测本地区最大年份的月不均匀系数。表 3-11 列出了国内部分城市的月不均匀系数。

表 3-11　　　　　　　　　　　　国内部分城市的月不均匀系数

月份	北京	哈尔滨	张家口	上海	南京	深圳	厦门、漳州、泉州
1	1.068	1.1	1.2	1.06	1.07	0.789	1.12
2	0.948	1.03	1.05	1.4	1.2	0.827	1.0
3	0.948	1.02	1.02	1.219	1.17	1.049	0.98
4	0.972	0.97	0.96	0.99	1.07	0.953	0.96
5	1.044	0.95	0.94	0.995	0.98	0.917	0.95
6	0.948	0.94	0.92	0.86	0.9	0.878	0.94
7	0.9	0.93	0.91	0.91	0.88	0.928	0.92
8	0.924	0.94	0.92	0.89	0.925	1.002	0.90
9	0.996	0.97	0.95	0.85	0.95	0.943	0.95
10	1.032	1.02	1.01	0.94	0.96	1.064	0.98
11	1.05	1.05	1.04	0.88	0.9	1.112	1.1
12	1.17	1.08	1.08	0.99	0.97	1.321	1.2

2. 日时调峰量的确定

由于城市居民的生活习惯、商业用户以及一般工业企业用户的用气规律以周为周期的变化更为明显，绝大多数居民用户和一般工业用户周一至周五工作，周六和周日休息，商业用户及饮食业周末用气量增加，因此根据月周用气量计算储气系数更为合理，储气系数的选择应以全月各周的计算结果为参考。

3. 事故调峰

天然气由上游向下游供应时。因管道、设备损坏以及无法抗拒的因素而引起的非正常停

气，都将直接影响下游的供气可靠性，因此需考虑气源的事故调峰。届时需调整市内的供气系统，减少发电厂等大用户的气供应量，以度过事故期。

（四）燃气季节性调峰的方法

1. 改变气源的生产能力和设置机动气源

天然气产地距城市不远时，可调节气供应量。改变气源的生产能力可调范围小、受输气距离限制，而且使长输管线的利用率降低。利用机动气源作为季节调峰措施是很普遍的方法之一，而最常见的方式就是建设煤制气项目和液化石油气混空气。其中，液化石油气混空气方式由于混入空气降低了液化石油气的分压力，从而降低了混合气的露点，可以防止在北方寒冷地区出现再液化的现象。但设置机动气源会造成大量的设备长期闲置，经济性不好，应只在用气高峰时启动使用。

2. 利用储气设施（地下储气和液态储存）来平衡季节不均匀用气

地下储气是利用采后的枯竭油气田、地下含水砂层、盐穴和废弃矿井建设天然气的地下储库。地下储气库是天然气长输管线供气中不可缺少的部分，对解决季节性用气高峰或供气系统发生事故时保障连续供气有着重要的作用。它平时将天然气存储于库内，当燃机启动时作为备用气源，投入运行，逐步增大外管道用气，这样可减少对气源的影响，不至于使外管道的气压下降太快，影响其他用户；而当停机时，地下气库又可作为缓冲库，不会使外管路气压升高太快，从而缓解气源的气调峰压力。地下储气的储气密度大、单位造价和运行费用省，但总造价高，多达数亿元，且受地质条件的限制，并非所有枯竭油气田都具备建地下储气库的条件。而且该方案耗资大，如 1 台 300MW 级的燃机需建约 5 万 m^3 的库容，这样大的库容，地面上很难实现，还必须采取特殊的安全措施，如要减少库容，需增设天然气压缩站。而储气库还必须建在燃气汽化厂附近，往往在建设过程中会遇到不少困难。所以，建地下储气库要综合多方面因素，慎重论证。

为了减少庞大的地下储库，可以在有条件时建设液化天然气库。液态储存是将天然气液化后储存，体积为气态的 1/600，在常压下温度为 $-162℃$，储存所用的储罐压力较低，表压约为 7kPa，比较安全，并且可以和车、船等运输工具结合起来，具有较高的机动性。这样，对同容量的机动备用储气库、液化气库只要原天然气地下储气库库容的 0.1%即可，大大减少了工程量，建设液化天然气储罐的单位投资较高，约为地下储气库的 4 倍，日常运行管理及维修费用也较高，该方案存在两个问题：一是液化库要求很低的温度环境条件，必须采取很好的绝热措施；二是我国目前尚无液化天然气工厂，要从国外进口也不很现实。目前最有吸引力的方式是天然气固态储存，即天然气水合物（NGH）储存。

3. 利用缓冲用户

在夏季用气低峰时，把余气供给缓冲用户燃烧，但这种方式的调节量有限，经济性较差。

六、我国气体燃料输送展望

总体来看，目前，我国已初步形成以中国—中亚、俄罗斯—中国（东西两线）和中缅的外供天然气和以西气东输、"陕京一二线、忠武线、涩宁兰以及冀宁线、淮武线两条联络线为主框架的全国性天然气管网。

截至 2008 年底，长庆、塔里木、西南、青海等主要天然气旁区均已建成外输管道，并实现联网，总里程约 2.4 万 km，占全国 78%，比 2000 年总里程翻了一番，基本实现了天然气消费由周边为主向跨地区供应为主的转变；西气东输及联络线向沿途 11 省区、62 个城市供气，约 5700 万户 2 亿人受益。

为实现天然气资源与市场的衔接，我国正在积极推进东北、西北、西南、海上 4 大天然气进口通道建设，到 2015 年天然气管网布局将更加合理和完善。

规划中的天然气管线包括西二线、西三线（霍尔果斯—韶关）、西四线（吐鲁番—中卫）、中缅、中卫—贵阳管道、萨哈林天然气管道、陕京三线、秦沈线、山东天气管网等 17 项天然气管道项目。

2009～2015 年，国家规划新建干线管道长度 2.455 万 km，管道总里程达到 4.8 万 km。我国天然气管道将围绕全国天然气管道联网，进行配套城市分输交线建设，建成"横跨东西、纵贯南北、连通海外"的基本框架，形成以新疆、青海、陕甘宁、川渝等 4 大气区的外输管线和进口天然气管线为主干线、连接海气登陆管线和进口 LNG 等气源的全国性天然气管网。

"十二五"期间，天然气在能源消费结构中所占比例将由目前的 4% 提高到 8%。以国际气源引入为重要补充的常规天然气能源，以及煤层气、页岩气、城市垃圾沼气等非常规天然气能源，将在不久的未来为打造一个符合中国国情的"气体能源时代"，扮演重要的角色。

第四节　规划与利用

一、气体燃料规划利用原则

对天然气利用进行统筹规划，同时考虑天然气产地的合理需要；坚持区别对待，明确天然气利用顺序，确保天然气优先用于城市燃气，促进天然气科学利用、有序发展；坚持节约优先，提高资源利用效率。

（一）天然气利用领域

天然气利用领域归纳为四大类，即城市燃气、工业燃料、天然气发电和天然气化工。

（二）天然气利用顺序

综合考虑天然气利用的社会效益、环保效益和经济效益等各方面因素，并根据不同用户的用气特点，将天然气利用分为以下四类。

1. 优先类

包括城镇（尤其是大中城市）居民炊事、生活热水等用气；公共服务设施（机场、政府机关、职工食堂、幼儿园、学校、宾馆、酒店、餐饮业、商场、写字楼等）用气；天然气汽车（尤其是双燃料汽车）用气；分布式热电联产、热电冷联产用户。

2. 允许类

包括集中式采暖用气（指中心城区的中心地带）；分户式采暖用气；中央空调；建材、机电、轻纺、石化、冶金等工业领域中以天然气代油、液化石油气项目；建材、机电、轻纺、石化、冶金等工业领域中环境效益和经济效益较好的以天然气代煤气项目；建材、机电、轻纺、石化、冶金等工业领域中可中断的用户；重要用电负荷中心且天然气供应充足的地区，建设利用天然气调峰发电项目；用气量不大、经济效益较好的天然气制氢项目；以不宜外输或优先类、允许类用户无法消纳的天然气生产氮肥项目。

3．限制类

包括非重要用电负荷中心建设利用天然气发电项目；已建的合成氨厂以天然气为原料的扩建项目、合成氨厂煤改气项目；以甲烷为原料，一次产品包括乙炔、氯甲烷等的碳化工项目；除以不宜外输或优先类、允许类用户无法消纳的天然气生产氮肥项目以外的，新建以天然气为原料的合成氨项目。

4．禁止类

包括陕、蒙、晋、皖等13个大型煤炭基地所在地区建设基荷燃气发电项目；新建或扩建天然气制甲醇项目；以天然气代煤制甲醇项目。

（三）用气项目管理

对已建用气项目，维持供气现状，特别是国家批准建设的化肥项目，应确保长期稳定供应。天然气供应严重短缺而又有条件的地方，项目可实施煤代气改造。在建或已核准的用气项目，若供需双方已签署长期供用气合同，按合同执行；未落实用气来源的应在限定时间内予以落实。新上项目一律按天然气利用政策执行。天然气产地利用天然气也应严格遵循产业政策。

二、气体燃料利用规划与其他规划的关系

（一）城市发展规划

（1）在城市发展规划中，能源利用专项规划是主要内容之一。它以城市发展总体规划为基础，对全市能源的生产和利用进行规划和平衡。

（2）能源利用专项规划中，包括固体燃料、液体燃料和气体燃料，天然气等气体燃料的生产和使用是其中的主要内容。

（3）气体燃料来源中包括：

1）开采的天然气；

2）管道输入的天然气；

3）进口的液化天然气；

4）煤层气等伴生气；

5）企业副产煤气；

6）城市自产煤气。

（4）气体燃料利用领域包括：

1）城市燃气；

2）工业燃料；

3）天然气发电；

4）天然气化工。

（二）天然气发电规划

（1）在电力发展规划中，气体燃料发电规划是主要内容之一。

（2）气体燃料来源中包括前述6项中除城市自产煤气以外的5项。

（3）发电工艺包括采用：

1）燃气、蒸汽联合循环；

2）燃气轮机发电，主要用于机组年利用小时低、单机容量小的电厂；

3）内燃机组发电，小规模的煤层气利用方式。

（4）在燃煤电厂中，还可以：

1）通过煤气发生炉转化为气体燃料进入燃气轮机（IGCC 工艺，属于清洁燃烧范畴）；

2）在锅炉内掺烧，主要使用煤层气或企业副产煤气；

3）作为点火和维持低负荷稳燃用燃料。

（三）气体燃料在 2020～2030 年间的消耗预测

2020～2030 年保证我国经济低碳发展的低碳能源构成中，天然气必须快速增长，在一次能源中所占比例大幅度增加。消耗量预测如下：

1. 调峰发电

2020 年我国发电装机容量 1600GW，核电规模 80GW，相应的天然气调峰发电约为 110GW，按 3500h/年估算，需用天然气 900 亿 m^3/年。2030 年核电装机进一步增加，但是智能电网+插电式汽车的发展将缓解调峰负荷增长势头，发电用天然气需求约为 1200 亿 m^3/年。

2. 民用

2020 年按 14 亿人口、燃气率 70%、人均耗气 80m^3/年计，需天然气 800 亿 m^3/年。到 2030 年按人口 14.7 亿、燃气率 80%、人均耗气 76m^3/年计（DES 使生活热水耗气减少），需天然气 900 亿 m^3/年。

3. 工业和商住

按照天然气 DES/CCHP 取代工业园区中的燃煤锅炉和城市商住公共建筑物耗能项目推进情况预计，2020 年约需天然气 1680 亿 m^3/年，2030 年达到 2700 亿 m^3/年。

4. 交通运输

按 2020 年 100 万辆重型卡车改用 LNG 估算，将替代柴油 4000 万 t，耗天然气 500 亿 m^3，2030 年达到 1000 亿 m^3。

5. 工业原料

主要是沿海炼油企业替代石脑油等轻烃用于制氢原料。估计 2020 年约需 120 亿 m^3，2030 年达 200 亿 m^3。

预测 2020 年、2030 年每年耗气总量见表 3-12。

表 3-12 天然气消耗量预测 亿 m^3/年

用气项目	2020 年消耗	2030 年消耗
调峰发电	900	1200
民用	800	900
工业、商住	1680	2700
交通运输	500	1000
工业原料	120	200
合　计	5080	6000

三、我国部分省市的燃气利用规划要点

（一）江苏省

1. 燃气平衡

江苏省燃气平衡情况见表 3-13。

表 3-13　　　　　　　　　　　江苏省燃气来源和消费平衡表　　　　　　　　　　　亿 m³/年

年 度			2010 年	2011 年	2015 年
来源	中石油	西气一线	67.58	63.19	80
		西气二线	0	0	16
		冀宁联络线	4.3	16.23	66
		如东 LNG 一期	0	16.38	84
	中石化		4.05	9.70	24
	合计		75.93	105.50	270
消费	城市燃气、工业燃料		44.92	58.26	176.3
	天然气发电		23.01	34.68	80.95
	直供化工		8.0	12.55	12.76
	合计		75.93	105.5	270.0

2. 管网布局

主干管网已形成四横五纵格局，其中苏南地区两横四纵，苏北地区两横一纵。"十二五"期间建设苏中苏北纵向主干管道，建立接收规模较大、层次较多和相互接济的接收和储存体系，建立功能完善、布局合理的终端服务体系和上下联动、运转高效的应急体系。

（二）浙江省

1. 燃气平衡

浙江省燃气平衡情况见表 3-14。

表 3-14　　　　　　　　　　　浙江省燃气来源和消费平衡表　　　　　　　　　　　亿 m³/年

年 度		2010 年	2011 年	2015 年
来源	西气一线	18.1	24.3	21
	西气二线	0	0	29
	川气	12.5	14.9	50
	东海	1.2	4	10
	宁波 LNG	0	0	60
	合计	31.8	43.20	170
消费	城市燃气、工业燃料	13.1	17.65	70
	天然气发电	18.7	25.55	100
	直供化工	—	—	—
	合计	31.8	43.2	170

2. 管网布局

燃气供应着力构建"多气源一环网"的供气格局，2011 年全省输气管道总长 742km，其中省级管线 549km。规划 5 条干线，包括已建的杭湖线、杭甬线和待建的杭嘉线、金丽温线、甬台温线。

（三）上海市

1．燃气平衡

上海市燃气平衡情况见表3-15。

表3-15 　　　　　　　　　　　　　　上海市燃气来源和消费平衡表　　　　　　　　　　　　亿 m³/年

年　　度		2010 年	2011 年	2015 年
来源	东海平湖		3.0	
	西气一线		29.5	
	西气二线			
	川一气		1.5	
	LNG 一期		20.7	
	五号沟应急气源站		1.2	
	合计	45	55.9	100
消费	城市燃气		24.5	
	大工业		14.7	
	天然气发电		12.9	40
	制气掺混		3.1	
	合计		55.2	100

2．管网布局

干管网基本形成，累计建成高压主干管道约 600km，并与全国主干管网联通。"十二五"期间规划建设 LNG 扩建、五号沟扩建、崇明三岛主干管网及上海与江苏、浙江联网等工程，进一步增强城市天然气供应保障能力。

（四）北京市

1．燃气平衡

北京市燃气平衡情况见表3-16。

表3-16 　　　　　　　　　　　　　　北京市燃气来源和消费平衡表　　　　　　　　　　　　亿 m³/年

年　　度		2010 年	2011 年	2015 年
来源	陕京一线			
	陕京二线			
	陕京三线			
	陕京四线	0	0	
	唐山 LNG	0	0	
	合计			
消费	城市燃气			
	工业燃料			
	天然气发电		19	90
	化工原料			
	合计	75	76.5	180

2. 管网布局

初步建设形成二至六环的"五环五级七放射"的配气体系，全市各类天然气管网总长度超过 1.3 万 km。"十二五"期间以中石油长输管线为基础，形成 10MPa 高压外围大环，为六环路管网和大用户用气提供保障，新建各类天然气管线约 1200km，形成二环至六环五个覆盖城市的天然气主干环网。

（五）广东省

1. 燃气平衡

广东省燃气平衡情况见表 3-17。

表 3-17　　　　　　　　　　广东省燃气来源和消费平衡表　　　　　　　　　亿 m³/年

年　度		2010 年	2011 年	2015 年
来源	大鹏 LNG 项目			80
	珠海横琴岛海气			18
	西气东输二线			100
	珠海 LNG 项目	0	0	45
	珠海荔湾海气	0	0	60
	西气东输三线			30
	粤东 LNG 项目	0	0	26
	西二线深圳 LNG 调峰站	0	0	26
	深圳迭福 LNG 项目	0	0	21
	合计			400
消费	城市燃气			
	工业燃料			
	天然气发电			150
	化工原料			
	合计	95	95	

2. 管网布局

已建成投入使用的燃气主干管网包括深圳大鹏 LNG 接收站配套管道和珠海横琴岛海上天然气输送管网，管线里程长约 500km；已开工建设的主干管网包括西气东输二线广东段和省天然气主干管网一期工程，管线里程合计长约 1280km，目前已建成约 850km。到 2015 年，形成以珠江三角洲为中心，通达全省各地级以上市的天然气输送主干网络。

四、各省市供应方式比较

各省、市的燃气供应方式如下：

（1）江苏省目前是较典型的管输气网，发电企业用气从各气源输气门站接出，由发电企业和拥有气源的中石油、中海油等企业直接签订合同，没有中间环节及费用。

（2）浙江省是较典型的省级气网，拥有气源的企业将燃气销售给省燃气公司，由省燃气公司通过省级气网再销售给发电企业和其他用户。

（3）上海市是典型的城市型气网，6 处气源均接入城市外环网并销售给市燃气公司，再由市燃气公司销售给发电企业和其他用户。

（4）北京市与上海市大致相同，差别在于由中石油对多处气源统购，在外环网混合并销售给市燃气公司，再由市燃气公司销售给发电企业和其他用户。为了降低发电企业承担的管输费用，目前正研究发电企业用气从门站直接接出，由市燃气公司建设专用支线输送至电厂并相应收取支线管输费用。

（5）广东省原有模式与江苏省类似，由气源企业直供发电企业，现正向省级气网发展。

综上所述，不同省、市的燃气供应主要有两种方式：一是由发电企业与拥有气源的企业直接签订合同，这种方式中间环节少，有利于降低气价；另一种方式是成立省（市）燃气公司，统一收购全省燃气实行二次销售，这种方式中间环节多，无形中易推高气价，但省（市）燃气公司调配能力强，发电企业处于被动地位，不利于激发发电企业寻求最优气源的能动性。在大型城市，一般设城市型气网，供工业与民用用户，也可供发电企业。各省的做法不尽相同，不仅有历史原因，也有现实的考虑，只能因省（市）制宜。

五、各省市供应情况与气网调峰要求

（1）各省、市气源不同，机组运行方式不同，燃气供应情况也不尽相同。天然气一般按照民用—工业燃料—发电用气的顺序原则供应。前几年各省、市燃气供应量较少，除了燃用大鹏 LNG 项目澳洲天然气的燃气机组由于严格执行"照付不议"合同以及"以热定电"的热电联产机组燃气量有保障外，其他燃气机组属于随时可中断用户，燃气供应量难以达到合同约定值。近年随着陕京三线、西气东输二线、川气东输管线以及数座 LNG 接收站先后投入运行，燃气供应量逐年增加，2011 年多数机组的供气量达到或超过设计值。

（2）由于民用与工业燃料用气量随着季节变化，可分为旺季、平季和淡季，冬季为旺季，春季和秋季为平季，夏季为淡季，而天然气管网产、输全年基本是均衡的，随着供气量增大，气网调峰的压力越来越大。由于储气库的建设成本高，储气损耗大，因此气网对燃气机组调峰的要求也越来越高，希望在用气旺季将发电用气压至最低，而在用气淡季则希望燃气发电机组尽量满发，起到削峰填谷的作用。

冷 热 负 荷

第一节 概 述

一、冷热负荷种类及特点

冷热负荷的种类及特点见表 4-1。

表 4-1 冷热负荷的种类及特点

冷热负荷	特 点	估算方法	备 注
建筑采暖热负荷	仅冬季（采暖季）有随室外温度变化	本章第二节	较优质负荷
建筑空调热负荷	夏季空调冷负荷，夏季有 冬季空调热负荷，冬季有	本章第二节	一般性负荷 一般性负荷
建筑通风热负荷	一年四季有，变化量小	本章第二节	较优质负荷
生活热水负荷	一年四季均有、稳定，但每日内有变化	本章第三节	优质负荷，多多益善
工业热负荷	一年四季均有、稳定，每日随班次有变化	本章第四节	优质负荷，多多益善

注 本章冷热负荷估算所采用的设计标准为 CJJ 34—2010《城镇供热管网设计规范》。

二、对冷热负荷估算结果的整理、归纳以及分析利用

依据《燃气冷热电三联供工程技术规程》（CJJ 145—2010）的规定，应对冷热负荷进行整理归纳（方法见本章第五节）。

（1）绘制供冷热区域内不同季节典型日的逐时负荷曲线，用于联供系统冷热设备的选择匹配和优化运行方案。

（2）绘制供冷热区域年负荷曲线，用于对联供系统进行经济分析，确定是否具有可行性。

（3）计算年耗热量，用于对联供系统进行经济分析。

（4）进行冷热负荷匹配分析，用于主机设备选型和制定运行调节方案（见本章第六节）。

（5）进行冷热负荷供应规划（分析供应方案，对外接口管理、管网规划等，见本章第七节）。

三、冷热负荷估算中应注意的问题

（1）规划的发展建筑面积应有可靠的依据，如城市总体规划、房地产部门的专项规划等。如果不落实，或缺少足够的依据，建议委托中介咨询机构进行供冷（热）市场发展预测。

（2）要区分已有建筑和新建建筑，根据 GB 50189—2005《公共建筑节能设计标准》的要求新建建筑的维护结构保温性能应满足节能建筑的要求，采暖热指标应采用节能措施一栏的值。

（3）在估算空调冷负荷时，一定要注意空调用户的性质，不应把不采用集中式空调系统的用户的冷负荷计入在内。

（4）有些地区采暖期较短，而夏季则需要空调制冷，采用溴化锂制冷技术，致使夏季用热负荷增加，这对冬夏季负荷的平衡，提高联供系统全年的经济性有益，应积极扩展夏季制负荷，将其纳入供热范围。但在考虑住宅区的制冷负荷时，应考虑居民的承受能力，不宜考虑住宅冷负荷，目前宜只考虑宾馆、饭店、商场、写字楼等公用建筑。

（5）应认真核实工业热负荷。有的工程在核实热负荷时，未用产品单耗与燃煤量进行校核，有的只用一种方法计算。一般认为按燃煤量计算也会有出入，这是因为每年消耗的燃料煤量和煤的低位发热量都是用户提供的，设计单位不好再深入核查。而一般的用户缺少来煤计量手段，只能根据财务结算的账单进行统计，来煤亏吨和其他生活用煤都使数量发生变化，导致按来煤量核算的热负荷偏大。因此，应按照几种校核方法核对。

（6）发展热负荷应有依据。联供系统是分期建设的，因而应在现有热负荷的基础上，考虑发展。有的工程只写近期发展热负荷，哪一年未交代，根据什么确定的发展热负荷也未说明。有的工程对所有的热用户一律按同样的增长率来计算，也是不科学的。对于新建企业、现有企业增容与新近车间，应有上级主管部门批准立项的文件，作为附件列入。有的新建工程已经施工，在可研究报告中也只列发展热负荷而未详细说明，使人看不出落实到何等程度。对于已施工的用户，其热负荷一般是根据设计文件计算的，这也是一个偏大的数字。因为设计文件中的热负荷，是该厂达到生产能力时的热负荷，若干年以后才会实现。如果发展的热用户较多（也就是设计上的数字较多）应在同时率的取值上考虑这一因素，取较小值。

第二节 建筑物冷热负荷估算

新建或规划建筑物的采暖、空调和通风热负荷可按以下方法估算。

一、采暖热负荷估算

$$Q_h=q_hA_c\times10^{-3} \tag{4-1}$$

式中 Q_h——采暖设计热负荷，kW；

q_h——采暖热指标，可按表 4-2 取用，W/m²；

A_c——采暖建筑物的建筑面积，m²。

表 4-2   采暖热指标推荐值   W/m²

建筑物类型	采暖热指标推荐值	
	未采取节能措施	采取节能措施
住宅	58～64	40～45
居住区综合	60～67	45～55
学校、办公	60～80	50～70
医院、幼儿园	65～80	55～70
旅馆	60～70	50～60
商店	65～80	55～70

建筑物类型	采暖热指标推荐值	
	未采取节能措施	采取节能措施
食堂、餐厅	115～140	100～130
影剧院、展览馆	95～115	80～105
大礼堂、体育馆	115～65	100～150

注 1 表中数值适用于我国东北、华北、西北地区。

    2 热指标中已包括约 5% 的管网热损失。

没有建筑物设计热负荷资料时，各种热负荷采用概略计算方法。对于热负荷的估算，采用单位建筑面积热指标法，这种方法计算简便，是国内经常采用的方法。表 4-2 所提供的热指标的依据为我国"三北"地区的实测资料。

采暖热负荷主要包括围护结构的耗热量和门窗缝隙渗透冷空气的耗热量。设计选用热指标时，总建筑面积大，围护结构热工性能好，窗户面积小，采用较小值；反之采用较大值。

在实际工程中，供暖区域中往往包含有采取节能措施和未采取节能措施的建筑物，又含有民有住宅、学校、办公、旅馆等多种类型的建筑物，而各种建筑物又涉及民用和企事业单位使用。在计算中，有时难以采用合适的热指标，可以采用面积加权法计算近期和远期的综合采暖热指标，参见以下计算实例。

【例 4-1】根据某市气象条件，确定各类建筑物采暖热指标如下：未采取节能措施住宅区，$50W/m^2$；采取节能措施住宅区，$40W/m^2$；未采取节能措施企事业单位，$60W/m^2$；采取节能措施企事业单位，$50W/m^2$。

根据资料调研供暖区域内现有具备供暖条件的居住小区总面积 941 万 m^2，现有小区近期增加为 110 万 m^2，至 2016 年工程实施期间新增总面积为 352 万 m^2；企事业单位总建筑面积为 188 万 m^2，近期新增 163 万 m^2；近期具备集中供暖条件的建筑物总面积为 1754 万 m^2。综合采暖热指标为

$$[（941×0.5+110+352）×10^4m^2×40W/m^2+（188×0.5+163）×10^4m^2×50W/m^2$$
$$+941×0.5×10^4m^2×50W/m^2+188×0.5×10^4m^2×60W/m^2]÷1754×10^4m^2$$
$$=45.2W/m^2$$

确定工程近期综合采暖热指标为 $45W/m^2$。

工程远期某市城市采暖建筑物的构成将以节能建筑为主，根据国家最新关于建筑节能的规范标准并考虑管网热损失，确定工程远期综合采暖热指标取值为 $42W/m^2$。

综合热指标法也可用于建筑物空调冷热负荷的计算。

二、空调热负荷估算

（一）空调夏季冷热负荷

当向外供蒸汽或热水时

$$Q_c = \frac{q_c A_k \times 10^{-3}}{COP} \tag{4-2}$$

当向外直接供空调冷水时

$$Q_c = q_c A_k \times 10^{-3} \tag{4-3}$$

式中　Q_c——空调夏季设计热冷负荷，kW；

　　　q_c——空调冷指标，可按表 4-3 取用，W/m^2；

　　　A_k——空调建筑物的建筑面积，m^2；

　　COP——吸收式制冷机的制冷系数，取 0.7～1.2（双效机 1.0～1.2，单效机 0.7～0.8）。

（二）空调冬季热负荷

$$Q_a=q_aA_k\times10^{-3} \tag{4-4}$$

式中　Q_a——空调冬季设计热冷负荷，kW；

　　　q_a——空调热指标，可按表 4-3 取用，W/m^2。

　　　A_k——空调建筑物的建筑面积，m^2。

表 4-3　　　　　　　　　　空调热指标、冷指标推荐值　　　　　　　　　　W/m^2

建筑物类型	热指标 q_a	冷指标 q_c
办公	80～100	80～110
医院	90～120	70～100
旅馆、宾馆	90～120	80～110
商店、展览馆	100～120	125～180
影剧院	115～140	150～200
体育馆	130～190	140～200

注　1　表中数值适用于我国东北、华北、西北地区。

　　2　寒冷地区热指标取较小值，冷指标取较大值；严寒地区热指标取较大值，冷指标取较小值。

　　3　南方地区应根据当地气象条件及相同类型建筑物的热（冷）指标资料确定。

三、通风热负荷估算

$$Q_v=K_vQ_h \tag{4-5}$$

式中　Q_v——通风设计热负荷，kW；

　　　Q_h——采暖设计热负荷，kW；

　　　K_v——建筑物通风热负荷系数，可取 0.3～0.5。

第三节　生活热水热负荷估算

（一）生活热水平均热负荷

$$Q_{w,a}=q_wA\times10^{-3} \tag{4-6}$$

式中　$Q_{w,a}$——生活热水平均热负荷，kW；

　　　q_w——生活热水热指标，应根据建筑物类型，采用实际统计资料，居住区生活热水日平均热指标可按表 4-4 取用，W/m^2；

　　　A——总建筑面积，m^2。

表 4-4　　　　　　　　　居住区采暖期生活热水日平均热指标推荐值　　　　　　　　　W/m²

用水设备情况	生活热水热指标 q_w
住宅无生活热水设备，只对公共建筑供热水时	2～3
全部住宅有沐浴设备，并供给生活热水时	5～15

注　1　冷水温度较高时采用较小值，冷水温度较低时采用较大值。
　　　2　热指标中已包括约 10% 的管网热损失。

（二）生活热水最大热负荷

$$Q_{w,max} = K_h Q_{w,a} \tag{4-7}$$

式中　$Q_{w,max}$ ——生活热水最大热负荷，kW；

　　　　$Q_{w,a}$ ——生活热水平均热负荷，kW；

　　　　K_h ——小时变化系数，根据用热水计算单位数按 GB 50015—2003《建筑给水排水设计规范》规定取用。

第四节　工业热负荷估算

工业热负荷应包括生产工艺热负荷、生活热负荷和工业建筑的采暖、通风、空调热负荷。工业热负荷可采用以下三种方法估算。

一、第一种估算法——实际数据法

生产工艺热负荷的最大、最小、平均热负荷和凝结水回收率应采用生产工艺系统的实际数据，并应收集生产工艺系统不同季节的典型日（周）负荷曲线图。

对各热用户提供的热负荷资料进行整理汇总时，应按下列两种方法，对由各热用户提供的热负荷数据分别进行平均热负荷的验算。

（一）按年燃料耗量验算

1. 全年采暖、通风、空调及生活燃料耗量

$$B_2 = \frac{Q_a}{Q_L \eta_b \eta_s} \tag{4-8}$$

式中　B_2 ——全年采暖、通风、空调及生活燃料耗量，kg；

　　　　Q_a ——全年采暖、通风、空调及生活耗热量，kJ；

　　　　Q_L ——燃料平均低位发热量，kJ/kg；

　　　　η_b ——用户原有锅炉年平均运行效率；

　　　　η_s ——用户原有供热系统的热效率，可取 0.9～0.97。

2. 全年生产燃料耗量

$$B_1 = B - B_2 \tag{4-9}$$

式中　B ——全年总燃料耗量，kg；

　　　　B_1 ——全年生产燃料耗量，kg；

　　　　B_2 ——全年采暖、通风、空调及生活燃料耗量，kg。

3. 生产平均耗汽量

$$D = \frac{B_1 Q_L \eta_b \eta_s}{[h_b - h_{ma} - \psi(h_{rt} - h_{ma})] T_a} \tag{4-10}$$

式中　D——生产平均耗汽量，kg/h；

B_1——全年生产燃料耗量，kg；

Q_L——燃料平均低位发热量，kJ/kg；

η_b——用户原有锅炉年平均运行效率；

η_s——用户原有供热系统的热效率，可取 0.90～0.97；

h_b——锅炉供汽焓，kJ/kg；

h_{ma}——锅炉补水焓，kJ/kg；

h_{rt}——用户回水焓，kJ/kg；

ψ——回水率；

T_a——年平均负荷利用小时数，h。

（二）按产品单耗验算

$$D = \frac{WbQ_n\eta_b\eta_s}{[h_b - h_{ma} - \psi(h_{rt} - h_{ma})]T_a}　\text{（4-11）}$$

式中　D——生产平均耗汽量，kg/h；

W——产品年产量，t 或件；

b——单位产品耗标煤量，kg/t 或 kg/件；

Q_n——标准煤发热量，取 29308，kJ/kg；

η_b——锅炉年平均运行效率；

η_s——供热系统的热效率，可取 0.90～0.97；

h_b——锅炉供汽焓，kJ/kg；

h_{ma}——锅炉补水焓，kJ/kg；

h_{rt}——用户回水焓，kJ/kg；

ψ——回水率；

T_a——年平均负荷利用小时数，h。

注：生活热负荷包括生活热水、饮用水、蒸饭等的耗热量。

二、第二种估算法——概略计算法

当无工业建筑采暖、通风、空调、生活及生产工艺热负荷的设计资料时，对现有企业，应采用生产建筑和生产工艺的实际耗热数据，并考虑今后可能的变化；对规划建设的工业企业，可按不同行业项目估算指标中典型生产规模进行估算，也可按同类型、同地区企业的设计资料或实际耗热定额计算。

由于工业建筑和生产工艺的千差万别，难于给出类似民用建筑热指标性质的统计数据，故可采用按不同行业项目估算指标中典型生产规模进行估算（对于纺织业和轻工业可参考表 4-5 和表 4-6）或采用相似企业的设计（实际）耗热定额估算热负荷的方法。

表 4-5　　　　　　　　　　　　纺织业用汽量估算指标

序号	名　称	规　模	建筑面积（万 m²）	用地面积（万 m²）	用汽量（t/h）	单位用汽量 [t/（h·万 m²）]
1	棉纺厂	30000 锭	8	15	5.5	0.37
		50000 锭	12	23	8.8	0.38

续表

序号	名 称	规 模		建筑面积 （万 m²）	用地面积 （万 m²）	用汽量 （t/h）	单位用汽量 [t/（h·万 m²）]
2	棉纺织厂	30000 锭	44in	11	21	10.5	0.5
			75in	12	24	10.7	0.45
		50000 锭	56in	18	35	17.8	0.5
			75in	20	37	17.8	0.48
3	毛条厂	年产 1800t		4	11	15.7	1.43
		年产 3000t		6	16	21.4	1.34
4	粗梳毛 纺织厂	1000 锭 40 台		5	11	16	1.45
		2000 锭 80 台		7	17	21	1.24
5	精梳毛 纺织厂	5000 锭 90 台		6	13	14.2	1.1
		10000 锭 192 台		10	21	21	1
6	漂染厂	年产 1500 万 m		2.67	6.26	19.5	3.12
7	印染厂	年产 2500 万 m		3.89	8.9	32.4	3.64
8	丝织厂	200 台织机		3.15	5.47	1.4	0.26
		400 台织机		5.61	7.37	3.36	0.46
9	丝绸印染厂	印染年产 1000 万 m		3.97	7.6	11.78	1.55
		炼染年产 2000 万 m		3.09	7.1	16.47	2.32
10	缫丝厂	2400 绪		1.8	4	5.4	1.35
		4800 绪		3.27	6.8	9.3	1.37
		2500 锭		6.05	12.93	12	0.93
11	苎麻纺织厂	纺 5000 锭织 230 台		7.93	18.53	18.7	1
		纺 10000 锭织 476 台		13.43	27	28	1.04
12	亚麻厂	纺 50000 锭织 140 台		7.2	15.85	18.61	1.17
		纺 10000 锭织 280 台		13.35	29.02	26.9	0.93
		年产 500t		1.97	42.23	3.59	0.09
		年产 1000t		2.97	69.21	6.5	0.094
13	麻袋厂	年产 400 万条		3.03	6.73	3.85	0.57
		年产 800 万条		5.07	11.2	7	0.625
14	棉纺织厂	纬编厂	500 万件	3.75	5.71	10.36	1.8
			800 万件	5.33	8.13	13	1.6
		经编厂	30 台	1.78	2.95	6.5	2.2
			50 台	2.73	4.42	9.73	2.2
15	毛针织厂	50 万件		3.51	5.65	0.83	0.15
		80 万件		4.86	8.22	1.65	0.2
16	真丝针织	年产 320t		4.19	8.03	6.07	0.76

续表

序号	名 称	规 模	建筑面积（万 m²）	用地面积（万 m²）	用汽量（t/h）	单位用汽量[t/(h·万 m²)]
17	西服厂	6 万套	1.44	2	2	1
		15 万套	2.05	2.7	3	1.1
18	衬衫厂	60 万件	1.34	2	2	1
		150 万件	1.95	2.7	3	1.1
19	粘胶长丝厂	年产 3000t	12.76	27.1	73	2.7
20	粘胶短纤维厂	年产 1 万 t	8.57	19.13	71	3.7
21	锦纶长丝厂	年产 8000t	17.88	40.4	46	1.14
22	锦纶帘子布厂	年产 1.3 万 t	12.84	36.6	58	1.6
		年产 5000t	5.14	10.57	8	0.8
23	涤纶长丝厂	年产 7500t	6.91	13.54	11	0.8
		年产 1 万 t	8.35	16.2	16	1
24	涤纶短纤维厂	年产 7500t	3.22	7.9	15	2
		年产 1.5 万 t	4.93	10.66	25	2.35

注　引自原纺织工业部 1990 年版《纺织工业工程建设投资估算指标》。

表 4-6　　　　　　　　　　　　　　轻工业用汽量估算指标

序号	名 称	规 模		建筑面积（万 m²）	用地面积（万 m²）	用汽量 t（汽）/t（品）	备注
1	新闻纸	年产 6.8 万 t	漂白化机浆	6.46	30	0.7	
			新闻纸			2.6	
		年产 10 万 t	漂白化机浆	9.5	33	0.7	
			新闻纸			2.6	
2	胶印书刊纸	年产 3.4 万 t	漂白苇浆	5.65	48	3.5	制浆造纸
			漂白竹浆			3.7	
			胶印书刊纸			3.5	
		年产 5.1 万 t	漂白苇浆	7.4	55	3.5	
			漂白竹浆			3.7	
			胶印书刊纸			3.5	
3	牛皮箱纸板	年产 5.1 万 t		3.6	10	3.2	
		年产 6.8 万		4.3	12	3.2	
4	涂料白纸板	年产 5.1 万		4	10	3.4	
		年产 10 万 t		5.2	12	3.4	
5	漂白硫酸盐木浆板	年产 5.1 万 t	硫酸盐木浆	7.5	55	3.5	
			硫酸盐木浆板			2.5	
		年产 10 万 t	硫酸盐木浆	10.2	75	3.5	
			硫酸盐木浆板			2.5	

序号	名 称	规 模		建筑面积（万 m²）	用地面积（万 m²）	用汽量 t（汽）/t（品）	备注
6	洗衣粉	年产 5 万 t		2.44	8	0.11	合成洗涤剂
		年产 3 万～4 万 t		2.2	4.5		
7	三聚磷酸钠	年产 7 万 t	年产 3 万 t 黄磷	11	36.5	1.4	三聚磷酸钠
			年产 7 万 t 五钠			0.72	
8	咸牛肉罐头	年产 1000t		0.079	0.3	1.2	肉类罐头
9	午餐肉罐头	年产 3000t		0.48		2.5	
10	糖水苹果罐头	年产 1000t		0.096	0.32	1.2	水果类罐头
11	菠萝罐头	年产 5000t		1.4	4	0.2	
		年产 1 万 t		2.18	6.25		
12	青刀豆罐头	年产 5000t		2.45	7	0.27	蔬菜类罐头
		年产 1 万 t		3.52	9.4		
13	芦笋罐头	年产 5000t		2.45	7	0.35	
		年产 1 万 t		3.52	9.4		
14	蘑菇罐头	年产 3000t		0.25		1.5	
15	酒精	年产 1 万 t		0.84	4.3	7.34	酒精
		年产 3 万 t		1.77	7.1		
16	酒糟饲料	年产 2 万 t		0.17	0.126	3.25	酒糟饲料
17	易拉罐装饮料	300 罐/min		0.24	0.3	0.21	易拉罐装饮料
18	淀粉	160t/年加工玉米		1.8	4.5	2.4	淀粉
		250t/年加工玉米		2.75	8.58		
19	消毒乳	40t/d		0.5	1.4	0.17	
20	全脂加糖乳粉	年产约 2000t		0.5～0.8	1.8～2.3	9.5	乳制品
21	全脂淡乳粉					8.5	
22	脱脂乳粉					9	
23	电冰箱	年产 30 万台		3	5	0.02～0.03/台	电冰箱
24	空调器	年产 60 万台		5	7	0.02～0.03/台	空调器
25	制革	年产 30 万张		1.2	2.13	20～36/km²	制革
		年产 60 万～100 万张		3.31	5.6		
26	果汁饮料	年产 2 万 t	橙加工浓缩汁	0.86	4.3	1.2	果汁饮料
			1500mL 聚酯瓶饮料			0.21	
			250mL 玻璃瓶饮料			0.21	

注 引自中国轻工总会规划发展部、中国轻工业勘察设计协会 1996 年 7 月版《轻工业建设项目技术与经济》。

三、第三种估算法——耗汽指标法

这种方法适用于粗略地估算规划中的工业园区的耗汽量。

规划中的工业园区供汽所需的蒸汽量的预测分为两类：目前已与工业园区供热（冷）协议或供热（冷）合同的用户和今后几年的潜在用户。

（一）目前已与工业园区签订供热（冷）协议或供热（冷）合同的用户

已签协议的，按其提出的蒸汽量，剔除不合理部分。已签合同的，可按合同上的供汽量。

（二）今后几年的潜在用户

可按每万平方米工业建筑耗汽指标粗略估算（已考虑了各种修正）所需的蒸汽量 G

$$G=qfA \tag{4-12}$$

式中　G——厂所需蒸汽量，t；

　　　q——工业建筑耗汽指标，$t/(h \cdot 万 m^2)$；

　　　f——工业建筑的占地面积，万 m^2；

　　　A——工业建筑的容积率，%；

f 和 A 的数值应从工业园区规划文件中选取。

工业建筑每万平方米的耗汽指标 q 应根据不同的行业进行估算，可参照表 4-7 的数值。

表 4-7　　　　　　　　　　　　工业建筑耗汽指标 q

行业名称	耗汽指标 $[t/(h \cdot 万 m^2)]$	行业名称	耗汽指标 $[t/(h \cdot 万 m^2)]$
电子科技	0.16	物流	0.02
医药	1.53	公用建筑	0.51
轻工业	1.23	其他规划厂房	0.35
化工	0.68	不明性质的 其他工业建筑	0.50
机械	0.34		

注　本表数据源自《区域供热》（2005 年第 3 期）。

第五节　对冷热负荷的整理归纳

一、工作步骤

根据有关设计标准，对于本章第二～四节估算的冷热负荷应进行整理归纳，共分为三步：

（1）绘制供冷热区域不同季节典型日的逐时负荷曲线。

（2）绘制供冷热区域年负荷曲线。

（3）计算年耗热量。

二、不同季节典型日逐时负荷曲线

季节典型日也可称设计日，即每季节中具有典型代表性的一天。

在绘制时，应根据各项负荷的种类，不同性质的建筑物以及蓄热（冷）的容量分别逐时叠加，下面以一个工程实例进行说明。

（1）某工程供冷热区域内分别有商业、办公、酒店、物流类建筑，其夏季典型日冷负荷逐时曲线图分别如图 4-1～图 4-4 所示，对图 4-1～图 4-4 的热负荷叠加即得到该供应冷热区域的夏季（空调期）典型日逐时负荷曲线（见图 4-5）。

依照上述方法，可以分别获得冬季（采暖期）春秋季（过渡季）各个典型日逐时负荷曲线。

依此类推，还可以绘制工业热负荷、生活热水负荷的不同季节典型日逐时负荷曲线。

（2）在绘制逐时负荷曲线时，还应绘制各种冷热负荷的频率分布图，这将有利于选择制冷制热设备。

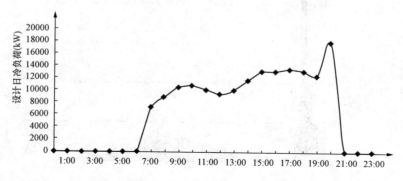

图 4-1 商业部分典型日冷负荷逐时曲线图

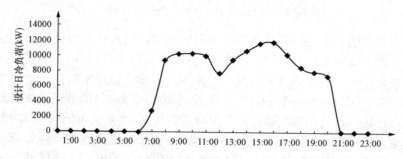

图 4-2 办公部分典型日冷负荷逐时曲线图

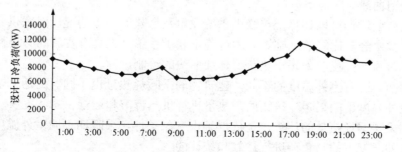

图 4-3 酒店部分典型日冷负荷逐时曲线图

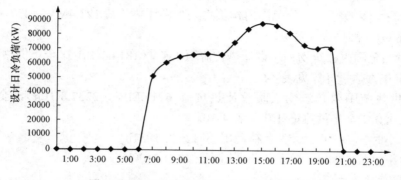

图 4-4 物流部分典型日冷负荷逐时曲线图

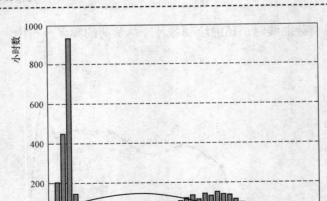

图 4-5　空调季逐时冷负荷频率分布图

　　冷、热、电负荷的确定是联供系统设计的首要条件，只有在正确确定冷、热、电负荷的前提下，才有可能保证系统配置合理，减少建设投资并节省运行费用。为避免计算总负荷偏大导致的主机设备偏大、管道输送系统偏大、末端设备偏大而带来的投资增加和给节能与环保带来的潜在问题，GB 50736—2012《民用建筑供暖通风与空气调节设计规范》中已将"应对空气调节区进行逐项逐时的冷负荷计算"作为强制条文。绘制不同季节典型日逐时冷、热、电负荷曲线，是为了确定联供系统中发电设备容量和由余热提供的冷、热负荷，通过逐时负荷分析，并结合冷热负荷频率分布图，在系统配置选型时使发电余热能尽量全部利用。

　　三、年负荷曲线

　　利用年负荷曲线，可以计算全年联供系统发电及余热的利用情况，对联供系统运行进行经济预测。在技术经济比较的基础上，才可确定联供系统是否具有实施的必要性和可行性。

　　下面以某市为例，说明采暖年热负荷延续曲线的绘制过程。

　　在供暖期间，随着室外温度的不同，建筑物的采暖耗热量也不同。为达到节能的目的，要根据不同室外温度下的采暖建筑物的需热量进行供热调节和运行。

　　建筑物的采暖季耗热量的计算，是依据某市气象条件、采暖期不同室外温度下的延续小时数和对应室外温度下的热负荷进行计算和统计的。

　　（一）全年耗热量计算

　　2012～2013 年采暖季，供热范围内建筑物采暖设计热负荷 121.4MW（437GJ/h），全年供热量为 844026 GJ，供热量计算见表 4-8。

　　2016 年供热范围内建筑物采暖设计热负荷 504MW（1814.4GJ/h），全年供热量为 3504030 GJ，2016 年全年供热量计算见表 4-9。

　　2020 年供热范围内建筑物采暖设计热负荷 621.6MW（2237.8GJ/h），全年供热量为 4321637GJ。2020 年全年供热量计算见表 4-10。

　　全年采暖小时数 2880h，最大负荷利用小时数为 1931h。

　　全年采暖小时数 2880h，最大负荷利用小时数为 2100h。

　　（二）热负荷延续曲线图

　　采暖热负荷延续曲线是根据室内采暖温度 18℃、室外采暖计算温度 -8℃、起始采暖室外平均温度5℃、采暖天数为120天绘制的。

不同室外温度下现状与本期小时采暖热负荷曲线与全年采暖热负荷延续曲线，见图4-6。

在进行联供系统的技术经济分析时，应根据逐时负荷曲线计算联供系统全年的供冷量、供热量和供电量。

表4-8   2012年全年采暖热负荷统计表

序号	室外温度 （℃）	室外温度 延续小时数	小时热负荷 （GJ/h）	总供热量 （GJ）
1	>5	5880.00		
2	5	324.50	210.43	68284.37
3	4	307.77	226.61	69745.01
4	3	290.61	242.80	70560.99
5	2	272.98	258.99	70698.96
6	1	254.82	275.17	70119.35
7	0	236.05	291.36	68774.30
8	−1	216.57	307.55	66604.57
9	−2	196.26	323.73	63534.75
10	−3	174.94	339.92	59465.19
11	−4	152.36	356.11	54257.46
12	−5	128.14	372.29	47705.41
13	−6	101.59	388.48	39467.04
14	−7	71.31	404.67	28856.13
15	−8	32.10	420.85	13507.97
16	−9	120.00	437.04	52444.80
17	合计			844026.31
18	采暖小时数			2800.00
19	最大负荷利用小时数			1931

表4-9   2016年全年采暖热负荷统计表

序号	室外温度 （℃）	室外温度 延续小时数	小时热负荷 （GJ/h）	总供热量 （GJ）
1	>5	5880.00		
2	5	324.50	873.60	283487.02
3	4	307.77	940.80	289550.97
4	3	290.61	1008.00	292938.55
5	2	272.98	1075.20	293511.34
6	1	254.82	1142.40	291105.05
7	0	236.05	1209.60	285520.96
8	−1	216.57	1276.80	276513.20

续表

序号	室外温度（℃）	室外温度延续小时数	小时热负荷（GJ/h）	总供热量（GJ）
9	−2	196.26	1344.00	263768.66
10	−3	174.94	1411.20	246873.59
11	−4	152.36	1478.40	225253.39
12	−5	128.14	1545.60	198052.12
13	−6	101.59	1612.80	163850.00
14	−7	71.31	1680.00	119798.11
15	−8	32.10	1747.20	56079.1
16	−9	120.00	1814.40	217728.00
17	合计			3504030.16
18	采暖小时数			2800.00
19	最大负荷利用小时数			1931

表 4-10   **2020 年全年采暖热负荷统计表**

序号	室外温度（℃）	室外温度延续小时数	小时热负荷（GJ/h）	总供热量（GJ）
1	>5	5880.00		
2	5	324.50	1077.44	349633.99
3	4	307.77	1160.32	35112.86
4	3	290.61	1243.20	361290.87
5	2	272.98	1326.08	361997.32
6	1	254.82	1408.96	359029.56
7	0	236.05	1491.84	352142.52
8	−1	216.57	1574.72	341032.95
9	−2	196.26	1657.60	325314.68
10	−3	174.94	1740.48	304477.42
11	−4	152.36	1823.36	277812.51
12	−5	128.14	1906.24	244264.28
13	−6	101.59	1989.12	202081.67
14	−7	71.31	2072.00	147751.00
15	−8	32.10	2154.88	69164.36
16	−9	120.00	2237.76	268531.20
17	合计			4321637.20
18	采暖小时数			2800.00
19	最大负荷利用小时数			1931

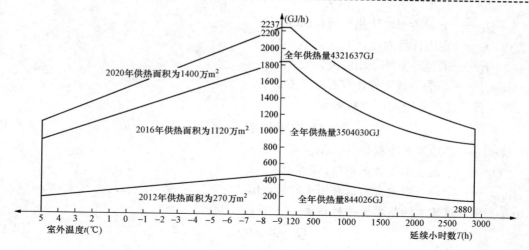

图 4-6　采暖热负荷曲线图

四、年耗热量的计算

（一）民用建筑采暖全年耗热量

$$Q_{h,a} = 0.0864 N Q_h \frac{t_i - t_a}{t_i - t_{o,h}} \qquad (4\text{-}13)$$

式中　$Q_{h,a}$——采暖全年耗热量，GJ；

　　　N——采暖期天数，d；

　　　Q_h——采暖设计热负荷，kW；

　　　t_i——室内计算温度，℃；

　　　t_a——采暖期室外平均温度，℃；

　　　$t_{o,h}$——采暖室外计算温度，℃。

（二）民用建筑采暖期通风耗热量

$$Q_{v,a} = 0.0036 T_v N Q_v \frac{t_i - t_a}{t_i - t_{o,v}} \qquad (4\text{-}14)$$

式中　$Q_{v,a}$——采暖期通风耗热量，GJ；

　　　T_v——采暖期内通风装置每日平均运行小时数，h；

　　　N——采暖期天数，d；

　　　Q_v——通风设计热负荷，kW；

　　　t_i——室内计算温度，℃；

　　　t_a——采暖期室外平均温度，℃；

　　　$t_{o,v}$——冬季通风室外计算温度，℃。

（三）民用建筑空调采暖耗热量

$$Q_{a,a} = 0.0036 T_a N Q_a \frac{t_i - t_a}{t_i - t_{o,a}} \qquad (4\text{-}15)$$

式中　$Q_{a,a}$——空调采暖耗热量，GJ；

　　　T_a——采暖期内空调装置每日平均运行小时数，h；

　　　N——采暖期天数，d；

Q_a——空调冬季设计热负荷，kW；

t_i——室内计算温度，℃；

t_a——采暖期室外平均温度，℃；

$t_{o,a}$——冬季空调室外计算温度，℃。

（四）民用建筑供冷期制冷耗热量

$$Q_{c,a} = 0.0036 Q_c T_{c,max} \qquad (4\text{-}16)$$

式中　　$Q_{c,a}$——供冷期制冷耗热量，GJ；

Q_c——空调夏季设计热负荷，kW；

$T_{c,max}$——空调夏季最大负荷利用小时数，h。

（五）民用建筑生活热水全年耗热量

$$Q_w = 30.24 Q_{w,a} \qquad (4\text{-}17)$$

式中　　Q_w——生活热水全年耗热量，GJ；

$Q_{w,a}$——生活热水平均热负荷，kW。

（六）生产工艺热气负荷的全年耗热量

生产工艺热负荷的全年耗热量应根据年负荷曲线图计算。工业建筑的采暖、通风、空调及生活热水的全年耗热量可按民用建筑的方法计算。

生产工艺热负荷，由于其变化规律差别很大，难以给出年耗热量计算的统一公式，故只提出年耗热量的计算原则。生产工艺的年负荷曲线应根据不同季节的典型日（周）负荷曲线绘制，当不能获得典型日（周）负荷曲线时，全年耗热量可根据采暖期和非采暖期各自的最大、最小热负荷及用汽小时数，按线性关系近似计算。

采暖期热负荷线性方程如下

$$Q = \frac{Q_{max,w}(T^w - T) + Q_{min,w} T}{T^w} \qquad (4\text{-}18)$$

非采暖期热负荷线性方程如下

$$Q = \frac{Q_{max,s}(T^a - T) + Q_{min,s}(T - T^w)}{T^a - T^w} \qquad (4\text{-}19)$$

式中　　　　Q——热负荷，kW；

$Q_{max,w}$、$Q_{min,w}$——采暖期最大、最小热负荷，kW；

$Q_{max,s}$、$Q_{min,s}$——非采暖期最大、最小热负荷，kW；

T——延续小时数，h；

T^w——采暖期小时数，h；

T^a——全年用汽小时数，h。

第六节　冷热电负荷匹配

一、冷热电负荷的风险分析

保证一定的满负荷运行时间，是分布式能源项目成败的关键。开展联供项目设计的第一步，也是最主要的一步，是统计、预测用户的冷热电负荷，包括全年逐时的负荷变动曲线。

在获得了负荷统计和预测数据后，再根据负荷情况合理确定系统的容量，包括供电量、供热量、供冷量。对大量分布式供能项目的调查表明，对冷热电负荷的科学预测和正确选定系统容量是项目成功的关键。

（一）电负荷

系统投运后不能保持一定量的稳定负荷，会导致系统无法经济运行。

燃气三联供系统适合应用于全年电、热（冷）负荷比较稳定的用户，如宾馆、医院和工业园区等。而对于一般的住宅小区、办公楼等，由于负荷具有明显的峰谷特性，采用分布式供能系统就面临两种风险：要么是容量过大，利用率低，经济性差；要么是容量太小，起不了主要作用，发挥不出优势。

1. 电负荷分析

目前国内的普遍情况是：电网公司一般只允许分布式供能系统并网但不售电，即使允许售电，电价也是很低的。在这种情况下，分布式供能系统上网售电是不合算的。因此，冷、热、电联供系统的供电容量不得大于用户全年的基本负荷，并且在规划系统容量时就应明确是否能上网售电及上网电价。并在此基础上做好经济分析，以规避风险。

2. 机组利用率分析

如果系统容量按用户的电、热（冷）负荷的峰值选取，虽然在峰值负荷时，用户的能源利用率较高，但是从全年的角度来看，很多时间内系统的容量无法全部利用，机组的利用率下降导致项目的经济性差，这是国内许多燃气三联供项目失败的主要原因。所以，在项目的规划设计阶段应在确实可靠的、经批准的热、电、冷负荷规划基础上，科学地确定系统容量，在运营期应与冷、热、电用户签订合同，保证负荷的相对稳定性，以保证较高的机组利用率和盈利。

同样地，为了提高三联供系统的利用率，从而提高项目的经济性，供热（冷）容量也不得大于用户全年的基本负荷。在用户热（冷）负荷超过三联供系统时，可用其他措施（电热水器、燃气热水器、电空调）补充。对于负荷具有明显峰谷特性的用户，宜在系统中设置蓄能系统来平衡峰谷负荷。

（二）冷热电负荷平衡

分布式能源系统设计中，电、热平衡是系统高效、稳定、经济运行的基本保证。在进行容量选择时，应立足于自身消化，自发、自用、自平衡。既要满足"以热定电"原则，也要充分考虑"热电平衡"的需要。如依据"以热定电"原则，按最大热负荷选择分布式供能系统容量，这会给以后的稳定、经济运行带来困难。分布式供能系统一般都是以单个或几个用户为对象，热、电负荷的波动一般都比较大，用热需求和用电需求不一定同步。按最大热负荷选择容量，往往是在用热需求较大时，用电需求不大，致使发出的部分电力无法自身消化，影响正常运行。同时，由于热负荷的大幅波动，机组也需要频繁调节，这会使机组长期处在低效率工况下运行，运行可靠性和节能效益都将受到影响。

（三）系统容量选择

在选择容量时，首先要对热、电负荷变化进行详细分析，在做好热电平衡的情况下，确定装机容量，一般宜小不宜大。不应追求将用户全部用热需求都由分布式供能系统提供，原则上应由分布式供能系统带基本热负荷，适当配置供热锅炉来进行热负荷调峰。

根据国内较成功的工程案例以及日本部分分布式供能系统工程案例调研分析，分布式供能系统供电容量配置一般不宜大于用户最小用电负荷，以确保机组运行不受用电条件限制；供热容量配置一般宜为用户最大用热负荷的30%，目的是使机组获得较长的高效年运行时间，进而以相对较小的容量配置获得相对较大的用户全年供热份额，建议分布式供能系统年利用小时数应大于 4000h，而供热占用户全年用热量的份额应保持在50%以上。

（四）规避风险

（1）对于冷热负荷不足的风险（烂尾楼、冷热用户不愿接入系统等原因），可以采用工程分期建设，设备分批招标的方式规避。

（2）对于冷热负荷四季不均匀的风险，应利用各季节典型日逐时曲线的分析方式，并利用分析结果选择制冷制热设备（详见本章第五节）。

（3）对于冷热负荷每日不均匀的风险，应采用优化运行方案的方式规避。

二、冷热电负荷匹配分析

以下以某工程为例，采用"以冷定电，冷热电平衡"的原则，重点分析夏季末端用户冷热电需求负荷匹配，得出系统在满足夏季供冷需求量基础上的逐时实际发电量与末端用户用电需求量之间的匹配关系，计算网上下载电量。

（一）系统原理

某工程项目采用燃气轮机+余热锅炉+蒸汽轮机+蒸汽型溴冷机的系统形式（图4-7），即利用燃气燃烧驱动燃气轮机发电机组发电，燃烧所产生的高温烟气通过余热锅炉等热回收装置回收制取高温高压的蒸汽和热水，热水可用于制备生活热水或空调冷热水，高温高压蒸汽可驱动蒸汽轮机发电，也可抽气制冷制热，发的电可以上网也可以供应制冷机组自用。

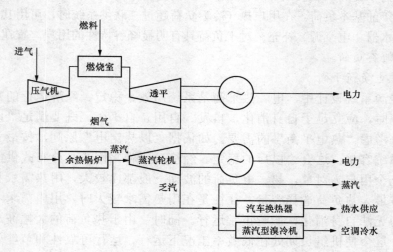

图4-7 某工程项目分布式能源系统原理

发电系统配置三套燃气—蒸汽联合循环机组，建设规模 3×60MW，其单台燃机的额定发电出力约 43MW，联合循环发电出力 55MW，三套机组共发电 165MW；经计算燃机发电效率为 42%，蒸汽轮机在纯凝工况时发电效率为 11%，抽凝工况为 5%，由于该市电力紧缺，三套联合循环系统大多时候处于调峰状态，制冷所需热源量通过蒸汽轮机纯凝/抽凝工况调节，因此供热效率较低，为21.5%；制冷系统配置9台冷量9.1MW蒸汽型溴冷机，2台冷量3.117MW热水型溴冷机，8台8.8MW与2台4.4MW电制冷机；生活热水系统配置3台烟气换热器，提供的热水量为255t/h，103/75℃。其中蒸汽型溴冷机的蒸汽热源来自蒸汽轮机抽汽，最佳抽汽量为32t/h；热水型溴冷机与生活热水热源来自余热锅炉的废热；电制冷机组所需用电定义为厂内电，来自循环系统发电。

（二）冷热电匹配计算

1. 计算内容

（1）根据夏季冷负荷和制冷机组优先开启顺序确定开机台数和水泵运行情况；

（2）根据蒸汽型溴冷机开启台数和热力系数确定溴冷机吸热量，进而确定蒸汽轮机的抽汽量和纯凝/抽凝工况；

（3）根据夏季生活热水负荷确定烟气换热器换热量和判断是否需要开启汽水换热器；

（4）在已知联合循环系统运行工况条件下，根据抽汽供热量与热水热量之和除以系统供热效率得出系统天然气耗热量；

（5）用天然气耗热量乘以发电效率得出发电量；

（6）根据各时刻电制冷机开启台数和机组EER确定机组功率，结合该时刻水泵功率求得该时刻厂用耗电量；

（7）发电量减去厂用电耗电量得出实际发电量；

（8）逐时对比用户用电负荷与实际发电量差异，定量分析需从网上购买的电量。

2. 计算结果

（1）全年生活热水负荷与空调冷负荷曲线如图4-8所示。

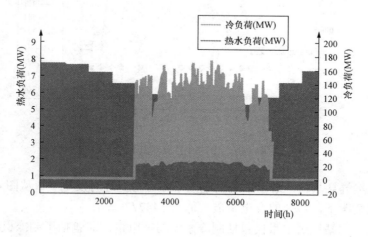

图4-8　全年生活热水负荷与空调冷负荷

（2）根据夏季热水负荷和冷负荷确定各时刻蒸汽型溴机开机台数，大多数的白天开启10台，夜间开启3台。从图4-9可以看出制冷所需的抽气供热量全年变化较稳定，但日变化较大，白天多于200GJ/d时，夜间仅需70GJ/h。

（3）由于生活热水负荷呈现出夏季低、冬季高的情况，因此热水所需的热量也呈现相类似的趋势，具体表现为冬季典型日每小时大概需要 67GJ 的热量，过渡季节典型日每小时大概需要 45GJ，夏季典型日每小时大概需要 22GJ。

（4）天然气发电后利用余热来提供制冷抽气的供热量和全年热水热量，因此天然气耗热量的计算方式为抽汽供热量与热水热量之和除以系统供热效率（该系统为 0.215）。从图 4-10 可以看出 1～10 月所需的天然气热量为 400～1200GJ，高峰时刻需要 1109GJ，低谷时刻大概需要 450GJ。

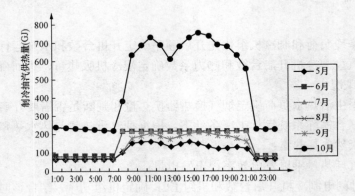

图 4-9　夏季制冷抽汽供热量

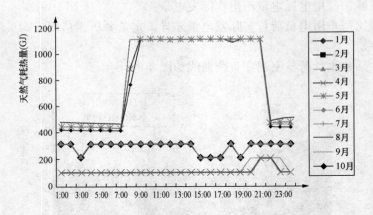

图 4-10　1～10 月天然气耗热量

（5）已知天然气耗热量，乘以系统发电效率即可得到逐时发电量。从图 4-11 可以看出不包括厂用电量的情况下，系统的发电量最大值为 144777kWh。

（6）分布式能源站厂用电量仅包括制冷系统的耗电量，即包括了制冷机组、水泵与冷却塔耗电量。从图 4-12 看出厂用电量变化较大，最高为 21632kWh，最低仅为 1292kWh。

（7）由图 4-13 对比分布式能源站厂实际发电与末端用户的用电负荷发现，全年大部分时间电厂发电能够保证末端用电，需从电网购买电量的时候较少，但所剩电量不多。结合图 4-14 可以看出，大部分时刻所剩电量为 100000kWh 左右，在 6 月、9 月时电厂发电量不足以供给用户，需从电网购买近 60000kWh。

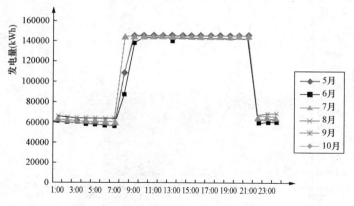

图 4-11　夏季联合循环系统小时发电量

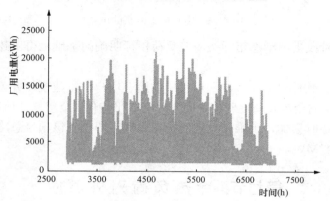

图 4-12　夏季厂用电量

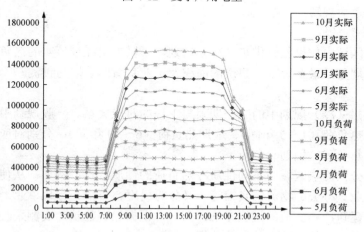

图 4-13　实际发电量与用电负荷

（三）结论

针对项目处于不同设计阶段明确不同的负荷计算方法并将结果进行逐一讨论。

（1）方案设计阶段提出不同建筑类型和不同地区的负荷指标，通过指标概算法计算区域建筑负荷设计值，在此基础上，明确各建筑类型的同时使用系数，得出区域供冷负荷；此外，建立了酒店、办公和商业建筑在不同地区的负荷指标估算模型。

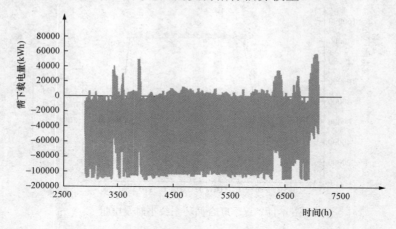

图 4-14　需从网上购买的电量

（2）初步设计阶段提出动态指标法，在负荷指标明确的基础上得出建筑的全年负荷变化形势。

（3）采用 DeST 软件对分布式能源项目中的所有用户进行建模，并模拟全年冷热负荷变化特性，得到各建筑的全年负荷逐时值、最大/小值、平均值、全年累计值以及部分负荷特性，将各建筑负荷进行逐时累加，再乘以一定的折算系数，即得到该项目总冷热负荷值，从而确定装机容量为 165.42MW。

第七节　冷热负荷对外供应

一、供冷热负荷规划

1. 关于供冷热区域

（1）供冷热区域内如果已有供热（冷）规划，可以采用经过核实的热负荷数据，所谓核实，供热（冷）规划是最新版本，建筑的面积及工业负荷的发展与预测基本符合，没有过大的差异。

（2）注意供热（冷）规划中的三个期限与工程的对应关系。一般规划中的三个期限是现状热负荷、近期热负荷（1～5 年间）、远期热负荷（6～10 年间），分别对应既有（已有）热负荷、新建建筑热负荷、规划热负荷。

（3）注意区分供冷热区域内不同性质冷热负荷的性质特点。例如：从使用性质上，建筑物分为民宅、商业、办公、物流、宾馆等，又分为民用、公用、行政事业、企业使用。

（4）对已有建筑冷热负荷的调查方法：其一，根据已有建筑的实测采暖（或空调）耗热量；其二，根据已有建筑设计文件上的数据。

2. 区域内的现有热（冷）源

对区域内的所有热（冷）源综合考虑：

（1）现有电厂的利用，抽汽机改背压机组。

（2）已有的中、小型锅炉拆除，只保留满足环保要求的较大型锅炉（单台容量在 20t/h

以上）作为备用热源。

（3）考虑多热源系统联合供应冷（热）负荷问题。

（4）考虑供冷热区域内的热（冷）负荷调峰。

3. 供冷热系统的管理体制

三联供项目是一个完整的系统，由冷热源、外供管网、热用户（包括换热站、二级热网、冷暖用户）三部分组成。这三部分是一个整体，缺一不可，其技术参数应相互衔接，规模容量应匹配。

目前的管理体制是冷热源由电力集团建设管理，冷热网由热力公司（政府部门）管理，冷热用户由物业公司管理，这种体制有存在的历史原因，但从经济运行看，最好的体制是组建能源公司统一管理冷热源和冷热网，冷热用户及换冷热站采用能源合同管理制，由节能服务机构管理。

二、冷热供应项目设计管理

（一）设计特点

项目在设计上的特点如表 4-11 所示。

（1）由于冷热源、冷热网、冷热用户的建设方不同，整个项目无统一的建设方。这可能产生不同的利益问题。

（2）根据谁投资谁管理的原则，其运行管理方不同，冷热源由电力企业管理，冷热网由供热企业管理，热用户由物业公司（或单位自行）管理。不同的运行管理部门间易出现责任不清的问题。

表 4-11　　　　　　　　　　　　区域冷热供应项目设计特点

项目	冷热源	冷热网	热用户
建设方（投资方）	发电集团公司、当地的热力公司	发电集团公司、热电厂、当地的热力公司、市政部门	房地产开发商
设计单位	电力设计院	当地的市政设计院、当地的热力燃气咨询公司	建筑设计院
应采用的设计标准	（1）GB 50049—2011 （2）CJJ 34—2010《城镇供热管网设计规范》 （3）建标 112—2008《城镇供热厂工程项目建设标准》	（1）CJJ 34—2010 （2）CJJ 104—2005《城镇直埋供热管道工程技术规程》 （3）CJJ/T 81—1998《城镇供热直埋蒸汽管道技术规程》	（1）CJJ 34—2010 （2）CJJ 104—2005 （3）CJJ/T 81—1998 （4）GB 50736—2012
设计合同关系	热源的建设方与电力设计院签设计合同	一级热网的建设方与一级热网的设计单位签设计合同	各房地产开发商与建筑设计院签设计合同
参与设计的主要专业	热机专业等	暖通专业	暖通专业
概、预算的计列	单独计列	单独计列	与小区建筑合并计列

（3）由多个平行的设计单位分别设计，没有主包与分包之分，各设计单位对自己分工范围负责，对自己范围之内的工作做得很内行，但没有一个对项目进行技术归总的总体设计院。

（4）由于设计合同关系问题，建设方只对与自己有设计合同关系的设计单位具有控制力。

（5）冷热源由电力系统的设计单位承担，冷热网、用户由市政建设部门的设计单位承担。

由于某些历史原因（例如对有关标准的理解、解释的差异），这两个行业的设计单位有可能存在沟通障碍。

（6）热机专业与暖通专业的专业基础课（传热学、工程热力学、流体力学和流体机械）是相同的，但在设计工具（图、表、公式、手册）上有区别，在同样的条件下，计算结果可能有差异。

（7）热机专业与暖通专业的关注点不同，暖通专业注重水压图、定压点、防水击、运行调节方案，热机专业并不关注，而与水压图、定压点、防水击、运行调节方案有关的设备却布置在热源处。

（8）投资渠道不同，冷热源、冷热网均按单项工程分别单独列支概预算，热用户（包括换热站、二级热网、采暖用户）与小区建筑合并计列。

（二）存在的问题

目前，国内有关设计标准没有对区域冷热供应项目的设计接口管理进行明确的规定，各建设方基本上是凭各自的经验和感觉去做，由于各建设方对设计接口管理的深度不同，如果管理得不细，将有可能出现问题，例如冷热源与热网的建设工期不吻合、冷热负荷提供不准确、冷热网建设规模与冷热源规模不符合、调峰热（冷）源难以落实、管网循环水泵和定压设备选择得不理想、运行调节方案难实现、无防水击措施、没考虑与高层建筑连接方案等，以上问题会影响区域冷热供应项目的综合设计质量。

如果采用简单有效、可操作性强的措施，对区域冷热供应项目的设计接口管理工作加以规范，将有利于提高区域冷热供应项目的综合设计质量。

以下介绍区域冷热供应项目设计接口的内容和要点并提出设计接口管理措施。

（三）区域冷热供应项目设计接口及管理措施

区域冷热供应项目有三个设计接口。

在冷热源、冷热网、冷热用户之间，有两处设计单位之间的设计接口，即冷热源与冷热网，冷热网与冷热用户。在设计单位与设备供货商之间，有一个设计与采购的接口。以下分别介绍上述三个设计接口的内容、要点和管理措施。

1. 冷热源与冷热网的设计接口

这类接口是冷热源设计单位与冷热网设计单位之间的一对一设计接口，设计接口内容及要点见表 4-12。

表 4-12　　　　　　　　　　　　　　　冷热源与冷热网的设计接口

接口编码	接口内容	接口要点
A1	供冷热管道的接点	接管坐标、高度、管径、敷设方式、受力计算的终点和始点
A2	水压图、系统定压压力	保证冷热源和冷管网系统最高点不汽化，最低点不被压力破坏，补水泵的运行方式
A3	质调节方案	
A4	主循环水泵运行方案	冷热网的本期运行流量； 冷热网的最终运行流量
A5	防水击，防超压措施	
A6	冷热源的建设规模 （分几期），冷热网的建设规模	

设计接口管理措施。由于是一对一的设计接口，建议采用设计接口联络会的方式进行管理，由建设方召集两次设计接口联络会，按表 4-12 的内容依次讨论解决接口问题。第一次会议宜定在可研前，重点是两个设计单位之间的技术沟通。第二次会议宜定在初设审查后，重点是对初设审查意见的答复。两次设计接口联络会均应形成接口联络会纪要。

2. 冷热网与冷热用户的接口

这种接口是冷热网设计单位与各房地产商所委托的多个设计单位的一对多的设计接口，设计接口的内容和要点详见表 4-13。

表 4-13　　　　　　　　　　　一级热网与换热设计的设计接口

接口编码	接口内容	接口要点
B1	主要设计参数	冷热网温度、压力
B2	对连接方式的要求	间接连接或直接连接
B3	换冷热站系统	用系统图的方式做出规定
B4	对与供冷热区域内各建筑物连接的要求	主要是对高层建筑连接方案的考虑
B5	对换冷热站电源、水源的原则要求	
B6	对运行调节的要求	
B7	对热计量的要求	设置热量计的位置

由于是一对多的设计接口，而且房地产商委托的设计单位较多，技术水平和理解能力参差不齐，冷热网设计单位不可能与房地产商委托的所有的设计单位一一接口。建议采用正式接口文件的方式进行管理，由冷热网设计单位按表 4-13 的内容进行细化后制作成正式的接口文件，由建设方用正规的程序，统一发给各个房地产商并转给各设计院。

3. 设计与采购的接口

这是多对多的设计接口，设计接口的内容、要点详见表 4-14。

表 4-14　　　　　　　　　　　设计与采购的接口

接口编码	接口内容	接口要点
CR	冷热源内部与冷热网有关的主设备	制冷机、加热器、循环水泵、补水设备
CW	冷热网的主要材料	直埋管道、补偿器、阀门

设计与采购接口应由建设方管理，在初设审查后委托相关设计单位编制采购技术规格书，采购技术规格书就是设计与采购接口的正式设计接口文件。

（四）结论

对区域冷热供应项目设计接口的管理，实质上是对设计工作程序的规范，是一种简单有效、可操作性强的管理方式，值得建设方和设计单位注意。

（1）区域冷热供应项目设计接口共有三个，应由建设方负责归口管理。

（2）第一个接口：冷热源与冷热网的设计接口，可采用召开两次设计接口联络会的方式进行管理。

（3）第二个接口：冷热网与冷热用户的接口，可采用编制正式接口文件的方式进行管理。

（4）第三个接口：设计与采购的接口，可采用编制采购技术规格书的方式进行管理。

（5）是否采用接口编码进行管理，可由建设方自定。

（6）如有可能，建议对区域冷热供应项目进行"三同"式的设计审查，即：在同一时间，同一地点，由同一个审查单位对区域冷热供应项目的冷热源部分和冷热网部分进行审查，这将有益于提高区域冷热供应项目的综合设计质量。

三、能源供应方案选择

能源供应不仅要满足该区域的能源需求，还要兼顾其周边地区的能源需求，能源供应主要有以下三种方案：

（1）城市热网+电制冷+市政电力（常规能源供应）。

（2）分布式（楼宇式）冷、热、电三联供。

（3）区域集中式冷、热、电三联供。

以下以某燃气三联供工程为例介绍能源供应方案的选择。

（一）已知条件

已知条件见表 4-15。

表 4-15   某燃气三联供工程的条件

供热面积	1000 万 m^2
供冷面积	500 万 m^2
市政电价	0.75 元/kWh
市政气价	2.28 元/m^3（标态）
区域总用能需求（热、冷、电，不含向外供电）	29.39

注 区域供能包括能源站、管网、能源子站。

（二）供能方案介绍

（1）城市热网+电制冷+市政电力（常规能源供应），方案如图 4-15 所示。

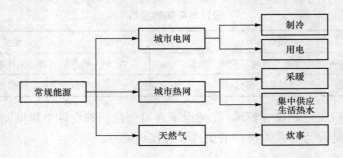

图 4-15   方案 1 系统流程图

该方案中由电网和城市热网共同为商务区提供能源。电负荷采用直接购买市政电的方式，由电制冷机来满足冷负荷需求，由城市热网来供应热负荷。

从系统配置角度分析，能源系统配置较为简单，末端设备初投资小，只需配置一定装机容量的电制冷设备和采暖换热站；从能源系统的输入量上分析，该方案需要输入电力和热力两路能源，其中电力的输入量大，需要从市政电网购买大量的电量同时满足冷、电负荷的需求，因此该方案会增加电网的夏季峰值负荷；从能源系统的安全性上分析，该能源系统都只依赖于大电网和城市热网，能源的安全性较难得到保证。

（2）分布式（楼宇式）冷、热、电三联供，方案如图4-16所示。

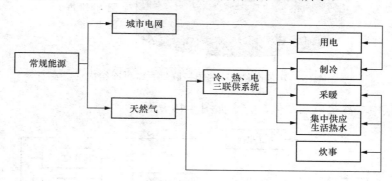

图4-16　方案2系统流程图

冷、热、电基本负荷由以燃气内燃机为发电设备的天然气冷热电联供系统来提供。利用烟气吸收式热泵的冷冻水，深度回收烟气潜热，使烟气温度降至30℃左右排放，吸收式热泵的冷却水用于供热，与发电机缸套水热量共同承担建筑的基本热负荷。外加冷负荷由电制冷机来满足；整个区域不足的热负荷由燃气锅炉来补充，电负荷不足的采用直接购买市政电的方式。

从系统配置上分析，除了需要配置一定装机容量的电制冷设备、燃气锅炉外，需要配置发电机和吸收式热泵；从能源系统的输入量上分析，该方案需要输入电力和天然气两路能源，其中电力的输入量大规模降低，会显著削减电网的夏季峰值负荷；从能源系统的安全性上分析，对于供电来说，冷热电联产系统相当于多了一套自备发电系统，使供电更加安全可靠，对于供冷供热来说，三联供机组的供冷供热可以脱离发电运行而独立开来，因而其不会对供冷供热的安全产生不利的影响。

分布式燃气热电冷三联供系统采用燃气内燃机发电，承担峰平电期间基本负荷，不足电量由市电补充；在市电事故期间，发电机可承担站内重要电力负荷，保证供电的安全可靠性，（发电并网不外送）。冬季供暖时，发电机产生两部分热量，一部分是烟气余热，另一部分是缸套水的余热。烟气进入吸收式热泵并回收冷凝热，使烟气温度降至30℃左右排放，换出热水与发电机缸套水热量共同承担建筑的基本热负荷，热量不足部分则由天然气锅炉补充。供热能源构成如图4-17所示。

图4-17　分布式燃气冷热电三联供系统供热结构示意

夏季供冷时，发电机产生的烟气余热和缸套水共同进入吸收机制冷，承担基本冷负荷，冷量不足部分则由电制冷机补充；缸套水余热量可以用于除湿和生活热水。供冷能源构成如图4-18所示。

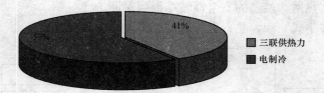

图4-18　分布式燃气冷热电三联供系统供冷结构示意

（3）区域集中式冷热电三联供，方案如图4-19所示。

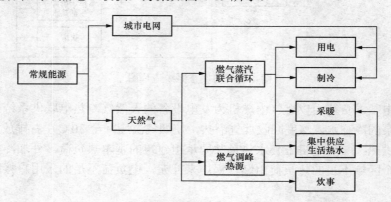

图4-19　方案3系统流程图

该方案是以天然气为气源、以燃气蒸汽联合循环为发电设备、充分利用能源的全梯级能源综合供应方案。按照温度对口、梯级利用的原则实现了天然气的高效利用。

具体表现在高效的燃气蒸汽联合循环热电联产和燃气调峰热源的联合使用。该方案热源侧为燃气蒸汽联合循环热电联产系统，提供高温一次热媒水供制冷和供热利用，考虑到该区域冬季集中调峰的需要，建设燃气锅炉房进行集中调峰；在末端设置换热站，冬季采用常规运行方式，夏季采用吸收式制冷为主，电制冷调峰辅助相结合的制冷方式。

能源中心发展三座B级的燃气蒸汽联合循环热电联产热源，两台机组背压运行，一台机组抽凝运行，热源处建设集中燃气调峰热源，在冬季起到集中调峰作用。在末端换热站配备有换热机组、吸收式制冷机组、电制冷调峰机组等设备。

冬季供热时，能源中心输出高温热水，经能源子站的换热机组换热后向用户提供二次采暖水用于采暖，当供热量不足时，启动燃气调峰热源增加供热量。

夏季供冷时，能源中心输出高温热水驱动换热站中吸收式制冷机组进行制冷，当冷量不足时，启动调峰供冷。供冷能源构成如图4-20所示，51%的冷负荷需求是由电制冷来满足的。

图4-20　区域集中式冷热电三联供系统供冷结构示意

（三）方案比选

现在常用的能源系统的经济性评价为财务评价方法，在计算中规定供热和供冷的单位平方米价格，从而给出收入与各种财务评价。

1. 经济及节能环保指标

因为三种方案所需变配电站的规模相差不大，同时变配电投资的费用存在很大的不确定性，因此三个方案的变配电投资费用不计入投资费用中，三个方案的单位技术经济及节能环保指标见表4-16～表4-18。

表 4-16 方案 1 单位面积指标

序号	项 目	指 标
1	单位建筑面积投资	119 元/m²
2	年单位建筑面积运行成本	96.7 元/m²
3	年单位建筑面积能耗	46.9kg 标准煤/m²
4	碳排放量	87.6kg/m²
5	NO$_x$排放量	51.5g/m²

注 方案1总投资约为11.9亿元，年运行成本为9.67亿元。

表 4-17 方案 2 单位面积指标

序号	项 目	指 标
1	单位建筑面积投资	309 元/m²
2	年单位建筑面积运行成本	82 元/m²
3	年单位建筑面积能耗	42.10kg 标准煤/m²
4	碳排放量	74.4kg/m²
5	NO$_x$排放量	32.1g/m²

注 方案2总投资约为30.9亿元，年运行成本为8.2亿元。

表 4-18 方案 3 单位面积指标

序号	项 目	指 标
1	单位建筑面积投资	201 元/m²
2	年单位建筑面积运行成本	60 元/m²
3	年单位建筑面积能耗	35.52kg 标准煤/m²
4	碳排放量	45.6kg/m²
5	NO$_x$排放量	16.5g/m²

注 方案3总投资约为20.1亿元，年运行成本6亿元。

2. 综合比选

三种方案的综合评价见表4-19。

表 4-19   方案综合比较

项目	方案 1	方案 2	方案 3
初投资	较低（11.9 亿元）	高（30.9 亿元）	较高（20.1 亿元）
年运行费用	高（9.7 亿元）	较高（8.2 亿元）	较低（6.0 亿元）
总能耗（折天然气）	高（39090 万 m^3，标况）	较高（35090 万 m^3，标况）	低（29600 万 m^3，标况）
碳排放量	多（87.6 万 t CO_2）	较少（74.4 万 t CO_2）	最少（45.6 万 t CO_2）
NO_x 排放量	多（515t）	较少（321t）	最少（165t）
系统配置	较简单	较复杂	复杂
安全可靠性	具有一定安全可靠性	安全可靠性高	安全可靠性高
总占地面积	小	占地分散不易实施	较小

从以上比较中可以看出，在年运行费用、供热能耗以及碳、NO_x 排放量方面，方案 3 较方案 1 和 2 低，更符合科学、高效、节能、环保的用能理念；方案 3 采用高品位热能发电，低品位热能制冷，可实现能源的温度对口、品位对应、梯级利用；是节能、经济、环境友好的用能方式。

（四）方案确定

结合供冷热区域规划定位与建筑规模，区域内的天然气供给管网覆盖率高，解决了燃料的来源；而在夏季工况运行时，可通过电制冷调峰来达到供冷的稳定性，同时，虽然吸收式制冷机的 COP 小于压缩式电制冷机，但在三联供系统中，发电用的是高品位的烟气和蒸汽，低品位的热水热能则通过吸收式制冷机达到制冷的效果，同时还可以进行烟气与冷却水的回收利用，达到能源的多效梯级利用，而压缩式制冷机利用的是高品位的电能，在区域能源的综合利用以及国家能源发展规划前提下，更提倡温度对口、品位对应的梯级能源利用模式。经以上综合比选后，选择方案 3 作为冷热电三联供方案。

四、外供冷热管网的设计原则

（一）不同介质管网的设计要点

（1）蒸汽管网，直接进入热用户，中间不需设热交换器，最大供热半径一般在 86km 以内，如超长，应计算允许压力降、温度降。目前，南京苏夏集团有限公司已成功使用蒸汽超长距离（可达 24km）输送技术，且压降、温降均较低，符合设计标准的规定。

（2）冷水管网，直接进入冷用户，不需设制冷站，供冷半径宜控制在 1.5km 以内。如超长，应计算允许温度降。

（3）高温水管网，可能需经过热交换器进入热用户，供热半径宜在 10km 以内。如果输送距离超过 10km，应设中继泵站。

（二）管线担负的热（冷）负荷要点

（1）主干管网应按最终容量设计，一次建成。

（2）支线及进入冷热用户的采暖、通风、空调及生活热水热（冷）负荷，宜采用经过核实的建筑物设计热负荷。

（3）目前存在的问题是：建筑的设计采暖热负荷，在城镇供热管网连续供热情况下，往往数值偏大。全国各热力公司实际供热统计资料的一致结论是：在城镇供热管网连续供热条件下，实际热负荷仅为建筑物设计热负荷的 0.7～0.8 倍，这里面有建筑物设计时考虑间歇供暖的因素，也有设计计算考虑最不利因素同时出现等原因。经核实的含义是：第一，建筑物的设计部门提供城镇供热管网连续供热条件下，符合实际的设计热负荷；第二，若采用以前偏大的设计数据时，应加以修正。

（4）热力网最大生产工艺热负荷应取经核实后的各热用户最大热负荷之和乘以同时使用系数。同时使用系数可按 0.6～0.9 取值。根据蒸汽管网上各用户的不同情况，当各用户生产性质相同、生产负荷平稳且连续生产时间较长，同时使用系数取较高值，反之取较低值。

（5）生活热水设计热负荷应按下列规定取用：

1）对热力网干线应采用生活热水平均热负荷；

2）对热力网支线，当用户有足够容积的储水箱时，应采用生活热水平均热负荷；当用户无足够容积的储水箱时，应采用生活热水最大热负荷，最大热负荷叠加时应考虑同时使用系数。

（三）管网布置原则

（1）管网布置应在城市总体规划的指导下，深入地研究各功能分区的特点及对管网的要求。

（2）管网布置应能与市区发展速度和规模相协调，并在布置上考虑分期实施。

（3）管网布置应满足生产、生活、采暖、空调等不同热用户对热负荷的要求。

（4）管网布置要考虑热源的位置、热负荷分布、热负荷密度。

（5）管网布置应充分注意与地上、地下管道及构筑物、园林绿地的关系。

（6）管网布置要认真分析当地地形、水文、地质等条件。

（7）管网主干线尽可能通过热负荷中心。

（8）管网力求线路短直。

（9）管网敷设应力求施工方便。工程量少。一般选择直埋、架空、地沟三种方式。

（10）在满足安全运行、维修简便的前提下，应节约用地。

（11）在管网改建、扩建过程中，应尽可能做到新设计的管线不影响原有管道正常运行。

（12）管线一般应沿道路敷设，不应穿过仓库、堆场以及发展扩建的预留地段。

（13）管线尽可能不通过铁路、公路及其他管线、管沟等，并应适当注意整齐美观。

（14）城市道路上的热力网管道应平行于道路中心线，并宜敷设在车行道以外的地方，同一条只沿街道的一侧敷设。

（15）穿过厂区的城市热力网管道应敷设在易于检修和维护的位置。

（16）通过非建筑区的热力网管道应沿公路敷设。

（17）热力网管道选线时宜避开土质松软地区、地震断裂带、滑坡危险地带以及高地下水位区等不利地段。

（四）管网设计标准

（1）CTJ 34—2010《城镇供热管网设计规范》。

（2）CJJ/T 81—1998《城镇直埋供热管道工程技术规程》。

（3）CJJ 104—2005《城镇供热直埋蒸汽管道技术规程》。

主 机 选 型

第一节 系 统 简 介

一、主要的系统图式

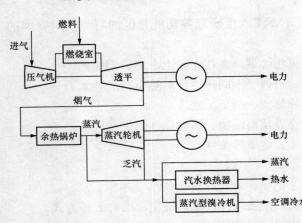

图 5-1 燃气轮机+余热锅炉+蒸汽轮机+蒸汽溴冷机

根据不同的原动机、余热锅炉的燃烧方式（补燃或不补燃）、主机的搭配形式（一拖一、二拖一，同轴、不同轴布置）、制冷制热设备的不同组合等因素，燃气发电、供热、制冷机组有 18 种系统图式。但按其主要功能不同可以分为三类系统形式。

（1）用燃气蒸汽联合循环机组实现冷、热、电三联供。主机配置系统如图 5-1 所示。

1）系统广泛用于 F、E 与 B 级燃气轮机。

2）图 5-1 中表达为一拖一双轴方式，也可以单轴或 2～7 拖一多轴方式，即 2～7 台（6 用 1 备）燃气轮机配 1 台蒸汽轮机。

3）根据冷、热负荷的需求，确定外供冷、热介质与选配供热、制冷设备（详见第六章）。

4）其能源利用率高，可达 85%，如图 5-2 所示。

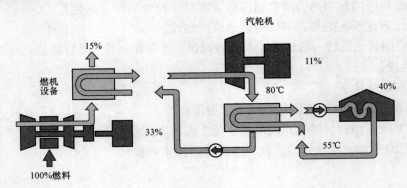

图 5-2 联合循环发电+排汽换热供暖（供冷）

（2）用燃气轮机发电机组实现冷、热、电三联供。主机配置系统如图5-3所示。

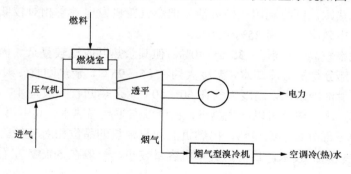

图5-3 燃气轮机+烟气型溴冷机

1）系统主要用于小型或微型燃气轮机，采用单循环。

2）供热与制冷均采用烟气为高温热源，根据冷、热负荷需求，确定外供冷、热介质与选配供热、制冷设备（详见第六章）。

3）其能源利用率高，可达86%，如图5-4所示。

（3）用燃气内燃发电机组实现冷、热、电三联供。主机配置如图5-5所示。

1）在图5-5中，已将燃气轮发电机组改为燃气内燃发电机组。

2）主要用于3MW以下机组。

3）根据冷热负荷的需求，确定外供冷、热介质，以烟气作为高温热源，选配供热、制冷设备（详见第六章）。

4）燃气内燃机组缸套冷却的余热也宜考虑利用。

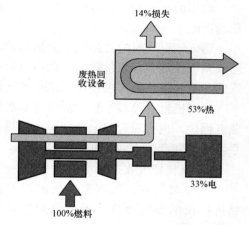

图5-4 燃气轮发电机组+余热回收系统

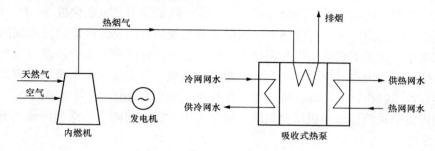

图5-5 小型分布式能源站原理图

二、主要设备简介

1. 原动机

采用天然气等常规能源的分布式供能系统，其常用原动机一般有燃气轮机、内燃机和热气机等。对于楼宇式的燃气轮机应是小型或微型的。

燃气轮机余热比较集中，主要是尾部排烟。由于其排烟温度较高，回收的余热可以产生蒸汽，也可以制成热水。回收利用比较灵活。但燃气轮机发电效率相对较低，目前，小型或微型燃气轮机的发电效率一般为 25%～30%。

内燃机发电效率较高，一般为 35%～40%，但其余热回收比较复杂。内燃机余热主要由三部分组成，第一部分是缸套冷却水，温度大约在 85～95℃，余热回收一般是 75℃左右的热水；第二部分是润滑油冷却水，温度大约在 50～60℃，余热回收一般是 45～50℃的热水；第三部分是排烟余热，这一部分可以产生蒸汽，也可以产生高温热水。其中第二部分比例最大，第一部分次之，第三部分最小。显然，内燃机的回收余热的品位相对较低。

热气机是一项较新的技术，目前，其单机容量较小，一般在 50kW 左右，还没有大规模商业化应用。

2．余热利用设备

常用的余热利用设备有余热锅炉、水—水换热器以及余热型吸收式制冷机组等。不同的原动机配不同的余热设备。

燃气轮机一般配置蒸汽型余热锅炉。小型或微型燃气轮机排烟温度一般在 300～500℃，燃气轮机排烟中含氧量较高，余热锅炉可以根据需要设置补燃装置，以提高余热锅炉出口蒸汽的参数，供特殊需求使用。这是燃气轮机余热利用的一个重要特点。

内燃机缸套冷却水和润滑油冷却水部分一般配置水—水换热器，而尾部烟气可配置余热蒸汽锅炉，也可配置热水器产生高温热水。其中缸套冷却水和润滑油冷却水可分为两个热水系统，分别产生不同温度的热水。

3．溴化锂吸收式制冷设备

可分烟气型、蒸汽型、热水型和直燃型。烟气型吸收式制冷机直接用燃气轮机或内燃机排出的烟气制冷，不需要余热锅炉或换热器；蒸汽型和热水型吸收式制冷机是以余热锅炉或水—水换热器产生的蒸汽或热水作为动力制冷，一般蒸汽型吸收式制冷机效率较高，COP=1.0～1.2。热水型吸收式制冷机效率较低，COP=0.7～0.9。直燃型机组可直接利用燃气。

4．储冷（热）系统

以天然气等常规能源为燃料的分布式供能系统一般都采用热电联供或冷、热、电三联供。为了充分利用一次能源，须尽可能将产生的电能和热能同时供出，因此，需求侧的用电和用热平衡至关重要。如果需求侧用电和用热不平衡，也就意味着有一部分能量将浪费，由于分布式供能系统对应的用户对象单一，在同一时段做到电、热需求完全平衡非常困难，增设储能设备将能有效地解决这一问题。储能方式有两种，一种是储电（或向电网输电），另一种是储热。分布式供能系统在选择机组容量时，通常采用"以热定电"的原则，储热更有利于系统的电、热平衡。

5．制热设备

包括电热式热水机组、燃气（油）锅炉，各种热泵等，用于制备各种温度的热水。

6．电制冷机

包括活塞式、离心式、螺杆式、模块式电驱动的压缩式制冷机，用于当发电余热不满足设计冷负荷时，或作为备用。电制冷机的制冷效率较高，一般 COP 均大于 4.0。

以上所述的设备中，原动机布置在主厂房内（或露天），余热利用设备露天布置；其余设备均布置在冷热源站内（或附近）。

第二节 燃 气 轮 机

一、燃机分类

国外主要的大型燃机厂家包括美国 GE、德国 SIEMENS、法国 ALSTOM 和日本三菱等。国内大型燃机的主要厂家有哈尔滨动力设备股份有限公司（GE 公司 9F 技术）、南京汽轮机（集团）有限责任公司（GE 公司 9E 技术）、东方汽轮机有限公司（三菱技术）、上海汽轮机有限公司（SIEMENS 技术）。

成熟的大型燃机主要包括 B 级燃机、E 级燃机和 F 级燃机，按照透平进气温度定义和划分。B 级燃机透平进气初温低于 1104℃，出力 40MW 等级；"E" 级燃机透平进气初温低于 1205℃，出力 150MW 等级；F 级燃机，透平进气初温约 1315℃，出力 250MW 等级；最新燃机透平进气初温约 1425℃，出力为 300MW 等级，称为 H 级燃机。

（一）重型或轻型

燃气轮机分为重型与轻型，各有优缺点，以 25MW 级的燃气轮机为例，有五种机型可供选择，见表 5-1。

表 5-1   比 较 机 型

制造厂商	机型	类别	ISO 工况功率（kW）	简单循环效率（%）
GE	LM2500+G4	轻型	31740	37.78
日立	H25	重型	31000	34.80
三菱	FT8-3 swiftPAC30	轻型	30112	36.23
西门子	SGT-600	重型	23577	33.26
索拉	Titan 250	轻型	21745	38.88

各种机型技术经济比较如下：

1. 机组功率

（1）机组功率与机型、进气温度与进气压力等因素有关。制造厂商应提供该型机组功率与进气温度和进气压力的关系曲线。

（2）机组对应于额定工况条件，即年平均气象条件的功率称为额定功率。

（3）机组对应于 ISO 工况条件，即环境温度 15℃、大气压力 101.3kPa、相对湿度 60%（冷却水温 20℃）的气象条件，称为标准功率。

（4）机组对应于冬季工况条件，即冬季最冷月的最低平均气象条件，称为最大功率。

（5）机组对应于夏季工况条件，即夏季最热月的最高平均气象条件，称为最小功率。上述定义不仅适用于燃气轮机，也适用于燃气—蒸汽联合循环机组。

（6）轻型燃机多由航空用发动机改型而来，由于天然气的进气压力高（2.5～3.8MPa），压比大（20～24），往往要设增压机。以 GE 机型为例，如果从 2.5MPa 增压到 4.0MPa，每台机组配备的增压机消耗轴功率 250kW，相应提高厂用电率 0.64%。

重型燃机进气压力较低（2.2～2.5MPa），压比小（14～14.7），可以不设增压机。在机组选型多方案技术经济比较中应计入这一差别。

（7）轻型燃机以 GE 型为例，以 15℃为基准，当环境温度为 40℃时，出力降为 79.1%；0℃时，出力增至 111%。

重型燃机以日立型为例，仍以 15℃为基准，当环境温度为 40℃时，出力降为 83%；0℃时，出力增至 108%。

以上数据说明，轻型燃机出力受环境温度影响较大。

（8）在招标文件中，应要求制造厂商提供成熟可靠的标准化产品，并按照保证出力进行比较。

2. 燃机热效率

（1）燃机热效率比较见表 5-1。轻型燃机进气压力高，压比大，热效率高于重型燃机。

（2）重型燃机热效率虽然较低，导致排气温度较高，通过余热锅炉向蒸汽轮机供汽量增加，蒸汽轮机发电量增加，燃气—蒸汽联合循环热效率差距减少。仍以 GE 型与日立型为例，简单循环效率差为 37.78%−34.80%=2.98%；而联合循环凝汽工况效率差为 51.40%−49.30%=2.10%。

（3）通过供热可以进一步减少冷端损失，仍以上述两机型为例，如果均为最大抽汽工况，联合循环供热工况热效率差为 76.49%−77.61%= −1.12%，重型反而优越。必须指出，由于进汽量不等，最大抽汽量也不等；两型机组分别为 67.2t/h 与 79.4t/h（抽汽参数为 1.2MPa，205℃），如果均按 67.2t/h 计算，差值为 76.49%−73.26%=3.23%，轻型仍优越于重型机组。

（4）燃气轮机热耗随环境温度变化而改变。轻型燃机以 GE 为例，从 15℃至 40℃，热耗增至 106.9%；而日立型机组，在同等条件下热耗增至 110%，说明重型燃机热耗受环境温度影响超过轻型燃机。

（5）在计算全厂热效率时，还应计入是否需要增设增压机对厂用电率的影响。

3. 运行条件

（1）轻型燃机启动快，适于频繁启停。

（2）重型燃机启动稍慢，有的制造厂提出启停 300 次就要大修，适于连续运行。

（3）根据 GE 公司提供的老化曲线，以新机为准，2.5 万 h 以后，出力降为 4.6%；热耗提高 1.80%。第一次大修后，出力仍降低 1.0%；热耗仍提高 0.55%；再过 2.5 万 h，出力降低 5.0%；热耗提高 2.0%。

（4）根据日立公司提供的老化曲线，以新机为准，6.4 万 h 以后，出力降低 3.0%；热耗提高 1.50%。

说明重型燃机老化较轻型缓慢。

4. 热端部件更换周期

（1）GE 公司提出：机组运行 4000h 需要进行内窥镜检查（停机 8～12h）；2.5 万 h 需进行热部件检修（停机 3 天），更换费用 150 万～300 万元；5 万 h 大修，发动机更换（停机 2～3 天）更换费用 300 万～500 万元。

（2）日立公司提出：火焰筒、过渡段、第一段动叶、第一级喷嘴与围带预期寿命 3.2 万 h；第二段动叶与第二级喷嘴 6.4 万 h；第三段动叶与第三级喷嘴 7.5 万 h。这是在 8000h/年连续运行等条件下达到的，即 8 年一次开缸大修。

5. 其他因素

（1）南京汽轮机厂采用 GE 技术生产燃机，国内业绩多，并已向国外出口。但主要关键部件，例如转子等，仍由 GE 进口。

由于国内使用业绩多，对设计、施工、运行均比较有利。

由于总包厂是南汽，对售后服务以及备件供应等比较有利。

（2）现行燃气—蒸汽联合循环设计规定中，规定大容量、年利用小时高的联合循环电厂应采用重型燃机。对于分布式能源站，由于容量较小，要兼顾供热与制冷，有其自身的特点，还需进一步总结，不宜匆忙做出结论。

6. 经济因素

（1）报价费用与市场供求关系和各制造厂商自身决策有关，应通过招投标过程落实。

（2）轻型燃机有可能包括增压器，以 GE 型报价为例，每台机组约需 412 万元。

（3）维修费用，轻型燃机以 GE 型为例，约为 0.023～0.028 元/kWh；重型燃机以日立型为例，约为 0.013 元/kWh。

7. 工程概况

（1）广州大学城工程采用三菱的 FT8-3 型，为轻型燃机，已投产。

（2）天津北辰风电园工程与华电九江分布式能源站工程，可研均已审查，确定轻、重型燃机均可投标，评标时确定。

8. 结论与建议

（1）轻、重型燃机各有优缺点，由于分布式能源站自身的特点，各方尚无统一认识，宜均可投标，评标时确定。

（2）评标时应根据各厂家提供的技术指标（功率、热耗、老化、检修间隔等）结合报价费用及备件价格等因素，由设计单位提供多方案技术经济比较，由评标单位将机型与厂商结合起来，提出推荐意见。

（3）在订货合同中，除规定的保证值外，对检修间隔与备件价格也应有约束性的规定。

（4）因此，不宜在招标文件中指定只能采用重型燃机，它不仅不符合"货比三家"的原则，不能形成竞争态势，影响报价价格；对项目法人自身以及对今后通过实践再统一认识也不利。

（二）单轴或双轴

（1）压气机、燃气透平与发电机同轴，称为单轴燃机，其转速为 3000r/min。

（2）压气机、高压透平同轴，低压透平与发电机同轴，称为双轴燃机，前者转速为 7280～10500r/min，后者转速为 3000r/min。

（3）燃机采用单、双轴由制造厂商选定。上述五种机型中，仅三菱的 FT8-3 型采用单轴设计。

（4）因此招标时，不宜指定单、双轴，应根据全面的技术经济比较确定制造厂商和机型。

（三）其他要求

（1）轻型燃机一般要求设增压器。

（2）简单循环时，为回收烟气热量，可在燃烧器前设再生器，用排烟加热压气机后的空气。

（3）高、低压透平之间，可以增设再热器。

（4）高、低压压气机间，可以增设中间冷却器。

（5）以上要求随机型由制造厂商决定。

二、大中型机组国外厂商

全球可提供燃用天然气发电的重型燃气轮机的主要厂商有四家，分别是 GE（美国通用电气）、SIEMENS（德国西门子）、ALSTOM（法国阿尔斯通）和 MITSUBISHI（日本三菱）公司。以下涉及各公司的设备数据为燃用天然气、ISO 工况下的技术数据。

（一）GE 公司

GE 公司是世界上最大的燃气轮机制造商，占有全世界 50%的市场份额。1978 年开发出 7E 系列机组，1980 年开始制造 9E 型燃机。在 1987 年开发 F 系列技术，现可以制造 H 级机组。GE 现在制造的燃气轮机最大联合循环功率可以达到 48 万 kW（9H 级），效率可达 60%。50Hz 的燃气轮机主要产品系列见表 5-2。

表 5-2　　　　　　　　　　　　　GE 燃机主要系列

制造商	型号	出力（kW）	燃机效率（%）
GE	PG6581B	42100	32.04
GE	PG6101F	70100	34.2
GE	PG9171E	123400	33.8
GE	PG9131 EC	169200	34.9
GE	PG9351F	255600	36.9

（二）SIEMENS 公司

SIEMENS 公司在兼并了 WESTINGHOUSE 公司（西屋）后，于 1974 年开发出 9 万 kW 的 V94 型燃气轮机，1984 年开始制造 V94.2 型燃气轮机组成的联合循环。1990 年开始开发 3 系列燃气轮机——5.3 万 kW 级的 V64.3 机组，进而研制了 V84.3 和 V94.3 机组。目前 SIEMENS 公司生产的烧天然气 50Hz 的燃气轮机有 V64.3A、V94.2A 和 V94.3A。其主要产品系列见表 5-3。

表 5-3　　　　　　　　　　　　SIEMENS 燃机主要系列

制造商	型号	出力（kW）	燃机效率（%）
SIEMENS	SGT-1000F（V64.3A）	68000	35.1
SIEMENS	SGT-2000E（V94.2）	168000	34.7
SIEMENS	SGT-3000E（V94.2A）	191000	36.8
SIEMENS	SGT-4000F（V94.3A）	287000	39.5

（三）ALSTOM 公司

其主要产品系列见表 5-4。

表 5-4 　　　　　　　　　　　ALSTOM 燃机主要系列

制造商	型号	出力（kW）	燃机效率（%）
ALSTOM	GTX100	43000	37
ALSTOM	GT10C	29100	36
ALSTOM	GT10B	24800	34.2
ALSTOM	GT35	17000	32.1
ALSTOM	GT13E2	165100	35.7
ALSTOM	GT26	265000	38.5

（四）三菱公司

日本三菱公司原来与美国 WESTINGHOUSE 公司联合生产燃气轮机。其中 701F 是 20 世纪 80 年代末由两家联合开发的 50Hz 大型燃气轮机，另一台原型机组于 1992 年 6 月在日本单循环投产，同年 701F 多轴联合循环机组在美国投运。1998 年三菱公司开始自主开发，1999 年 701G 多轴联合循环机组在日本投运。其主要产品系列见表 5-5。

表 5-5 　　　　　　　　　　　三 菱 燃 机 主 要 系 列

制造商	型号	出力（kW）	燃机效率（%）
MITSUBISHI	MF111A	12835	—
MITSUBISHI	MF111B	14845	—
MITSUBISHI	M701D	144000	34.8
MITSUBISHI	M701F	270000	38.2
MITSUBISHI	M701G	334000	39.5

三、大中型机组国内厂商

目前国内的燃气发电设备厂家主要有采用 GE 技术的哈尔滨动力设备股份有限公司、采用 MITSUBISHI 技术的东方汽轮机有限公司、采用 SIEMENS 技术的上海汽轮机有限公司及采用 GE 技术的南京汽轮机（集团）有限责任公司。

（一）哈尔滨动力设备股份有限公司

（1）2003 年 3 月 6 日，哈尔滨动力设备股份有限公司（简称哈动）与美国通用电气公司（GE 公司）签署了 9FA+e 重型燃气轮机《技术转让协议》，正式进入了重型燃机及联合循环发电设备制造领域。哈动与 GE 的合作方式为商业合作模式，哈动与业主签订供货合同并提供性能保证，按照与 GE 公司之间的制造技术转让协议生产 9FA 型重型燃机，同时向 GE 公司采购协议中不对哈动转让的部件。引进的 9FA+e 燃机的主要技术参数如下：功率 25.56 万 kW，热耗 9759kJ/kWh，单循环效率 36.9%，NO_x 排放小于 25ppm（vd，vd 表示体积干空气）。

（2）哈动提供的燃机设备适用于燃用天然气，不适用燃用煤层气。

（3）哈动自 2004~2009 年底共生产了 25 台燃用天然气的 9FA 系列燃机，其中 24 台已经投入运行。现哈动具备年生产总装 10 台燃机的能力。

（二）东方汽轮机有限公司

（1）东方汽轮机有限公司（简称东汽）于 2003 年与日本三菱重工业株式会社（简称三菱重工）签订 M701D 及 M701F 的技术引进协议，三菱重工将 67% 的燃气轮机制造技术转让给东汽，其余 33% 制造技术则转让给东方和三菱组建的广州南沙合资工厂，目标是实现 100% 本地化制造。三菱重工提供燃气轮机制造技术图纸并对东汽技术人员和工人进行培训。在燃机制造过程中，三菱重工派遣技术指导员在燃气轮机标准、规范、图纸转化、冷热加工工艺和操作、燃机部件装配和整机装配、质量体系建立等方面，对东汽提供建议及技术支持。东汽引进的燃机主要性能见表 5-6。

表 5-6   **东汽主要产品系列及参数**

型号	出力 （kW）	热耗 （kJ/kWh）	燃机效率 （%）
M701DA	144000	10305	34.8
M701F3	270000	9422	38.2
M701F4	312000	9161	39.3

（2）东汽提供的燃机设备适用于燃用天然气，不适用燃用煤层气。

（3）东汽现已建成重型燃气轮机总装厂房、转子加工厂房、转子装配台、燃机其他零件加工厂房以及燃机控制系统设备制造厂房，并建立了燃气轮机总装台位及空负荷试车全套设施。同时，购置了包括制造燃机气缸、转子、压气机动静叶片及燃机配套辅机在内的一大批冷、热加工专用及通用装备。

东汽自 2004~2009 年底共生产了 15 台燃用天然气的重型燃机，其中 12 台已经投入运行。现具备年产 4 台重型燃气轮机的能力。

（三）上海汽轮机有限公司

上海汽轮机有限公司（简称上汽）与德国西门子股份公司（简称西门子）在 2004 年签订 V94.3A 和 V94.2 的技术引进协议。根据协议上汽获得西门子重型燃机 V94.3A 和 V94.2 除热部件以外的全部图纸资料；上海电气集团股份有限公司与西门子合资成立的燃机热部件公司获得燃机热部件的全部技术图纸资料，专业生产 F 级和 E 级重型燃机核心部件，包括燃烧室和高温透平叶片等燃机的核心部件，为上海实现燃机本土化生产奠定重要基础。上汽生产的燃机具体型号系列与 SIEMENS 相同。

（四）南京汽轮电机（集团）有限责任公司

南京汽轮电机（集团）有限责任公司（简称南汽）与美国通用电气公司（简称 GE 公司）在 1983 年即建立燃机合作生产关系，并在 1988 年完成首台 6B（3.6 万 kW 等级）燃机试制和生产。在 2000 年南汽与 GE 签署新协议，延伸合作领域，联合开发低热值气体燃料高炉煤气燃气轮发电机组，并于 2003 年在吉林通化钢铁集团投入商业运行。2004 年 6 月，南汽与 GE 公司签订 9E（12.5 万 kW 等级）燃机技术转让协议，开始了 9E 燃气轮机的生产和独立销售。南汽生产的燃机主要性能见表 5-7。

表 5-7 南汽主要产品系列及参数

型号	出力 （kW）	热耗 （kJ/kWh）	燃机效率 （%）
PG6581B	42100	11220	32.04
PG6581B（DLN）	41600	11290	31.84
PG9171E	126100	10650	33.8
PG9171E（DLN）	125400	10700	33.6

南汽提供 6B 燃机设备既可燃用天然气，也适用燃用煤层气、高炉煤气等低热值燃气。截至 2009 年底南汽共生产了 73 台燃气燃机，其中 15 台为燃用低热值气体燃料。

（五）国内大型燃机引进情况汇总

我国采用引进技术制造的大型燃机引进情况汇总见表 5-8。

表 5-8 大型燃机引进情况

制造商	提成方式	引进技术	出口限制
哈动	提成方式按每台机组价格的 6%～9%，时限从 2003 年起 15 年内，但目前由于国内燃机设备价格较低，GE 尚无实质提取。关键部件必须从 GE 或 GE 黎明合资公司采购	目前引进的仅为制造技术，不包括设计技术	限制出口，欧美地区不允许、亚洲日本及韩国等发达国家不允许、政治敏感国家不允许，其他国家可以出口，但必须是中国投资项目
东汽	提成方式按每台机组国内制造部分价格的 3%，无时限和机组数量限制，已执行。关键部件必须从三菱或三菱东汽合资公司采购	目前引进的仅为制造技术，不包括设计技术	中国投资项目可以协商考虑，其他限制出口
上汽	提成方式按每台机组国内制造部分价格的 5%，时限从 2003 年起 15 年内。关键部件必须从上海西门子燃气轮机部件有限公司采购（SIEMENS 控股）	目前引进的仅为制造技术，不包括设计技术	无明确限制，上海汽轮机有限公司（上海电气 67%股份，SIEMENS33%股份）需与 SIEMENS 协商确定
南汽	提成方式按每台机组国内制造部分价格的 3.5%，无时限和机组数量限制，但目前由于国内燃机设备价格较低，GE 尚无实质提取。关键部件必须从 GE 或 GE 黎明合资公司采购	目前引进的仅为制造技术，不包括设计技术	限制出口，欧美地区不允许、亚洲日本及韩国等发达国家不允许、60Hz 地区不允许、政治敏感国家不允许，其他国家可以出口，但必须是中国投资项目

四、小型机组制造厂商

容量 300～20000kW，代表燃机厂家是美国索拉（Solar）公司星座系列和加拿大普拉特—惠特尼（P&W）公司的 ST 系列，前者专门为地面应用设计的工业型燃机，后者为小型航空涡轮发动机的地面改型产品，也称为轻型燃气轮机。

（1）位于美国的索拉公司为卡特比勒全资子公司，其燃气轮机系列产品占据了世界上同等功率范围燃机市场的 60%，可以燃用天然气及低热值的煤层气。其主要产品系列见表 5-9。

表 5-9 索 拉 燃 机 系 列

制造商	型号	出力（kW）	燃机效率（%）
Solar	Saturn20	1181	24.0
Solar	Centaur40	3418	27.3
Solar	Centaur50	4234	28.7
Solar	Mercury60	4072	39.1

续表

制造商	型号	出力（kW）	燃机效率（%）
Solar	Taurus60	5069	29.8
Solar	Taurus70	6728	31.9
Solar	Mars90	9061	31.2
Solar	Mars100	10439	32.0
Solar	Titan130	12533	32.4

索拉燃气轮机技术规范见表 5-10。

表 5-10　　　　　　　　　　　索拉燃气轮机技术规范

机组型号	燃机出力（kW）	燃料消耗量（m³/h，标准状况下）	千瓦燃料消耗量（m³/h，标准状况下）	天然气透气压力（bar）	机组效率（%）	机组余热量（t/h）	烟气流量（kg）	排烟温度（℃）	机组尺寸（m×m×m）	机组质量（kg）
土星 20	1210	504	0.417	10	24.42	3.9	22220	516	5.98×1.73×2.13	8988
半人马 40	3515	1277	0.363	14	27.88	8.7	67004	437	9.75×2.44×2.59	26015
半人马 50	4600	1588	0.345	17	29.34	11.6	68680	509	9.75×2.44×2.59	27430
水星 50	4600	1147	0.249	16	38.5	6.5	63700	377	11.13×2.95×3.66	58831
金牛 60	5670	1844	0.325	17	31.51	12.4	78280	510	9.75×2.49×2.95	33045
金牛 65	6000	1869	0.312	17	32.9	14.1	70614	547	9.75×2.49×2.95	33045
金牛 70	7520	2280	0.303	20	33.8	15.2	97000	490	11.28×2.93×2.74	50314
火星 90	9450	3040	0.322	24	3186	20.5	144590	470	14.5×2.8×3.6	64698
火星 100	10690	3375	0.316	24	32.46	23.4	150390	485	13.87×2.93×3.56	62483
大力神 130	14905	4329	0.29	27	35.28	28.4	179600	496	14.02×3.33×3.30	73668

（2）加拿大 P&W 轻型燃气轮机。轻型燃气轮机的特点是启停快、自动化程度高及具有过载顶峰能力，在瞬间出力能够迅速增加 10%～20%，适应小型电网的负荷变化，其燃机可以燃用天然气及低热值的煤层气。具有代表性的 P&W 轻型燃气轮机产品系列见表 5-11。

表 5-11　　　　　　　　　　P & W 产 品 系 列

制造商	型号	出力（kW）	顶峰能力（kW）	燃机效率（%）
P&W	ST5R	395	492	32.7
P&W	ST5S	457	563	23.5
P&W	ST6L-721	508	567	23.4
P&W	ST6L-795	678	743	24.7
P&W	ST6L-813	848	932	26.0

（3）川崎工业株式会社产品技术规范见表 5-12。

表 5-12 川崎工业株式会社的燃气轮机

机组型号	燃机出力（kW）	燃料消耗量（m³/h，标准状况下）	千瓦燃料消耗量（m³/h，标准状况下）	天然气进气压力（bar）	机组效率（%）	机组余热量（t/h）	烟气流量（kg）	排烟温度（℃）	机组尺寸（m×m×m）	机组质量（kg）
GPC06	610	280	3231	12.3	72.4	2480	14100	475	14×10×2.1	0.5
GPC15D	1435	526	6083	13.7	76.1	4580	22600	520	16×11×4.4	1
GPC30D	2825	1053	12166	13.7	75.8	9170	45200	520	19×12.5×5.1	1.0×2
GPC60D	5265	1576	18215	17.7	79.9	13300	60800	560	29×25×6.2	4.5
GPC70D	6500	1891	21857	20.6	78.6	15300	75000	520	29×25×6.2	5
GPC180D	17080	4646	52460	26.5	80.4	36000	163000	549	41×20×9.6	14

（4）此外，GE、三菱及罗尔斯·罗伊斯也有小型燃机产品。

五、微型燃气轮机

（1）微型燃气轮机具有代表性的厂家主要是英国的 boman 公司，美国的 Capstone 和霍尼韦尔（GE）公司，产品从 25～300kW。微型燃气轮机具有体积小、安装简单、组合灵活、气源压力低及无人值守、联合循环效率高等特点。

（2）英格索兰中国投资公司产品见表 5-13。

表 5-13 英格索兰中国投资有限公司的微型燃气轮机

机组型号	燃机出力（kW）	燃料消耗量（m³/h，标准状况下）	千瓦燃料消耗量（m³/h，标准状况下）	天然气进气压力（bar）	机组效率（%）	机组余热量（kW）	烟气流量（kg）	排烟温度（℃）	机组尺寸（m×m×m）	机组质量（kg）
MT250	250	80～85		最低 0.02kg	60～85	350	2	250	2.167×3.318×2.278	5.45

（3）沈阳黎明发动机厂正在自主开发 95kW 微型燃气轮机。

（4）国内已投运的微型燃气轮机有上海交通大学（1×30kW+1×60kW，美国 Capstone 产品），北京次渠门燃气加压站（1×80kW，英国 boman 产品）及杭州燃气集团（4×65kW，美国 Capstone 产品）。

六、设备国产化

目前我国采用引进技术制造的大型燃机，关键部件制造技术基本都掌握在国外厂家手中，为提高引进燃机的国产化水平，哈尔滨电气股份有限公司（简称哈电）等四大国内燃机制造商都在加紧研制力度，具体情况如下。

（一）哈尔滨电气股份有限公司

1. 燃机的国产化能力

（1）9FA。目前实现国产化率 70%，到 2020 年前力争达到更大一些，但是这要取决于国内相关行业的研发进度。

（2）9FB。国产化进程正在洽谈之中，但是合作模式将改变目前 9EA 的状态，不再采用合资公司的形式。

（3）6FA。不打算引进国产化。

（4）燃压机。目前国产化率90%，2020年以前实现全部国产化。

（5）GT13E2。国产化进程正在洽谈之中，视国内项目情况，2020年前力争达到90%。

2. 必须进口的部套件清单

9FA重型燃气轮机：

（1）透平第一级轮盘锻件。

（2）透平1～3级动叶片、静叶片（不转让）。

（3）DLN2.0燃烧室（不转让）。

（4）压气机转子长拉杆。

（5）MARK Ⅵ控制系统（不转让）。

3. 国产化进度目标

2017～2020年通过自主创新实现F级重型燃气轮机高温热部件及整机研制。

2015年实现E级燃气轮机70%的国产化，到2020年力争实现80%的国产化。

2015年实现9FA重型燃机镍基轮盘锻件国产化和长拉杆材料加工国产化。

（二）东方汽轮机有限公司

截至2009年底东汽自身已经可以制造各种产品系列的包括燃气轮机转子（除透平动静叶片外）的燃机零部件，东方三菱的广州合资企业可以制造燃烧器。东汽燃气轮机综合国产化率已经达到78%。东汽必须国外进口的设备包括燃烧器的联焰管，透平一级至四级的动叶、静叶、分割环。

（三）上海汽轮机有限公司

上汽已经可以制造备种产品系列的全套气缸、静子部件（压气机动静叶片：叶片和转子组装等）、转子（叶轮、空心轴和拉紧螺杆）及燃机总装，国产化率达到50%；上海西门子燃气轮机部件有限公司可以制造包括燃烧室、燃烧器和透平四级动静叶片的整套高温部件，本地化比例为43%；西门子电站自动化有限公司本地化比例为7%。

（四）南京汽轮电机（集团）有限责任公司

1. 概况

南汽生产的6B系列燃机除转子成套件、燃烧部件、轮机控制盘外全部实现国产化，且为南汽本厂制造；以价值量计算的国产化率依机组售价不同在50%～60%；售后服务除转子成套件、燃烧部件、轮机控制盘备件供应外完全实现自主。9E系列除转子成套件、燃烧部件、轮机控制盘外全部实现国产化或当地化；以价值量计算的国产化率依机组售价不同在35%～45%；售后服务除转子成套件、燃烧部件、轮机控制盘备件供应外基本实现自主。南汽必须国外进口的设备包括转子体、压气机动静叶、透平动静叶、燃烧系统、控制盘柜。

2. 燃气轮机国产化进度安排

近5年内的安排和至2020年整体规划安排如下：

（1）2015年前，实现燃气轮机转子自制；

（2）燃烧部件当地化制造；

（3）透平叶片除第一级外当地化制造；

（4）2020年前，在自主设计的基础上实现最大程度的国产化制造。

3．采用国外技术、国内加工的部件

（1）辅机模块；

（2）主机缸体部件；

（3）进、排气系统部件；

（4）燃机1、2、3号轴承装配部件；

（5）燃机底盘；

（6）燃机罩壳；

（7）燃机各系统管路部件；

（8）燃发电机控制保护盘；

（9）电动机控制中心；

（10）压气机水洗站模块；

（11）压缩空气及抽气处理站模块；

（12）润滑油油气分离器模块；

（13）气体燃料前置模块；

（14）DLN阀站模块；

（15）CO_2消防灭火模块；

（16）透平油缸冷却风机模块（88TK）。

4．必须进口的部件

（1）现阶段燃气轮机设备必须进口的部（套）件清单如下：燃气轮机转子（压气机和透平转子，含压气机动叶片和透平动静叶片）；

（2）燃烧部件；

（3）透平高温部件；

（4）轮控盘（计算机控制系统）；

（5）关键的阀门、关键的一次仪控原件。

七、小型燃机应用范例

根据索拉公司提供的资料，小型燃机采用单循环，其应用范例如下。

（一）典型的热电联产系统

典型的热电联产系统及主要参数见图5-6。

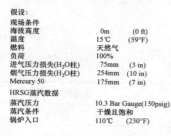

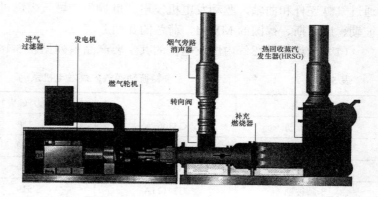

图5-6　典型热电联产系统

153

（二）上海浦东机场

（1）一台半人马 50；

（2）天然气燃料；

（3）4.6MW（ISO）；

（4）11t/h HRSG；

（5）蒸汽动力溴化锂；

（6）投运时间 1999 年 8 月；

（7）每天运行 16h。

（三）成都会展中心

（1）一台火星 100 机组+一台金牛 60；

（2）天然气燃料；

（3）16MW（ISO）；

（4）35t/h HRSG；

（5）用户包括会展中心、宾馆、住宅；

（6）投运时间 2006 年 10 月；

（7）冷、热、电三联供；

（8）连续运行模式。

（四）青海庆华集团乌兰焦化公司

（1）两台大力神 130；

（2）焦炉煤气燃料；

（3）2×15MW+2×25t/h HRSG；

（4）投运时间 2010 年 12 月；

（5）连续运行模式。

第三节 燃气内燃机

一、国外厂商

燃气内燃机是将燃料与空气注入气缸混合压缩，点火引发其爆燃做功，推动活塞运行，通过气缸连杆和曲轴，驱动发电机发电。世界生产燃气内燃机产品的公司主要为美国的卡特彼勒、康明斯、德国的 MWM、荷兰的瓦西兰等。

（1）卡特彼勒燃气内燃发电机的其主要产品系列见表 5-14。

表 5-14 　　　　　　　　　　　卡特彼勒燃气内燃发电机系列

制造商	型号	出力（kW）	燃机效率（%）
卡特彼勒	G3306TA	110	27.29
卡特彼勒	G3406TA	190	33.00
卡特彼勒	G3406LE	350	33.53
卡特彼勒	G3412TA	519	37.04
卡特彼勒	G3508LE	1025	34.14

制造商	型号	出力（kW）	燃机效率（%）
卡特彼勒	G361 2SITA	2400	36.11
卡特彼勒	G361 6SITA	3385	36.51

典型产品的技术规范见表5-15。

表 5-15　　　　　　　　　　　　卡特彼勒公司的燃气内燃发电机

项　目	单位	G3306TA	G3406LE	G3412TA	G3616SITA
发电机额定输出功率	kW	110	350	519	3385
发动机转速	r/min	1500	1500	1500	1000
涡轮压缩机压缩比		8.0:1	9.7:1	12.5:1	9.0:1
最小进气压力	kgf/cm²	0.11	0.11	0.11	3.02
能量消耗（低热值）	MJ/h	1451	3758	5044	33381
天然气消耗量	m³/h	41.6	107.7	144.6	957.0
废烟气排量	m³/h	418	1278	2509	51928
废烟气温度	℃	540	450	453	446
废烟气排热量	MJ/h	263	616	1166	7445
废烟气含氧量	%	0.5	4	10.2	12.2
缸套冷却水出口温度	℃	99	99	99	88
缸套冷却水排热量	MJ/h	594	1350	936	2986
中冷器进口温度	℃	54	32	32	32
中冷器排热量	MJ/h	18	83	216	2366
发电效率	%	27.29	33.53	37.04	36.51
供热效率	%	54.27	49.07	41.36	34.50
总热效率	%	81.56	82.60	78.40	71.07
热电比	%	199	146	112	95

（2）德国 MWM 燃气内燃发电机的主要产品系列见表5-16。

表 5-16　　　　　　　　　　　　MWM 燃气内燃发电机系列

制造商	型号	出力（kW）	燃机效率（%）
MWM	TCG2016V08C	400	42.2
MWM	TCG2016V12C	600	42.0
MWM	TCG2016V16C	800	42.3
MWM	TCG2020V12	1200	43.7
MWM	TCG2020V16	1560	43.3
MWM	TCG2020V20	2000	43.7
MWM	TCG2032V12	3333	43.5
MWM	TCG2032V16	4300	43.5

1）2011 年起，MWM 公司已成为卡特彼勒集团全资子公司。

2）机组发电效率高，可达 45%，主要原因是缸内燃烧温度高，可达 2000℃。

3）如用于冷、热、电三联供，能源综合利用效率可达 89%。

4）大修周期间隔最大可达 8 万 h 以上。

5）润滑油耗最低仅为 0.2g/kWh。

6）至 2012 年 9 月，在中国已供货共 450MW。

（3）康明斯公司典型产品技术规范见表 5-17。

表 5-17　　　　　　　　　　　康明斯有限公司内燃机

机组型号	燃机出力（kW）	燃料消耗量（m³/h，标准状况下）	天然气进气压力（bar）	机组效率（%）	机组余热量（kg/h）	烟气流量（kg）	排烟温度（℃）	机组尺寸（m×m×m）	机组质量（kg）
315GFBA	315	89.1	0.2～6	36.1	413	0.55	510	3.50×1.30×1.80	3990
1160GQKA	1160	298.2	0.2～6	39.4	1.338	1.94	469	4.89×2.07×2.24	1500
1370GQMA	1370	364.1	0.2～6	38.1	1.579	2.17	516	5.67×1.72×2.48	19200
1570GQMB	1570	408.3	0.2～6	38.6	1.759	2.45	510	5.67×1.72×2.48	19200
1540GQNA	1540	405.5	0.2～6	38.4	1.743	2.44	507	5.67×1.72×2.48	21000
1750GQNB	1750	455.8	0.2～6	38.9	1.952	2.75	505	5.67×1.72×2.48	21000

（4）MED 独立能源系统有限公司典型产品技术规范见表 5-18。

表 5-18　　　　　　　　　MED 独立能源公司系统有限公司内燃机

机组型号	燃机出力（kW）	燃料消耗量（m³/h）	千瓦燃料消耗量（m³/kW）	天然气进气压力（bar）	发电功率（kW）	供热功率（kW）	发电效率（%）	机组尺寸（mm×mm×mm）	净重/工作质量（kg）
ME3066DI	125	34.1	0.27	0.07	119	194	34.89	3650×960×1875	3500/3700
ME3042LI	190	52	0.27	0.07	182	279	35	3520×1800×2060	4200/4500
ME3066DI	240	65.5	0.27	0.07	232	369	35.41	3550×1810×2200	4500/4800
ME3042LI	370	98.7	0.26	0.07	357	529	36.17	3700×1810×2270	4700/5000
AE3066LI	190	52	0.27	0.07	182	142	35	3480×1600×2060	2500/2650
AE3066DI	240	64.3	0.26	0.07	232	210	36.08	3800×1600×2060	3300/3500
AE3042LI	370	98.7	0.26	0.07	357	288	36.17	3960×1670×2060	3300/3500
ME70112ZI	1200	282.4	0.23	0.15	1160	1260	41.07	6000×1800×2300	12650/13900
ME70116ZI	1600	376.4	0.23	0.15	1552	1677	41.23	5550×1800×2300	15000/15500
AE70112ZI	1200	282.4	0.23	0.15	1160	608	41.07	6000×1800×2300	12000/12500
AE112ZI	1600	376.4	0.23	0.15	1552	808	41.23	5550×1800×2300	13500/14100

（5）洋马能源系统株式会社典型产品技术规范见表 5-19。

表 5-19 洋马能源系统株式会社的内燃机

机组型号	燃机出力 （kW）	燃料消耗量 （m³/h）	天然气进气 压力（bar）	烟气流量 （L/h）	机组尺寸 （长×宽×高，mm）	排烟温度 （℃）	机组质量 （kg）
EP350	350	89.5	0.59～2.9	1165000	5785×2200×3630	368	21700

二、国内厂商

国内内燃机的生产制造企业较多，主要有胜利油田胜利动力机械集团有限公司、中国石油济南柴油机股份有限公司等。

（一）胜利油田胜利动力机械集团有限公司

（1）胜利油田胜利动力机械集团有限公司（简称胜动集团）生产的天然气及煤层气两大类设备的关键技术均为自主研发，核心技术均具有自主知识产权。

（2）胜动集团现有的龙门加工中心、缸盖加工中心等共有金属切削设备 337 台，其中大型、高精尖设备 20 余台（套），三坐标测量机等检验试验设备 43 台用于完成机体、曲轴、连杆、缸盖、凸轮轴以及汽缸套的加工，是国内规模化生产燃气发动机的企业，年综合生产能力达到制造各种类型发动机及发电机组 1000 台套。

（3）胜动集团生产的煤层气发电机组是根据不同甲烷含量开发研制，采用电控混合技术，有效适应瓦斯浓度和压力的波动；采用低压进气技术，有效适应瓦斯压力低的特点；采用阻火、防回火、瓦斯放散技术，灵活满足用户不同使用环境的需求。不同瓦斯发电机组机型适用的瓦斯气甲烷含量范围分别为 9% 以下、9%～25%、25% 以上，并在全国各大煤矿成功应用。

（4）胜动集团生产的天然气发电机组包括 16V190、12V190、6190、4190、1190 系列，16V190 系列燃气发电机组功率为 1200kW，12V190 系列天然气机组功率档次为 400、500、600kW 和 700kW，6190 系列天然气机功率档次为 180、260、300 kW，4190 天然气机功率档次为 120 kW 和 200 kW，1190 系列天然气机档次为 24kW。

（5）12V190 系列天然气发电机组主要参数见表 5-20。

表 5-20 12V190 系列天然气发电机组主要参数

型 号	出力 （kW）	热耗 （kJ/kWh）	燃机效率 （%）
400GF1-RT/PwT/PT	400	12000	30.00
500GF1-RT/PwT/PT	500	10300	34.95
600GF1-RT/PwT/PT	600	9880	36.44

（6）12V190 系列煤层气发电机组主要参数见表 5-21。

表 5-21 12V190 系列煤层气发电机组参数

型 号	出力 （kW）	热耗 （kJ/kWh）	燃机效率 （%）
500GF1-2RW/3RW	500	10300	34.95
600GF1-RW/PwW	600	9880	36.44

（7）截至 2009 年底，胜动集团共销售天然气发电机组 1000 多台套；总容量为 30 万 kW；

煤层气发电机组总计投运 1400 套，折合 50 万 kW，大约在国内建立各种规模的煤层气发电站 200 座。截至 2012 年 9 月，共建燃气电站 600 多座，超过 150 万 kW。

（二）中国石油济南柴油机股份有限公司

（1）中国石油济南柴油机股份有限公司（简称中油济柴）是中国石油天然气集团公司下属内燃机专业制造企业，在天然气及煤层气（瓦斯）领域设备应用的功率总体范围为 10～1200kW。

（2）中油济柴是国内最早研发制造燃气动力的厂家，并于 1982 年开展大功率增压天然气发动机的研发工作，于 1988 年 10 月 12 日通过国家鉴定。天然气、煤层气领域应用的设备技术全部自主开发制造。

（3）天然气系列发电机组主要参数见表 5-22。

表 5-22　　　　　　　　　　　　天然气系列发电机组参数

机型型号	发动机型号	额定功率（kW）	燃气消耗率（kJ/kWh）
200F-T	6190ZLT-2	200	11300
1250GF-TK	6190ZLT-2	250	
400GF-T3	12V190DT2-2	400	
400GF-TK	12V190DT2-2		
400GF-TK1	12V190DT3-2		
500GF18-TK	12V190ZDT-2	500	
500GF18-TK1	12V190ZDT-2		
500GF18-T	12V190ZDT-2		
500GF-T3	G12V190ZLDT-2		11000
500GF-TK1	G12V190ZLDT-2		
700GF-T3	G12V190ZLDT	700	
700GF-TK1	G12V190ZLDT		
800GF-TK1	AD12V190ZLT2-2	800	
1000GF-TK2	AD12V190ZLT2	1000	10000
1200GF-TK1	H16V190ZLT-2	1200	

（4）煤层气（瓦斯）系列发电机组主要参数见表 5-23。

表 5-23　　　　　　　　　　　　煤层气（瓦斯）系列发电机组参数

机组型号	发电机出力（kW）	热耗（kJ/kWh）	机组热效率（%）
500GF-WK	500	≤11000	33
500GF-WK2	500	≤11000	33
800GF6-WK	800	≤11000	33
800GF6-WK2	800	≤11000	33
1100GF-WK	1100	≤11000	33
1100GF-WK2	1100	≤11000	33

（5）中油济柴天然气发电系列产品年产能力为 580 台套，总功率约 30 万 kW；煤层气（瓦斯）发电系列产品年产能力为 170 台套，总功率约 12 万 kW。

（6）如利用烟气余热及缸套水热回收，能源综合利用率 70%～85%，用于生产热媒（热水/蒸汽）和冷媒（溴化锂空调制冷）。

三、国产化情况

（一）胜利油田胜利动力机械集团有限公司

胜动集团生产的天然气机组的所有零部件，除磁电机、电子调速系统、火花塞、调压阀、膜片式混合器外，全部实现国产化，按照价格计算，国产化比例达到 93%；煤层气发电机组的所有零部件除磁电机、电子调速系统、火花塞外，全部实现国产化，按照价格计算，国产化比例达到 96%。

（二）中国石油济南柴油机股份有限公司

中油济柴生产的燃气发电机组主要由发动机、发电机、公共撬装、开关控制屏组成，发动机由济柴自产制造、无刷发电机是国内电机厂家引进消化的技术，除控制、点火系统的主要部件（外部安装连接）外完全实现国产化，国产化比例 95% 以上。

四、应用范例

（一）MWM 公司提供的资料

1. 江苏昆山高新技术产业园区

用于福伊特造纸公司。其分布式供能系统构成见图 5-7。

2. 青海格尔木东台

用于中信集团国安项目，处于海拔 3000m 的柴达木盆地盐湖区。

（1）MWM 燃气发电机组型号：3×TCG 2032 V12、4×TCG 2032 V16。

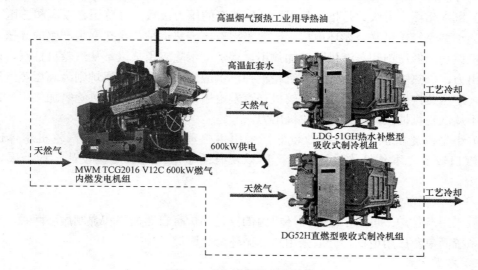

图 5-7　分布式供能系统构成

（2）领域/燃料类型：天然气。

（3）客户：中信集团，中国。

（4）总输出功率：19.0MW。

（5）建设/运营：2005 年。

（二）胜动集团提供的资料

其新厂区冷热电三联供项目特点如下：

（1）建设规模 1200kW；

（2）冷暖面积 5.5 万 m^2；

（3）年均能源利用效率＞80%；

（4）建成时间 2012 年 6 月。

第四节　余热锅炉与燃气锅炉

一、概述

（1）与燃气轮机配套设置的余热锅炉，利用燃气轮机排烟的余热，产生蒸汽或热水，用于对外直接供汽及供应热水；或通过溴化锂设备制冷或供应热水；也可通过汽—水换热器供应热水。

（2）因余热锅炉上游与燃气轮机配套，下游与蒸汽轮机或供热、制冷设备配套，其参数因工程而异。典型配套示例见本章第七节。

（3）余热锅炉制造技术难度较低，技术成熟，因此，国内多数锅炉厂均能生产。其价格与常规锅炉相近，约为 0.015 万元/kW。由于有资质的厂商较多，市场竞争比较激烈，市场环境成熟。

二、选型

（一）汽水循环方式

（1）汽水循环压力级数是指余热锅炉产生蒸汽的压力级数，分单压、双压和三压。

（2）小型燃气轮机联合循环电厂，一般采用双压余热锅炉。余热锅炉产生的高压蒸汽进入汽轮机做功，低压饱和蒸汽供除氧加热用，锅炉给水除氧用蒸汽不从汽轮机抽汽，以提高汽轮机出力，供热抽汽全部由抽汽式汽轮机抽汽供应。而三压余热锅炉则为高压蒸汽进汽轮机做功，中压蒸汽用于供热或用于汽轮机补汽发电用，低压饱和蒸汽供除氧加热用，锅炉给水除氧不从汽轮机抽汽，以提高汽轮机出力。

（3）小型汽轮机因为进汽参数较低，采用再热蒸汽系统，会造成汽轮机本体进蒸汽口和排汽口较多，本体结构设计困难，所以现有的小型汽轮机定型设计，均不采用再热蒸汽系统。

（二）自然循环式或强制循环

一般采用汽包炉。可用于联合循环机组的汽包锅炉有自然循环和强制循环两种，自然循环锅炉系统简单，厂用电低，一般采用自然循环余热锅炉。

（三）布置方式

余热锅炉宜露天布置，当电厂处于严寒地区或有景观要求时，可室内布置或紧身封闭。卧式布置是常规布置形式。立式布置占地少，由于燃用天然气，烟囱高度不高，立式布置具备了将烟囱布置在炉顶的条件，可进一步减少用地并节约投资；当城市环境对美观要求严格时，立式布置具备了在炉顶增加女儿墙以遮蔽烟囱的条件，总体外形与建筑物相似。

（四）是否补燃

（1）燃气轮机排烟中含氧量超过 15%，具备了补燃的条件。

（2）采用余热锅炉补燃的联合循环机组可以提高余热锅炉的产汽量，增加供热能力。但是由于补燃部分燃料利用效率较低、系统阻力增加，联合循环机组的效率会降低。

根据余热锅炉厂初步的估算结果，采用烟道补燃，最大补燃量约为产汽量的 20%，联合循环机组的效率会降低约 3%～4%，经济性较差。另外，采用余热锅炉补燃，增加了补燃需要的换热面积、燃烧器及投资，约增加 800 万元，一年中，仅在采暖期的 4 个月能利用补燃，在非采暖期，会增加系统阻力，降低整个系统的效率。国内目前也没有这方面的制造和运行经验，锅炉厂不建议采用补燃。

（3）当电厂仅设 2 套机组，为了保证在 1 套机组停运时，对外供热的最低要求，即保证最大工业用汽量或采暖供热量的 60%～75%，建议研究是否补燃，作为比选方案之一。

（五）与燃机匹配

（1）一般一台燃机配一台余热锅炉。

（2）余热锅炉的额定工况与燃机额定工况相匹配，并处于最佳效率范围，还应检验它在冬、夏季工况下的蒸发量、汽温及锅炉效率。

（六）排烟利用

（1）余热锅炉利用燃气轮机排烟余热和余压，不设送、引风机，也无空气预热器，因此，余热锅炉采用微正压运行，排烟温度高。

（2）为此，一般设低温省煤器，即用余热锅炉排烟加热蒸汽轮机凝结水；不设高、低压加热器，回热系统较为简单。

（3）对于热电联产或冷热电三联产项目，还可利用余热锅炉排烟加热热水，用于热水供应、采暖或制冷。

三、哈尔滨锅炉厂有限责任公司产品

（1）哈尔滨锅炉厂有限责任公司（简称哈锅）可以生产从 35t/h 中压燃气锅炉到 2041t/h 超临界燃气锅炉。可以燃用天然气、焦炉煤气、高炉煤气和石化尾气，并可多种燃料混烧。共已设计 47 台，其中已投运 34 台。

（2）以 235t/h 高压锅炉为例：

1）主蒸汽压力 9.8MPa，温度 540℃。

2）室外布置、悬吊钢结构，自然循环。

3）炉膛 9.02m×7.26m，容积 1357m³。

4）锅炉总深 20.86m×总宽 22.80m。

5）大板梁顶标高 43.22m。

6）燃烧器系统。前墙布置 9 个燃烧器，每排 3 个，燃烧器能够调节 4:1 和 1:6 混合燃气。每个燃烧器设有直接安装在燃烧器前屏上的电火花点火枪。

7）燃料特性。燃烧三种气体燃料，前两种气体燃烧均为高炉煤气和焦炉煤气按一定比例的混合燃料，以天然气作为补充。第三种是纯燃烧天然气。

8）过热器调温方式为两级喷水调温。

9）过热器布置方式为三级布置。

10）省煤器为螺旋省煤器。

11）空气预热器为二分仓回转式空气预热器（2 台/炉）。

（3）已出口并投运的 680～1025t/h 锅炉，按高位发热量计算，保证效率为 89.29%～89.86%，考核试验值为 90.73%～91.20%，超过保证效率较多。

第五节 蒸 汽 轮 机

一、概述

（1）与燃气轮机配套通过余热锅炉供汽的蒸汽轮机是燃气—蒸汽联合循环四大主机之一。

（2）因蒸汽轮机上游与燃气轮机及余热锅炉配套，其参数因工程制宜，通过综合优化确定。典型配套示例见本章第七节。

（3）因蒸汽轮机制造技术难度较低，技术成熟，因此，国内多数汽轮机厂均能生产。

二、选型

（一）汽水循环方式

（1）除 F 级机组外，一般不考虑再热。

（2）一般采用双压或三压，即除氧器加热用汽由余热锅炉低压汽包供给。

（3）如余热锅炉采用三压，汽轮机有高、中压两级进汽。

（4）由于余热锅炉无空气预热管，排烟温度高，一般安装低温省煤器。

（二）台数选择

（1）当安装 2 台及以上燃机时，汽轮机有多种选择，即一拖一、二拖一、或三台及以上燃机（余热锅炉）只配一台汽轮机。

（2）对于热电联产机组，由于汽轮机额定功率越大，内效率越高；当停用 1 台时，可以通过旁路系统，其出力一般为每台余热锅炉最大连续蒸发量的 100%，保证供热的可靠性，宜优先考虑只装 1 台汽轮机的方案。

（3）当需要采用两种机型，即 1 台抽汽机组、1 台背压机组时，可考虑采用一拖一，即配 2 台汽轮机的方案。

（三）抽汽或背压

（1）抽汽机组运行灵活，当热负荷小或无热负荷时，也可以发电或多发电，这是项目法人希望安装抽汽机组的主要原因。

（2）背压机组无汽轮机冷端损失，热效率最高；但无热负荷不能发电，有热负荷也"以热定电"，一般不会满发。

（3）选择抽汽还是背压机型应根据机组运行方式和技术经济论证确定，见第二章第四节。

三、哈尔滨汽机厂配置的蒸汽轮机

哈尔滨汽机厂配置的蒸汽轮机见表 5-24。

表 5-24　　　　　　　　　　联合循环蒸汽轮机

序号	电厂名称	蒸汽轮机（型号）	功率（MW）	燃气轮机型号	投运年份
1	巴基斯坦 Faisalabad 电厂	N47-3.95/473（106 号）	47		1994
2	巴基斯坦考垂直 Cotri 电厂	N47-3.95/473	47		1994

序号	电厂名称	蒸汽轮机（型号）	功率（MW）	燃气轮机型号	投运年份
3	深圳南山热电有限公司 9 号	N50-4.37/475（118 号）	50		1995
4	武汉汉能电力发展公司	N53.5-4.70/500（116 号）	53.5		1997
5	深圳南山热电有限公司 10 号	N60-5.6/0.6/527/255（138 号）	60	109E	2002
6	山东埕岛发电厂 1 号	N56/C35-5.40/0.60/0.25/501/245	56		2003
7	深圳宝昌电力公司 1 号	N60-5.6/0.56/529/253	60	109E	2003.05
8	深圳宝昌电力公司 2 号	N60-5.6/0.56/529/253	60	109E	2003.05
9	海南洋浦电厂 3 号	LN82-8.0/0.65/530/250	82	V94.2	2003.07
10	深圳新电力实业有限公司	N60-5.6/0.56/527/255	60	109E	2003.07
11	海南洋浦电厂 2 号	LN82-8.0/0.65/530/250	82	V94.2	2003.09
12	深圳钰湖电力有限公司 1 号	N60-5.6/0.56/529/253	60	109E	2004.05
13	深圳钰湖电力有限公司 2 号	N60-5.6/0.56/529/253	60	109E	2004.07
14	深圳中山南朗电厂 1 号	N60-5.6/0.56/527/255	60	109E	2004.07
15	深圳福华德电厂 3 号	N60-5.6/0.56/527/255	60	109E	2004.09
16	深圳中山南朗电厂	N60-5.6/0.56/527/255	60	109E	2004.09
17	深圳中山永润电厂	N60-5.6/0.56/527/255	60	109E	2004.09
18	广东佛山福能电厂 1 号	N60-5.6/0.56/527/255	60	109E	2004.12
19	广东佛山福能电厂 2 号	N60-5.6/0.56/527/255	60	109E	2004.12
20	印尼巨港电厂 1、2 号	N60-5.6/0.56/527/255	60	109E	2005.02
21	东莞东城东兴热电有限公司 1 号	N60-5.6/0.56/527/255	60	109E	2005.03
22	深圳福华德电厂 4 号	N60-5.6/0.56/527/255	60	109E	2005.03
23	深圳洪湾电厂 1 号	N60-5.6/0.56/527/255	60	109E	2005.06
24	东莞东城东兴热电有限公司 2 号	N60-5.6/0.56/527/255	60	109E	2005.07
25	深圳洪湾电厂 2 号	N60-5.6/0.56/527/255	60	109E	2005.07
26	深南电唯美电力公司 1 号	N60-5.6/0.56/527/255	60	109E	2005.07
27	深南电唯美电力公司 2 号	N60-5.6/0.56/527/255	60	109E	2005.08
28	深圳美视电力公司 1 号	N60-5.6/0.56/527/255	60	109E	2005.09
29	深圳美视电力公司 2 号	N60-5.6/0.56/527/255	60	109E	2005.10
30	中山永安电厂 1 号	N60-5.6/0.56/527/255	60	109E	2005.10
31	江苏张家港华兴电力公司 1 号	LN137-10.3/2.18/0.38	137	109FA	2005
32	江苏张家港华兴电力公司 2 号	LN137-10.3/2.18/0.38	137	109FA	2005
33	江苏望亭发电公司 1 号	LN137-10.3/2.18/0.38	137	109FA	2006
34	江苏望亭发电公司 2 号	LN137-10.3/2.18/0.38	137	109FA	2006

续表

序号	电厂名称	蒸汽轮机（型号）	功率（MW）	燃气轮机型号	投运年份
35	江苏戚墅堰发电公司 1 号	LN137-10.3/2.18/0.38	137	109FA	2006
36	江苏戚墅堰发电公司 2 号	LN137-10.3/2.18/0.38	137	109FA	2006
37	浙江半山发电公司 1 号	LN137-10.3/2.18/0.38	137	109FA	2005
38	浙江半山发电公司 2 号	LN137-10.3/2.18/0.38	137	109FA	2005
39	浙江半山发电公司 3 号	LN137-10.3/2.18/0.38	137	109FA	2006
40	广东珠江发电公司 1 号	LN137-10.3/2.18/0.38	137	109FA	2006
41	广东珠江发电公司 2 号	LN137-10.3/2.18/0.38	137	109FA	2007
42	浙江镇海电厂 1 号	LN137-10.3/2.18/0.38	137	109FA	2006
43	浙江镇海电厂 2 号	LN137-10.3/2.18/0.38	137	109FA	2007
44	江苏金陵电厂 1 号	LN137-10.3/2.18/0.38	137	109FA	2006
45	江苏金陵电厂 2 号	LN137-10.3/2.18/0.38	137	109FA	2007
46	福建晋江电厂 1 号	LN137-10.3/2.18/0.38	137	109FA	2007
47	福建晋江电厂 2 号	LN137-10.3/2.18/0.38	137	109FA	2008
48	福建晋江电厂 3 号	LN137-10.3/2.18/0.38	137	109FA	2009
49	尼日利亚 Papalanto 联合循环电厂 1、2 号	LN125-7.0/0.5/520/255	125	209E	在制
50	巴基斯坦 Engr0 联合循环电厂	LN115-7.0/533/0.22	115	209E	2010.05
51	阿塞拜疆 JANUB 1 号	LN125-7.0/0.65/520/255	125	209E	2011
52	阿塞拜疆 JANUB 2 号	LN125-7.0/0.65/520/255	125	209E	在制
53	俄罗斯婕宁斯卡娅电站	LCN156-7.6/0.84/500/224	156	2*V94.2	在制
54	印度 Kondapalli 电力公司二期 1 号	LN127-9.47/565/565	127	109F	2010.02
55	印度 Kondapalii 电力公司三期 1 号	LN127-10.3/565/565	127	109F	在制
56	印度 Kondapalli 电力公司三期 2 号	LN127-10.3/565/565	127	109F	在制
57	孟加拉 BIBIYANA 电力公司 1 号	LN127-10.3/565/565	127	109F	在制
58	巴基斯坦 BINGASUN 电厂	LN190-8.44/0.78/536/273	190	309E	在制
59	巴基斯坦 GUDUU 电厂	LN270-11.45/2.535/0.47/560.6/560/308	270	209FA	在制
60	委内瑞拉比西亚电站 1 号	LN260-12.5/2.65/0.47/565/565/309	166	207FA	在制
61	大唐高井 4 号	LN320-12.8/2.85/0.45/665/565/309	320	209FB	在制
62	大唐高井 5 号	LN155-10.4/2.25/0.45/565/565/309	155	109FB	在制
63	深圳南天电力 6 号机	LN73.5-7.45/1.05/0.30	73.5	GT13E2	合同

注　另有 5 台配 6FA 的汽轮机（1 台投产，5 台在制），哈汽目前生产和投产的联合循环汽轮机超过 80 台。

四、东方汽机厂配置的蒸汽轮机

东方汽机厂配置的蒸汽轮机见表 5-25。

表 5-25 东方汽机厂配置的蒸汽轮机

汽轮机型号		TC2F-30inch	TC2F-35.4inch	TC2F-40.5inch	TC2F-50.5inch
		1ON1 单轴	1ON1 单轴	1ON1 单轴	2ON1 多轴
额定功率（kW）		129800	133700	157200	309010
主蒸汽参数	高压蒸汽压力［MPa（a）］	9.91	9.87	12.3	13.15
	高压蒸汽温度（℃）	538	538	566	538
	中压蒸汽压力［MPa（a）］	3.34	3.27	2.97	3.36
	中压蒸汽温度（℃）	566	566	566	566
	低压蒸汽压力［MPa（a）］	0.427	0.424	0.48	0.643
	低压蒸汽温度（℃）	248.6	252.8	233.8	244.4
排汽压力［kPa（a）］		6.67	5.1	5.07	5.31

第六节 发 电 机

一、台数

（1）单轴机组，每套燃气—蒸汽联合循环机组只配一台发电机。

（2）多轴机组，每套燃气—蒸汽联合循环机组中，为燃气轮机及蒸汽轮机分别配备发电机。

（3）燃气内燃发电机组与采用单循环的燃气轮机（含微型燃机）各配一台发电机。

二、容量

（1）发电机的额定工况与燃气轮机与蒸汽轮机的额定工况相匹配，还应检验冬季工况下的最大发电能力。

（2）当燃气—蒸汽联合循环采用二拖一方式时，宜考虑三台发电机采用同一额定功率的合理性。

（3）由于发电机容量难以标准化和采用系列化产品，通常选用相近系列化产品改型供应。

三、选型

1. 冷却方式

（1）大型 F 级机组，一般采用水氢氢或全氢冷。

（2）中型 E 级机组，一般采用空冷，以简化冷却系统。

（3）小型 B 级以下机组，采用空冷。

2. 励磁方式

根据机组容量及厂商成熟技术，一般选用静态励磁或无刷励磁，招标时确定。

四、发电机额定电压

（1）大型 F 级机组，一般选用 15.75kV 或 20kV。

（2）中型 E 级机组，一般选用 10.5kV。

（3）有条件时，有直供电要求的热电联产或冷热电三联供机组，宜采用与直供电压匹配的发电机额定电压，例如 10.5、6.3kV 和 0.4kV 等。

第七节　燃气—蒸汽联合循环机组

一、典型主机组合

（一）9F 级燃气—蒸汽联合循环调峰机组

（1）燃气轮机。SGT5-4000F（4），9F 型，燃用天然气，无旁路烟道，联合循环 ISO 工况发电功率 423.9MW，性能保证工况发电功率 424.2MW。

（2）余热锅炉。卧式、三压、再热、无补燃、自然循环、露天布置，两台炉合用一座烟囱，高 60m，内径 7.6m。

（3）蒸汽轮机。与燃气轮机同轴（单轴）；TCFI 型，三压、再热、双缸（高压缸和中低压缸）、轴向排汽，主蒸汽压力 12.473MPa，主蒸汽/再热蒸汽温度 560/549.7℃，主蒸汽流量 268.86t/h。

（4）发电机。与燃气轮机与蒸汽轮机同轴（单轴）THDF108/53 型，水氢氢，铭牌出力 424.2MW/498MVA；静止励磁系统，从发电机端通过励磁变引接。

（二）9F 级燃气—蒸汽联合循环供热机组

（1）燃气轮机。SGT5-4000F（4），9F 型，燃用天然气，简单循环功率 284.743～299.52MW，二拖一联合循环，性能保证工况 836.057MW。

（2）余热锅炉。立式、自然循环、三压、无补燃、全封闭布置。每炉配 1 座烟囱，出口标高 80m，内径 6.5m。

（3）蒸汽轮机。三压、再热、双缸、向下排汽，可背压可凝汽运行（配 SSS 离合器），高中压缸合缸、低压缸双缸双排汽，主蒸汽压力 12.452MPa，主蒸汽/再热蒸汽温度 545/540℃，主蒸汽流量 522.698t/h。

（4）发电机。QFSN-300-2 型，水氢氢，出力 300MW/353MVA，每套 3 台。

（三）9E 级燃气—蒸汽联合循环机组

（1）燃气机。PG9171E 型，燃用天然气，配有旁路烟道，联合循环 ISO 工况出力 184.3MW。

（2）余热锅炉。Q1140/548-166（32）−5.8（0.59）/520（254）型，双压、强制循环、立式、露天、无补燃，高压蒸汽出口 186t/h、5.8MPa、520℃，低压蒸汽主供除氧器，0.59MPa，254℃，每炉配 1 台炉顶烟囱，出口标高 60m。

（3）蒸汽轮机。QFW-60-2 型，带中间补汽的双压、单缸、冲动凝汽式机组，1 级回热抽汽，进汽 5.9MPa、温度 495℃，排汽 8.0kPa，功率 60MW。

（4）发电机。空冷 60MW，功率因数 0.8，额定电压 10.5kV。

二、纯凝工况参数

（1）GE（南汽、哈动）机组参数见表 5-26。

表 5-26　　　　　　　　　　　　GE 系机组参数（纯凝工况）

燃气轮机型号	PG6561B （单轴）	PG6581B （单轴）	PG9171E （单轴）	9FA+e （单轴）
燃气轮机出力（万 kW）	3.96	4.21	12.61	25.56

燃气轮机型号	PG6561B（单轴）	PG6581B（单轴）	PG9171E（单轴）	9FA+e（单轴）
燃气轮机效率（%）	31.9	28.2	34	36.9
蒸汽轮机发电出力（万 kW）	1.61	1.98	6.06	13.52
联合循环出力（万 kW）	5.57	6.19	18.67	39.08
联合循环效率（%）	44.8	47.2	50.1	56.4
联合循环厂用电率（%）	约 3.5	约 3.5	约 2.5	约 2.0
联合循环发电气耗（m^3/kWh，标况）	约 0.240	0.228	0.215	0.191

（2）三菱（东汽）机组参数见表 5-27。

表 5-27　　　　　　　三菱机组参数（纯凝工况）

燃气轮机型号	M701DA（单轴）	M701F3（单轴）	M701F4（单轴）
燃气轮机出力（万 kW）	14.4	27.0	31.2
燃气轮机效率（%）	34.8	38.2	39.3
蒸汽轮机发电出力（万 kW）	6.8	12.7	15.3
联合循环出力（万 kW）	21.2	39.7	46.5
联合循环效率（%）	51.4	56.2	58.6
联合循环厂用电率（%）	约 2.5	约 2.0	约 2.0
联合循环发电气耗（m^3/kWh，标况）	0.209	0.192	0.184

（3）西门子（上汽）机组参数见表 5-28。

表 5-28　　　　　　　西门子机系机组参数（纯凝工况）

燃气轮机型号	V64.3A（单轴）	V94.2（多轴）	V94.2A（单轴）	V94.3A（单轴）
燃气轮机出力（万 kW）	7	15.43	19	26.2
燃气轮机效率（%）	34.2	33.1	36.5	38.2
蒸汽轮机发电出力（万 kW）	3.7	8.93	9.43	13.12
联合循环出力（万 kW）	10.7	24.36	28.43	39.32
联合循环效率（%）	52.2	52.2	54.6	57.4
联合循环厂用电率（%）	约 3	约 2.5	约 2.5	约 2.0
联合循环发电气耗（m^3/kWh，标况）	约 0.206	约 0.206	0.197	0.188

三、供热工况参数

（1）S106B 机组供热工况参数见表 5-29。

表 5-29   S106B 机组参数（供热工况）

燃气轮机型号	单位	无抽汽	抽气量 20t/h	抽气量 40t/h	抽气量 50t/h
燃气轮机出力	kW	39620	39620	39620	39620
燃机效率	%	31.90	31.90	31.90	31.90
蒸汽轮机出力	kW	16050	13100	10200	8700
联合循环发电出力	kW	55670	52720	49820	48320
对外供热量	GJ/h	0	45	90	13
发电气耗	m³/kWh（标况）	0.240	0.204	0.178	0.167
供热气耗	m³/GJ（标况）	0	56.59	49.31	46.46
发电效率	%	44.76	42.39	40.06	38.85
全厂热效率	%	44.76	52.94	61.15	65.23

（2）S109E 机组供热工况参数见表 5-30。

表 5-30   S109E 机组参数（供热工况）

燃气轮机型号	单位	无抽汽	抽气量 20t/h	抽气量 40t/h	抽气量 50t/h
燃气轮机出力	kW	126100	126100	126100	126100
燃机效率	%	33.8	33.8	33.8	33.8
蒸汽轮机出力	kW	60600	51800	45600	38500
联合循环发电出力	kW	186700	177900	171700	164600
对外供热量	GJ/h	0	135	226	316
发电气耗	m³/kWh（标况）	0.215	0.186	0.171	0.159
供热气耗	m³/GJ（标况）	0	51.77	47.60	44.21
发电效率	%	50.05	47.69	46.03	44.12
全厂热效率	%	50.05	58.23	63.60	68.73

（3）S109F 机组供热工况参数见表 5-31。

表 5-31   S109F 机组参数（供热工况）

燃气轮机型号	单位	无抽汽	抽气量 100t/h	抽气量 200t/h	抽气量 275t/h
燃气轮机出力	kW	255600	255600	255600	255600
燃机效率	%	36.9	36.9	36.9	36.9
蒸汽轮机出力	kW	135.2	113540	88830	77590
联合循环发电出力	kW	390800	389140	171700	164600
对外供热量	GJ/h	0	253	505	695
发电气耗	m³/kWh（标况）	0.191	0.170	0.153	0.142
供热气耗	m³/GJ（标况）	0	47.18	42.74	37.80

续表

燃气轮机型号	单位	无抽汽	抽气量 100t/h	抽气量 200t/h	抽气量 275t/h
发电效率	%	56.4	53.28	49.71	48.09
全厂热效率	%	56.4	63.40	69.96	75.93

四、6B 级

1. 主机

（1）燃机暂按 PG6581B（6B）和 FT8-3 考虑，通过招标确定。

（2）余热锅炉暂按双压、自然循环，不补燃考虑，通过招标确定。

（3）分布式能源站主要供 0.8MPa 的工业用汽与 0.3MPa 的采暖与制冷用汽。因此选用中温、中压、单缸、单轴，抽汽式汽轮发电机组。

（4）采用一拖一方式，两套机组共配 4 台发电机。

2. 热平衡及热经济性指标计算数据

不同工况下，两型燃机热平衡计算见表 5-32，热经济性指标计算见表 5-33。

表 5-32　　　　　　　　　不同工况热平衡计算表

燃机型号		PG6581B			FT8-3		
项　目	单位	冬季采暖工况	夏季制冷工况	非采暖、非制冷工况	冬季采暖工况	夏季制冷工况	非采暖、非制冷工况
联合循环机组配置型式		1+1+1（1 台 GT、1 台 HRSG 和 1 台 ST）					
联合循环机组总净功率	MW	56.957	50.723	62.001	69.87	60.137	72.849
燃气轮机							
排气量/排气温度	t/h/℃	556.7/535	494/553	543.1/545	659.5/472	577.4/494	641.6/482
燃气轮机发电机							
燃气轮发电机组毛出力	MW	45.267	38.209	43.082	60.2	49.215	56.184
余热锅炉							
高压蒸汽出口压力/温度	MPa（a）/℃	5.5/516	5.5/532	5.5/524	6.2/452	6.2/474	6.2/463
高压蒸汽出口流量	t/h	65.21	61.99	65.88	59.04	57.82	60.55
进口烟气量	t/h	556.7	494	543.1	659.5	577.4	641.6
进口烟气温度	℃	535	553	545	472	494	482
蒸汽轮机							
采暖/制冷抽汽压力/温度	MPa（a）/℃	0.3/182	0.3/182		0.3/145	0.3/145	
采暖/制冷抽汽流量	t/h	42	30	0	42	30	0
工业抽汽压力/温度	MPa（a）/℃	1.2/316	1.2/316	1.2/316	1.2/256	1.2/256	1.2/256
工业抽汽口流量（含工业区采暖/制冷）	t/h	18	16	12	18	16	12
蒸汽轮机发电机							
毛出力	MW	13.185	13.954	20.515	11.601	12.726	18.659

表 5-33　　　　　　　　　　　热经济性指标计算表

燃机型号	PG6581B				FT8-3			
名称	冬季采暖工况	夏季制冷工况	非采暖制冷工况	全年合计	冬季采暖工况	夏季制冷工况	非采暖制冷工况	全年合计
1 台机工业汽供热量（MW）	14.4	12.80	9.6		13.76	12.23	9.18	
1 台机商业居住区采暖制冷供热量（MW）	25.65	18.32	0.00		24.75	17.68	0.00	
1 台机单位总供热量（MW）	40.05	31.12	9.60		38.51	29.91	9.18	
1 台机单位净发电量（MW）	56.96	50.72	62.00		69.87	60.14	72.85	
1 台燃机输入热量（MW/h）	138.02	120.62	133.25		155.02	132.99	148.22	
1 台机单位耗气量（m³/h，标况）	15186.01	13271.26	14660.54		17055.99	14632.15	16307.38	
设备有效年利用小时数（h）	2928.00	1008.00	1064.00	5000.00	2928.00	1008.00	1064.00	5000.00
2 台机总输入热量（MW）	808268.54	243171.94	283551.74	1334992.22	907797.12	268107.84	315403.65	1491308.61
2 台机工业汽年供热量（GJ）	303575.04	92897.28	73541.89	470014.21	290082.82	88760.45	70294.56	585926.78
2 台机商业居住区采暖制冷汽年供热量（GJ）	540743.04	132959.23	0.00	607222.66	521769.6	64157.18	0.00	607222.66
2 台机年供热量（GJ）	844413.65	225889.94	73541.89	1143845.48	811899.50	217088.92	70294.56	1099282.98
2 台机发电机净发电量（亿 kWh）	3.34	1.02	1.32	5.85	4.09	1.21	1.55	6.85
2 台机年耗气量（亿 m³，标况）	0.92	0.28	0.32	1.51	1.03	0.30	0.36	1.69
供热气耗（m³/GJ，标况）	30.56	30.56	30.56		30.56	30.56	30.56	
2 台机供热天然气量（亿 m³，标况）	0.26	0.07	0.02	0.35	0.25	0.07	0.02	0.34
2 台机发电天然气量（亿 m³，标况）	0.66	0.21	0.30	1.16	0.78	0.24	0.34	1.35
净发电气耗（m³/kWh，标况）	0.20	0.20	0.23	0.20	0.19	0.20	0.22	0.20
全年平均热电比	0.70	0.61	0.15	0.56	0.55	0.50	0.13	0.45
发电设备年利用小时数（h）				4400.67				4562.21
单位利用余热量（MW）	16.0	8.80	8.80		16.00	8.80	8.80	
全年总热效率（余热利用前）	0.703	0.679	0.537	0.663	0.699	0.677	0.553	0.664
全年总热效率（余热利用后）	0.761	0.715	0.570	0.705	0.751	0.710	0.583	0.702

注　考虑机组启动机老化等因素，机组全年耗气量已加 3%；效率计算为理论计算，未考虑此因素。

3. 典型工况图

6B 型与 FT8 型机组三种典型工况图如图 5-8～图 5-13 所示。

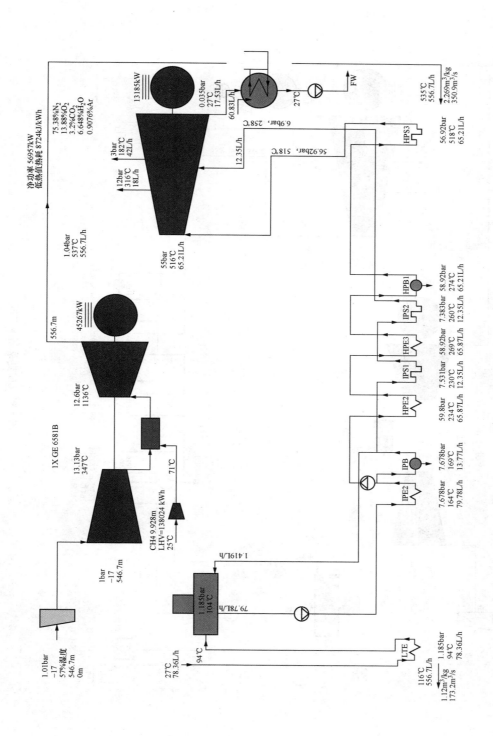

图 5-8　6B 冬季采暖工况

171

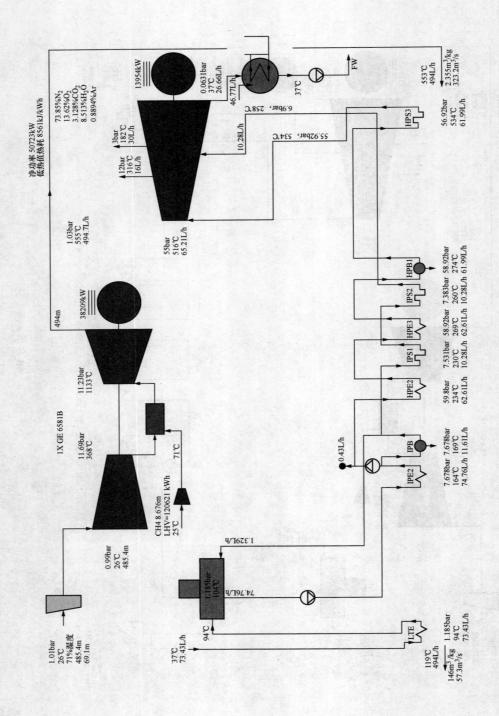

图 5-9　6B 夏季制冷工况

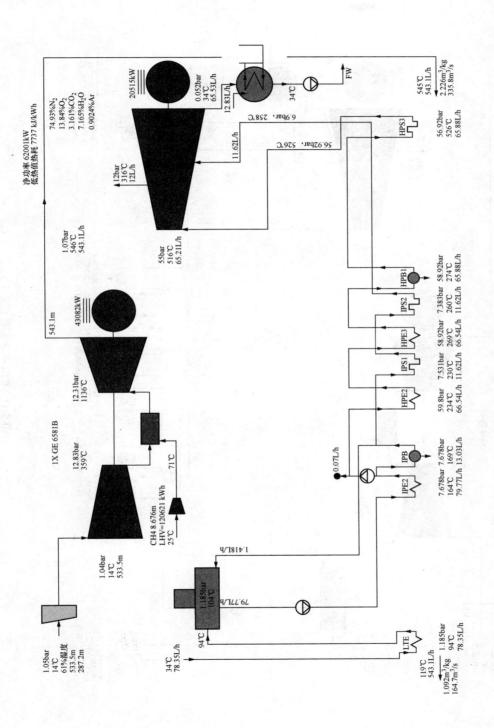

图 5-10　6B 非采暖制冷工况

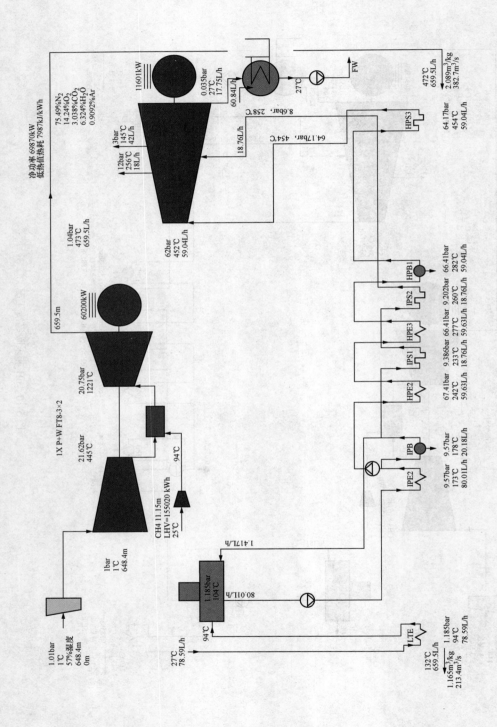

图 5-11 FT8 冬季采暖工况

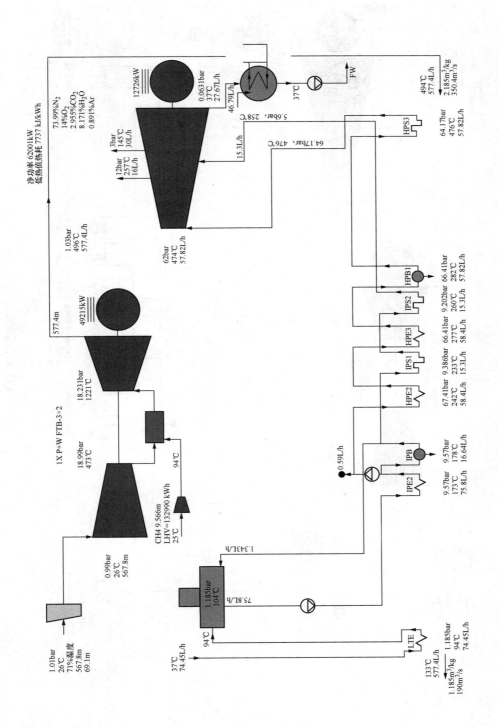

图 5-12 FT8 夏季制冷工况

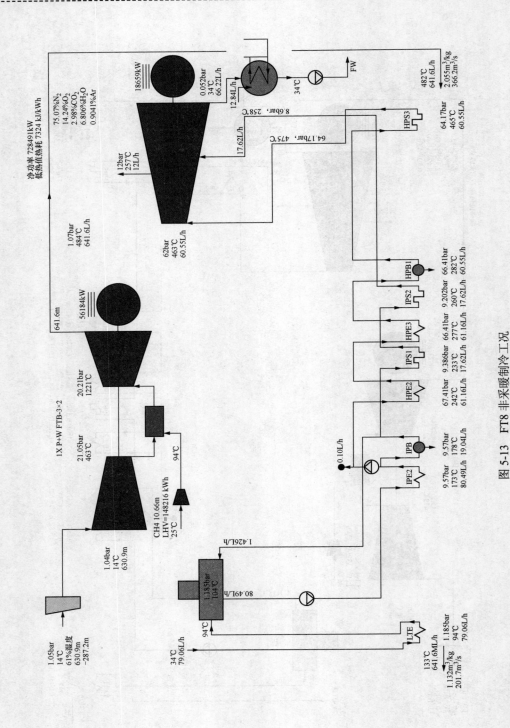

图 5-13　FT8 非采暖制冷工况

第八节 机 组 选 型 比 较

机组选型是燃气发电、供电和制冷工程初步可行性研究和可行性研究工作主要内容之一；热电联产项目，按照现行规定，还是编写热电联产规划重点之一。

机组选型因工程项目制宜，即需要结合工程条件进行，下面介绍两个典型案例。

一、9F 级和 9E 级燃气—蒸汽联合循环供热机组的比较

以下比较分别以 S109F（PG9351F）型和 S109E（PG9171E）型作为 9F 级和 9E 级的代表。

（一）能源利用效率

两类机组能源利用效率见表 5-34、表 5-35 和图 5-14。

表 5-34　　　　　　　S109E（PG9171E）热电（冷）联合循环能源利用效率

供汽量（t/h）	0	60	100	140
全厂热效率（%）	50.05	58.23	63.60	68.73

表 5-35　　　　　　　S109F（PG9351F）热电（冷）联合循环能源利用效率

供汽量（t/h）	0	100	200	275
全厂热效率（%）	56.4	63.40	69.96	75.93

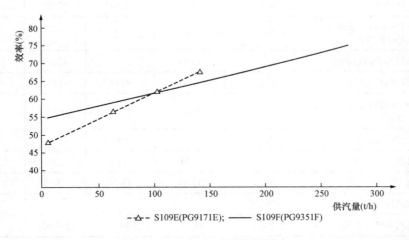

图 5-14　9F 与 9E 能源利用效率

从图 5-14 可以看出，对于纯凝发电机组，9F 级机组比 9E 级能源利用效率高约 6%；对于热电联产机组（一拖一配置），当供汽量小于 100t/h 时，9F 级能源利用效率高于 9E 级；当供汽量大于 100t/h 时，9E 级能源利用效率高于 9F 级。

（二）经济性

在表 5-36 主要原始数据条件下，9F 级、9E 级燃气—蒸汽联合循环纯凝发电机组和热电联产机组的主要经济指标见表 5-37。

表5-36   主要原始数据一览表

序号	内容	单位	109F 纯凝	109E 纯凝	109F 供热	109E 供热
1	机组容量	万 kW	2×39.54	2×18.43	2×39.54	2×18.43
2	发电小时数	h	3500	3500	3500	3500
3	年供热量	万 GJ			175	70
4	发电厂用电率	%	2	2.5	2	2.5
5	供热厂用电率	kWh/GJ			1.58	2.76
6	发电气耗	m³/kWh（标况）	212	244	149	159
7	供热气耗	m³/GJ（标况）			37.8	44.21
8	气价（含税）	元/m³（标况）	2.2	2.2	2.2	2.2
9	热价（含税）	元/GJ			25	25
10	平均上网电价（含税）	元/kWh				

表5-37   工程财务分析指标一览表

序号	内容	单位	109F 纯凝	109E 纯凝	109F 供热	109E 供热
1	机组总容量	万 kW	79.088	36.86	79.088	36.86
2	工程动态投资	万元	275288	118325	278367	118880
3	单位造价	元/kW	3480	3210	3519	3225
4	流动资金	万元	10504	2562	10901	5341
5	项目投资财务内部收益率（所得税后）	%	7.22	7.5	7	7
6	项目投资回收期	年	11.96	11.54	12.26	12.11
7	项目投资财务净现值	万元	4557	4274	251	210
	项目资本金财务内部收益率	%	11.25	12.83	8.94	9.38
8	投资各方财务内部收益率	%	8	8	8	8
9	总投资收益率	%	5.74	5.86	5.32	5.51
10	项目资本金净利润率	%	13.39	13.39	13.43	13.63
11	平均热价（含税）	元/GJ			25	25
12	平均上网电价（含税）	元/kWh	695.77	784.27	597.45	617.34

    从表 5-37 中可以看出，在发电利用小时和气价相同的情况下，9F 级纯凝机组平均上网电价低于 9E 级机组；同样，在发电利用小时、气价和热价相同的情况下，9F 级供热机组平均上网电价低于 9E 级机组。随着 9F 级机组单位千瓦造价低于 9E 级机组的变化，9F 级机组的经济性优势更加明显。

    （三）结论和建议

    （1）9F 级燃气—蒸汽联合发电机组能源利用效率高，经济性好，纯凝发电项目应选用 9F 级及以上等级的燃气—蒸汽联合发电机组，不应选用单循环或 9E 级以下联合循环机组。

    （2）9F 级和 9E 级抽凝式热电联产机组在不同供汽量时能源利用效率各有优劣，可以根据热负荷大小选用不同机型。选用 9E 级机组时，单套机组承担的热负荷不宜低于 100t/h（折合蒸汽量）。

二、分布式能源站机组选型比较

（一）不同燃气发电设备特点

对于分布式能源站，可以选用小型燃气轮机（联合循环或单循环）、内燃机或微型燃气轮机（单循环），其特点比较见表 5-38。

表 5-38　　　　　　　　　　　　　不同燃气发电设备比较

燃气发电设备		燃气轮机	内燃机	微燃机
余热回收形态		废气：蒸汽	废气：热水或蒸汽；冷却水：热水或蒸汽	废气：热水
发电效率（%）		20～36	25～45	15～30
系统总效率（%）		75～85	75～85	75～85
余热温度（℃）	废气	450～650	350～450	200～300
	换热器后	160～200	150～200	100～140
燃气压力（MPa）		≥1.0	≤0.5	0.5～0.6
单机功率（kW）		500～25000	5～7000	20～300
噪声〔dB（A）〕		罩外：80	电厂外 1m：70	罩外：80
振动		振动小，没有必要设置特殊的防振设施	振动小，没有必要设置特殊的防振设施	振动小，没有必要设置特殊的防振设施
氮氧化物对策	燃烧改善	水喷射、蒸汽喷射、预混合稀薄燃烧	稀薄燃烧	
	废气处理	氨脱硫、尿素脱硫	三元催化、SCR 脱硝	
特点		发电效率低，余热量大，排气温度高，余热容易回收，振动小，罩外噪声小，不用冷却水或需少量冷却水，输出功率受环境温度影响	发电效率高，余热梯级利用大，地面振动小，裸机噪声较大，电厂外噪声可降至 50dB（A），对较高海拔、较高环境温度，其输出功率的变化很小	输出功率受环境温度影响，振动小，罩外噪声小，发电效率低，发电功率小，100kW 以下可切网运行

此外，还有一种燃气外燃机，又称斯特林发动机或热气机，是一种外燃的闭式循环往复式发动机，单机功率 1～25kW，发电效率 12%～30%，所需燃气压力低于 0.6MPa，NO_x 排放水平极低，现极少使用。

（二）市场应用分析

三类发电设备技术市场与应用分析见表 5-39。

表 5-39　　　　　　　　　分布式燃气发电技术市场与应用分析

分布式发电技术	备用发电	基载发电	调峰发电	热电联产	适用市场
燃气内燃机（50kW～8MW）	×	×	×	×	商业大楼、工业区、公共供电支持（大机组）
燃气轮机（500kW～50MW）		×	×	×	商业大楼、学院区、工业区、公共供电支持
蒸汽轮机（500kW～100MW）		×		×	工业区、学院区、公共供电支持
微型燃气轮机（30kW～250MW）	×	×	×		商业大楼、工业区

注　资料来源：Gas-Fired Distributed Energy Resource Technology Characterizations。

（三）发电技术比较

三类发电设备技术比较见表 5-40。

表 5-40　　　　　　　　　　　分布式燃气发电技术比较表

项目	燃气内燃机	燃气轮机	蒸汽轮机	微型燃气轮机
技术程度	市场商业化	市场商业化	市场商业化	市场早期进入
马力（MW）	0.01～8	0.5～50	0.05～50	0.03～0.25
发电效率	30%～43%	22%～37%	5%～15%	23%～26%
总热电联产效率	69%～85%	65%～75%	80%	61%～67%
纯发电建造成本 （美元/kW）	700～1000	600～1400	300～900	1500～2300
热电联产建造成本 （美元/kW）	900～1400	700～1900	300～900	1700～2600
运转、保养费用 （美元/kW）	0.008～0.018	0.004～0.01	<0.004	0.013～0.02
有效性	>96%	>98%	接近100%	95%
设备生命周期（年）	20	20	>25	10
使用燃料	天然气、生物质气体、液体燃料	天然气、生物质气体、柴油	所有液体、气体燃料	天然气、生物质气体
NOₓ排放量 （lb/MWh）	0.2～6	0.8～2.4	仅锅炉有排放物	0.5～1.25
热能回收用途	热水、低压蒸汽，区域供热	直接供热、热水、高低压蒸汽、区域供热	高低压蒸汽、区域供热	直接供热、热水、低压蒸汽
热能输出 （Btu/kWh）	3200～5600	3200～6800	1000～50000	4500～6500

注　资料来源：Gas-Fired Distributed Energy Resource Technology Characterizations。

第九节　主机选型及主要系统配置案例

一、概述

天然气分布式能源系统的性能与其系统设计密切相关，不恰当的设计是导致分布式能源系统的经济效益和运行效率无法达到预期效果的重要原因。目前，国内有多个分布式能源系统的示范项目都因为设计不当而出现系统性能不尽如人意的情况。因此，分布式能源系统的合理设计应引起足够的重视。

分布式能源系统设计的核心问题是主机的选型，包括燃气轮机、燃气内燃机、余热锅炉、汽轮机、燃气锅炉与制冷供热设备等。分布式能源系统的主机配置与用户所在地区气候、供热供冷需求、资源供应条件等密切相关，只能量体裁衣，并没有普遍适用的技术方案，因此给分布式能源系统的设计者提出了很高的要求。

本节给出了一个典型的分布式供能站主机选型的案例分析，旨在通过该案例对分布式能源系统主机选型过程中的一些关键问题进行讨论，为分布式能源系统的设计提供一定的参考。

该案例为一实际工程项目，拟建的分布式供能站的供能对象为北京某专业从事子午线轮胎的生产、制造和销售的国有大型工业企业，始建于 1970 年。该厂的用能特点符合分布式能源项目（冷热电三联供）的要求，目前工厂一期的蒸汽为工厂附近的化工四厂提供，蒸汽单价为 230 元/t。

2014 年，该厂计划实施一期扩容及二期建设，而蒸汽如何提供，是必须解决的问题，尤其是目前蒸汽提供方化工厂计划拆迁，即使二期建设拖延，工厂目前一期生产所需的蒸汽供应也是迫在眉睫需要解决的问题。在北京新建燃煤锅炉已不可能通过环保审查，新建燃气锅炉在经济上将不可承受。选择天然气分布式能源站是较好的方案。

该厂天然气分布式能源站主要设计原则如下：

（1）在保证蒸汽供应的前提下，发电主要为该厂自用，电力不足部分从外网购买，采用并网不上网的方式运行。

（2）一期建设项目：2 台燃气增压机、2 台索拉 C50 型燃气轮机和 2 台余热锅炉，装机容量为 2×4.6MW，供汽量 2×11.5t（1.0MPa）。1 台 10 t 燃气锅炉用于 1.0MPa 供汽的备用和调峰，2 台 4t 燃气锅炉用于 2.0MPa 供汽。

（3）二期建设项目：1 台燃气增压机、1 台索拉 C50 型燃气轮机和 1 台余热锅炉。

（4）一期的土建和公用系统按二期容量建设预留。

（5）尽可能利用该厂已建成的设施、设备、系统，以及现有的各种资源。

二、热电冷负荷分析

分布式能源系统的负荷通常包括冷、热、电三种，但是该项目为工业分布式能源项目，其热负荷主要为工业用汽，因而存在着一定的特殊性。分布式能源系统的负荷分析是主机选型的基础，是分布式能源系统设计中最为重要的输入数据。理想的情况下，分布式能源站的主机选型应以负荷的逐时变化数据为基础。为了降低工作量，逐时负荷一般以代表天的方法给出，比如每个季度或每个月给出一组代表性的负荷曲线。以逐时负荷数据为基础，可以采用一定的优化算法来对系统进行优化设计。在很多情况下，详细负荷数据的获得存在一定的难度，因此，至少需要获得平均负荷和最大、最小负荷。平均负荷决定了分布式供能站主机的基础出力，而最大、最小负荷决定了主机的调峰出力。调峰是指分布式能源系统内部的调峰，包括电和热两方面的调峰，而不是指分布式能源系统对于整个电网的调峰。

（一）目前的供热情况

目前，蒸汽由附近的化工厂提供，过热蒸汽参数为压力 6.0～3.0MPa、温度 300～350℃；进入工厂后经减温减压变为饱和蒸汽，统一由动力工段分两级向各生产工段供应，其中高压蒸汽参数为 2.1MPa±0.1MPa、215℃±5℃，低压蒸汽参数为 1.0MPa±0.1MPa、180℃±5℃。蒸汽主要用于密炼、硫化和动力工段。

（二）热电负荷汇总

根据调研（座谈、现场）以及六年的运行数据进行归纳整理。该厂一、二期的热电负荷汇总情况见表 5-41。

表 5-41	一、二期热电负荷汇总表	
建设分期	蒸汽量（万 t/年）（低压 1.0MPa，高压 2.0MPa）	电（万 kWh/年）
一期（含扩）	23（18 低+5 高）	8500

续表

建设分期	蒸汽量（万 t/年）（低压 1.0MPa，高压 2.0MPa）	电（万 kWh/年）
二期	10（8 低+2 高）	3300
合计	33（26 低+7 高）	11800

注 1 空调冷负荷为每年的 5 月 20 日～9 月 29 日，130 天的空调期，蒸汽使用量约为 4700t。表中的蒸汽量已经包括空调制冷所需。

2 采暖负荷为每年的 11 月 15 日至次年 3 月 15 日，120 天采暖期，蒸汽使用量约为 4300t。表中的蒸汽量已经包括采暖所需。

3 高压蒸汽压力 2.0MPa，低压蒸汽压力 1.0MPa。

（三）冷热负荷分析

1. 2010～2012 年逐月蒸汽负荷

2010～2012 年的逐月蒸汽负荷见图 5-15。

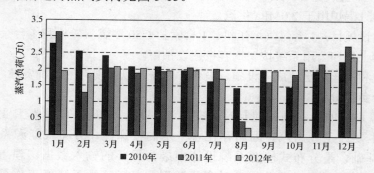

图 5-15　2010～2012 年的逐月蒸汽负荷

2. 逐日蒸汽负荷

2013 年 1 月逐日蒸汽负荷见图 5-16。

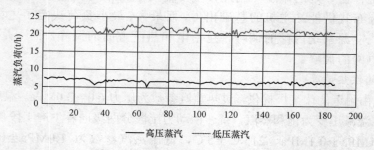

图 5-16　2013 年 1 月逐日蒸汽负荷

3. 工艺热负荷的特点

（1）工艺为主、暖通（每年冬季 4300t，夏季 4700t）只占 1/35。

（2）每年四季均衡、每年停一个半月检修。

（3）每日三班，全天 24h 都有负荷。

（4）高低压汽量比为 1:4。

以上数据均为实际运行记录值，真实、可靠。

4. 凝结水回收

工业热负荷凝结水品质较好，能够回收的应尽量回收，以减少水资源浪费。根据对该厂工艺情况了解，低压用汽凝结水回收率暂按 60%考虑，高压用汽不考虑回收。

（四）电负荷分析

根据对该厂工艺情况了解，耗电量与生产量正相关，耗汽和耗电的规律相同，也是正相关，耗汽多时耗电也多。

1. 平均电负荷

系统的主要产能设备为燃气轮机，产生电和热存在着耦合性。当燃气轮机由于电负荷降低而需要降负荷运行时，其余热产生蒸汽的能力也会随之下降。根据实际运行数据统计，系统的平均电负荷为 11.1MW。

2. 冲击电负荷

该厂的冲击电负荷主要来自 4 台密炼机，容量为两台 2000kVA 和两台 4000kVA。因此，必须要考虑由于冲击电负荷导致的调峰需求。密炼机的运行情况分别如图 5-17 和图 5-18 所示。若取密炼机的功率因数为 0.85，负荷系数为 0.5，则系统的冲击电负荷约为 4MW。

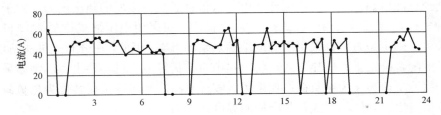

图 5-17　密炼机 1 的电流（4000kVA）

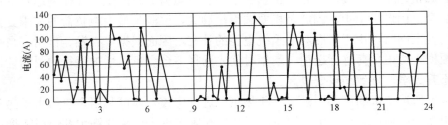

图 5-18　密炼机 2 的电流（2000kVA）

3. 稳定电负荷

系统的平均负荷为 11.1MW，系统的稳定电负荷为 7.1MW。

当能源站发电大于系统的稳定电负荷时，应适当考虑发电量折减的情况。

（五）热电负荷匹配

1. 热电负荷匹配的基本原则

（1）并网不上网，以热定电、热电平衡。

（2）燃机开机就带基荷经济运行（4000h 停，例检），不宜频繁启停。

（3）产汽量不足时，用调峰锅炉补。

（4）少考虑自发电的容量，多购谷电。

2. 选择主机时用的容量

（1）选择燃机。用小时平均耗汽，按（2013 年 1～6 月）的数据，低压 16t/h，高压 5t/h；按 2012 年全年数据计算，低压 22.7t/h，高压 6.3t/h；稳定电负荷为 7.1MW，平均电负荷为 11.1MW。

（2）选择调峰容量。用小时最大耗汽（2012 年 12 月），低压 26t/h，高压 6t/h；平均电负荷为 11.1MW。

（3）校核开机时间。用小时最小耗汽（2011 年 2 月），低压 14.5t/h，高压 3.6t/h；稳定电负荷为 7.1MW。

三、装机方案

（一）主机配置方式

分布式供能站的主机配置可以包括如下步骤：

（1）参数输入。用户输入数据包括冷热电逐时负荷（至少有平均、最大、最小值，及热负荷的介质及温度、压力）、购电与售电价格（如果可以）、天然气价格、天然气热值与压力、环境参数。

（2）选择供冷供热方式，将终端冷热电负荷折算成主机需要的热电出力。由于供冷供热的方式多种多样，既可以采用吸收式热泵/制冷机，也可采用电压缩式热泵/制冷机；根据当地的条件还可以确定是否可以采用水源或地源热泵的方案。因此，在分布式供能站设计前期，应与暖通专业配合确定供冷供热方式，将冷热电负荷折算成主机需要出力，譬如采用电压缩式制冷，则将冷负荷转化为电负荷；如采用吸收式制冷，则将冷负荷转化为热负荷，需提供吸收式制冷机进出口热能的形式和热介质的温度和压力。

（3）粗选燃机。根据不同的并网方式，即孤网、并网不上网和并网且上网，进行初步的燃机选型。燃机选型的主要原则是保证燃机出力和电负荷大致匹配。在孤网运行的情况下，由于电负荷全部由燃机承担，因此燃机要选得足够大，以满足最大电负荷的需求。在并网不上网和并网且上网时，由于电网对于系统电能的补充，因而根据"自发、自用、自平衡"的原则，可根据平均电负荷进行选型。选型时优先选择多台燃机，增加运行的灵活性，但是燃机台数也不宜过多，导致初投资过高。

（4）根据所选燃机的可利用余热量和热负荷进行比较。若可利用余热量大于热负荷，则可考虑采用联合循环；若可利用余热量小于热负荷则考虑采用余热锅炉补燃或者增加燃气锅炉以提高热出力。是否采用联合循环，还需要考虑系统的规模，当可利用余热量较小时，难以找到规模相匹配的给水泵汽轮机，则也可采用单循环的方式。同时，通过热电负荷的最大最小值来确定系统内热电调峰方式。

（5）若不采用联合循环，则要考虑采用余热锅炉补燃方式，还是采用燃气锅炉方式补充热负荷不足。

（6）若采用联合循环，则需要考虑是采用背压式汽轮机，还是采用抽凝式汽轮机。特别是在抽汽量较大时，需要考虑采用背压机，还是采用抽凝式汽轮机，并对余热锅炉进行补燃。

（7）根据上述步骤获得标准状况下的特性。

（8）采用负荷曲线对上述设计过程产生的方案进行校核，并获得实际运行的出力、效率等指标。

（9）对多个方案的指标进行对比，根据工程实际情况，选择合适的主机配置方案。

（二）主机选型

该厂的能源需求主要为蒸汽和电负荷，因此主机设备主要考虑燃气轮机、余热锅炉和燃气锅炉。由于该工程的热负荷波动性较小，在应对负荷的波动性方面压力较小，不配置储热装置，热负荷的波动性主要依靠设备本身的变负荷能力与调峰锅炉来满足。主机方案设计要满足稳定运行的能源需求、设备备用和调峰需求，因而设计方案应提供基本配置、备用设备配置和调峰设备配置。其中，主机的基本配置和备用设备由平均负荷决定。调峰设备配置则需要根据负荷的波动性来确定。

该工程的主要负荷为工业蒸汽，电负荷相对于蒸汽负荷较小，项目一期的蒸汽负荷为24t/h，电负荷为11.7MW，平均热电比为2.1。根据分布式能源"自发、自用、自平衡"的原则，本工程采用燃气轮机单循环形式，不配置蒸汽轮机，从而增加产热量，控制产电量。

燃气轮机是分布式能源站的核心供能设备，燃机的选型直接关系到工程的能效、经济、环保等特性。该工程的规模相对较小，为保证系统的安全性，宜采用3~6MW等级的小型燃气轮机。目前，小型燃气轮机的生产厂商并不多。经过调研，可用于该工程的小型燃气轮机主要包括美国索拉公司的C40、C50和T60燃气轮机、德国西门子公司的SGT100燃气轮机、日本川崎重工的M7A-01、M7A-01D燃机轮机。几种燃气轮机的性能参数见表5-42。以上几种燃机均可以作为本工程的主机，具体的机型选择应综合比较确定。

表5-42　　　　　　　　　　可选燃气轮机的型号与ISO性能参数

厂家	型号	ISO功率（kW）	热耗率（kJ/kWh）	空气流量（t/h）	排气温度（℃）
索拉	C40	3500	12886	67.9	446
	C50	4600	12174	68.2	513
	T60	5700	11298	77.7	516
西门子	SGT100	5400	11613	74.16	531
川崎重工	M7A-01	5410	12297	77.76	548
	M7A-01D	5280	12456	77.76	545

基于燃气轮机基础数据的获取情况，该项目选择了索拉公司的C40、C50和T60三种型号的燃机进行项目方案的配置，通过多指标的比较，最终给出推荐方案。三种型号的燃机对应的配置方案（一期）如下。

（1）方案1：两台索拉C40小型燃气轮机，利用不补燃的余热锅炉进行余热回收产生低压蒸汽，配置低压燃气锅炉补充低压蒸汽量的不足，配置高压燃气锅炉提供高压蒸汽。

（2）方案2：两台索拉C50小型燃气轮机，利用不补燃的余热锅炉进行余热回收产生低压蒸汽，配置低压燃气锅炉补充低压蒸汽量的不足，配置高压燃气锅炉提供高压蒸汽。

（3）方案3：两台索拉T60小型燃气轮机，利用不补燃的余热锅炉进行余热回收产生低压蒸汽，余热锅炉额定产汽量能够全部满足低压蒸汽量的要求，不需额外配置低压燃气锅炉，仅需配置高压燃气锅炉提供高压蒸汽。

根据上述配置方案和负荷情况分别进行能量平衡计算，其计算原则为：

首先，根据燃机的技术参数，确定系统的基本电出力和基本热出力。在确定基本出力时，应考虑环境条件对机组性能的影响。燃机的出力和热耗与环境气温密切相关，随着气温升高，

燃气三联供系统规划、设计、建设与运行

燃机出力下降，热耗增加。C50 燃机出力和热耗随气温的变化关系如图 5-19 所示。

其次，当用电负荷不能全部由燃机提供，可以从电网购电；当工业热负荷不能全部由余热锅炉提供，应配置燃气锅炉补充热量不足。根据项目的平均负荷、燃机和燃气锅炉的特性，可对分布式能源站设计工况下的能量平衡进行理论计算，结果见表 5-43。

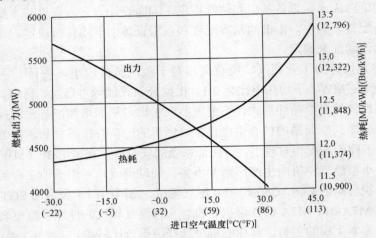

图 5-19　C50 燃机随气温变化特性

表 5-43　　　　　　　　　三个方案在设计工况下能量平衡计算结果表

方案		单位	C40	C50	T60
燃气轮机及余热锅炉	燃料输入	GJ/h	90.2	112.0	128.8
	燃机发电量	MW	7.0	9.2	11.4
	厂用电	MW	0.935	0.935	0.935
	燃机产电量	MW	6.1	8.3	10.5
	低压蒸汽产量	t/h	16.8	21.7	25.5
	低压蒸汽不足量	t/h	8.7	3.8	0.0
	电出力不足量	MW	5.7	3.5	1.3
燃气锅炉	高压蒸汽	t/h	6.4	6.4	6.4
	补充低压不足	t/h	8.7	3.8	0.0
	燃气锅炉效率	%	90.0	90.0	90.0
	燃气输入	GJ/h	47.1	31.8	20.0
	燃气消耗量	m³/h	1414.8	955.1	601.5

基于上述能量平衡计算，可以得到三个方案在设计工况下的能效、经济指标，见表 5-44。

表 5-44　　　　　　　　　三个方案在设计工况下的性能指标

系统性能参数	C40	C50	T60
系统年产电量（万 kWh/年）	4366.8	5950.8	7534.8
系统年购电量（万 kWh/年）	4133.2	2549.2	965.2

系统性能参数	C40	C50	T60
系统年天然气消耗量（万 m³/年）	2969.8	3110.4	3219.2
系统能源综合利用效率（%）	80.7	82.5	85.1
系统㶲效率（%）	38.7	42.4	46.3
系统年购电费用（万元）	3513.2	2166.8	820.4
系统年购天然气费用（万元）	7929.3	8304.7	8595.2
年运行费用（万元）	11442.5	10471.5	9415.6

从系统的能耗方面来看，索拉 C40 燃机出力较小，因而从电网购电量较多；索拉 T60 燃机出力较大，可以承担更多的自用电负荷，仅需购买少量网电即可，同时 T60 燃机规模较大，其天然气消耗量也较多。C50 介于 C40 和 T60 之间。

（三）性能指标分析

分布式能源系统的产出包括冷、热、电，因而分布式能源系统效率的评价不像单独产电的电厂那样简单明确。通常，分布式能源系统效率的评价有两种方式：一类是根据热力学第一定律，如能源综合利用效率；另一类是根据热力学第二定律，如㶲效率。两种评价指标的计算方法如下。

（1）能源综合利用率

$$\eta = \frac{w + C + Q}{f_{cchp} H_u}$$

式中　　w——系统对外所做的功；

　　　　C——联产系统的冷输出；

　　　　Q——联产系统的热输出；

　　f_{cchp}——联产系统输入的总燃料量；

　　　　H_u——燃料低位发热值。

总能利用率是基于热力学第一定律，只考虑能量的数量，反应的是输出（收益）与输入（付出）的比值。系统输出的各股能量均采用绝对值表示，不考虑不同冷热能的差异。

从设计工况能源综合利用效率来看，三个方案的综合利用效率均高于 80%，其中 T60 方案最高，能源综合利用效率可达 85.1%。

由于这种评价方式未考虑能量的品质，所以并非恰当。以燃气锅炉产生 215℃、2.1MPa 的高压蒸汽方式为例，其能源利用效率可达到 90%。尽管燃气锅炉可以充分利用能量，却牺牲了天然气优质能源的品质以换取较低品质热能，并非合理的能源利用方式。相比之下，燃气轮机在产电的同时，烟气余热用于产生蒸汽，从而实现了能源的梯级利用。

（2）当量㶲效率。根据热力学第二定律，电能与各种冷能、热能之间存在巨大的品位差异，不同温度的冷能、热能之间的品位也并不相同。因此，考虑不同能量的品位差异，可以得到系统的当量㶲效率，即

$$\eta = \frac{w + A_c C + A_h Q}{f_{cchp} H_u}$$

式中，分子中电能的品位为 1；而在考察冷能、热能的㶲值时，需要从卡诺循环效率的角度考虑；分母则为联产系统的输入㶲。冷能的品位 A_c、热能的品位 A_h 不是常数，与供能参数和环境参数密切相关。

若以㶲效率来评价三个方案的能源利用方式，则存在合理性。燃机 T60 出力较大，烟气量较大，大部分热负荷可以由烟气的余热满足，仅需配置容量较小的燃气锅炉进行补充。燃机 C40 出力较小，需要配置容量较大的燃气锅炉补充热负荷。两个方案相比，T60 的能量大部分来自于㶲效率较高燃气轮机，C40 的能量大部分来自于㶲效率较低的燃气锅炉，理论上 T60 的合理性较高。同时 T60 规模较大，实际运行时燃机变负荷运行的范围可能增大，热量不足部分仍需要燃气锅炉补充，在一定程度上降低了其在㶲效率的优势。

根据系统年购电量和年购天然气量粗略计算系统年运行费用，T60 购电量小，因而购电费用较低，C50 比 T60 增加 1346 万元购电费用，C40 比 T60 增加 2693 万购电费用；C40 天然气消耗量较小，C50 比 C40 增加 375 万元天然气费用，T60 比 C40 增加了 666 万元天然气费用。综合比较年总运行费用，T60 为较低方案，但设备投资较 C40 和 C50 略有增加，需通过技术经济分析确定何种方案经济性最优。

（四）装机方案的经济性分析

该厂分布式能源站是自备性质，属于自用汽，汽价不好确定，难以进行常规的经济性比较，可设立比较方案与三个方案进行比较分析。为此，设立两个比较方案：比较方案一，燃气锅炉供汽，外购电；比较方案二，原化四供汽、外购电。各项比较数据见表 5-45。

表 5-45　　　　　　　　　　简要的经济比较数据表（一期加扩建）

特点	方案一（2×60）	方案二（2×50）	方案三（2×40）	比较方案一	比较方案二
主机购置费（万元）	5700	4850	4510	1220	0
年耗燃气量（万 m³/年）	3432	3200	3056	2110	蒸汽 23 万 t/年（230 元/t）
年燃料费（万元/年）	8960	8544	8160	7618（折合 331 元/t 汽）	购汽费 5290
年总发电量（kWh/年）	6830	6217	4658	0	0
年总购电量（kWh/年）	1670	2282	3842	8500	8500
年购电费（万元/年）	1420	1940	3266	7225	7225
年购气、电费	10380	10480	11430	14840	12515
年运行总费（加人工、运行维护费）	11100	11170	12040	15090	12515

注　1　燃气价格发电 2.67 元/m³，锅炉 3.61 元/m³。
　　2　现况的年运行总费 12515 万元/年。
　　3　人工、运行费 380 万元，一、二、三方案的设备维护费 5 分/kWh。

采用回收年限法进行比较分析，在已知初投资、年利润（年售汽、售电收入和年费用之差），求动态回收年限。动态回收年限低于贷款期（10～15 年）的是可接受方案。以三方案分别与比较方案一（新建燃气锅炉房供汽、外购电）、比较方案二（外供汽、外购电）进行比较，小值为好。需要注意的是，这里采用的是项目拟采用方案和参考方案相对的回收年限，与传统的项目本身的回收年限分析有所不同。

经济比较分别见表 5-46 和表 5-47，动态回收年限（对应 i=10%）的计算模型图见图 5-20。
（1）与新建燃气锅炉房方案（比较方案一）比较的动态回收年限见表 5-46。

表 5-46 　　　　　　　动态回收年限（与新建锅炉房方案比）

内部投资收益率	方案一（2×60）	方案二（2×50）	方案三（2×40）
10%	2	1.6	1.9
8%	<2	<1.6	<1.9

三个方案的动态回收年限均小于 2 年，十分理想。
（2）与原外供汽方案（比较方案二）比较的动态回收年限见表 5-47。

表 5-47 　　　　　　　动态回收年限（与原供汽方案比）

内部投资收益率	方案一（2×60）	方案二（2×50）	方案三（2×40）
10%	10.2	8.5	不可回收
8%	8.8	7.5	不可回收

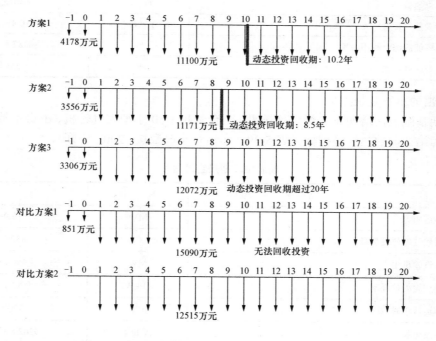

图 5-20　动态回收年限（对应 i=10%）的计算模型图

方案二的动态回收年限分别为 8.5 年（对应 i=10%）、7.5 年（对应 i=8%），相对为较好的，可作为推荐方案。

（五）推荐的装机方案
综合分析研究后，确定本项目的推荐装机方案如下。

1. 一期的推荐装机方案

2 台燃气增压机、2 台索拉 C50 小型燃气轮机、2 台不补燃的余热锅炉（单台额定产汽量为 10t/h）、2 台 2.0MPa 的燃气锅炉（单台额定产汽量为 4t/h），1 台 1.0MPa 的燃气锅炉（单台额定产汽量为 10t/h）用于备用和调峰。

能源站一期的热经济指标见表 5-48（年运行小时数按 7200h 计算）。

表 5-48　　　　　　　　　　　　能源站一期热经济指标

序号	项　目	单　位	数　据
1	额定出力	MW	8.265
2	天然气低位发热量	kJ/m³（标况）	33285
3	燃气轮机出力	MW	4.6×2
4	燃气轮机热耗率	MJ/kWh	13.1
5	年运行小时数	h/年	7200
6	年发电量	kWh/年	6535.4×10⁴
7	厂用电率	%	8.8
8	年供电量	kWh/年	5950.8×10⁴
9	年供热量	GJ/年	640123
10	年天然气耗量	m³/年（标况）	3110.4×10⁴
11	系统能源综合利用效率	%	82.5
12	能源站热电比	%	3.0

2．二期的推荐装机方案

在一期基础上，增加 1 台燃气增压机、1 台索拉 C50 小型燃气轮机、1 台不补燃的余热锅炉。能源站二期的热经济指标见表 5-49（年运行小时数按 7200h 计算）。

表 5-49　　　　　　　　　　　　能源站二期热经济指标

序号	项　目	单　位	数　据
1	额定出力	MW	12.9
2	天然气低位发热量	kJ/m³（标况）	33285
3	燃气轮机出力	MW	4.6×3
4	燃气轮机热耗率	MJ/kWh	13.1
5	年运行小时数	h/年	7200
6	年发电量	kWh/年	9262.8×10⁴
7	厂用电率	%	8.8
8	年供电量	kWh/年	5960.3×10⁴
9	年供热量	GJ/年	861035
10	年天然气耗量	m³/年（标况）	4332.3×10⁴
11	系统能源综合利用效率	%	82.8
12	能源站热电比	%	2.6

（六）主机技术条件

在设计工况下（环境温度 15℃、大气压力 101.325kPa、相对湿度 60%）一期的主要设备规范如下。

（1）燃气轮机。型式，Centaur 50 型（或同类机型）；制造厂，Solar Turbines A Caterpillar Company（或同类厂家）；数量，2 台；燃料，天然气；功率，4.6MW；热耗率，12270kJ/kWh；排烟温度，513℃；排烟流量，68680kg/h；燃机燃料输入，56.0GJ/h。

（2）余热锅炉型式、卧式、单压、模块式、无补燃、自然循环、饱和蒸汽余热锅炉；制造厂，南京南锅动力设备有限公司（或同类厂家）；数量，2 台；蒸汽参数，1.03MPa（g）、180℃、10t/h；排烟温度，135℃。

（3）高压燃气锅炉。型式，卧式、模块式、内燃燃气锅炉；蒸汽参数，2.0MPa（g）、215℃、4t/h；数量，2 台。

（4）低压燃气锅炉。型式，卧式、模块式、内燃燃气锅炉；蒸汽参数，1.0MPa（g）、180℃、10t/h；数量，1 台。

（5）整体式除氧器及水箱。型式，热力式；容量，60 t/h；加热蒸汽参数，0.15MPa（a）、110℃；数量，1 台；水箱有效容积，10m³。

（6）天然气增压机。型式，对称平衡 D 型往复式、二列一级压缩、双一级气缸；气量，2000m³/h（标况）；进气压力，0.4MPa（g）；排气压力，1.5MPa（g）；电动机型式，增安型异步电动机；电动机电压，380V；电动机功率，132kW；数量，2 台。

四、主要系统配置

1. 天然气供应系统

根据与北京市天然气集团有限责任公司达成天然气供应意向协议，通过城市天然气供气管网提供品质优良的天然气，分界点处的天然气供气压力为 0.4MPa（g）。

由于天然气供气压力不能满足燃气轮机和燃气锅炉进气压力的要求，从厂内天然气进气总管分两路设置，其中一路经过过滤、计量、增压后进入燃气轮机前置模块，另一路经过过滤、计量、调压模块后进入模块式燃气锅炉。进气管路还设有紧急自动切断阀、手动快速切断阀、放散管、检测保护系统、温度压力测量仪表等。

2. 烟气系统

从燃气轮机的排气口排出的高温烟气，首先进入余热锅炉的进口烟道，经出口烟道、出口膨胀节，再通过烟囱排入大气，各段烟道之间采用法兰加密封焊连接形式。烟囱出口标高暂定为 15m，排烟温度约为 120℃。高压和低压燃气锅炉均为卧式、快装、内燃燃气锅炉，其烟气通过自带烟囱排入大气。烟囱出口标高暂定为 10m，排烟温度不高于 170℃。

3. 锅炉补水系统

锅炉补水从化学软水水箱引出，经补水泵输送至热力式除氧器及水箱。考虑将 3 台余热锅炉和 3 台燃气锅炉的补水合并设置整体式除氧器及水箱。除氧器容量为 60t/h，除氧水箱有效容积满足全部锅炉最大连续蒸发量时 10min 的给水消耗量。锅炉补水系统流程见图 5-21。

4. 汽水系统

锅炉给水系统由高压给水泵、低压给水泵，相关管道和阀门仪表组成。高压管道从除氧

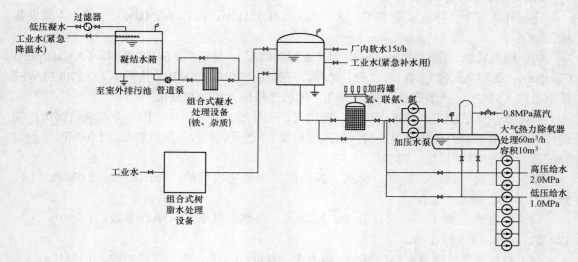

图 5-21　锅炉补水系统流程图

器出口起经过高压给水泵到高压燃气锅炉本体省煤器进口止；低压管道从除氧器出口起经过低压给水泵到余热锅炉和低压燃气锅炉本体省煤器进口止。给水系统共设置 3 台 100%容量高压给水泵和 5 台 100%容量低压给水泵，其中各有 1 台备用。

　　进入余热锅炉的给水，依次流经沿水平方向布置的省煤器、汽包、下降管、蒸发器、蒸汽连接管，最后进入汽包经汽水分离后，低压饱和蒸汽引出至低压分汽缸。

　　进入高压或低压燃气锅炉的给水，流经高压或低压锅炉本体受热面，分别进入各自汽包经汽水分离后，饱和蒸汽引出至高压或低压分汽缸。

　　5. 工业供汽系统

　　根据该项目对于工业供汽参数要求，分别设置低压分汽缸和高压分汽缸。

　　从低压分汽缸引出一期低压供汽母管，预留至二期低压供汽的接管，并引出至整体式除氧器的供汽管；从高压分汽缸引出一期高压供汽母管，预留至二期高压供汽的接管。

　　由于余热锅炉产生的低压蒸汽量不能完全满足本期工业用户的需求，考虑由高压分汽缸引出一路经减温减压后作为低压蒸汽的补充，并设 1 台低压燃气锅炉作为备用和调峰。

　　原则性热力系统图见图 5-22。

五、厂房布置

　　能源站考虑装设 3 台燃气轮发电机组（其中二期预留 1 台）、3 台余热锅炉（其中二期预留 1 台），3 台燃气增压机（其中二期预留 1 台），3 台燃气锅炉。

　　能源站建四个厂房：燃机房、燃气锅炉房、增压机室、生产综合楼。燃机房、燃气锅炉房和生产综合楼采用联合式建筑，增压机室为单体建筑，与其他建筑脱开 30 m 布置。

　　（一）各厂房的主要外形

　　各厂房的主要外形尺寸见表 5-50。

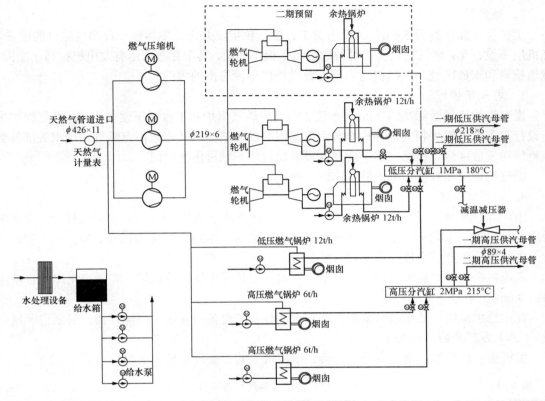

图 5-22　原则性热力系统图

表 5-50 <center>各厂房主要外形尺寸表</center> m

序　号	建筑名称	长×宽×高	层数
1	燃机房	21×21×4.5	单层
2	燃气锅炉房	21×21×6.6	单层
3	生产综合楼	21×21×6.6	二层
4	增压机室	28×15×6	单层

（二）各厂房设备布置

为了降低噪声污染，天然气增压机、燃气轮机和燃气锅炉均考虑在室内布置，分别布置在增压机室、燃机房和燃气锅炉房内，余热锅炉采用自然循环卧式露天布置，与燃气轮机呈一字形布置。余热锅炉和燃气锅炉自带汽包，与余热锅炉和燃气锅炉一体式组装。

1. 增压机室

增压机室屋面标高为 7.2m，一期布置 2 台增压机，并为二期预留一台增压机的位置。增压机室设有起吊重量为 4t 的电动单梁起重机，可以满足电动机等部件检修起吊要求。其布置考虑留有往复式增压机抽活塞的空间，以及部件就地检修和安放区域。增压机室考虑通风防爆措施，其屋面为轻型屋面板，屋面泄压面积满足防爆要求。在增压机室两侧设置供检修车辆进出的大门。

2. 燃机房

燃机房屋面标高为 5.4m，一期布置 2 台燃气轮机，并为二期预留一台燃气轮机的位置，燃机房不设行车，燃气轮机检修时考虑采用平板车拖出，其布置考虑留有发电机抽转子空间，就地检修和安放区域。在燃机房两侧设置供检修车辆进出的大门。

3. 燃气锅炉房

燃气锅炉房屋面标高为 7.2m，布置 2 台高压燃气锅炉和 1 台低压燃气锅炉，燃气锅炉房不设行车。燃气锅炉相关部件检修时考虑采用平板车拖出，其布置留有燃气锅炉相关部件就地检修和安放区域。在燃气锅炉房两侧设置供检修车辆进出的大门。

燃气锅炉房布置低压分汽缸和高压分汽缸。

4. 生产综合楼

生产综合楼分二层布置，一层（零米层）布置有蓄电池及 UPS 室、化验取样室、化学水处理、泵房等，二层（4.5m 层）布置有 380kV 配电室、110kV 配电室、办公室、热工室、男女卫生间等，生产综合楼端部还设有楼梯间。

考虑将余热锅炉和燃气锅炉的补水合并设置整体式除氧器及水箱，布置在生产综合楼屋面层 9.0m。

高压给水泵组、低压给水泵组、冷却水循环泵等设备布置在生产综合楼一层泵房区域。

（三）各厂房的主要尺寸

燃机房、燃气锅炉房、生产综合楼、增压机室的主要尺寸见表 5-51。

表 5-51　　　　　　　　　　　　各厂房的主要尺寸表　　　　　　　　　　　　　　　m

建筑名称	项　目	数　据
燃机房	长度	21
	跨距	15
	柱距	7
	屋面标高	5.4
	燃气轮机端部距余热锅炉烟囱中心线距离	26.7
	燃气轮机中心线之间距离	
燃气锅炉房	长度	21
	跨距	15
	柱距	7
	屋面标高	7.2
生产综合楼	长度	21
	跨度	21
	中间层标高	4.5
	屋面标高	9
增压机室	长度	24
	跨度	10
	柱距	6
	屋面标高	7.2

第十节 新型燃机发展动向

本节根据各燃机厂提供资料整理，作为前述各节的补充。

一、哈尔滨电气股份有限公司

（一）9FB 型燃气轮机

9FB 型燃气轮机是从 GE 引进 9FA 型燃气轮机的升级产品，其燃机与联合循环主要参数对比见表 5-52。

表 5-52　　　　　　　　　　9FA、9FB 联合循环主要参数

项　目	9FA	9FB
压气机压比	16.7	18.3
燃烧温度	1327	>1400
简单循环出力（MW）	259.6	297.1
简单循环热耗（kJ/kWh）	9510	9176
联合循环出力（MW）	398.15	444.26
联合循环热耗（kJ/kWh）	6260	6100
联合循环效率	57.5%	59.1%

（二）6FA 型燃气轮机

6FA 型燃气轮机采用 F 级燃机参数，机组容量大于 6B 级燃机，见表 5-53。

表 5-53　　　　　　　　　　6FA 燃机性能参数（进口机组）

项　目	性 能 参 数
燃机出力	77.1MW
压比	15.8
联合循环出力	118.4MW
联合循环热耗	6500kJ/kWh

（三）F 级燃机联合循环装置产品系列

产品系列见表 5-54。

表 5-54　　　　　　　　　　F 级联合循环装置产品系列

联合循环配置情况	业绩情况	燃机	汽轮机	发电机	备　注
单轴联合循环机组（SS1099A）	大部分产品	9FA	D10/158	390H	158 为改进后的 D10，提高了产品各项性能
多轴一拖一，工业抽汽机组（MS109FA）	漕泾热电镇海化工区	9FA	159	324	漕泾采用进口汽轮机，159 为单抽凝汽轴向排汽机组

续表

联合循环配置情况	业绩情况	燃机	汽轮机	发电机	备　注
多轴二拖一，热电联产机组（MS209FA）	北京太阳宫	9FA	152	QFSN-300-2 324	152 为国内首台联合循环供热抽汽汽轮机
多轴二拖一，热电联产背压机组（MS209FB）	大唐高井	9FA	155	QFKN-310-2	汽轮机为三压、再热、抽凝背、SSS 离合器、发电机则采用空冷发电机
多轴一拖一，热电联产背压机组（MS109FB）	大唐高井	9FA	156	QFKN-150-2	汽轮机为三压、再热、抽凝背、SSS 离合器、发电机则采用空冷发电机
多轴一拖一，热电联产机组（MS109FA）	横琴热电	9FA	159	324LU QF-135-2	汽轮机为三压、再热、三缸、抽凝式发电机则采用空冷发电机
多轴一拖一，热电联产机组（MS106FA）	江山热电	6FA	138B		

（四）GT13E2 型燃气轮机

GT13E2 型燃气轮机从 ALSTOM 公司引进，其联合循环装置（KA13E2 型）性能参数见表 5-55。

燃机净功率为 182MW 时，净效率为 37.4%，按低位发热热量计算，净热耗为 9626kJ/kWh，NO_x 排放（15%O_2，干基）小于 25ppm（vd）。

表 5-55 　　　　　　　　　　　　　KA13E2 燃机联合循环电站

项　目	单位	2005 年版	2012 年版
汽轮机入口温度	℃	1111	1124
压比		16.9	18.0
燃料消耗	kg/s	9.91	10.87
排气温度	℃	511.2	506.1
排气流量	kg/s	559.6	618.8
燃机功率	MW	178.70	197.52
燃机效率	%	37.05	37.34
联合循环功率	MW	255.06	281.05
联合循环效率	%	53.13	53.37

（五）30MW 级燃气轮机

30MW 级燃气轮机是在引进乌克兰 GT-25 技术基础上国产化的产品。

30MW 级燃气轮机原用于天然气管线动力驱动，现已可用以发电，并可用于浮动电站。其性能参数见表 5-56。

表 5-56 　　　　　　　　　　　　　30MW 级燃机性能参数

循环方式	简单循环	联合循环
功率（MW）	26.7	36
净效率	35%	47.3%
热耗（kJ/kWh）	10285	7610

（六）主要业绩

燃机已经生产，在手合同近 40 台，其中：

（1）9FA，31 台；

（2）6FA，2 台（大唐江山）；

（3）9FB，3 台（大唐高井）；

（4）13E2，1 台（深圳南天）；

（5）GT25，1 台（中石油）。

二、上海电气电站集团

（一）主要产品

从西门子引进 SGT5-4000F 与 SGT5-2000E 燃气轮机生产技术，其燃机性能参数见表 5-57 与表 5-58。

表 5-57 　　　　　　　　　　　F 级燃气轮机本体参数

大气温度	15℃
相对湿度	60%
大气压力	1.013bar
压比	18.9
燃机单机出力	295MW
燃机单机效率	39%
NO_x 排放	<50mg/m³（标况）
CO 排放	<15ppm（vd）
UHC 排放	<2ppm（vd）

表 5-58 　　　　　　　　　　　E 级燃气轮机本体参数

大气温度	15℃
相对湿度	60%
大气压力	1.013bar
压比	11.1
燃机单机出力	168MW
燃机单机效率	34.7%
NO_x 排放	<50mg/m³（标况）
CO 排放	<15ppm（vd）
UHC 排放	<2ppm（vd）

（二）本体结构特点

F 级燃气轮机本体结构特点如下：

（1）发电机连接方式：冷端驱动。

（2）气缸：采用水平中分面结构；对称设计。

（3）转子：单转子，双轴承；采用轮盘加中心拉杆结构；中空轴；叶轮之间通过 Hirth

齿啮合；叶轮用中心拉杆轴向固紧。

（4）压气机：15 级轴流；优化流动设计；进口导叶可转。

（5）燃烧室：环形燃烧室；24 个组合式燃烧器；陶瓷隔热瓦块。

（6）燃烧器：低 NO_x 技术；可烧多种燃料。

（7）透平：4 级；单晶叶片技术；先进的冷却技术；叶片隔热涂层。

（8）排气：轴向排气。

（9）检修维护：检修方便，易于维护。

E 级燃气轮机本体结构特点如下：

（1）发电机连接方式：冷端驱动。

（2）转子：单转子，双轴承；采用轮盘加中心拉杆结构；中空轴；叶轮之间通过 Hirth 齿啮合；叶轮用中心拉杆轴向固紧。

（3）压气机：16 级轴流；优化流动设计；进口导叶可转。

（4）燃烧室：两个筒形燃烧室；16 个组合式燃烧器；陶瓷隔热瓦块。

（5）燃烧器：低 NO_x 技术；可烧多种燃料。

（6）透平：4 级；单晶叶片技术；先进的冷却技术；叶片隔热涂层。

（7）气缸：采用水平中分面结构；对称设计。

（8）排气：轴向排气。

（9）辅助系统：单独驱动。

（10）检修维护：检修方便，易于维护。

（三）联合循环装置

根据用户需求，开发了多种机型的配联合循环蒸汽轮机，可配 E、F 燃气轮机，可实现单轴、多轴，见表 5-59。

表 5-59　　　　　　　　　　　　上汽联合循环装置

序号	CCPP 配置	汽轮机型式	上汽编号	业　绩
1	一拖一单轴	三压、再热、双缸	168	引进型 CCPP 汽轮机；上海石洞口等电厂共计 18 台
2	二拖一分轴	三压、再热、抽汽/背压、双缸、低压缸可在线解列	169 CNB	北京京桥、高安屯、西北热电共计 3 台
3	一拖一分轴	三压、再热、双缸、低压缸可在线解列	880	西北热电 1 台
4	一拖一分轴	三压、再热、双缸、抽汽 1.2MPa	A880	高要项目 2 台
5	一拖一分轴	三压、再热、双缸、抽汽 0.85/0.35 MPa	B880	周口项目 2 台
6	一拖一多轴	双压、单缸	165	深圳月亮湾
7	一拖一多轴	双压、单缸	166	北京郑常庄、哈纳斯等共 7 台
8	一拖一多轴	三压、再热、单缸	167	天津 IGCC 共 1 台
9	一拖一多轴	双压、双缸、低压缸可在线解列	860	未来城、上庄等共 2 台

（四）燃气轮机项目业绩表

上汽燃机业绩见表 5-60。

表 5-60   上 汽 燃 机 业 绩

E 级一拖一	F 级一拖一单轴	F 级一拖一多轴	F 级二拖一多轴
北京郑常庄（2 台）	上海石洞口项目（3 台）	广东高要（2 台）	北京京桥（2 台）
天津 IGCC（1 台）	河南郑州项目（2 台）	西北热电（1 台）	北京高安屯（2 台）
江苏仪征（3 台）	河南中原项目（2 台）	河南周口（2 台）	西北热电（2 台）
宁夏东部（4 台）	浙江萧山二期（2 台）		
宁夏西部（1 台）	福建厦门项目（2 台）		
北京未来城（1 台）	上海临港 LNG（4 台）		
北京海淀北（2 台）	浙江萧山三期（1 台）		
国电中山民众（3 台）	上海崇明项目（2 台）		
	浙能长兴项目（2 台）		
共计 17 台	共计 20 台	共计 5 台	共计 6 台

三、东方汽轮厂有限责任公司

（一）M701F4 型燃机

M701F4 型燃机是引进三菱技术，生产 MF701F3 型机组的升级产品，主要参数对比见表 5-61。

表 5-61   三 菱 燃 机 主 要 参 数

燃机型号			701F3	701F4
压气机	燃机进口空气流量	kg/s	651	712
	压气机压比		17	18
	压气机级数		17	17
燃烧器	燃烧器型式		DLN，环管式	DLN，环管式
	燃烧器数量		20	20
	燃烧器冷却方式		空气冷却	空气冷却
燃气透平	透平进口温度	℃	1400	1427
	燃机排气温度	℃	586	592
	透平级数		4	4
机组性能	燃机出力	MW	270	324
	燃机效率	%	38.2	39.5
	燃机热耗	kJ/kWh	9424	9027
	单轴联合循环出力	MW	397	478
	单轴联合循环效率	%	57	59
	单轴联合循环热耗	kJ/kWh	6315	6000

注　1　表中数据指在 ISO 条件下，即大气温度 15℃，大气压力 1.013bar，相对湿度 60% 及标准燃料。
　　2　联合循环的基本配置为 1GT+1ST。

（二）联合循环装置主要业绩

东汽联合循环装置主要业绩见表 5-62。

表 5-62 东汽联合循环装置主要业绩

序号	项目	燃气轮机	蒸汽轮机	配置方式
1	中山嘉明三期	M701F4	145MW（供热）	一拖一
2	珠海高栏港	M701F4	145MW（供热）	一拖一
3	深圳福化德	西门 V94.2	78MW	一拖一
4	江苏戚墅堰	2X 三菱重工 M701DA	2×78MW	一拖一
5	巴基斯坦	GE917IE	190MW	三拖一
6	约旦	GE9171E	110MW	二拖一

（三）M701DA 型燃机

M701DA 型燃机是引进三菱技术合作生产，属于 E 型燃气轮机的产品，已向江苏省戚墅堰电厂供应 2 台，一拖一，但配汽轮机均为 78MW。

四、南京汽轮电机（集团）有限责任公司

（一）PG9171E 型燃机

PG9171E 型燃机是引进 GE 技术生产的 MS9001E 型系列中，低 NO_x 排放的产品。它又分为：

（1）干式低氮（DLN）型结构，再可分为 NO_x 排放值 15ppm（vd）和 25ppm（vd）（15%O_2 干基）两种。

（2）非干式低氮（Non-DLN）型结构。

其主要参数见表 5-63。

表 5-63 燃 机 主 要 参 数

燃烧系统	Non-DLN		DLN	
燃料	CH_4	轻柴油	CH_4	轻柴油
燃机出力（kW）	128500	125600	127600	124800
燃机热耗率（kJ/kWh）	10520	10600	10590	10690
排气温度（℃）	544.5	545.2	544.6	545.3
排气流量（t/h）	1497.5	1502.1	1496.9	1501.6
燃机转速（r/min）	3000	3000	3000	3000

（二）PG6581B 型燃机

PG6581B 型燃机是引进 GE 技术生产 MS600/B 系列中，低 NO_x 排放的产品。同样也分为 DLN 型与 Non-DLN 型两种。其 ISO 工况性能见表 5-64。

表 5-64 燃 机 主 要 参 数

燃烧系统	Non-DLN		DLN	
燃料	CH_4	轻柴油	CH_4	轻柴油
燃机出力（kW）	43000	41800	42300	41200
燃机热耗率（kJ/kWh）	10870	11030	10950	11100
排气温度（℃）	542.3	543.1	542.2	543
排气流量（t/h）	522.2	523.8	521.8	523.4
燃机转速（r/min）	5163	5163	5163	5163

（三）主要国内业绩

南汽主要业绩见表 5-65。

表 5-65 南 汽 主 要 业 绩

型号	功率（万 kW）	商业投运日期	区域	运行小时
MS5001	2.17	20 世纪 80 年代中期	中原油田、江苏	截至 1999 年 8 万 h
MS6001B	3.66～4.189	20 世纪 90 年代至今	珠三角、长三角、东北、西北地区	至今运行小时接近百万小时
PG6581B-L	4.67	21 世纪至今	通化钢铁、济南钢铁、重庆钢铁	至今运行小时接近 50 万 h
MS9001E	127.6	21 世纪至今	西北、苏北、长三角、珠三角	至今运行小时接近 10 万 h

（1）其中为国内用户提供：MS5001 型燃气轮发电机组 3 台套；MS6001B 燃气轮发电机组 25 台套；PG6581B-L 型燃气轮发电机组 8 台套；MS9001E 型燃气轮发电机组 16 台套。

（2）出口非洲、中东、东南亚地区：MS6001B 燃气轮发电机组 32 台套。

（3）出口巴基斯坦地区：MS9001E 型燃气轮发电机组 1 台套。

制冷制热设备

本章将介绍设置在冷热源站内的制冷制热设备。包括电制冷机组、溴化锂吸收式冷（热）水机组、热泵机组、电热中央热水器、燃气（油）中央热水器、中央真空热水机组、蓄冷（热）设备，以及冷热源站设计简介等。

第一节　制冷制热设备选型原则

一、选型与负荷性质的关系

（1）当热负荷主要是为空调制冷而用时，宜采用溴化锂吸收式冷（热）水机组，可采用烟气型、蒸汽型或热水型的可利用余热的吸收式机组。

（2）当热负荷主要是蒸汽或热水负荷时，宜采用余热锅炉。

（3）对于调峰性质（或备用性质）的冷热负荷，可采用电制冷、电制热、或直热型的冷热水机组。

二、负荷的确定

（1）确定冷热水机组的冷（热）负荷，应在计算空调负荷的基础上，增加机组本身和水系统的冷（热）损失，还应考虑冷（热）水和冷却水产生的污垢因素，对产冷（热）量进行修正。对直燃机组在制冷的同时制卫生热水，则制冷量相应降低，这一因素亦应考虑。

（2）对空气源热泵，其合适的使用条件往往是冷负荷大于热负荷，因此以应满足冷负荷为机组选型的依据；即使在冷负荷小于热负荷的气候条件下选用空气源热泵机组，建议仍以满足冷负荷为选型依据，并采用以燃料锅炉为辅助热源的二元供热系统，当气温较低时可开启辅助热源，甚至全部用辅助热源供热以避免空气源热泵在低环境温度下低效率工作。

（3）一般直燃机的额定供热量是其额定制冷量的80%左右。但也可根据用户的要求，选择供热量大于或等于制冷量的特殊机型。直燃机的供热量是指供暖热量与卫生用热水热量之和，或二者之一（二者均能单独达到额定供热量）。

三、设备台数

对空调用冷水机组，除离心机组和溴化锂机组外，一般应选用两台或两台以上；即使是选用溴化锂机和离心机，当所需较大制冷量（如1160kW以上）时，也宜选用两台或多台。它们具有下列优点：

（1）低负荷运转时，可通过运行台数的多少来达到既满足冷量的需求，又达到节能、节电和降低运转费用的目的。

（2）如对不同部门需要供给不同温度的冷水时，两台或多台机组可实现分区供冷，这有利于提高制冷机运行的热效率。

（3）选用两台或多台冷水机组时，从机房布置、零部件的互换和检修方便的观点出发，应选用同型号同冷量的制冷机为好。当然，同一单位中不同部门所需制冷量相差较大时，也可选用不同制冷量的制冷机。

四、冷媒水出口温度

一般空调用冷媒水为 7℃供 12℃回，蒸汽压缩式和溴化锂吸收式机组均可选用。而对于需要 5℃或低于 5℃冷媒水的场合，如各种蓄冷空调，选用溴化锂制冷机是不适宜的，因为此时不仅运行热效率低（热力系数低），而且容易出现结晶或冻裂传热管等故障，故应选用活塞、螺杆或离心压缩式冷水机组。

五、关于非标设备

对于采用与生产厂商产品标本上各主要性能参数不符的，应视为非标设备，应与厂家充分协商并在设备超标书中明确写出。

六、关于制冷制热设备总容量

冷热源站的供冷热设备总容量应根据用户设计冷热负荷并参考不同季节典型日逐时冷热负荷曲线确定。当发电余热不能满足设计冷热负荷时，应设置补充冷热供应设备。补充冷热供应设备可采用吸收式冷（温）水机组、压缩式冷水机组、热泵、锅炉等，且可采用蓄冷（热）装置。

第二节 制 冷 设 备

一、电制冷机组

电制冷即蒸汽压缩式制冷。采用的制冷剂有 R12、R22、R134a、R407c、R401A 等。

（一）蒸汽式压缩式制冷的工作原理

蒸汽压缩式制冷是技术上最成熟、应用最普遍的冷源设备，由压缩机、冷凝器、膨胀机构、蒸发器等四个主要部分组成，工质循环于其中。当设备运行时，压缩机吸入来自蒸发器内的蒸汽，蒸汽经压缩后成为高温高压气体，接着进入冷凝器释放热量而被冷凝成高压的液体，然后经过节流机构膨胀，大部分成为低压液体，一小部分变成了低压蒸汽，两者一并进入蒸发器，在蒸发器中液体吸取热量而汽化，再为压缩机所吸入，从而实现工质的一个循环。

为了深入浅出地分析问题，首先讨论蒸汽压缩制冷的理论循环。假设：①压缩过程可逆；②除两个换热器外，其余各部分绝热；③在冷凝与蒸发过程中与两恒温热源间无传热温差；④工质流动中无压力损失。

并假设：高、低温热源温度分别为 T_H、T_L，冷凝温度为 $T_c = T_H$，蒸发温度为 $T_E = T_L$，把理论循环表示在热力性质图上，如图 6-1（a）所示，图中 1-2 为等熵压缩过程，2-3 为无相变的等压冷却过程，3-4 为有相变的等压等温冷凝过程，4-5 为节流膨胀过程，5-1 为有相变的等压等温蒸发过程。

工质按性质可以分成两种类型：一种称为过热增工质，即随着压缩压力的提高气体状态距相界面曲线越远，也即过热度越大，如图 6-1（a）所示；另一种称为过热减工质，若为饱和蒸汽则随着压力的提高气体状态进入气相界曲线内侧，也即变成了湿蒸汽，如图 6-1（b）中 1-2′所示。在后者情况下，有时为了不使蒸汽在压缩过程中，也即在压缩机中不进入湿区，故意使吸入蒸汽先过热到1′，而使压缩终了恰好处于相界曲线点2上。

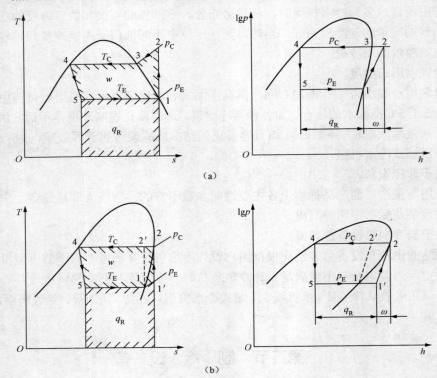

图 6-1　理论循环在热力性质图上的表示

（a）过热增工质循环；（b）过热减工质循环

在 *T-s* 图上可以清晰地表示出循环的工作过程以及在蒸发过程中吸取的热量——制冷量 q_R 与所消耗的功 w，但在 $\lg p$-h 图上却能更好地反映出循环中能量的数值关系，故在计算中经常使用。

例如，单位质量的制冷量在图 6-1 中为

$$q_R = h_1 - h_5 \tag{6-1}$$

因为节流过程中等焓过程，故

$$h_5 = h_4 \tag{6-2}$$

因此

$$q_R = h_1 - h_4 \tag{6-3}$$

单位供热量

$$q_H = h_2 - h_4 \tag{6-4}$$

单位功耗

$$w = h_2 - h_1 \text{ 或 } w = h_2 - h_{1'} \tag{6-5}$$

由此可得制冷系数 COP_R 为

$$COP_R = \frac{q_R}{w} = \frac{h_1 - h_4}{h_2 - h_1} \tag{6-6}$$

供热系数 COP_H 为

$$COP_H = \frac{q_H}{w} = \frac{h_2 - h_4}{h_2 - h_1} \tag{6-7}$$

而由前可知

$$COP_H = COP_R + 1 \tag{6-8}$$

过冷过热及回热循环，实际单级循环，劳伦兹循环等的分析过程均略去。

常用的蒸汽压缩式制冷机组有活塞式、螺杆式、离心式和模块式四种。

（二）活塞式冷水机组

1. 特点

蒸汽压缩冷水机组中以活塞式压缩机为主机的称为活塞式冷水机组，活塞式冷水机组的压缩机、蒸发器、冷凝器和节流机构等设备都组装在一起，安装在一个机座上，其连接管路已在制造厂完成了装配，因此用户只需要在现场连接电气线路及外接水管（包括冷却水管路和冷水管路），并进行必要的管道保温，即可投入运行，根据机组配用冷凝器的冷却介质的不同，活塞式冷水机组又可分为水冷和风冷两种。

活塞式冷水机组具有结构紧凑、占地面积小、安装快、操作简单和管理方便等优点。对于想加装空气调节，但已经落成的建筑物及比较分散的建筑群，制冷量较小时，采用活塞式冷水机组尤为方便。

2. 活塞式制冷压缩机及分类

活塞式制冷压缩机是应用曲柄连杆机构，带动活塞在气缸内作往复运动而进行压缩气体的，它的应用最广，具有良好的使用性能和能量指标。但是，往复运动零件引起了振动和机构的复杂性，限制了它的最大制冷量，一般小于 500kW。

活塞式制冷压缩机的分类方法很多。

按使用的制冷剂分类。可分为氨压缩机、氟利昂压缩机、二氧化碳压缩机等。不同制冷剂对材料及结构的要求不同。如氨对铜有腐蚀，故氨压缩机中不允许使用铜质零件（磷青铜除外），氟利昂渗透性较强，对有机物有膨胀作用，故对压缩机的材料及密封机构均有较高的要求。

按气缸布置方式分类。可分为卧式、直立式和角度式三种类型。

按压缩机的密封方式分类。分为开启式和封闭式两大类，其中封闭式分为半封闭式和全封闭式二种结构形式。

按制冷量的大小分类，如按 GB/T 10079—2001《活塞式单级制冷压缩机》规定，配用电动机功率不小于 0.37kW、气缸直径小于 70mm 的压缩机为小型活塞式制冷压缩机；气缸直径为 70～170mm 压缩机为中型活塞式制冷压缩机。

按气体压缩的级数分类，分为单级压缩和多级（一般为两极）制冷压缩机，两级制冷压缩机可由两台压缩机来实现，也可由一台压缩机来实现，即单机双级压缩机。

3. 国产活塞式冷水机组的主要性能

目前，国产活塞式冷水机组常用的制冷剂为 R22，大多采用 70、100、125 系列制冷压缩机组装。当冷凝器进水温度为 32℃，出水温度为 36℃，蒸发器出口冷水温度为 7℃时，冷量范围约为 35～580kW。在冷水机组的冷凝器和蒸发器中，采用了各种高效传热管，提高制冷剂与冷却水或制冷剂与冷水的换热效果，降低传热温差，提高运行的经济性。

（三）螺杆式冷水机组

1. 特点

以各种形式的螺杆式压缩机为主机的冷水机组称为螺杆式冷水机组，它是由螺杆式制冷压缩机、冷凝器、蒸发器、节流装置、油泵、电气控制箱以及其他控制元件等组成的组装式制冷系统。螺杆式冷水机组具有结构紧凑、运转平稳、操作简便、冷量无级调节、体积小、质量小及占地面积小等优点，所以近年来一些工厂、科研单位、医院、宾馆及饭店等开始在环境降温、空气调节系统中使用，尤其是在负荷不太大的高层建筑物进行制冷空调，更能显示出它独特的优越性。此外，螺杆式冷水机组也可用来供应工业生产用冷水，以满足产品工艺流程的需要。

2. 螺杆式压缩机

（1）具有较高转速（3000～4400r/min），可与原动机直联。因此，它的单位制冷量的体积小，重量轻，占地面积小，输气脉动小。

（2）没有吸、排气阀和活塞环等易损件，故结构简单，运行可靠，寿命长。

（3）因向气缸中喷油，油起到冷却、密封、润滑的作用，因而排气温度低（不超过90℃）。

（4）没有往复运动部件、故不存在不平衡质量惯性力和力矩，对基础要求低，可提高转速。

（5）具有强制输气的特点，排气量几乎不受排气压力的影响。

（6）对湿行程不敏感，易于操作管理。

（7）没有余隙容积，也不存在吸气阀片及弹簧等阻力，因此容积效率较高。

（8）输气量调节范围宽，且经济性较好，小流量时也不会出现象离心式压缩机那样的喘振现象。

然而，螺杆式制冷压缩机也存在着油系统复杂、耗油量大、油处理设备庞大且结构较复杂、不适宜于变工况下运行（因为压缩机的内压比是固定的）、噪声大、转子加工精度高、需要专用机床及刀具加工、泄漏量大，只适用于中、低压力比下工作等一系列缺点。

螺杆式制冷压缩机的制冷量介于活塞式和离心式之间。从形式上看也有开启式、半封闭式和全封闭式之分。从级数上看有单级、双级、单机双级等。

（四）离心式冷水机组

1. 特点

以离心式制冷压缩机为主机的冷水机组，称为离心式冷水机组，根据离心式压缩机的级数，目前使用的有单级压缩离心式冷水机组和两级压缩离心式冷水机组；按照配用冷凝器的形式不同，离心式冷水机组有风冷式和水冷式之分。

离心式冷水机组适用于大中型建筑物，如宾馆、剧院、医院、办公楼等舒适性空调制冷以及纺织、化工仪表、电子等工业所需的生产性空调制冷。也可为某些工业生产工艺用冷水，离心式冷水机组是将离心式压缩机、蒸发器、冷凝器及节流机构等设备组成一个整体，这样可以使设备紧凑，节省占地面积。

由于离心式压缩机的结构及工作特性，它的输气量一般希望不小于 $3500m^3/h$，因此决定了离心式冷水机组适用于较大的制冷量，单级容量通常在 581.4kW（$50×10^4$kcal/h）以上，目前世界上最大的离心式冷水机组的制冷量可达 35000kW（$3000×10^4$kcal/h）。此外，离心式冷水机组的工况范围比较狭窄。在单级离心式制冷机中，冷凝压力不宜过高，蒸发压力不宜过低。其冷凝温度一般控制在40℃左右，冷凝器进水温度一般在32℃以下；蒸发温度大致为0～10℃，用得最多的是0～5℃，蒸发器出口冷水温度一般为5～7℃。

2. 离心式制冷压缩机的特点

大型空气调节系统和石油化学工业对冷量的需求很大，离心式制冷压缩机正是适应这种需求而发展起来的。离心式制冷压缩机是一种速度型压缩饥，它是通过高速旋转的叶轮对在叶轮流道里连续流动的制冷剂蒸汽做功,使其压力和流速增高,然后再通过机器中的扩压器使气体减速,将动能转换为压力能,进一步增加气体的压力。

离心式制冷压缩机具有制冷量大,体积小,质量小,运转平稳和无油压缩等特点,多数应用于大型的制冷空调和热泵装置。因压缩气体的工作原理不同,它与活塞式制冷压缩机相比较,具有下列特点:

(1)无往复运动部件,动平衡特性好,振动小,基础要求简单。

(2)无进排气阀、活塞、气缸等磨损部件,故障少,工作可靠,寿命长。

(3)机组单位制冷量的质量、体积及安装面积小。

(4)机组的运行自动化程度高,制冷量调节范围广,且可连续无级调节,经济方便。

(5)在多级压缩机中容易实现一机多种蒸发温度。

(6)润滑油与制冷剂基本上不接触,从而提高了冷凝器及蒸发器的传热性能。

(7)对大型离心式制冷压缩,可由蒸汽透平或燃气透平直接带动,能源使用经济、合理。

(8)单机容量不能太小,否则会使气流流道太窄,影响流动效率。

(9)因依靠速度能转化成压力能,速度又受到材料强度等因素的限制,故压缩机的一级压缩比不大,在压力比较高时,需采用多级压缩。

(10)通常工作转速较高,需通过增速齿轮来驱动。

(11)当冷凝压力太高或制冷负荷太低时,机器会发生喘振而不能正常工作。

(12)制冷量较小时,效率较低。

(五)模块式冷水机组

模块式冷水机组是一种新型的制冷装置,由多台模块化蒸汽压缩冷水机单元并联组合而成。模块式系统中每个单元制冷量为130kW。其中有两个完全独立的制冷系统,各自有双速或单速压缩机、蒸发器、冷凝器及控制器。它以 R22 为制冷剂,标准制冷量65kW。每个模块单元装有两台全封闭式压缩机。压缩机内有弹簧消声防振。在压缩机与单元的固定处有橡胶隔离。电动机绕组的每一圈都有热阻器,以防止过热后单相运行。每个系统都装有高压和低压控制器以及压缩机过载保护开关。每个模块单元装有两套冷凝器和两套蒸发器。蒸发器和冷凝器均采用板式换热器,与一般管壳式换热器相比,它具有较高的传热效率,传热温差小。即在冷凝器中,制冷剂侧的冷凝温度更加接近于冷却水出口温度,因而制冷剂液体有较大的过冷度;在蒸发其中,冷水出口温度更加接近于蒸发温度。这些特点有效地改善了循环效率,结果使电耗降低,所需的传热面积减小。模块式机组可由 13 个单元组合而成,总制冷量为 1690kW。模块式冷水机组内设的计算机监控系统,控制整个机组,按空调负荷的大小,定期启停各台压缩机或将高速运行变为低速运行。该系统连续地控制冷水机组的全部运行,包括每一个独立制冷系统和整机运行。

与其他形式的冷水机组相比较,模块式冷水机组具有一系列优点,例如可以按照冷负荷的变化随时调整运行的模块数,使输出冷量与空调负荷达到最佳配合,以最大限度节约能源;多台压缩机并联工作,如果因为某种原因,其中一台压缩机停止工作,其他运行的压缩机能保证制冷量基本不变,所以能在输出容量不变的运行状态下,对机组内的压缩机逐一进行检修;质量小,外形尺寸小,可节约建筑面积;模块化的组合,对制冷系统提供最大的备用能力,而且扩大机组容量非常简单易行。模块式冷水机组的最大缺点是对水质要求较高。

二、溴化锂吸收式制冷机组

（一）溴化锂吸收式制冷的工作原理

溴化锂吸收式制冷，同蒸汽压缩制冷原理相同，都是利用液态制冷剂在低温、低压条件下，蒸发、汽化吸收载冷剂的热负荷，产生制冷效应。不同的是，溴化锂吸收式制冷，是利用溴化锂—水组成的二元溶液为工质对，完成制冷循环的。

在溴化锂吸收式制冷机内循环的二元工质对中，水是制冷剂。在真空[绝对压力为934.6Pa（7.01mmHg）]状态下蒸发，具有较低的蒸发温度（6℃），从而吸收载冷剂热负荷，使之温度降低，源源不断地输出低温载冷剂（水）。工质对中溴化锂水溶液则是吸收剂，可在常温和低温下强烈地吸收水蒸气，但在高温下又能将其吸收的水分释放出来。制冷剂在二元溶液工质对中，不断地被吸收或释放出来。吸收与释放周而复始，不断循环，因此，蒸发制冷循环也连续不断。

制冷过程所需的热能可从蒸汽、废热、废气或地下热水（50℃以上）中获得。在燃油或天然气充足的地方，还可采用直燃式溴化锂吸收式制冷机制取低温水。

1. 单效溴化锂吸收式制冷机

溴化锂吸收式制冷系统具有四大热交换装置，即发生器、冷凝器、蒸发器和吸收器。这四大热交换装置，辅以其他设备连接组成各种类型的溴化锂吸收式制冷机（简称溴冷机）。图6-2所示为吸收式制冷循环原理图。

冷凝器的作用是把制冷过程中产生的气态制冷剂冷凝成液体，进入节流装置和蒸发器中。而蒸发器的作用则是将节流降压后的液态制冷剂汽化，吸取载冷剂的热负荷使载冷剂温度降低，达到制冷目的。

发生器的作用，是使制冷剂（水）从二元溶液中汽化，变为制冷剂蒸汽。而吸收器的作用，则是把制冷剂蒸汽更新输送回二元溶液中去。两热交换装置之间的二元溶液的输送，是依靠溶液泵来完成的。

图6-2中上半部分，贯穿4个热交换装置，虚线所示为制冷剂循环。由蒸发器、冷凝器和节流装置（即调节阀10）组成，属于逆循环。图6-2中下半部分，实线所示循环回路，是由发生器、吸收器、溶液泵及调节阀组成的热压缩系统的二元溶液循环，属于正循环。以上循环是不考虑传质、传热及工质流动的系统阻力等损失的理论循环。正循环为卡诺循环，具有最大的热效率，逆循环为逆卡诺循环，具有最大的制冷系数。因此，由这样一个正循环与一个逆循环联合组成一个以热力为主要动力，辅以少量电能驱动溶液泵所构成的吸收式制冷机，具有最大的热力系数。

制冷剂循环中，高压气态制冷剂在冷凝器中向冷却水释放热量，凝结成为液态制冷剂，经节流进入蒸发器。在蒸发器中液态制冷剂又被汽化为低压冷剂蒸汽，同时吸收载冷剂的热量产生制冷效应。为了维持制冷剂循环，保证蒸发器内的低压状态。使液态制冷剂连续蒸发吸收热量，而设置吸收器。吸收器内的液态吸收剂，吸收来自蒸发器所产生的低压冷剂蒸汽从而形成了制冷剂—吸收剂组成的二元溶液，经溶液泵升压后进入发生器。二元溶液在发生器内，被通过管簇内部低品位热能加热，很容易沸腾，因为发生器内的压力不高，其中沸点低的制冷剂（水）汽化形成气态制冷剂，又与吸收剂（溴化锂溶液）相分离。气态制冷剂去冷凝器中被冷却水吸热而液化，进入蒸发器完成制冷剂循环。分离出制冷剂的吸收剂，依靠与吸收器之间的压力差和重力作用返回吸收器，再次进入吸收低压气态制冷剂的循环，完成全部溶液循环。

　　由于吸收式制冷是以热源（可以是蒸汽、热水、烟气，也可直燃天然气、油）为主要动力，加之吸收过程要释放出大量的吸收热，故吸收式制冷机的排热量较大，约为蒸汽压缩式制冷机的 2 倍。因此，溴冷机本身的排热量一般约为该机制冷量的 2.4 倍，制冷所需用的冷却水量比较大。但冷却水温高达 37~38℃时，溴冷机仍能运行，这也是溴冷机的一大特点。

　　如图 6-3 所示为单效溴化锂吸收式制冷机原理流程图。

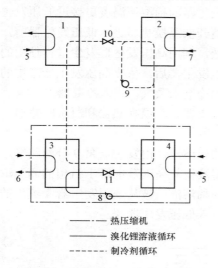

图 6-2　吸收式制冷循环原理图

1—冷凝器；2—蒸发器；3—发生器；4—吸收器；
5—冷却水管；6—蒸汽管；7—载冷剂管；
8—溶液泵；9—制冷剂；10、11—调节阀

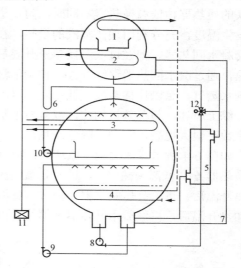

图 6-3　单效溴化锂吸收式制冷机原理

1—冷凝器；2—发生器；3—蒸发器；4—吸收器；
5—换热器；6—形管节流阀；7—防结晶管；
8—发生器泵；9—吸收器泵；10—蒸发器泵；
11—抽真空装置；12—溶液三通阀

　　通常将发生器和冷凝器密封在一个筒体内，称为高压筒，发生器产生的冷剂蒸汽，经挡液板直接进入冷凝器。为了便于冷剂蒸汽的吸收，缩短冷剂蒸汽的流程，将工作压力较低的蒸发器与吸收器密封于另一个筒体内，称为低压筒。高压筒在上、低压筒在下的布置有利于浓溶液靠重力与压差自动从发生器回流至吸收器，减少动力消耗。

　　高、低压筒之间的压差平衡由装在两筒之间管路上的节流装置来保持。在溴冷机系统中，这一压差相当小，一般只有 6.5~8kPa，只要 7.0~8.5kPa 就可控制住上下筒的压力平衡。因此，节流装置多采用 U 形管就可满足需要，当然也可用节流短管或节流小孔做节流装置。

　　由于溴冷机内部是处于真空状态下运行的，因此必须使蒸发器及吸收器在运行中保持稳定的真空度，所以对设备的气密性要求较高。全部溶液泵均采用结构紧凑、密封性能良好的屏蔽泵，调节阀门采用真空隔膜阀，以及其他的密封性措施等。尽管全部系统都采取严格的密封措施，但因制冷系统内的绝对压力很低，与系统外的大气压力存有较大的压差，外界空气仍有可能渗入系统内。同时，运行中因溴化锂对金属的腐蚀作用，也会产生一些不凝性气体。如果不及时排出机组，当不凝性气体积聚到一定数量时，就会破坏机组的正常工作状况，严重时甚至会使制冷机组的制冷循环停止。要及时地排除渗入机内的空气及不凝性气体，溴冷机组必须配备一套专门抽真空装置系统（见图 6-3 中 11）。

2. 双效溴化锂吸收式制冷机

双效溴化锂吸收式制冷机，比单效制冷机增加了一个高压发生器，又称高压筒。低压部分与单效机的结构相近，也是由上、下两筒组成。因此，双效机的一般形式为三筒式。

为了提高热交换效率，更好地完成制冷循环，双效溴冷机设有两套溶液换热器。从高压发生器流出的温度较高的浓溶液与来自吸收器低温的稀溶液进行热交换的换热器称为高温换热器。从低压发生器流出的浓溶液（温度比高压发生器出口的溶液温度低）与稀溶液进行热交换的换热器称低温换热器。同时，为使进入低压发生器的稀溶液温度更接近低压发生器内的发生温度，充分利用加热蒸汽的余热，在稀溶液离开低温换热器进入低压发生器前，增设一套凝水回热器。把经过低温换热器升温后的稀溶液，利用高压发生器发生过程使用的蒸汽余热，通过凝水回热器继续升温，使稀溶液进入低压发生器后，依靠高压发生器产生的高温冷剂水蒸气，足以让稀溶液在低压发生器内很快发生冷剂水蒸气，进入冷凝器。

综上所述，与单效机相比，双效机增加了高压发生器、高温换热器和凝水回热器，使热力系数有很大提高，有利于降低能耗。

如图 6-4 所示双效机制冷原理为：吸收器 5 中的稀溶液，由发生器泵 9 分两路输送至高温换热器 6 和低温换热器 7，进入高温换热器的稀溶液被从高压发生器 1 流出的高温浓溶液加热升温后，进入高压发生器，而进入低温换热器的稀溶液，被从低压发生器 3 流出的浓溶液加热升温后，再经凝水回热器 8 继续升温，然后进入低压发生器 3。

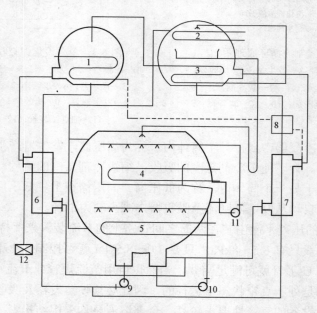

图 6-4 双效溴化锂吸收式制冷机原理

1—高压发生器；2—冷凝器；3—低压发生器；4—蒸发器；5—吸收器；6—高温换热器；

7—低温换热器；8—凝水回热器；9—发生器泵；10—吸收器泵；11—蒸发器泵；12—抽真空装置

进入高压发生器的稀溶液，被工作蒸汽加热，溶液沸腾产生高温冷剂蒸汽，导入低压发生器，加热低压发生器中的稀溶液后，经节流进入冷凝器 2，被冷却凝结为冷剂水。

进入低压发生器的稀溶液，被高压发生器产生出的高温冷剂蒸汽所加热，产生低温冷剂蒸汽直接进入冷凝器，也被冷却凝结为冷剂水。高、低压发生器产生的冷剂水汇合于冷凝器集水盘中，混合后导入蒸发器 4 中。

加热高压发生器中稀溶液的工作蒸汽的凝结水，经凝水回热器进入凝水管路。而其中的稀溶液因被加热蒸发出了冷剂蒸汽，使浓度升高成浓溶液又经高温换热器导入吸收器 5。低压发生器中的稀溶液，被加热升温放出冷剂蒸汽也成为浓溶液，再经低温换热器进入吸收器，浓溶液与吸收器中原有溶液混合成中间浓度溶液，由吸收器泵吸取混合溶液，输送至喷淋系统，喷洒在吸收器管簇外表面，吸收来自蒸发器 4 蒸发出来的冷剂蒸汽，再次变为稀溶液进入下一个循环。吸收过程所产生的吸收热被冷却水带到制冷系统外，完成溴化锂溶液从稀溶液到浓溶液，再回到稀溶液的溶液循环过程，即热压缩循环过程。

高、低压发生器所产生的冷剂蒸汽，凝结在冷凝器管簇外表面上，被冷却水吸收凝结过程产生的凝结热，带到制冷系统外。凝结后的冷剂水汇集后，经节流装置，淋洒在蒸发器管簇上，因蒸发器内压力低，部分冷剂水闪蒸吸收冷媒水的热量，产生部分制冷效应。尚未蒸发的大部分冷剂水，由蒸发器泵 11 喷淋在蒸发器管簇外，吸收通过管簇内流经的冷媒水热量，蒸发成冷剂蒸汽，进入吸收器。

冷媒水的热量被吸收使水温降低，从而达到制冷目的，完成制冷循环。吸收器中喷淋中间浓度混合溶液吸收制冷剂蒸汽，使蒸发器处于低压状态，溶液吸收冷剂蒸汽后，靠热压缩系统再产生制冷剂蒸汽。保证了制冷过程的周而复始的循环。

双效溴冷机可采用蒸汽、高温水（110℃）和烟气作为加热热源，也可采用燃油或燃气直燃型作为加热热源。

（二）溴化锂吸收式制冷机的选型要点和特点

1. 选型要点

溴化锂吸收式冷水机组有蒸汽型、热水型、直燃型和烟气型等，又可分单效和双效两种主要类型。

（1）溴化锂吸收式制冷机的性能除受冷媒水和冷却水的温度、流量、水质等因素的影响外，还与加热介质的压力（温度）、溶液的流量等因素有关。当加热介质的压力（温度）升高、冷媒水温度升高、冷却水温度降低或流量增加时，均会使机组的制冷量增大。

（2）冷媒水量的变化对机组性能影响不大；而机组的制冷量几乎与溶液的循环量成正比；但对机组性能影响最大的，是系统内不凝性气体的存在。

（3）烟气型和直燃型机组兼有制冷制热的功能，亦称作吸收式冷（热）水机组。

（4）单效溴化锂吸收式冷水机组一般采用 0.1～0.25MPa 的蒸汽或热水（75℃以上）作为加热热源，制冷系数一般为 0.65～0.75。双效溴化锂吸收式制冷机组一般采用 0.4MPa 以上蒸汽或高温水（110℃以上），制冷系数大于 1.0。

2. 特点

（1）以水作制冷剂，溴化锂溶液作吸收剂，因此它无臭、无味、无毒，对人体无危害，对大气臭氧层无破坏作用。

（2）对热源要求不高。一般的低压蒸汽（0.12MPa 以上）或 75℃以上的热水均能满足要求，特别适用于有废汽、废热水可利用的化工、冶金和轻工业企业，有利于热能的综合利用。

（3）整个装置基本上是换热器的组合体，除泵外，没有其他运动部件，振动、噪声都很小，运转平稳，对基建要求不高，可在露天甚至楼顶安装，尤其适用于船舰、医院、宾馆等场合。

（4）结构简单，制造方便。

（5）整个装置处于真空状态下运行，无爆炸危险。

（6）操作简单，维护保养方便，易于实现自动化运行。

（7）能在10%～100%范围内进行制冷量的自动、无级调节，而且在部分负荷运行时，机组的热力系数并不明显下降。

（8）溴化锂溶液对金属，尤其是对黑色金属有强烈的腐蚀性，特别在有空气存在的情况下更为严重，因此对机组的密封性要求非常严格。

（9）由于系统以热能作为补偿，加上溴化锂溶液的吸收过程是放热过程，故对外界的排热量大，通常比蒸汽压缩式制冷机大1倍以上，因此冷却水消耗量大。但溴化锂吸收式冷水机组允许有较高的冷却水温升，冷却水可以采用串联流动方式，以减少冷却水的消耗量。

（10）采用水作为制冷剂，故一般只能制取5℃以上的冷水，多用于空气调节及一些生产工艺用冷冻水。

3. 制造厂家

目前，我国溴化锂吸收式制冷机组的研发、生产能力处于国际领先地位。在产品适用范围、生产质量、产品价格、售后服务等方面具有较大优势，已形成全套的国家标准，是一种十分成熟的规范化产品。根据中国制冷空调工业协会市场调查，国内溴化锂吸收式制冷机按销售产值的排列见表6-1。

表6-1　　　按销售产值划分蒸汽和热水型溴化锂吸收式冷水机组生产企业构成状况

国内主导生产企业	烟台荏原空调设备有限公司 江苏双良集团有限公司 大连三洋制冷有限公司 远大空调有限公司
国内主要生产企业	乐星空调系统（山东）有限公司 希望深蓝空调制造有限公司等
国内一般生产企业	开利空调销售服务（上海）有限公司 广州日立冷机有限公司 特迈斯（浙江）冷热工程有限公司 同方人工环境有限公司等

（三）蒸汽热水型吸收式制冷机组

1. 规格与性能

我国目前四大主导生产厂家（远大、三洋、荏原、双良）样本上蒸汽、热水型制冷机的规格、性能见表6-2～表6-5。

表6-2　　　　　　　　　　单效蒸汽型吸收式制冷机规格、性能

机型代号	制冷量 （万 kcal/h）	冷水量 （7/12℃）（m³/h）	冷却水量 （37/30℃）(m³/h)	蒸汽耗量 （0.1MPa）（kg/h）	耗电量 （kW）	运行质量 （t）
BDS 20	20	30	48.9	349	1.8	3.6
BDS 50	50	100	163	1163	2.2	7.1

续表

机型代号	制冷量 （万 kcal/h）	冷水量 （7/12℃）（m³/h）	冷却水量 （37/30℃）（m³/h）	蒸汽耗量 （0.1MPa）（kg/h）	耗电量 （kW）	运行质量 （t）
BDS 100	100	200	326	2325	5.0	12.5
BDS 200	200	400	652	4625	8.4	25.2
BDS 500	500	1000	1630	11025	13.5	55.0
BDS 1000	1000	2000	3260	23251	27.2	95

注 单效蒸汽型的制冷范围 20 万～1000 万 kcal/h，共有 14 种机型，表中只列出了 6 种。

表 6-3　　　　　　　　　　　双效蒸汽型吸收式制冷机规格、性能

机型代号	制冷量 （万 kcal/h）	冷水量 （7/12℃）（m³/h）	冷却水量 （37/30℃）（m³/h）	蒸汽耗量 （0.1MPa）（kg/h）	耗电量 （kW）	运行质量 （t）
BS 20	20	30	36.7	189	1.4	4.0
BS 50	50	100	123	633	2.5	8.2
BS 100	100	200	245	1267	4.3	15.1
BS 200	200	400	624	2535	6.6	29.7
BS 500	500	1000	1220	6343	17.4	63.8
BS 1000	1000	2000	2452	12685	34.6	113

注 双效蒸汽型的制冷范围 20 万～1000 万 kcal/h，共有 14 种机型，表中只列出了 6 种。

表 6-4　　　　　　　　　　　单效热水型吸收式制冷机规格、性能

机型代号	制冷量 （万 kcal/h）	冷水流量 （7/12℃）（m³/h）	冷却水流量 （37/30℃）（m³/h）	热源水流量 （98/88℃）（m³/h）	耗电量 （kW）	运行质量 （t）
BDH 20	20	26	43	18.1	1.8	3.9
BDH 50	50	88	147	61.1	2.2	7.4
BDH 100	100	176	293	122	5.0	13.4
BDH 200	200	352	587	244	8.4	26.0
BDH 500	500	880	1467	611	13.5	59
BDH 1000	1000	1760	3933	1222	27.2	101

注 单效热水型的制冷范围 20 万～1000 万 kcal/h，共有 14 种规格，表中只列出了 6 种。

表 6-5　　　　　　　　　　　双效热水型吸收式制冷机规格、性能

机型代号	制冷量 （万 kcal/h）	冷水流量 （7/12℃）（m³/h）	冷却水流量 （37/30℃）（m³/h）	热源水流量 （170/155℃）（m/h）	耗电量 （kW）	运行质量 （t）
BH 20	20	30	36.7	76	1.4	4.2
BH 50	50	100	123	256	2.5	9.1
BH 100	100	200	245	512	4.3	15.2
BH 200	200	400	490	102	6.6	29.4
BH 500	500	1000	1226	256	17.4	67
BH 1000	1000	2000	2452	512	34.6	117

注 双效热水型的制冷范围 20 万～1000 万 kcal/h，共有 14 种规格，表中只列出了 6 种。

2. 吸收式制冷机的接口

研究制冷机的接口关系是为了判定其与热源、管网的匹配。如图 6-5 所示，吸收式制冷机的接口共四处。

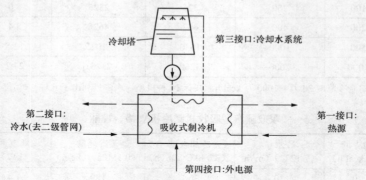

图 6-5　吸收式制冷机的接口

（1）第一接口。与冷热源的（蒸汽、热水或烟气）连接，属于内部接口。

（2）第二接口。经外部管网与各空调用户连接，属于外部接口。

厂家样本上有两种参数：7/12℃，温差 5℃；7/14℃，温差 7℃。

（3）第三接口。与制冷站的冷却水系统连接，属于内部接口。

（4）第四接口。与冷热源站的供电系统连接，属于内部接口。

（四）直燃型溴化锂吸收式冷（热）水机组

直燃机从其利用的能源可分为燃油型、燃气型及油、气两用型；从功能上可分为三用型（具备制冷、采暖、卫生热水三种功能）、空调型（具备制冷、采暖功能）和单冷型（只具备制冷功能）。单冷型较前两种便宜、三用型与空调型价格接近。选用时应根据用户的供水参数要求，还应进行经济比较。

用于制冷时，由于减少了中间环节及能回收一部分烟气热，直燃型比蒸汽型的性能系数要高 15% 左右，如考虑锅炉效率，这个数值还要高。而供热时直燃机相当于燃油或燃气锅炉。

直燃型溴化锂吸收式冷热水机组的制冷原理与蒸汽型双效溴化锂机相同，也是由高压发生器、低压发生器、吸收器、蒸发器、冷凝器和溶液换热器组成，只是其高压发生器不是采用蒸汽为热源，而是利用燃料燃烧产生的热直接加热，相当于将锅炉和高压发生器合为一体。直燃型溴化锂机大多为冷热水型，可同时提供供热热水和卫生热水，在制冷工况时利用在高压发生器上部的换热管对卫生热水加热，可同时提供卫生热水；而在供热工况时，将制冷管路关闭，并在低压发生器、吸收器、蒸发器、冷凝器等低压容器内充入氮气，以防止这一部分在不运行时由于空气的漏入而被溴化锂溶液腐蚀。

（1）制冷循环。蒸发器中的冷剂水，在传热管表面蒸发，带走管内冷水热量，降低冷水温度，产生制冷量。蒸发器中蒸发形成的冷剂蒸汽，被吸收器中的混合溶液吸收，溶液变成稀溶液，吸收器中的稀溶液，由溶液泵输送，经低温热交换器后，分成两路。一路经高温热交换器，送往高压发生器，被燃烧的火焰加热，产生冷剂蒸汽后，浓缩成高温浓溶液；另一路进入低压发生器，被高压发生器来的冷剂蒸汽加热，产生冷剂蒸汽后，浓缩成低温浓溶液。高温浓溶液经高温热交换器放热后，与低温浓溶液汇合，形成混合溶液，经过低温热交换器放热后，进入吸收器，吸收来自蒸发器的冷剂蒸汽，混合溶液变成了稀溶液，进入下一循环。

高压发生器、低压发生器产生的冷剂蒸汽（水），在冷凝器中被冷却冷剂水，经节流降压后，进入蒸发器。蒸发制冷后，进入下一循环。以上循环反复进行，形成连续制冷循环。

（2）制热循环。停止冷却水循环。吸收器流出的稀溶液，由溶液泵输送，经低温热交换器、高温热交换器送往高压发生器，被燃烧的火焰加热，产生冷剂蒸汽。冷剂蒸汽被直接送往蒸发器和吸收器，加热蒸发器内的热媒水，制取热水，而冷剂蒸汽凝结成冷剂水。高压发生器中释放出冷剂蒸汽后，溶液被浓缩成浓溶液，进入吸收器，与冷剂水混合变成稀溶液，再由溶液泵输送进入下一循环。以上循环如此反复运行，形成连续制热循环。

（3）主要技术参数。共有 21 种型号，其主要技术参数的范围如下：

制冷量 233～6980kW；制热量 198～5862kW；冷水进出口温度 12/7℃；热水进出口温度 55.8/60℃；冷却水温度 30/36℃；冷却水流量 60～1800m³/h；天然气耗量，制冷时 14.7～441m³/h（标况），制热时 18.2～546m³/h（标况）；天然气压力 3.0～45kPa；耗电量 3.2～34.9kW；运行质量 3.7～66t。

（4）主要性能曲线如图 6-6 所示。

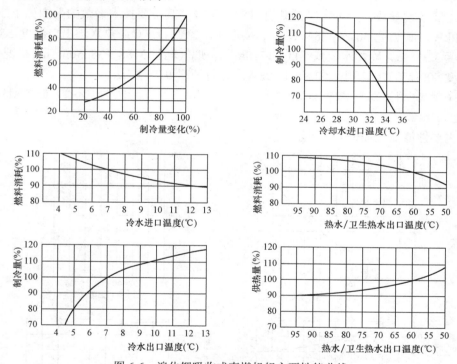

图 6-6　溴化锂吸收式直燃机组主要性能曲线

（五）烟气型溴化锂吸收式冷（热）水机组

烟气型溴化锂吸收式冷（热）水机组是一种以 200～600℃ 高温烟气的热能为动力的制冷（制热）设备。溴化锂水溶液作为循环工质，其中溴化锂作为吸收剂，水为制冷收剂。

机组主要由高压发生器、低压发生器、冷凝器、蒸发器、吸收器、高温热交换器、低温热交换器、自动抽气系统、燃烧器、真空泵、屏蔽泵等组成。

（1）制冷循环。蒸发器中的冷剂水，在传热管表面蒸发，带走管内冷水热量，降低冷水温度，产生制冷量。蒸发器中蒸发形成的冷剂蒸汽，被吸收器中的混合溶液吸收，溶液变成稀溶液。吸收器中的稀溶液，由溶液泵输送，经低温热交换器后，分成两路。一路经高温热交换器，送往高压发生器，高温烟气加热，产生冷剂蒸汽后，浓缩成高温浓溶液；另一路进入低压发生器，被高压发生器来的冷剂蒸汽加热，产生冷剂蒸汽后，浓缩成低温浓溶液。高温浓溶液经高温热交换器放热后，与低温浓溶液汇合，形成混合溶液，经过低温热交换器放热后，进入吸收器，吸收来自蒸发器的冷剂蒸汽，混合溶液变成了稀溶液，进入下一循环。高压发生器、低压发生器产生的冷剂蒸汽（水），在冷凝器中被冷却成冷剂水，经节流降压后，进入蒸发器。蒸发制冷后，进入下一循环。

以上循环反复进行，形成连续制冷循环。

（2）制热循环。停止冷却水循环。吸收器流出的稀溶液，由溶液泵输送，经过低温热交换器、高温热交换器送往高压发生器，被高温烟气加热，产生冷剂蒸汽。冷剂蒸汽被直接送往蒸发器和吸收器，加热蒸发器内的热媒水，制取热水，而冷剂蒸汽凝结成冷剂水。高压发生器中释放出冷剂蒸汽后，溶液被浓缩成浓溶液，进入吸收器，与冷剂水混合变成稀溶液，再由溶液泵输送进入下一循环。

以上循环反复进行，形成连续的制热循环。

（3）主要技术参数。纯烟气型的共有 18 种型号，其主要技术参数的范围如下：制冷量 580～6980kW，制热量 407～4884kW，冷水进出口温度 12/7℃，热水进出口温度 55/60℃，冷却水温度 32/38℃，冷却水流量 143～1710m³/h，烟气耗量 3188～38250m³/h（标况），烟气进出口温度 500/170℃，耗电量 2.8～13.2kW，运行质量 9.2～67.2t。

注：还有烟气补燃型的溴化锂吸收式冷热水机组，也有 18 种型号，其制冷量不变，但制热量比相同型号的纯烟气型机组约增加 20%

（4）主要性能曲线如图 6-7 所示。

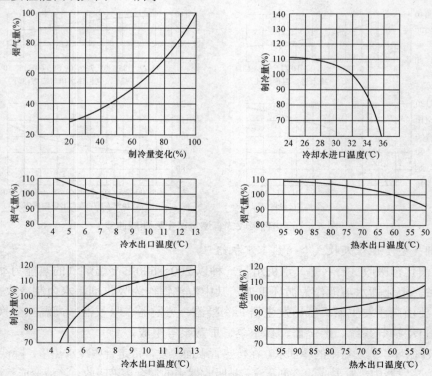

图 6-7　溴化锂吸收式烟气型机组主要性能曲线

三、热泵机组

(一) 简介

热泵技术作为一种节能技术,能够提供比驱动能源多的热能,在节约能源、保护环境方面具有独特的优势,因此在空调领域中获得了较为广泛的应用,具有一定的节能和环保效益。目前在空调系统中应用的是蒸汽压缩式热泵装置,既能在夏季制冷又能在冬季制热,是一种冷热源两用设备。蒸汽压缩式热泵装置与蒸汽压缩式制冷装置的工作原理相同,只是其运行工况参数和作用不一样,本节主要介绍制冷热泵机组的一些特性。

1. 热泵的低位热源

热泵可以根据其热源进行分类,环境热源热泵从其供热的工艺或建筑物的一个外部热源吸取热量。热量回收装置用的热量是作为其他过程(如冷却)的副产物。这些热源称为热泵的低位热源。

所有形式的热泵都需要有低位热源,热泵的低位热源应该是能够方便获取、成本低廉以及数量能满足热泵用热要求的自然源或一些工业过程的排热。一般来说,热泵要求的低位热源的温度越低,其能利用的低位热源的范围就越大,但其能量的利用效率也越低,对热泵制造技术的要求也越高。可以作为热泵低位热源的主要有空气、水、土壤、太阳能、各种余热。

2. 热泵机组分类

热泵机组分类见表6-6。

表6-6　　　　　　　　　　　**热 泵 机 组 的 分 类**

热源	分配介质	热力循环	图示➪供热➪供冷➪供热与供冷	备 注
空气	空气	制冷剂转向		成套
空气	空气	空气转向		成套和现场安装
水空气	空气水	制冷剂转向		成套

热源	分配介质	热力循环	图示⇒供热⇒供冷⇒供热与供冷	备 注
地下热源	空气	制冷剂转向	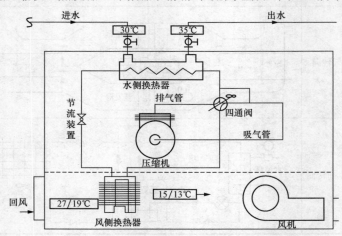	成套和现场安装
水	水	水转向		成套和现场安装

（二）水源热泵机组

水源热泵机组是一种以水作为冷热源侧传热介质的供冷供热机组，是一种可全年运转的空调设备。机组带有一套可逆式的制冷循环系统，包括一个使用侧的换热设备、压缩机、热源侧换热设备。水源热泵机组按使用侧换热设备的形式，分为冷热风型水源热泵机组和冷热水源热泵机组。按冷热源类型，分为水环式水源热泵机组、大地水式（包括地表水和地下水）水源热泵机组和地下环路式水源热泵机组。水源热泵机组可以应用于水环热泵系统及地源热泵系统（包括地埋管、地表水、地下水及闭环地表水热泵系统）。

1. 基本组成

水源热泵机组与制冷的原理和系统设备组成及功能，与蒸汽压缩式热泵（制冷）系统是一样的，它主要由压缩机、蒸发器、冷凝器和膨胀节流阀组成。图 6-8 所示为水—空气型（或

图 6-8　水源热泵机组组成

称水风型）水源热泵机组。

（1）压缩机。压缩机在系统中起着压缩和输送循环工质从低温低压处到高温高压处的作用，是热泵（制冷）系统的心脏。

（2）蒸发器。蒸发器是输出冷量的设备。其作用是使经节流阀流入的制冷剂液体蒸发，以吸收被冷却物体的热量，达到制冷的效果；制冷量通过风侧换热器由风机输送至空调空间。

（3）冷凝器。冷凝器是输出热量的设备。从蒸发器中吸收的热量连同压缩机消耗功所转化的热量，在冷凝器中被冷却介质带走，达到制热的目的。

（4）膨胀阀或节流阀。膨胀阀（节流阀）对循环工质起到节流降压作用，并调节进入蒸发器的循环工质流量。

2. 工作原理

制冷工作原理如图 6-9 所示。在制冷工况下，压缩机把低压制冷剂蒸汽压缩后，成为高压制冷剂气体进入冷凝器（换热器），在冷凝器中通过与水的热交换，使制冷剂冷凝为高压液体，经热力膨胀阀的节流膨胀后进入蒸发器，从而对负荷侧载热介质进行冷却。

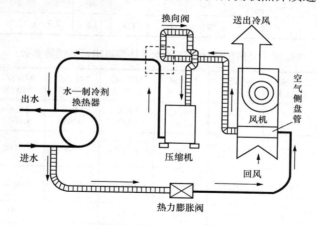

图 6-9　制冷工作原理

制热工作原理如图 6-10 所示。在制热工况下，通过换向阀的切换，使制冷工况时的冷凝

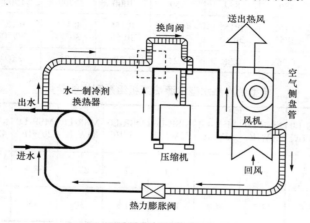

图 6-10　制热工作原理

器在这时变为蒸发器，而制冷工况时的蒸发器这时变为冷凝器。通过蒸发器吸收水的热量，在热泵循环过程中，从冷凝器向负荷侧热量载体（本例中为空气）放热。

    3. 典型水源热泵机组的性能参数

（1）冷热风型整体水源热泵机组系列性能参数见表 6-7 和表 6-8。

（2）冷热水型水源热泵机组系列性能参数见表 6-9～表 6-11。

表 6-7　　　　　　　　　典型的冷热风型整体水源热泵机组系列性能参数

参数＼型号	006	009	013	016	019	024	030	036	043	052	062	072
名义制冷量（kW）	2.2	2.8	3.2	4.3	5.2	5.9	7.8	9.2	10.3	12.6	14.7	17.7
名义制热量（kW）	2.4	2.9	4.2	5 4	6.3	7.4	9.7	11.7	12.7	14.0	19.9	23.0
制冷输入功率（W）	523	731	880	979	1335	1542	2094	2190	2710	3230	3770	4425
制热输入功率（W）	533	800	990	1282	1618	1855	2304	2380	2950	3550	4230	5230
循环风量（m³/h）	320	382	511	763	893	1019	1274	1530	1780	2295	2550	2675
机外静压（Pa）	40	40	50	50	75	75	80	80	80	100	100	100
水流量（m³/h）	0.5	0.6	0.8	0.9	1.2	1.4	1.8	2.3	2.7	3.2	3.6	4.1

表 6-8　　　　　　　　典型的冷热风型分体吊顶型水源热泵机组系列性能参数

主机型号	MWSC 010CR	MWSC 015CR	MWSC 018CR	MWSC 020CR	MWSC 025CR	MWSC 030CR	MWSC 040CR	MWSC 050CR	MWSC 060CR
室内机型号	MCC 010T	MCC 015T	MCC 018T	MCC 020T	MCC 025T	MCC 030T	MCC 040T	MCC 050T	MCC 060T
名义制冷量（W）	2650	3430	4100	5500	6500	7900	9800	12800	15600
名义制热量（W）	3240	3900	4500	5800	6890	8700	10050	14100	15700
整机输入功率（W） 制冷	725	900	1160	1510	1790	2173	2591	3021	3705
整机输入功率（W） 制热	746	911	1080	1440	1740	2119	2286	3340	3993
风量（m³/h）	450	580	850	850	1000	1700	1900	1900	2100
机外静压（Pa）	0/15/30/50	0/15/30/50	0/15/30/50	0/15/30/50	0/15/30/50	0/15/30/50	0/15/30/50	0/15/30/50	0/15/30/50
水流量（m³/h）	0.61	0.76	0.86	1.21	1.39	1.76	2.07	2.70	3.35

表 6-9　　　　　　　　　典型的冷热水型水源热泵机组系列性能参数

项目＼型号	MSR-L0 24WHC	MSR-L0 30WHC	MSR-L0 36WHC	MSR-L0 43WHC	MSR-L0 52WHC	MSR-L0 72WHC	MSR-L0 86WHC	MSR-L0 20WHC	MSR-L0 42WHC	MSR-L0 10WHC	MSR-L0 70WHC
名义制冷量（kW）	5.4	7.9	9.4	11.3	12.6	17.2	22.3	33.9	39	50.4	63
名义制热量（kW）	7.6	10.6	12.3	14.8	16.5	21.8	30	45	53.2	66	82.5

续表

项目＼型号	MSR-L0 24WHC	MSR-L0 30WHC	MSR-L0 36WHC	MSR-L0 43WHC	MSR-L0 52WHC	MSR-L0 72WHC	MSR-L0 86WHC	MSR-L0 20WHC	MSR-L0 42WHC	MSR-L0 10WHC	MSR-L0 70WHC
名义制冷输入功率（kW）	1.35	1.98	2.29	2.69	3.07	3.91	5.31	8.27	10.00	12.29	15.37
名义制热输入功率（kW）	1.77	2.52	2.93	3.44	4.02	5.07	6.98	10.47	12.98	16.10	20.12
压缩机形式	转子		涡旋								
源水侧水流量（m³/h）	1.19	1.7	2	2.4	2.7	3.62	4.75	7.3	8.4	11	13.6
负载侧水流量（m³/h）	0.95	1.36	1.62	1.94	2.17	2.96	3.83	5.93	6.7	8.86	10.9

表 6-10　　　　典型的冷热水型螺杆水源热泵机组系列性能参数

项目＼型号		MWH 105 CA	MWH 130 CA	MWH 160 CA	MWH 210 CA	MWH 260 CA	MWH 320 CA	MWH 390 CA	MWH 480 CA	MWH 570 CA	MWH 690 CA	MWH 780 CA	MWH 840 CA
制冷量（kW）		370	457	562	738	914	1124	1371	1686	2004	2427	2742	2952
制热量（kW）		400	475	595	811	1028	1189	1425	1800	2208	2725	3085	3242
低压缩机性能	形式	半封闭螺杆压缩机											
	能量调节范围（%）	25～100				12.5～100				8.3～100			6.25～100
	台数	1				2				3			4
压缩机性能	启动方式	分绕组		Ｙ-△启动									
	制冷输入功率（kW）	73.1	90.8	105.8	138.6	176.6	211.6	258.6	317.1	386.4	474	529.8	554.4
	制热输入功率（kW）	98.3	113	137.8	185.5	236	275.6	331.1	418.3	512.7	630	708	743.2

　　目前大部分螺杆机组使用 R22 的制冷剂，也有部分厂商使用 R134a 制冷剂来提高制热工况的热水出水温度。表 6-11 列出典型的高温冷热水型螺杆水源热泵机组系列性能参数（R134a 制冷剂，地下水工况）。

表 6-11 典型的高温冷热水型螺杆水源热泵机组系列性能参数

型号			130A-HP2	165A-HP2	200A-HP2	250A-HP2	300A-HP2	350A-HP2	400-HP2
制热工况	名义制热量（kW）		498	598	772	971	1167	1288	1548
	输入功率（kW）		139	170	212	280	325	370	429
	冷凝器	热水进/出水温度（℃）				50/55			
		热水流量（m³/h）	84	102	131	165	198	220	263
		水压降（kPa）	65	57	59	69	54	59	77
	蒸发器	热水进/出水温度（℃）				15/7			
		热水流量（m³/h）	39	46	60	74	90	99	120
		水压降（kPa）	25	15	20	29	20	35	22
制冷工况	名义制热量（kW）		490	576	654	926	987	1234	1312
	输入功率（kW）		93	117	131	194	201	259	66
	冷凝器	热水进/出水温度（℃）				12/7			
		热水流量（m³/h）	84	99	112	159	170	212	226
		水压降（kPa）	60	62	65	57	65	62	70
	蒸发器	热水进/出水温度（℃）				18/29			
		热水流量（m³/h）	46	54	61	88	93	117	123
		水压降（kPa）	16	17	15	11	13	16	18

（三）空气源热泵机组

空气源热泵机组（又称为风冷热泵）是一种利用环境空气夏季冷却冷凝器、冬季为蒸发器供热的空调供冷、供热两用设备，它的基本流程是由常规风冷制冷机流程加上四通阀作为制冷剂流程转换和控制实现冷凝器和蒸发器的互换，如表 6-6 中的第一、二图式。

1. 空气源热泵型冷热水机组的基本特点

（1）夏季机组消耗电能以实现制冷，冬季消耗电能并同时吸取室外空气环境中的低位热能转化为空调热源。

（2）空气源热泵夏季运行能效比约为 3.4，低于水冷式冷水机组；冬季运行制热量与耗电量之比为 2.5～3.5，具有明显的节能意义。

（3）设置于露天屋面，不需要占有有效室内空间。

（4）无冷却水系统，不需专为空调设置锅炉房，安全、卫生。

（5）单机制冷量比较小，一般为 3～200RT（1RT=3156W），有利于根据不同用户（购房、租房者）设置独立空调系统，便于平时计量收费。

（6）冬季运行会由于化霜而间歇工作，另外，当室外温度低于−5℃时，制热量明显下降，温度更低时甚至会影响启动。

（7）热泵单位冷量价格近似为水冷式冷水机组的 2～3 倍。

空气源热泵机组适用范围：目前较适用于室外空调计算温度在−10%以上的城市和建筑面积 1 万～1.5 万 m² 以下规模以及单位面积冬季热负荷不太大的建筑。对于长江以南而冬季相对湿度不过高的地区尤为适用。对于夏季冷负荷较小而冬季热负荷较大的地区，或对于夏季冷负荷很大而冬季热负荷很小的地区不宜单独采用热泵。

2. 推广应用应注意的问题

（1）全年累计除霜时间大于 1900h，每千克湿空气累计除霜量大于 26kg、蒸发温度低于 −8℃的运行时间大于 250h 的地区不宜盲目推广使用，如北京、西安、济南、青岛等地。

（2）全年累计除霜时间在 1000～1900h。每千克湿空气累计除霜大于 26kg、蒸发温度低于−8℃的运行时间为 100～150h 的地区，宜慎重小心使用。

（3）全年累计除霜时间为 500～1000h，每千克湿空气累计除霜量为 7～2kg、蒸发温度低于−8℃的运行时间小于 110 h 的城市可以大力推广使用，如上海、杭州、武汉等地。

（4）全年累计除霜时间不到 500h，供暖时间短的地区，可以推广使用，但投资要多 1.2 倍。

第三节 制 热 设 备

一、制热设备的工程选型要点

在遵循国家相关专业设计规范要求的前提下，根据当地的环保政策和能源国策，确定使用能源的种类；根据用户用途不同，确定是采用热水还是蒸汽；或者在多台时同时选用；确定制热设备的型号和数量。

选择确定制热设备型号和数量的一般步骤如下：

（1）系统的设计小时（设计日）平均热负荷。

（2）系统的最大设计小时（设计日）热负荷。

（3）考虑热损失、发展及备用等因素的安全系数。

（4）参照厂家提供的说明书选择制热设备型号和数量。

（5）选择水箱和其他备件。

冷热源站常用的制热设备有燃气（油）锅炉、热交换器、电热式中央热水机组、燃气（油）式中央热水机组、吸收式热（冷）水机组等。前两种制热设备是常规的，在各种技术资料中常见，吸收式热（冷）水机组已在本章第二节介绍过，本节将只介绍电热式中央热水机组和燃气（油）式常压中央热水机组和中央真空热水机组的选型。

二、电热式中央热水机组

随着国家对城市环境的重视，燃煤锅炉在很多场合已被禁止使用。目前，我国电力建设大力发展，水电、核电的比重逐步增加，可比电价不断下调，合理用电，优惠用电，实行峰谷差价，尤其在水利资源丰富或某些特殊场合，电热式中央热水机组式是一种实用的热源设备形式。

电热式热源设备按生产介质可分为热水机组和蒸汽机组，按生产热源介质可分为常压和承压热水机组。

电热式常压热水机组一般为开式结构，被加热的热水与大气直接相通，并有足够的泄压能力，热水机组在常压下运行，一般不存在爆炸隐患；整个热水机组采用优质锅炉钢材制造，主要焊接部位采用自动埋弧焊和气体保护焊；炉体整机作保温处理。外部采用喷塑或不锈钢板包装，造型美观大方；按国家工业锅炉制造规范要求组织生产和检测，质量稳定可靠。

电热式常压热水机组由于不能承压运行，在低位设置时，循环水泵的电能消耗增大，运行费用增加。而电热式承压热水机组就可以弥补这种不足，其结构和电热式常压热水机组基本相同。但由于其强度大为提高，其设计、生产及检验必须按国家工业锅炉制造规范和压力容器制造规范要求执行。总装后要求作水压试验，每台热水机组出厂前必须由锅炉压力容器监督机构检验鉴定。表 6-12 为某公司生产的电热式热水机组性能参数。

电热式热水机组具有以下特点：

（1）一般采用模糊控制，根据水温的变化自动调节电功率，可以任意设定出水温度，控制精度高；同时，启动速度快，不存在自身预热时间和停机后放热升温等问题。电热元件采用低热流密度设计，完全浸入水中，使用寿命和可靠性大为提高。

（2）由于没有燃料燃烧后排烟热损失，其热效率高达 96% 以上；零排放，无噪声，是真正的绿色产品。

（3）电热式热水机组本体结构简单、无运动部件，运行中无突变过程，多重自动保护，采用梯级加载方式，分时启动加热元件，对电网没有冲击，运行安全可靠。

（4）可以充分利用峰谷电价差，实现蓄热运行。这样既有利于电网的平衡、削峰填谷，又能降低运行费用。

（5）电热式热水机组体积小、质量小、安装方便、操作简单；电热元件采用模块设计，便于维护。

表 6-12　　　　　　　　　　　　　　电热式热水机组的性能参数

额定热功率	MW	0.12	0.23	0.35	0.47	0.58	0.70	0.81	0.93	1.05	1.16	1.40	1.75
	kcal/h	10	20	30	40	50	60	70	80	90	100	120	150
热水出口温度（℃）		95											
热水产量（t/h）	$\Delta t=10℃$	10	20	30	40	50	60	70	80	90	100	120	150
	$\Delta t=25℃$	4	8	12	16	20	24	28	32	36	40	48	60
	$\Delta t=40℃$	2.5	5	7.5	10	12.5	15	17.5	20	2.5	25	30	37.5
	$\Delta t=50℃$	2	4	6	8	10	12	J4	16	18	20	24	30
电源	V/Hz	380/50											
	相数	3											
	装配功率（kW）	140	275	400	490	610	735	855	980	1105	1230	1475	1800
最高工作压力（MPa）		常压热水机组 0；承压热水机组 0.40/0.70/1.0											
热效率（%）		≥96											
设备净质量（kg）		1100	1140	1200	1950	2360	2630	2790	3570	3780	3940	4100	6900
设备运行质量（kg）		1500	1650	1980	2380	3540	4180	4290	5150	5470	6090	6700	9900

三、常压中央热水机组

燃气（油）常压中央热水机组可分为直接式常压热水机组和间接式常压热水机组两种形式。

1. 直接式常压热水机组

直接式热水机组外形一般为方形，内部采用湿背式结构，对换流换热器为独立的立管形式，机组结构紧凑，热效率高，表 6-13 为某公司生产的常压热水机组性能参数。

表 6-13   常压热水机组性能参数

额定热功率（MW）	0.12	0.23	0.35	0.47	0.58	0.70	0.93	1.2	1.4	1.7	2.1	2.8	3.5	4.2
热水产量（t/h）（95/70℃）	4	8	12	16	20	24	32	40	48	60	72	96	120	144
热效率	88%～94%													
燃烧方式	微正压，宝燃													
排烟温度（℃）	150.180													
工作压力（MPa）	≤0.09													
电源	220V/50Hz			380V/50Hz										
燃烧电机功率（kW）	0.11	0.20	0.25	1.10	1.10	1.10	220	2.20	3.0	3.0	3.50	7.50	7.50	7.50
燃料耗量 — 轻油耗量（kg/h）	10.6	21.2	31.8	42.5	53.0	63.7	85	106	127	159	191	255	318	382
燃料耗量 — 重油耗量（kg/h）	11.3	22.6	34.5	45 3	56.6	67.9	90.6	113	136	170	204	272	340	408
燃料耗量 — 天然气耗量（m³/h）	12 9	25.9	38.8	52 0	64.7	77 6	104	129	155	194	233	31	388	466
燃料耗量 — 城市煤气耗量（m³/h）	27.2	54.3	81.5	109	136	163	217	272	326	408	489	652	815	978

直接式常压热水机组在供热系统中应用方式一般有两种，一是用于采暖系统，该系统中热水机组设置于高位，用循环水泵把高温水送至热用户，放出热量后返回至机组重新加热，锅炉补水可采用人工控制或自动控制。其系统图如图 6-11 所示。

二是用于热水供应系统，该系统中，热水机组设置于低位，冷水经机组加热后用水泵送至热水箱，热水流经用户干管后至泄压水，泄压后的水和补充的冷水汇合进入机组重新加热，冷水补充由水位显控仪表根据水位控制。其系统如图 6-12 所示。

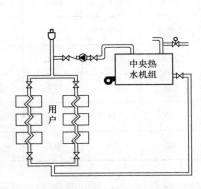

图 6-11 用于采暖的中央热水机组布置示意

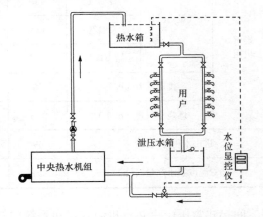

图 6-12 用于热水供应的中央热水机组布置示意

2. 间接式常压中央热水机组

间接式常压中央热水机组是以间接加热方式产生热水，循环水和热媒水各自独立，热媒水不参与机组内部循环，从而保证了机组循环水的质量，减少了本体内的结构。热媒水通过水泵在本体内强制对流循环，提高了换热效率。

机组本体为开式结构，在常压下工作，运行安全可靠。采用进口燃烧器，以轻柴油、天然气等为燃料，排放物浓度低于国家标准，环境污染小。

根据换热器的形式不同可分为 P 型机和 B 型机。P 型机采用盘管式水—水换热器，设置在机组本体内，可承受 1.8MPa 压力，使供热循环系统可以承受高层建筑高水位的压力。根据要求可以设置两组盘管，同时实现采暖和卫生热水的功能。B 型机采用高效板式换热器，根据场地和用户的要求，可以设置在机组内部，也可设置在外部。

间接式中央热水机组由于可以承受高层建筑的水位压力，因此可以安装在建筑物的首层或地下室，通过水泵向用户供应热水或采暖热媒水。也可以和冷水机组并联，共用水泵、管网及末端设备、实现冬暖夏凉。表 6-14 所示为某公司生产的间接式中央热水机组技术参数。

表 6-14　　　　　　　　　　　　间接式中央热水机组性能参数

额定热功率（kW）			116	233	465	582	1163	2791
燃烧电机功率（kW）			0.40	0.50	1.35	1.35	2.25	5.25
电源（V）			220	220	220/380	220/380	220/380	220/380
自重（kg）			1180	1680	2100	2210	4080	8400
燃油机组	耗油量（kg/h）		10.8	21.7	43.4	54.3	108.5	260.4
	排烟压力（Pa）		35	40	470	360	160	140
	燃烧空气量（m³/h）		139	276	550	681	1550	3460
燃气机组	耗气量（m³/h）	液化石油气	4.6	9.3	18 5	23.1	46.3	111.1
		天然气	13.9	27.8	55.6	69.4	138.9	333.3
		城市煤气	29.1	58.1	116.3	145.3	290.6	697.5
	排烟压力（Pa）		50	230	380	300	190	120
	燃烧空气量（m³/h）		133	266	532	665	1331	3193
进出水压降（Pa）			49	69	118	18	137	157
10℃温度热水产量（t/h）			10	20	40	50	100	240

间接式常压中央热水机组在供热系统中，机组一般设置在低位，可同时提高生活热水和采暖用水。采暖系统使用循环水作为热媒水，高温热媒水通过水泵送至各个热用户，放出热

量后流至泄压水箱，泄压水箱水位线与机组水位线保持一致，泄压后的回水至机组重新加热，自动膨胀水箱起到定压和补水的作用。生活热水供应使用间接水，冷水通过水—水换热器吸收循环热水的热最后为高温水，经水泵送至热水箱，经过用户后与冷水补水汇合经换热器吸热成高温水，送至热水箱，完成循环。间接式常压中央热水机组两种功能可以同时使用，也可以分别单独使用。

四、中央真空热水机组

（一）工作原理

中央真空热水机组（也称真空相变锅炉）是利用水在不同的压力下，对应的沸腾温度不同的特性来进行工作的。在常压（一个大气压）下，水的沸腾温度是100℃，而在0.008个大气压下，水的沸腾温度只有4℃。真空热水机组就是根据水的这一特性，在真空度为130～690mmHg 的压力范围内工作的，对应的水的沸腾温度则为 95～45℃，在中央真空热水机组所工作的压力下，通过燃烧器对热媒水加热，使热媒水的温度上升至对应压力下的饱和温度并汽化。置于炉体中的热交换器管内的冷水被管外的水蒸气加热成为热水；而管外水蒸气则被冷却凝结成水，回到水面再被加热，从而完成整个供热循环过程，如图6-13 所示。

机组所用的燃料包括燃气、轻油和人工煤气。

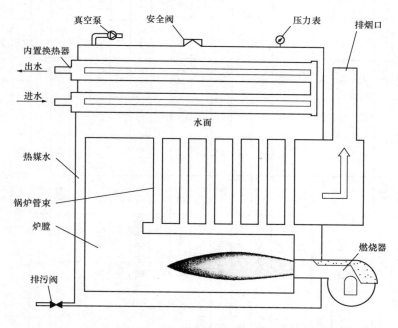

图 6-13　中央真空热机组的工作原理图

（二）主要性能参数

中央真空热水机组主要性能参数见表6-15。

表 6-15　中央真空热水机组主要性能参数

产品型号 XWZK		0.23	0.35	0.47	058	0.76	0.93	1.16	1.45	1.74	2.09	2.33	2.91	3.49	42
额定输出功率	kW	233	349	465	581	756	930	1163	1454	1745	2093	2326	2908	3489	4187
额定输出功率	10⁴kcal/h	20	30	40	50	65	80	100	125	150	180	200	250	300	360
暖气片采暖 (65~90℃) 流量	m³/h	8	12	16	20	26	32	40	50	60	72	80	100	120	144
暖气片采暖 (65~90℃) 接管直径	DN (mm)	50	50	65	65	80	80	100	100	125	125	125	150	150	200
暖气片采暖 (65~90℃) 压力损失	kPa	9	13	19	27	10	12	14	17	24	28	32	42	54	84
风机盘管采暖 (57~65℃) 流量	m³/h	25	37.5	50	62.5	81.3	100	125	156.3	187.5	225	250	312.5	375	450
风机盘管采暖 (57~65℃) 接管直径	DN (mm)	65	80	80	100	100	125	125	150	150	200	200	200	250	250
风机盘管采暖 (57~65℃) 压力损失	kPa	12	18	25	35	47	54	65	78	109	126	147	24	31	48
生活热水 (15~65℃) 流量	m³/h	4	6	8	10	13	16	20	25	30	36	40	50	60	72
生活热水 (15~65℃) 接管直径	DN (mm)	50	50	65	65	80	80	100	100	125	125	125	150	150	200
生活热水 (15~65℃) 压力损失	kPa	4	5	8	11	14	17	20	23	32	5	6	7	9	15
燃料耗量　轻油天然气　耗量	kg/h	20.5	30.7	40.9	51.2	66.5	81.8	102.3	127.9	153.4	184.1	204.6	255.7	306.9	368.3
燃料耗量　轻油天然气　口径 DN	(mm)	25													
燃料耗量　人工煤气　耗量	m³/h, 标况	21.3	31.9	42.6	53.2	69.2	85.1	106.4	133	159.6	191.5	212.8	266	319.2	383
燃料耗量　人工煤气　口径 DN	(mm)	32	32	32	32	40	50	50	50	50	65	65	80	80	80
燃料耗量　人工煤气　耗量	m³/h, 标况	50.7	76	101.3	126.7	164.6	102.6	253.3	316.6	379.9	455.9	506.6	633.2	759.9	911.9
燃料耗量　人工煤气　口径 DN	(mm)	32	32	32	32	40	65	80	80	80	80	100	100	100	125
电功	kW	0.25	0.45	0.65	0.65	1.1	1.5	1.5	2.2	4.5	4.5	4.5	7.5	7.5	12
电源		3φ/380V-50Hz													
运输重量	t	0.9	1.3	1.6	1.9	2.1	2.3	2.6	3.0	3.5	4.1	4.5	5.4	6.9	8.0
运输重量	t	1.2	1.7	2.1	2.4	2.8	3.1	3.7	4.3	5.0	5.7	6.6	7.9	10	11.7

注　1　表中燃料耗量对应的燃料低位热值分别为轻油 10400kcal/kg, 天然气 10000kcal/m³(标况), 人工煤气 4200kcal/m³(标况)。不同热值的燃料耗量计算公式: 实际燃料耗量=表中燃料耗量×表中燃料低位热值/实际燃料低位热值。
　　2　热水出口温度可以根据实际需要重新设定, 真空热水机组出水温度不超过90℃。

第四节 蓄冷（热）技术介绍

一、蓄冷（热）简述

1. 基本概念

某些工程材料（介质）具有蓄冷（热）特性，利用这种蓄冷（热）特性并加以合理应用的技术称为蓄冷（热）技术。从热力学上说，蓄冷技术就是蓄热技术。

用来储存水、冰和其他蓄冷物质的设备，通常是一个空间或一个容器，也可以是一个存放蓄冷介质的换热器，称为蓄冷设备。蓄冷系统包括蓄冷设备、制冷设备、连接管路、控制设备以及有关的辅助设备等，是一种具有蓄冷能力的冷热源系统。

蓄冷系统根据水、冰以及其他物质的储能特性，应用蓄冷技术，充分利用电网低谷时段的低价电能，使制冷机在满负荷的条件下运行，将空调所需的制冷量以显热或潜热的形式部分或全部储存于水、冰或其他物质中。在电网峰值时段，就可以利用这些蓄冷物质储存的冷量来满足空调系统的需求。这样，不仅有利于平衡电网负荷，实现移峰填谷，缓解电力的供需矛盾，而且节省了运行费用，获得较好的经济效益。

蓄冷技术最适宜的应用对象是间歇使用、冷负荷较大且相对集中的用户，比如公共、商用建筑和一些工业生产工程的空气调节。同时，可以成为城市集中供热供冷的冷热源形式，也可以为某些特殊工程提供应急备用冷热源。

随着生活水平的日益提高，空气调节作为控制建筑室内环境质量的重要技术手段得到广泛的应用。但因为耗电量大，且基本处于用电负荷峰值期，这就为蓄冷技术的应用提供了一个重要的应用领域。

目前，蓄冷方式较多，根据蓄冷介质不同可分为水蓄冷、冰蓄冷、共晶盐蓄冷和气体水合物蓄冷四种方式；不同的蓄冷方式具有不同的应用特点和应用范围，应选择符合实际情况的蓄冷方式。本节将介绍水蓄冷和冰蓄冷技术。

2. 蓄冷系统的运行策略

蓄冷系统设计中，蓄冷装置容量的大小是优先考虑的问题，即对蓄冷装置和制冷机两者供冷的份额作出合理的设计安排，选择适当的运行策略。运行策略是指蓄冷系统以设计循环周期（如设计日或周等）内建筑物的负荷特性及其冷量的需求为基础，按电费结构等条件对系统以蓄冷容量、释冷供冷或以释冷连同制冷机组共同供冷等作出最优的运行安排、实际采用哪一种运行策略，主要根据建筑物空调负荷分布、电力负荷分布、电费计价结构、设备容量及储存空间等因素综合考虑。一般可归纳为全负荷蓄冷策略和部分负荷蓄冷策略。

（1）全负荷蓄冷策略。全负荷蓄冷策略是将蓄冷时间与空调时间完全错开，将建筑物设计周期在用电高峰时段的冷负荷全部转移到用电低谷时段。在夜间非用电高峰期，启动制冷机进行蓄冷，当蓄冷量达到空调所需的全部冷量时，制冷机停机；在白天使用空调时，蓄冷系统将冷量释放到空调系统，使用空调期间制冷机不运行。全部蓄冷时，蓄冷设备需要承担空调系统所需的全部冷量，蓄冷设备的容量较大。如图 6-14 所示为全负荷蓄冷策略的一个示例。假定非用电高峰是从下午 18:00 到第二天上午 7:00，该时段全部用来蓄冷，制冷机的平均制冷量仅为 590kW（图 6-14 中面积 A）。若采用常规空调系统，则制冷机组是按设计日需要的最大制冷量来选择的，该建筑物需要的最大制冷量为 1000kW，则需要选择制冷能力为 1000kW 的制冷机组来满足空调使用期间该建筑物的空调要求。在全负荷运行策略下，建筑物的冷负荷全部靠融冰来供给，能够最大限度地起到削峰填谷的作用，节省了运行电费。但由于需要配置制冷机和蓄冷设备，初投资较大。该运行策略仅适用于白天供冷时间较短的场所或峰谷电差价很大的地区。

（2）部分负荷蓄冷策略。部分蓄冷策略是按建筑物设计周期所需要的冷量部分由蓄冷装置供给，部分由制冷机供给。在夜间非用电高峰时制冷设备运行，储存部分冷量（图 6-15 中面积 D）；白天使用空调期间一部分负荷由蓄冷设备承担（图 6-15 中面积 B），另一部分则由制冷设备承担（图 6-15 中面积 E），制冷机基本上是全天运行。如图 6-15 所示是部分负荷蓄冷策略的一个示例。

一般情况下，部分负荷蓄冷比全部负荷蓄冷制冷机的利用率高，蓄冷设备容量小，是一种更经济有效的负荷管理模式。如图 6-15 所示中制冷机制冷时的冷量比蓄冷时的冷量要大一些，是因为空调运行时制冷机的制冷量一般大于蓄冷运行时的制冷量。从图 6-15 中可知，此时制冷机的制冷能力仅为 400kW，就选择的制冷机容量而言，常规系统最大，全部蓄冷系统次之，部分蓄冷系统最小。

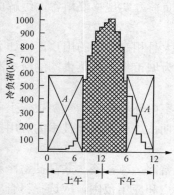

图 6-14　全负荷蓄冷策略

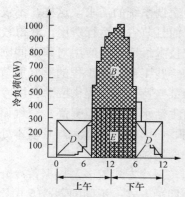

图 6-15　部分负荷蓄冷策略

二、水蓄冷（热）技术

1. 水蓄冷（热）的原理

水蓄冷是利用水的显热来蓄冷。制冷机尽量在用电低谷期间运行，制备 5～7℃的冷冻水，将冷量储存起来；在电力高峰期间空调负荷出现时，将冷冻水抽出来，提供给用户使用。水蓄冷系统一般是以普通制冷机作为冷源，以保温槽为蓄冷装置，加上其他辅助设备、连接管与控制系统等构成。基本上是在常规空调系统的基础上，增加蓄冷槽及其辅助设备，是一种最为简单的蓄冷系统形式。图 6-16 所示是水蓄冷系统的代表性流程图，图中表示用户侧进水温度是 7℃，回水温度是 15℃。蓄冷时，保温槽水的温度由 15℃降至 7℃；释冷时，保温槽内水的温度逐渐由 7℃升至 15℃。这种情况下，在冷源侧需要设置旁通管，通过三通阀来调节冷水机组以满足 7/12℃和 7/15℃的水温参数要求。

水蓄冷形式主要有分层式水蓄冷、隔膜式水蓄冷、空槽式水蓄冷和迷宫式水蓄冷四种。

2. 分层式水蓄冷系统

水的密度和水的温度密切相关，在约为 4℃时，水的密度最大，当水温大于 4℃时，温度升高，密度减少；当水的温度为 0～4℃时，温度升高，密度增大。分层式水蓄冷系统就是根据不同水温会使密度大的水自然聚集在蓄水槽的下部，形成高密度的水层来进行的。在分层蓄冷时，通过使 4～6℃的冷水聚集在蓄冷槽的下部，6℃以上的温水自然地聚集在蓄冷槽的上部，来实现冷温水的自然分层。自然分层水蓄冷系统的原理如图 6-17 所示。在蓄冷槽的上、下设置了两个均匀分布水流的散流器，在蓄冷和释冷的过程中，温水始终从上部散流器流入或流出，而冷水始终从下部散流器流入或流出，以便达到自然分层的要求，尽可能形成上、下分层水的各自平移，避免温水和冷水的相互混合。在蓄冷过程中，阀门 F_1 和 F_2 关闭，水泵 B 停开；F_3 和 F_4 打开，水泵 A 和冷水机组运行。从冷水机组来的冷水通过 F_3，由下部散流器缓慢流入蓄水槽，而温水从上部散流器缓慢流出，通过 F_4 和水泵 A 进入冷水机组的蒸发器制备冷水。由于蓄水槽中总的水量不变，随着冷水量的增加，温水量的减少，斜温层向上移动，直到槽中全部为冷水为止。在释冷过程中，阀门 F_3 和 F_4 关闭，水泵 A 和冷水机组停止运行；F_1 和 F_2 打开，水泵 B 运行。从空调用户回来的温水通过阀门 F_2 由上部散流器缓慢流入蓄水槽，而冷水由下部散流器缓慢流出，通过 F1 和水泵 B 送到用户，与空气进行热湿交换，温度升高，再进入蓄水槽，直到蓄水槽中全部为温水为止。

图 6-17 所示的开式流程是水蓄冷空调系统中最常用的，其主要特点是系统简单、一次性投资少、温度梯度损失小、蓄冷效率高以及直接向用户供冷等。

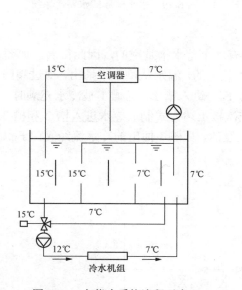

图 6-16 水蓄冷系统流程示意

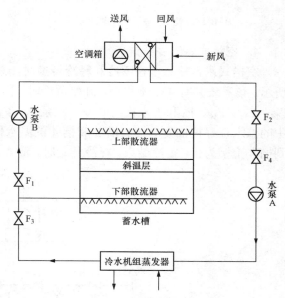

图 6-17 自然分层水蓄冷系统

3. 隔膜式水蓄冷系统

隔膜式水蓄冷系统是在蓄水槽中加一层隔膜，将蓄水槽中的温水和冷水隔开。隔膜可垂直放置也可水平放置，这样相应构成了垂直隔膜式水蓄冷空调系统和水平隔膜式水蓄冷空调系统。分别如图 6-18 和图 6-19 所示。

隔膜是由橡胶制成的一个可以左右或上下移动的刚性隔板。要注意防止隔板和蓄水槽壁间渗水，从而引起温、冷水的混合。垂直隔膜由于水流的前后波动，易发生破裂等，因而其使用逐渐减少。采用水平隔膜较多，以上下波动方式分隔温水和冷水，利用水温不同所产生的密度差，将温水储存在冷水的上面，即使发生了破裂等损坏也能靠自然分层来防止温、冷水的混合，减少蓄冷量的损失。

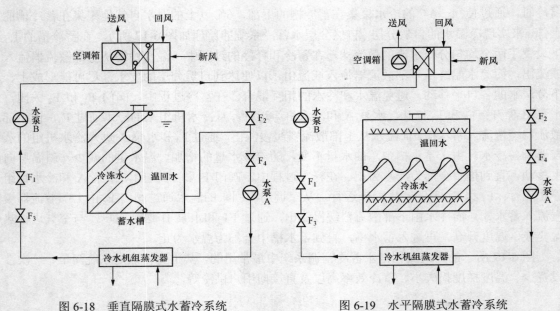

图 6-18　垂直隔膜式水蓄冷系统　　　　　图 6-19　水平隔膜式水蓄冷系统

4. 空槽式水蓄冷系统

空槽式水蓄冷系统在蓄冷和释冷转换时，总有一个蓄水槽是空的，因此得名，如图 6-20 所示。该系统共有 4 个蓄水槽，开始蓄冷时，槽 1 是空的，温水从槽 2 中抽出，通过阀门 F_{18}、F_{14}、F_{15}、F_{16}、F_3 和冷水机组制冷，水泵 A、F_5、F_9，进入槽 1。当槽 1 被冷水充满时，槽 2 中的温水正好被抽光。接着槽 3 和槽 4 的温水依次按上述方式制成冷水进入槽 2 和槽 3，直到槽 4 空槽为止，蓄冷结束。释冷开始时，槽 4 是空的，从槽 3 抽出的冷水流经阀门 F_{19}、F_{14}、

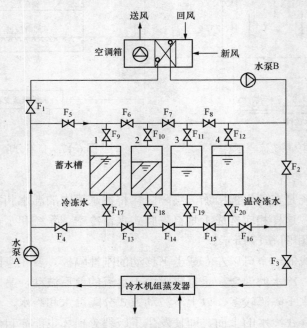

图 6-20　空槽式水蓄冷系统示意

F_{13}、F_4、F_1和空调用户，水泵 B、F_{12}进入槽 4。当槽 3 中的冷水被抽光时，槽 4 中正好充满温水。接着槽 2 中冷水流经用户升温后，进入槽 3；槽 2 中的冷水同样升温后进入槽 3，直至槽 1 空槽为止，释冷结束。槽的数量和容量可根据用电和空调负荷情况确定。

空槽式水蓄冷系统可以避免温、冷水的混合所造成的冷量损失，具有较高的蓄冷效率。可以用于夏天蓄冷，也可用于冬天蓄热。但系统中管道布置复杂、阀门多，自控要求高，槽体的制造费用高，因而增加了初投资。

5. 迷宫式水蓄冷系统

在建筑物的地下层结构中，一般设有格子状的基础梁，这些梁之间构成了许多空间的基础槽。施工时，将设计好的管道预埋在基础梁中，并将这些基础槽用管道连接成迷宫式回路，基础槽用作蓄水槽，则形成了迷宫式水蓄冷系统，如图 6-21 所示。在蓄冷过程中，冷水由第一个槽一端上部流入，从另一端下部流出流入第二槽的下部，再从其上部流出到第三个槽，依次进行，冷水在槽与槽之间上下交替流动，好像走迷宫一样，因此得名。

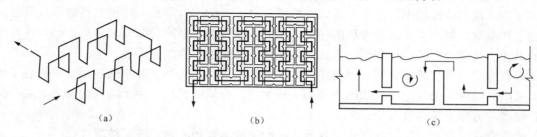

图 6-21 迷宫式水蓄冷系统示意

(a) 水流示意；(b) 平面图；(c) 断面图

迷宫式水蓄冷系统利用地下层结构中的基础槽作为蓄水槽，不必设置专门的蓄水槽，节省了初投资；同时，由于蓄冷槽是由多道墙体隔离的许多小槽所组成的，这样对不同水温的冷水的分离效果较好。另外，由于在蓄冷和释冷过程中，水交替从上部和下部的入口流入小蓄水槽中，每相邻的小蓄水槽中，一个温水从下部入口流入或冷水从上部入口流入，这样容易产生浮力，造成混合；流速过高会导致扰动和温、冷水的混合，流速太低会在小蓄水槽中形成死区，降低蓄冷系统的蓄冷量。

三、冰蓄冷技术

1. 基本概念

冰蓄冷是指用水作为蓄冷介质，利用其相变潜热来储存冷量。在电力非峰值期间利用冷水机组把水制成冰，将冷量储存起来；在电力峰值或空调负荷高峰期间利用冰的溶解把冷量释放出来，满足空调用户的冷量要求。

在冰蓄冷空调系统中，蓄冰槽内的水不一定全部结成冰，通常用蓄冰率 IPF（ice packing factor）来衡量蓄冰槽内冰所占的体积份额，即

$$IPF = \frac{V_1}{V_2} \times 100\% \tag{6-9}$$

式中 V_1——蓄冰槽内冰所占的容积，m^3；

$\quad\quad V_2$——蓄冰槽的有效容积，m^3。

工程上一般用 IPF 来确定蓄冰槽的大小，目前各种蓄冰设备的 IPF 约为 20%～70%。

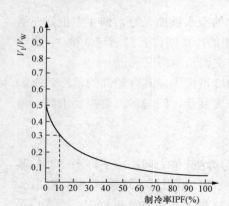

图 6-22 蓄冰率 IPF 对蓄冷容积的影响

冰是一种廉价易得，使用安全、方便且热容量大的潜热蓄冷材料，在空调蓄冷中使用最为普遍。冰的溶解潜热为 335kJ/kg，在常规空调 7/12℃ 的水温使用范围，其蓄冷量可达 386kJ/kg。是利用水的显热蓄冷量的 17 倍。因而采用冰水形式蓄冷比采用水蓄冷形式所需要的容积要小得多。两者的相差程度取决于冰蓄冷容器的蓄冰率 IPF 的大小。在上述水温条件下，其关系如图 6-22 所示。当 IPF=10% 时，冰蓄冷容积 V_I 约为水蓄冷容积的 32%。因此冰蓄冷容器所需容积大幅度减少，其含量损失也随之减少，仅为蓄冷量的 1%～3%，这样就使得设备投资和占用空间大大节省，有利于降低建设成本和缩短建设周期，促进冰蓄冷机组的工业化发展。

冰蓄冷在制冰过程中，由于蒸发温度较低（–10～–6℃），导致制冷机的性能系数降低，增加了耗电量，限制了常规制冷机的使用。因此，冰蓄冷对制冷设备要求更高，必须进行专门的设计，采取合适的运行和控制方式，从整体上提高系统的性能系数。

冰蓄冷空调系统通常为用户提供 2～4℃ 的低温冷水，这为加大冷水的利用温差提供了条件。采用低温介质会使空调系统的冷量损失增加，但介质的循环量由于温差的加大而减少，节省输送动力和系统建设投资。

冰蓄冷有冰盘式、完全冻结式、封装式、制冰滑落式和冰晶式等五种型式。

2. 冰盘管式蓄冷系统

冰盘管式蓄冷系统也被称为直接蒸发式蓄冷系统，其制冷系统的蒸发器随接放入蓄冷槽中，冰冻结在蒸发器盘管的外表面上，如图 6-23 所示。蓄冰时，制冷剂在蒸发期盘管内流动，使盘管外表面结冰。释冷过程采用外融冰方式，从空调用户侧流回的温度较高的回水进入蓄冰槽与冰接触，冰由外向内融化，产生温度较低的冷水提供给空调用户直接使用，或经过换热设备间接使用。

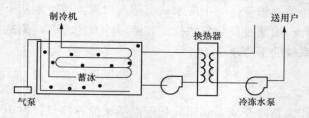

图 6-23 冰盘管式蓄冷系统

蓄冰过程中，随着盘管外表面冰层厚度的增加，盘管表面和水之间的热阻增大，盘管内的制冷剂的蒸发温度将会降低，导致压缩机功耗增大。为此必须增大传热面积或减少结冰厚度。为防止盘管间产生冰桥现象并控制冰层的厚度，需要设置厚度控制器或增加盘管的中心距。蓄冰槽的蓄冰率 IPF 一般保持在 40%～50%，即蓄冰槽内应保持 50% 以上的水，确保能够正常抽取低温冷水使用并进行融冰。

蓄冰槽内的结冰和融冰的均匀是蓄冷和释冷效果好坏的一个重要因素。为了使蓄冰槽内的结冰和融冰均匀，一般在槽内设置空气搅拌器。将压缩空气送至蓄冷槽的底部，利用空气的浮力产生大量气泡升起搅动水流。在制冰过程中，水的扰动使槽内的水温快速均匀降低，从而使盘管外的结冰厚度趋于一致。在融冰释冷过程中，扰动使进入槽内的水流分布均匀，加速冰的融化。在融冰临近结束时，管外的冰很薄，冰层之间的间距增大，空气的扰动将避免水流的短路，改善融冰的效果。

冰盘管式蓄冷系统由于融冰、释冷速度快，非常适用于工业制冷和低温送风空调系统。

蓄冰槽可以用钢筋水泥支撑，内加保温层，也可用钢板焊接而成，外加保温层。由于系统一般是开式的，还可以用砖砌成，内加保温层。

3. 完全冻结式蓄冷系统

完全冻结式蓄冷系统是将冷水机组制备的低温二次冷媒（一般是乙二醇水溶液）送入蓄冷槽中的盘管内，使管外90%以上的水冻结成冰，因此称为完全冻结式。其系统原理如图6-24所示。释冷过程一般采用内融冰方式，从空调用户侧流回的温度较高的乙二醇水溶液进入蓄冰槽，在盘管内流动，将管外的冰融化，融冰过程首先是乙二醇水溶液通过盘管直接与管外的冰进行热交换，使管外的冰融化成水，附着在管外壁周围；接着是乙二醇水溶液通过盘管和管外的水把热量传给与水接触的冰。融冰过程对于冰块来讲，首先是从内部开始的。在融冰时，传热首先是以传导为主，接着是以传导和对流为主了。

封装式蓄冷系统的蓄冷设备的主要特点是蓄冰率IPF较大（在90%以上），而且释冷速度也比较稳定。在融冰后期，由于冰的密度比水小，冰向上浮，乙二醇水溶液通过管壁直接和下部的水进行热交换，下部冰很薄以至很快断开，冰块浮在水上，形成冰水混合物，水的温度升高，融冰速度会很快。

封装式蓄冷系统的蓄冰装置根据盘管形式的不同，主要有蛇形盘管、圆形盘管和U型盘管蓄冰装置三种。

4. 封装式蓄冷系统

封装式蓄冷系统采用水或有机盐溶液作为蓄冷介

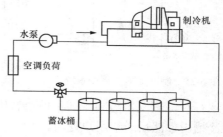

图6-24 完全冻结式蓄冷系统

质，将蓄冷介质封装在塑料密封件内，再把这些装有蓄冷介质的密封件堆放在密闭的金属储罐内或开放的储槽中一起组成蓄冰装置。蓄冰时，制冷机组提供的低温二次冷媒（乙二醇水溶液）进入蓄冷装置，使封装件内的蓄冷介质结冰；释冷时，仍以乙二醇水溶液作为载冷剂，将封装件内冷量取出，直接或间接（通过热交换装置）向用户供冷。

封装式蓄冰装置按封装件形式的不同有所不同，目前主要有三种：

（1）冰球。冰球式以法国Cristopia公司为代表，冰球分为S型和C型，直径分别为77mm和96mm，蓄冰球外可用高密度聚合烯烃材料制成，球壳厚度为1.5mm，球内充注具有高相变潜热的蓄能水溶液，其相变温度为0℃，并预留9%的膨胀空间。S型的冰球热交换表面积为1m²/kWh，每立方米有效冰球数目为2550个；C型的冰球热交换表面积为0.8m²/kWh，每立方米有效冰球数目为1320个。每立方米容积的潜热蓄冷量为48.4kWh。我国相关企业开发生产的齿球式冰球和波纹式冰球在改善传热效果或适应体积胀缩方面等具有自身的特点。

（2）冰板。蓄冰元件采用高密度聚乙烯材料，制成中空扁平板，在板内充注去离子水，换热表面积为0.66m²/kWh。冰板有序地放置在圆形卧式密封罐内，约占储罐体积的80%，载冷剂的可分为1、2、4流程。储罐直径为1.5～3.6m，长度为2.4～21m。

（3）蕊心冰球。冰球外壳由PE塑料吹制而成，其外形设计有伸缩段，有利于其储冰、融冰过程中的膨胀和收缩。在冰球的中心放置金属蕊心以促进冰球的传热，其金属配重作用也可避免冰球在开敞式储槽制冰时浮起。

封装式的蓄冷容器分为密闭式储罐和开敞式储槽。密闭式储罐由钢板制成圆柱形，根据安装方式又可分为卧式和立式。开敞式储槽通常为矩形，可采用钢板、玻璃钢加工，也可采用钢筋混凝土现场浇筑。蓄冷容器可布置在室内或室外，也可埋入地下，在施工过程中应妥善处理保温隔热以及防腐或防水问题，尤其应采取措施保证乙二醇水溶液在容器内和封装件内均匀流动，防止开敞式储槽中蓄冰元件在蓄冷过程中向上浮起。

5. 制冰滑落式蓄冷系统

制冰滑落式蓄冷系统以制冰机为制冷设备，以保温的槽体为蓄冷设备。制冰机单机容量为 35～530kW，现场组装的带水冷冷凝器的蓄冷装置容量可达 1400kW。蓄冷槽体体积一般为 0.024～0.027m³/kWh。图 6-25 所示为制冰滑落式蓄冷系统原理图。

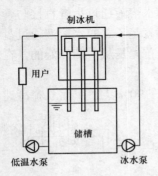

图 6-25 制冰滑落式蓄冷系统原理

制冰滑落式蓄冷系统可以在冰蓄冷和水蓄冷两种蓄冷模式下运行。当在冰蓄冷模式下运行时，制冷剂在蒸发器内蒸发为气态（蒸发温度为–9～–4℃），使喷洒在蒸发器外表面的水冻结成冰，待冰达到一定厚度（一般控制在 3～6.5mm）时，进行切换，进入收冰阶段，压缩机的排气以不低于 32℃的温度进入蒸发器，使蒸发器外侧的冰脱落进入蓄冰槽内。蓄冰槽的蓄冰率一般为 40%～50%。这样，结冰和收冰过程反复进行，直至蓄冰过程结束；释冰时，从用户返回的温水直接喷洒在蒸发器的外表面上，进行结冰和收冰过程，蓄冰槽提供的低温冷水直接或间接供给用户使用。当在水蓄冷模式下运行时，蒸发器内制冷剂和外侧的从用户返回的温水进行热交换，使水的温度下降，落至蓄冷槽内，然后送给用户使用。

在该系统中，因为片状的冰具有很大表面积，热交换性能好，所以有较高的释冰速率。通常情况下，即使蓄冰槽内 80%～90%冰被融化，仍能保持释冷温度不高于 2℃。因此，尤其适合于尖峰用冷的场合，当用于大温差低温空调系统时，有利于进一步节省投资。当然这种系统蓄冷装置初投资较高，设备用房对层高有要求。

6. 冰晶式蓄冷空调系统

冰晶式蓄冷空调系统如图 6-26 所示。特殊设计的制冷机组将蓄冷介质（8%的乙二醇水溶液）冷却到冰结点温度以下，形成非常细小的均匀的冰晶；直径 100μm 的冰晶和乙二醇水溶液在一起，形成泥浆状的液冰，也被称为冰泥。冰晶或冰泥储存在蓄冰槽内，当有空调负荷要求时，取其冷量满足用户要求。

冰晶式蓄冷空调系统不像制冰滑落式蓄冷系统，冰制到一定程度时，需要热流体流过，使冰脱落下来。蓄冰槽也不像冰球式蓄冷系统或盘管式蓄冷系统，在其内要设置大量冰球或盘管。因而蓄冰槽的构造很简单，只要有足够的强度、足够的蓄冷容积和良好的保温即可。另外，由于该系统生成的冰晶直径小而均匀，其换热面积大，融冰、释冰速度快，并且冰晶和乙二醇水溶液均匀混合在一起，不像其他冰蓄冷系统容易在冰桶或冰槽内产生冰桥和死角，所以制冰和融冰速度快而稳定，同样的管径可以输送较大的冷量。

冰晶式蓄冷空调系统最大的缺点是制冷设备需要特殊设计和制造，费用高，制冷能力和蓄冷能力偏小，因此，目前还不适用于大型空调系统。

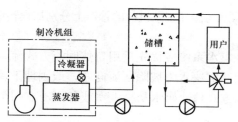

图 6-26 冰晶式蓄冷空调系统示意

第五节 冷热源站设计

冷热源站是分布式供能站中的一个重要车间，担负着制备冷热介质（蒸汽、热水、冷水）并向站外供应冷热介质的任务，其投资约占（含外供管网）能源站总投资的 20%～30%，对分布式能源站的冷热电负荷平衡匹配、经济运行具有重要的影响。

一、外供冷热介质

冷热源站向外供出冷热介质有三种。其特点如下：

1. 外供蒸汽

冷热源站产生蒸汽，外送蒸汽的送出距离受允许压力降的影响一般限定在 86m 范围内，而且凝结水不易回收利用，蒸汽管网与热水管网不可兼用。适用于向周边工业用户供热，或利用蒸汽型吸收式制冷机向空调用户供冷。

2. 外供冷水

冷热源站内设置制冷机，通过管网直接将 7/12℃冷水输送至各空调用户。由于冷水供回水温差小（一般在 10℃以内），输送距离一般不应大于 1.5km，只适用于小范围供冷。

3. 外供高温水

冷热源站产生高温水，再通过管网将高温热水供至区域内各制冷站（或换热站）。输送距离一般为 10km。如超过 10km，应考虑建中继泵站。

二、冷热源站的设计原则

目前，分布式能源站的冷热源站尚无专门适用的设计标准，可参考 GB 50736—2012《民用建筑供暖通风与空气调节设计规范》中的制冷站和 CJJ 34—2010《城镇供热管网设计规范》中的热力站的有关内容并宜符合下列设计原则：

1. 冷热源站位置

冷热源站应位于冷媒水供应点（如空调室、车间）与能源供应点附近。若采用江河、湖泊作为冷却循环水时，冷热源站的位置也需靠近冷却水水源。一般来说，冷热源站宜设计成为一个独立的构筑物，其内可分为制冷机房、水泵房，如有条件可另设仪表间、水质化验间、分锅筒间（若采用集中供热可不设置）、更衣室及维修间。

2. 冷却塔位置

采用冷却塔作为冷却循环水降温时，冷却塔的位置必须选择在散发纤维和粉尘污染点的上风向。并靠近制冷机房和通风良好的地区。为了节省占地，合理利用空间，减少管材用量，缩短安装工期，如有条件可将冷却塔设置在制冷热源站的屋顶上。

3. 水过滤

为了减少制冷机换热管的污垢对传热效果的影响,除在各相应的水泵吸入口附近设滤网作为一级过滤外，还可在制冷机冷媒水与冷却水入机前的管道上分别加设管道式过滤器作为二级过滤。

4. 回水方式

工业空调的冷却水及冷媒水系统应优先采用自然回流方式流入冷热源站，这样便于管理和节能。但如因管路过长无法解决水力坡降回流问题，或因地下新旧管道相互交错无法回流时，就须采用水泵强制回水方式使冷媒水从空调室或各用冷点回至冷热源站。

5. 安装距离

两台制冷机之间的净距离约为 1.5～2.5m，制冷机与两侧墙的距离约为 1.2～1.5m。机房高度应比制冷机高出 1～2m。

6. 清洗换热管的预留位置

为了便于换热器内换热管的更换和清洗工作，需预留好位置，将沿制冷机长度方向的某端的换热器部位直对相当高度的采光窗，或直对大门和能使换热器管子抽出的低矮设备部位（如水泵、旋片式真空泵等）。

7. 冷热源站的通风

冷热源站应设置良好的排热设施。如有条件可在站房屋顶上开设排热天窗，或安装屋顶排风机；若无条件可在外墙上的较高位置设置带有活动百叶窗的排风扇（可防止冬季冷空气侵入）。

8. 检修设置

站房内须设置检修制冷设备的位置如空气压缩机、洗管机、台式钻床、台虎钳等设备和低压行灯的插座等。

9. 站房排水

站房内在有水排出、溅落或结露滴水的地方，均应设置地漏或明沟、阴沟等排水设施（如制冷机、水泵、真空泵等部位）。

10. 站房照明

冷热源站的照度标准应符合有关标准。

11. 泵房的布置

为减小站房的占地面积，应合理布置冷却水泵与冷媒水泵。

12. 设备选型

热源冷站设备的选型包括制冷机、制热设备、水泵、冷却塔、真空泵、阀门和隔振设备等，经过计算确定型号与台数。

三、冷热源站设计涉及的主要系统（或专业）

（1）机房设备安装。

（2）机房建筑、结构（含永久性的起吊检修设施）。

（3）机房供暖空调、通风、防火、供排水和照明通信系统。

（4）燃气系统（当有燃气制热设备时）。

（5）烟气排放系统（当有烟气余热利用设备时）。

（6）冷热水系统。

（7）蒸汽、凝结水系统。

（8）冷却水系统。

（9）供配电系统。

工 程 范 例

本章以电力规划设计总院牵头组织的燃气发电产业政策调研工作成果为主，并适当增加了分布式能源站的范例。

第一节 燃气调峰机组

调研组先后对江苏、浙江、上海、北京、广东 5 个省（市）的 7 个燃机调峰项目共 17 台凝汽式燃气—蒸汽联合循环发电机组进行了现场调研。

一、华能金陵燃机项目

（一）项目概述

华能南京金陵发电有限公司（华能金陵电厂）现役机组四台，分别为一期工程 2×390MW 燃气—蒸汽联合循环机组和二期工程 2×1030MW 超超临界燃煤发电机组。现正在扩建三期工程 2×180MW 燃气—蒸汽联合循环热电联产机组。

其中一期工程于 2005 年 9 月由国家发展改革委核准，项目批准概算 25.64 亿元（总资金），于 2005 年 6 月 28 日开工，1 号机组于 2006 年 12 月 31 日建成投产，2 号机组于 2007 年 3 月 5 日建成投产，工程决算总投资为 23.5 亿元。

（二）设备及其运营情况

主机采用哈动力/美国 GE 公司联合生产的 F 级单轴 PG9351FA 型燃机，武汉锅炉厂生产的三压再热无补燃卧式余热锅炉。

工程投产后一直保持安全稳定运行，年均发电量 23 亿 kWh，参与电网系统的年度、每周和日启停调峰，同时也参与气网的调峰。2009～2011 年期间，机组年利用小数分别为 2915、3120h 和 4794h，三年累计发电量约 84.48 亿 kWh。其中 2011 年机组发电小时数大幅增加，主要原因是江苏电网 2011 年迎峰度夏期间缺电严重，煤电机组出力不足，同时北方夏季天然气消耗量大幅下降，西气东输气源富裕，输气管网要求用气大户消纳天然气，机组迎来了自投产以来的最好时机，6～9 月基本处于满负荷运行。表 7-1 为电厂提供的 2009～2011 年期间年利用小时数及启动次数和机组启动额外耗用的天然气量情况，表 7-2 为电厂提供的不同负荷与效率对应的关系。

表 7-1　　　　　　　　2009～2011 年机组调峰运行参数表（金陵）

项　　目	2009 年	2010 年	2011 年
发电量（亿 kWh）	22.73	24.34	37.40
综合厂用电率	2.07	2.42	2.37

续表

项 目	2009 年	2010 年	2011 年
耗气量（亿 m³）	4.4078	4.6859	7.0589
年利用小时数（h）	2915	3120	4794
年启动次数（次数）	256	250	160
平均每次启动运行小时数（h）	11.39	12.48	29.96
启动耗用天然气量（万 m³，标况）	1944	1800	1064

表 7-2 　　　　　　　　2009～2011 年机组调峰运行负荷与效率对照表（金陵）

机组负荷（MW）	160	280	350	400
全厂热效率（%）	45.55	53.20	55.40	56.46

　　检修维护方面，电厂与 GE 公司签订长期维修的合约式服务合同，即 CSA 合约，于 2007 年 11 月 23 日开始生效。CSA 的费用主要由起始备件费、启动费、月度固定费、运行时间费等组成，从其他渠道获得资料，2008 年运行 CSA 年度费用为 3600 万元。2009～2011 年机组调峰运行修理费用见表 7-3。

表 7-3 　　　　　　　　　2009～2011 年机组调峰运行修理费用（金陵）

项 目	2009 年	2010 年	2011 年
启停期间天然气消耗量	冷态（热态）启动损失气量约 5（2）万 m³/次，停机损失气量约 1 万 m³/次		
检修费用（万元）	8812.97	7993.84	11889.51

二、华电戚墅堰燃机项目

（一）项目概述

　　江苏华电戚墅堰发电有限公司（简称戚电公司）现有 2×390MW+2×220MW 机组，2 套 F 级 390MW 燃气—蒸汽联合循环机组于 2003 年 10 月通过国务院批准建设，于 2004 年 5 月 28 日开工，2005 年 12 月 27 日全部建成投产，竣工结算投资为 24.66 亿元，采用西气东送的天然气为燃料。2 套 E 级 220MW 机组由江苏省发展改革委于 2009 年核准，2010 年 9 月开工建设，2011 年 12 月全部建成，工程投资为 12.53 亿元（静态）采用西气东送的天然气为燃料，因厂外输气管道尚未完工，估计到 2012 年 3 月底能投入商业运行。全厂职工人数为 1366 人，其中主业 1118 人，非主业 248 人。

（二）设备及其运营情况

　　390MW 机组的主机采用哈电/美国 GE 公司联合生产的 S109FA 联合循环机组，燃机为 PG9351FA 型，福斯特—惠勒公司（FW）生产的三压再热无补燃卧式余热锅炉。投产后的 2 套 F 级机组一直保持安全稳定运行，同时参与电网和气网调峰。2009～2011 年，机组年利用小数分别为 2472、3055h 和 5131h，三年累计发电量约 83.13 亿 kWh。其中 2011 年机组发电小时数大幅增加，主要原因同金陵燃机电厂。表 7-4 为电厂提供的 2009～2011 年期间年利用小时数及启动次数和机组启动额外耗用的天然气量情况。

表 7-4 　　　　　　　　　　2009～2011 年机组调峰运行参数表（戚墅堰）

项　目	2009 年	2010 年	2011 年
发电量（亿 kWh）	19.28	23.83	40.02
发电厂用电率	2.4	2.04	1.72
耗气量（亿 m³）	3.7251	4.6198	7.62
年利用小时数（h）	2472	3055	5131
年启动次数（次数）	291	468	194
平均每次启动运行小时数（h）	8.49	6.53	26.45
启动耗用天然气量（万 m³，标况）	2037	3276	1358
启动耗用备汽用量（t）	4365	7020	2910
启动耗用厂用电量（万 kWh）	282	454	188

由于机组频繁参与系统调峰，机组每开机一次的运行小时偏低。其中 2009、2010 年，平均启动运行小时数仅为 8h 左右，典型的昼开夜停两班制运行方式，因此在电网中实际上起调峰机组的作用。事实上，2011 年，大多时间基本上也处于两班制运行，因为夏季期间缺电造成机组短暂的满负荷运行在某种程度上掩盖了实际情况。若假定当年机组热态/冷态启动各占50%，2009～2011 年期间，因频繁启停而增加的厂用电耗量分别占当年年发电量比例为0.146%、0.191%、0.05%，天然气耗量分别占当年年耗气量比例为 5.47%、7.09%、1.78%。因此，当前机组采用调峰运行，频繁启停的两班制运行方式，将增加厂用电约 0.15%，气耗6%左右（2011 年数据特殊）。

基于项目公司人员负担较重，简单的检修工作由电厂自己承担，与 GE 公司签订了长期备件和服务合约，即 MMP 合约，今后可以根据需要以确定的优惠价格从 GE 公司选购备件、进行部件修理、选择检修指导人员等。小修，1200 万元（燃烧器热通道部件的拆装和返厂修理、燃机专用耗材和热工测量元件的更换费用）；中修，除了小修范围外，另加燃机静叶和动叶的拆装和返厂修理、开缸修理等费用 5600 万元。考虑到燃机动静叶、护环、燃料喷嘴等部件经过数次小修后即寿命到期需购买新件，动、静叶在每次返厂修理时都有一定比例的报废率，则每台机组均摊到每年的新件补充费用约 2200 万元；至今未进行过大修。自投运以来，可能由于制造工艺原因或机组运行方式，该燃机曾出现几次故障，主要为设备故障。表 7-5为电厂提供的 2009～2011 年期间燃机的修理费用，年平均费用支出 11163 万元，占项目造价的比例为 4.98%。

表 7-5 　　　　　　　　　2009～2011 年期间燃机的修理费用表（戚墅堰）

项　目	单位	2009 年	2010 年	2011 年
启停期间天然气消耗量	万 m³	1457	2340	970
	热态启动：4 万 m³/次，冷态启动：107 万 m³/次，停机：3 万 m³/次			
修理费	万元	4054	1828	2797
技改费	万元	9655	4665	10492
修理支出合计	万元	13709	6493	13289

E 级 220MW 机组主机采用东电/三菱联合生产的 701D 型燃机，余热锅炉由杭州锅炉厂供应，机组建成后采用西气完成了 72h+24h 的满负荷试运行，尚未投入商业运行。

三、华电望亭燃机项目

（一）项目概述

江苏华电望亭天然气发电有限公司天然气发电项目于 2003 年 10 月通过国务院批准，装机容量为 2 台美国 GE 公司制造的 390MW 燃气—蒸汽联合循环发电机组，该项目 2004 年 4 月 28 日开工，于 2005 年 9 月 27 日和 12 月 30 日投入商业运营，累计完成投资额 23.43 亿元。

（二）设备及其运营情况

390MW 燃气—蒸汽联合循环发电机组的主机采用哈电/美国 GE 公司联合生产的 S109FA 联合循环机组，燃机为 PG9351FA 型，福斯特—惠勒公司（FW）生产的三压再热无补燃卧式余热锅炉。投产后的 2 套 F 级机组一直保持安全稳定运行，同时参与电网和气网调峰。2009～2011 年，机组年利用小数分别为 2472、3055h 和 5131h，三年累计发电量约 83.13 亿 kWh。其中 2011 年机组发电小时数大幅增加，主要原因同金陵燃机电厂。表 7-6 为电厂提供的 2009～2011 年期间年利用小时数及启动次数和机组启动额外耗用的天然气量情况；机组采用调峰运行，频繁启停，反复经过部分负荷阶段的低效率区域，日积月累将影响机组的整体效率，图 7-1 为电厂提供的 2011 年全年负荷与效率曲线图，表 7-7 为电厂提供的 2011 年不同负荷状态下的月度气耗数据，表 7-8 为主机厂家提供的性能保证指标。

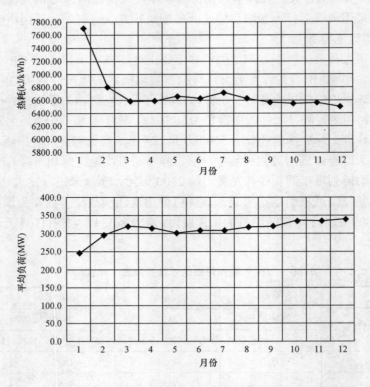

图 7-1　2011 年全年负荷与效率曲线图（望亭）

表 7-6 　　　　　　　　　2009～2011 年机组调峰运行参数表（望亭）

项　目	2009 年	2010 年	2011 年
发电量（亿 kWh）	22.196	24.1	36.02
厂用电率（%）	2.2	2.06	1.88
耗气量（亿 m³）	4.31	4.66	6.82
年利用小时数（h）	2845.66	3089.87	4617.65
年启动次数（次数）	各 243 次	各 225 次	各 133 次
平均每次启动运行小时数（h）	11.71	13.73	34.72
启动耗用天然气量（万 m³，标况）	1944	1800	1064

表 7-7 　　　　　　　　2011 年不同负荷状态下的月度气耗数据（望亭）

月份	月平均负荷（MW）	月平均气耗（m³/kWh，标况）	月平均热值（MJ/m³，标况）	月平均煤耗（g/kWh）	月平均热耗（kJ/kWh）	启动次数（次）
1 月	245	0.2223	34.62	262.553	7694.8	13
2 月	294	0.1964	34.619	232.033	6800.34	35
3 月	320	0.1898	34.649	224.424	6577.32	11
12 月	341	0.1842	35.215	221.383	6488.21	9

表 7-8 　　　　　　　　　　主机厂家提供的性能保证指标（望亭）

联合循环	负荷（MW）	热耗（kJ/kWh）	效率（%）	大气温度（℃）	大气压力（kPa）
设计工况	395.44	6235.8	57.73	16.1	101.63
夏季工况	352.94	6407.3	56.19	30	100.39

电厂的检修费用支出，数额较小的，归为修理费，直接计入当年生产费用；数额较大的，归为技改费，转为固定资产，通过计提折旧。运行期间，出现的主要设备故障：2006 年 11 月 2 号机组发电机转子匝间短路，原因是设备制造质量问题，事后发电机解体返厂修复，检修时间 183 天；2009 年 11 月 1 号机组 4 号燃烧器两个喷嘴有积碳现象，1 片一级透平动叶烧蚀，事故原因主要与设备制造质量、燃机运行工况等有关，事后更换损毁部件，检修时间 37 天。表 7-9 为电厂提供的 2009～2011 年期间燃机的修理费用，年平均费用支出 8289 万元，占投资比例约为 3.6%。根据国外运行燃机的经验数据，启动次数越多，检修费用支出越多。若电厂带基荷连续运行，维修费可减少 1/3。

表 7-9 　　　　　　　　　2009～2011 年期间燃机的修理费用（望亭）

项　目	单位	2009 年	2010 年	2011 年
修理费	万元	1183.66	1705.22	1096.25
技改费	万元	8552	3235	9094
修理支出合计	万元	9736	4940	10190

表 7-10　　　　　机组每次热态启动所耗用的天然气量、蒸汽量及厂用电量（望亭）

热态启动时间	天然气量	备汽用量	厂用电量
约 100min	4 万 m^3（标况）	40t	1.37 万 kWh

四、浙能宁波镇海燃机项目

（一）项目概述

浙能镇海电厂于 2005 年 5 月开始建设两台单轴燃气—蒸汽联合循环 9FA 型（编号为 11、12 号）燃气发电机组。经过两年建设，11、12 号机组分别于 2007 年 6 月 9 日和 7 月 28 日通过 168h 试运行，于 2008 年 1 月 1 日投入商业运行，接受浙江省电力调度通信中心统一调度。

投资方为浙江省电力开发股份有限公司、上海电力股份有限公司、宁波市电力开发公司，总投资 21.3 亿元。

（二）设备及其运营情况

主设备概况：该项目安装两套 STAG 109FA 单轴联合循环大型发电机组，包括 GE 公司 PG9351FA 燃气轮机组两台、390H 发电机两台，D10 蒸汽轮机两台、哈尔滨锅炉厂余热锅炉（阿尔斯通技术）两台、保定天威保变电气股份有限公司主变压器两台。两台机组每台额定容量 394.61MW。机组实际综合出力受气温影响较大，夏季工况时，最大实际综合出力为 357.83MW，冬季最大实际综合出力为 409.94MW。

浙能镇海电厂 2009～2011 年生产运营情况见表 7-11。

表 7-11　　　　　　　　　2009～2011 年生产运营情况（镇海）

项　　目	2009 年	2010 年	2011 年
发电量（万 kWh）	18093.168	130005.828	236907.504
利用小时（h）	229	1647	3002
上网电量（万 kWh）	17789.112	127414.936	232480.688
供热（冷）量	0	0	0
燃料费（万元）	6162.35	53381.18	97157.65
折旧费（万元）	12907.98	13298.59	13080.55
材料费（万元）	—	—	—
修理费（万元）	528.92	1644.73	4680.42
其他费用（万元）	1026.24	1173.84	2119.56

注　材料费包含在修理费中。修理费也包含了与 GE 公司签订的 CSA 合约式服务协议费用。

五、浙能萧山燃机项目

（一）项目概述

萧山电厂是浙能集团下属东南发电股份有限公司所属全资电厂，天然气发电工程是在原有 2 台 130MW 燃煤机组的基础上扩建，安装 2 台西门子—上海电气联合体生产的 SGT5-4000F（2）型 9F 级燃气—蒸汽联合循环发电机组，该工程为国家东海天然气配套项目，浙江省重点工程。

项目于 2005 年 12 月 28 日开工建设，主设备（燃气轮机、汽轮机、发电机）为上海电气和西门子联合体供货，余热锅炉为杭锅厂生产，设计单位为浙江省电力设计院。首台机组 2007 年 6 月 28 日首次并网发电，2008 年 1 月 16 日投入商业运行；第二台机组 2008 年 3 月 2 日首次并网发电，同年 4 月 14 日投入商业运行。

工程总投资为 216043.78 万元。

（二）设备及其运营情况

机组主要为调峰运行，天然气由浙能天然气运行公司调度，电力由浙江省电力公司调度中心调度。

建成初期，由于上游天然气的制约，燃机一直处于保养性开机运行模式，其中 2008 年累计利用小时 277h，2009 年利用小时 92h，自 2010 年开始，川气的入网使天然气量出现了明显的增加，当年利用时间达 1607h，而 2011 年利用小时为 2997h，已基本接近该机组的年设计 3500 利用小时。

萧山电厂天然气工程自投产以来，机组运行情况相对稳定。该型号机组与 GE 公司 PG9351FA 型燃机相比，保护系统设置更加完善，燃机的启动完全接受余热锅炉与汽轮机热应力的监视，并能在全冷态模式下，以"一键启动"的方式完成整个机组的启动；它不仅适合调峰运行，同样也适合带部分或额定负荷连续运行。建成初期，由于保护系统的设置繁杂，也因为仪控设备的一些缺陷，出现了一些问题，但从未出现重大主设备损坏的事故。2009 年后，萧山燃机一直处于稳定运行模式，2011 年全年的启动与停机次数达 616 次，意味着萧山燃机每天都处于调峰运行模式。2009～2011 年机组利用、运行小时见表 7-12。

表 7-12　　　　　　2009～2011 年机组利用、运行小时（萧山）

项目	2009 年		2010 年		2011 年	
	3 号机	4 号机	3 号机	4 号机	3 号机	4 号机
利用小时（h）	35.18	148.17	1178.07	2036.67	2322.06	3672.29
运行小时（h）	60.28	218.07	1586.84	2585.81	2981.65	4496.07

六、上海临港燃机项目

（一）项目概述

上海临港燃气电厂一期工程是上海进口 LNG 的配套项目，建设 4 套 400MW 级燃气—蒸汽联合循环机组。工程于 2009 年 6 月 3 日获得国家发展改革委正式核准，2009 年 6 月 18 日正式开工建设。目前，1～3 号机组分别于 2011 年 1 月 18 日、5 月 18 日、12 月 20 日投运，4 号机组于 2012 年 2 月 5 日首次并网，计划于 2012 年 3 月下旬完成 168h 试运行。工程动态总投资约为 46 亿元，由申能股份有限公司与上海电力股份有限公司共同投资，持股比例为 65%:35%。

（二）设备及其运营情况

燃气—蒸汽联合循环机组轴系主设备由上海电气集团股份有限公司引进西门子技术制造，1、2 号机组为 SCC5-4000F（2）型，额定出力 403MW，3、4 号机组为 SCC5-4000F（4）型，额定出力 423MW；余热锅炉由杭州锅炉集团股份有限公司供货，采用卧式三压再热自然循环锅炉。

上海电网用电峰谷差大，电厂 1、2 号机组的建成投产正是迎合了上海电网的调峰需要。

2011 年，电厂的发电利用小时为 1239h，运行小时数为 1796h，启动次数为 151 次，全年发电负荷率 69%。按照 2011 年的调峰运行方式，电厂年发电负荷率为 69%，供电气耗水平为 0.2m³/kWh。

电厂与西门子签订了燃机长期维修协议，2011 年电厂的修理费为 1.8 亿元，其中燃气轮机修理费占电厂修理费比重最大。在长期维修合约期内，电厂的备品备件、维护修理及人工费全部由西门子公司负责，按照目前电厂与西门子公司签订的合约计算，一套联合循环机组一个大修周期（按目前的运行方式，一个大修周期预计为 10 年）的维修服务费用为 2800 万欧元（费用中不含关税、增值税等国内税）。全年修理费平均为 1.2 亿元人民币。其中：备品、备件的价格一般占合同总额的 50%～60%，燃烧热通道部件返修费用约占 20%～30%，人工费用约占 10%～20%，而且，备品、备件经过一个完整的检修周期，一般都需要进行更换。

七、深圳前湾燃机项目

（一）项目概述

深圳前湾燃机（广前电力发展股份有限公司）是国家发展改革委组织的 9F 燃机第一批捆绑招标项目，规划 6 台 39 万 kW 9F 级燃气—蒸汽联合循环机组，分二期建设，一期工程 3 台 39 万 kW 机组于 2004 年 12 月正式开工建设，2006 年 12 月第一台机组投产发电，三台机组总装机容量 117 万 kW，于 2007 年 3 月全部投产发电。

项目投资情况为广东省粤电集团有限公司 60%股份、广东电力发展股份有限公司 40%股份，一期工程投资额为 36.2 亿元。

（二）设备及其运营情况

主机设备由日本三菱重工和东方电气集团联合供货。燃机型号为 M701F，汽机型号为 TC2F-30，发电机型号为 QFR-400-2-20。机组投产之后平稳安全运行，运营情况见表 7-13。

表 7-13　　　　　　　　　　　　机组运营情况（前湾）

时间 指标	2009 年	2010 年	2011 年
平均利用小时（h）	3317	3396	3327
平均运行小时（h）	4071	4150	4102
燃气价格（元/m³）	1.46	1.49	1.46
上网电价（元/kWh）	0.571	0.571	0.533（自 2011 年 3 月 1 日起）
发电量（亿 kWh）	58.79	63.61	72.98
变动成本（万元）	84634.51	89681.00	85707.00
燃料费（万元）	84559.18	89321.00	85252.00
固定成本（万元）	40040.91	45620.00	53030.00
水费及水资源费（万元）	113.65	110.00	293.00
材料费（万元）	240.86	286.00	243.00
折旧费（万元）	20664.14	22722.00	22688.00
修理费（万元）	9339.58	11599.00	15993.00
其他费用（万元）	9682.68	10902.00	13813.00
发电环节的财务费用（万元）	10558.25	7614.00	6705.00
发电总成本（万元）	135233.67	142915.00	145443.00

随着年运行时间和启停次数的增加，检修费用的投入也在逐年增加，特别是热部件检修费用较高。

第二节 热电联产机组

调研组先后对江苏、浙江、上海、北京、广东5个省（市）的6个燃机热电联产项目共12台机组进行了现场调研。

一、苏州蓝天热电联产项目

（一）项目概述

苏州工业园区蓝天燃气热电有限公司由保利协鑫能源控股有限公司、苏州工业园区中方财团、中新苏州工业园区市政发展集团等合资建设，现有2套E级燃机热电联产机组，独家负责向苏州工业园区热负荷用户供应热力；项目总投资13.6亿元（含部分蒸汽管网投资），单位造价3778元/kW，2004年11月，项目得到省发展改革委批复，工程从2005年2月8日打桩开始，1号机组9月8日投入商业运营，2号机组11月1日投入商业运营，创造了同类型燃机热电联产机组"7+2"的建设记录。

（二）设备及其运营情况

项目采用2台燃机+2台余热锅炉+2台抽凝机的主机配置。燃机制造厂为GE公司，型号为PG9171E，发电能力120MW；汽轮机制造厂为南京汽轮集团，发电能力50MW，额定抽汽100t/h；锅炉制造厂为杭州锅炉厂。

蓝天热电目前担负着苏州工业园区30%的电力供应和100%的蒸汽供应任务。自建成投运以来，机组能安全稳定运行。

由于供热用户的需要，该项目基本上不参加电网和气网调峰。作为国内首家E级燃机热电联产工程，苏州蓝天项目与中石油西气东输签署了不可中断的一级供气协议，在管输费用高于其他二级用户54%，且实际用量超过合同计划量的部分，价格还要增加10%，因此，该项目承受的天然气价格高于省内F级燃机。尽管近年来天然气供需矛盾更加突出，在各股东方的大力支持与帮助下，该项目争取到较多天然气供应量，机组利用小时远远高于省内F级燃机，机组运行良好，供热安全可靠性高，较好地满足了园区用户的供热需求和维持电网安全稳定的需要。2009~2011年期间，机组年利用小数平均5573h，三年累计发电量约60.13亿kWh，供热量约1003万GJ。表7-14为2009~2011年期间年利用小时数及启动次数和机组启动额外耗用的天然气量情况；若机组处于低负荷运行时，机组效率将下降，图7-2为电厂提供的不同负荷与效率对应的关系，当燃机负荷低于80%后，电厂效率下降会发生突变。

表7-14　　　　　　2009~2011年热电联产机组运行参数表（蓝天）

项　　目	2009年	2010年	2011年
发电量（亿kWh）	18.8633	18.2801	22.9897
供热量（万GJ）	318	337.9	357
全厂热效率（%）	65	66	67
综合厂用电率（%）	2.3	2.29	2.3

项 目	2009 年	2010 年	2011 年
耗气量（亿 m³）	4.14	4.09	5.09
年利用小时数（h）	5239	5077	6403
年启动次数（次数）	35/台	27/台	24/台
平均每次启动运行小时数（h）	75	94	133
启动耗用天然气量（万 m³，标况）	280	216	192

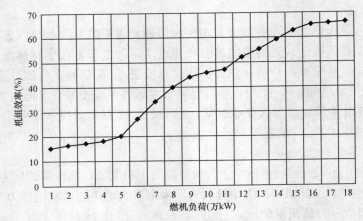

图 7-2　机组运行负荷与效率关系图（蓝天）

2009～2011 年期间，虽然机组利用小时高于省内 F 级调峰，但用户供热可靠性要求高，为确保机组良好运行，维修费支出也不低。表 7-15 为 2009～2011 年期间燃机的修理费用，年平均费用支出 6929 万元，占投资比例约为 5.1%。

表 7-15　　　　　　　　　　2009～2011 年期间燃机的修理费用（蓝天）

项目	单位	2009 年	2010 年	2011 年
修理费	万元	6317.2	5951	6809
技改费	万元	228	180	1301
修理支出合计	万元	6545	6131	8110

二、宁波科丰热电联产项目

（一）项目概述

宁波科丰燃机热电厂是宁波开发投资集团下属的国有控股企业。2004 年 8 月根据市政府关于缓解城市用电紧张状态、调峰平谷，发展集中供热改善环保条件的要求立项兴建，2005 年 6 月建成投产。机组投产之初以重油为燃料进行生产运行。2005 年底，随着东海天然气的上岸，经过油改气的技术改造，于 2006 年 1 月起全面采用天然气为燃料的生产运行，成为宁波市第一家以天然气为燃料的热电联产企业。

（二）设备及其运营情况

热电厂一期项目由武汉钢铁设计院设计，规模为一套 52.14MW 联合循环燃气轮机组（法国 ALSTHOM&英国 JOHN BROWN）及余热锅炉（美国 DELTAK）、汽轮机（瑞士 ABB）和两台 20t 燃煤锅炉，总投资 1.8 亿元，年发电为 2 亿 kWh，供热能力为 60t/h。

目前机组运行的调度方式是机组联合循环 8:30～22:30 顶峰运行。发电上网由宁波市电业局调度所调度，天然气运行用气由浙江省天然气开发公司调度中心调度，热网调度由热电厂自行调度。

机组在 2009～2011 年三年的上网电量分别是 17726 万、18958 万、20740 万 kWh；同期供热量分别是 33873、69442、75755t。详细的运行数据见表 7-16。

表 7-16　　　　　　　　2009～2011 年平均运行数据和指标（科丰）

月份	2009～2011 年上网电量汇总			2009～2011 年电厂双减供热汇总		
	2009 年上网电量（万 kWh）	2010 年上网电量（万 kWh）	2011 年上网电量（万 kWh）	2009 年供热（t）	2010 年供热（t）	2011 年供热（t）
1	938	1366	1825	1594	4843	6283
2	978	2217	1387	2538	4868	4991
3	178	1594	1753	452	5783	7966
4	247	1585	1992	0	5994	8710
5	2196	1699	2196	598	6836	7115
6	2095	1505	2078	3672	6276	7972
7	2185	1605	2065	4922	6927	7289
8	2157	1370	2072	5045	5664	6689
9	2075	1663	1321	3948	7366	4153
10	1888	1094	406	3411	3760	1343
11	1324	1613	1827	2556	4963	6665
12	1463	1647	1818	5137	6162	6579
合计	17726	18958	20740	33873	69442	75755

三、上海漕泾热电联产项目

（一）项目概述

漕泾热电是上海市化学工业园区规划建设的热电联供项目，由上海电力公司牵头筹建。

该项目建设规模为 2×300MW 级燃气—蒸汽联合循环热电机组和 3 台 110t/h 快速启动锅炉及热力管网系统。项目于 2004 年 6 月 8 日开工，两台机组分别于 2005 年 8 月 18 日和 12 月 4 日完成 168h 满负荷试运，正式投入商业运行。工程投资总额 28.60 亿元人民币。

（二）设备及其运营情况

工程建设的 2 套 30 万 kW 等级的燃气—蒸汽联合循环机组，考虑到化工区用户对热电厂供热的高可靠性要求，燃气—蒸汽联合循环机组和快速启动锅炉采用成岛设计和设备成套供应的方式进行国际招标。机组设备列入国家首批打捆招标项目，引进美国 GE 公司生产的 30 万 kW 级的燃气—蒸汽联合循环机组 2 套，每套有 1 台型号为 PG9351FA 重型燃气轮机、1 台型号为 324 功率 23.63 万 kW 的燃气轮机发电机、1 台双压、非再热、卧式余热锅炉、1 台型号 SAC4 二级抽汽凝汽式汽轮机和 1 台型号 9A4 功率 9.2565 万 kW 的汽轮发电机。采用 1 拖 1 多轴布置；以 2 个压力等级（4.2、2.0MPa）所产蒸汽通过专用管道按供热合同要求向化工区热用户集中供热，并供应热用户需要的除盐水及回收冷凝水；所发电量按电网要求全部送入上海电网。另外，配置 3 台容量为 110t/h 快速启动锅炉，在联合循环机组停运条件下能快速投运满足热负荷的供应要求。

作为供热机组，漕泾燃机以热定电，不参加竞价上网；动力岛自主运行、BOP 及应急供热锅炉委托运行；设备维护委托检修公司；燃机采用 GE 公司 CSA 长期合约式服务。生产指标和运营成本（2009～2011 年）情况见表 7-17。

表 7-17　　　　　　　　　　2009～2011 年平均运行数据和指标（漕泾）

项	目	单位	2009 年	2010 年	2011 年
生产指标	年度发电量	亿 kWh	17.75	23.2	34.85
	年度供热量	万 GJ	749	760	807
	年利用小时数	h	2929	3548	5296
	年运行小时数	h	5689	6832	7738
	发电气耗	m^3/kWh	0.185	0.171	0.172
	供电标煤耗	g/kWh	220.98	216.08	216.46
	发电厂用电率	%	2.44	2.23	2.01
	综合厂用电率	%	6.0	4.9	3.56
运营指标	燃料费	亿元	8.57	10.64	16.09
	折旧费	亿元	1.71	1.73	1.69
	材料费	万元	1018	1764	1219
	修理费	亿元	1.35	1.18	1.3
	其中：CSA 费用	万元	5631	2935	4160
	其他费用	万元	7270	9114	8696

四、北京太阳宫热电联产项目

（一）项目概述

北京太阳宫燃气热电有限公司总装机容量为 780MW，配置两台 9F 级燃气—蒸汽联合循环机组。工程设计单位为华北电力设计院，工程于 2006 年 7 月正式开工建设，2007 年 12 月首次并网，2008 年 4 月 24 日正式转商业运行。

投资方为北京能源投资（集团）有限公司和国电电力发展股份有限公司，总投资为 34亿元。

（二）设备及其运营情况

燃气轮发电机组和蒸汽轮发电机组分别由美国 GE 公司、哈尔滨动力设备股份有限公司设计供货，余热锅炉由杭州锅炉集团有限公司设计供货。发电利用小时数为 4500h，运行小时数 6176h，发电量为 35.1 亿 kWh，年供热量 300 万 GJ。

北京燃气热电机组均按照核定的利用小时数发电，冬季采暖期带基荷发电，夏季调峰。太阳宫热力并入热力集团的中心热网，由热力集团统一调配。

维修方面，太阳宫热电与 GE 公司签订了燃机长期维护合同。

五、北京郑常庄热电联产项目

（一）项目概述

郑常庄燃气热电厂现装机规模为50.8万kW，于2005年12月14日获得北京市政府核准，2006年3月25日开工建设，2008年4月12日和5月14日两套联合循环机组分别完成96h满负荷试运并投产，2008年6月30日机组正式转入商业运行。

郑常庄燃气热电项目总投资21.3亿元，由中国华电集团公司投资，国电华北电力设计院进行项目设计。

（二）设备及其运营情况

郑常庄热电厂现装机规模为2套254MW燃气—蒸汽联合循环热电联产机组，机组供热能力为2×502GJ/h；同步建设3台供热能力为3×419GJ/h（单台100百万kcal/h）的尖峰燃气热水锅炉，全厂总供热能力为2260GJ/h（540百万kcal/h）。建成后替代原北京二热老厂承担的供热任务。设计年发电量约19亿kWh、供热量517万GJ，供热面积1000万m²。

燃气轮发电机和蒸汽轮发电机由上海电气有限责任公司供货，其中燃机由德国西门子公司制造，余热锅炉采用武汉锅炉厂的产品。北京燃气热电机组均按照核定的利用小时数发电，冬季采暖期带基荷发电，夏季调峰。郑常庄热力并入热力集团的中心热网，由热力集团统一调配。郑常庄燃气热电2009～2011年的生产经营情况见表7-18。

表7-18　　　　　　　2009～2011年主要生产经营情况表（郑常庄）

指标	单位	2009年	2010年	2011年
发电量	亿kWh	19.2	21.54	19.98
供热量	万GJ	367	435	309
利用小时	h	3780	4240	3933
运行小时	h	5057	5672	5399
燃料费	万元	82358	97951	98191
材料费	万元	1196	1337	1444
修理费	万元	1685	5643	4600
折旧费	万元	15685	14924	13262
其他费用	万元	4187	3666	2579
利润总额	万元	−4001	−5931	−6193

六、东莞中电新能源热电联产项目

（一）项目概述

东莞中电新能源热电有限公司（以下简称东莞热电，前身为东莞东城东兴热电有限公司）由中电投集团下属企业中国电力新能源发展有限公司控股经营，是东莞地区第一家获得政府核准的燃机电厂，第一家纳入城市供热整体规划的热电联供企业。

东莞热电于2004年底动工建设，2005年9月获得广东省发展改革委的核准，2006年3月正式投入商业运营。设计单位为东北电力设计院，总投资为12.6亿人民币。

（二）设备及其运营情况

东莞热电总规划为4套燃气机组。当前装机容量为2×180MW，安装两台GE公司生产的

PG9171E 重型燃气轮发电机，配套杭州锅炉厂生产的余热锅炉和哈尔滨汽轮机厂生产的汽轮发电机组，构成两套 1+1+1 配置的联合循环发电机组，以液化天然气（LNG）为燃料。

当前所用的天然气以卡塔尔气为主，卡塔尔气价格与日本 JCC 原油价格挂钩，未来拟燃用西二线天然气；供热业务有供应蒸汽和供应热水两种，供热价格由公司与用户双方协定，与市场燃料价格联动。

东莞热电位于东莞负荷中心，需承担调峰电源的功能，年启停次数较多。目前发电成本与结算电价联动机制尚未形成，企业为避免亏损，只能以补贴电量为限安排生产。2009～2011 年东莞热电机组利用小时数和发电、供热情况见表 7-19。

表 7-19   2009～2011 年发电、供热情况（东莞热电）

指标 \ 时间	2009 年	2010 年	2011 年
平均利用小时（h）	3048	3243	2830
发电量（亿 kWh）	10.97	11.68	10.19
供热量（万 GJ）	58.79	63.61	72.98

第三节　分布式能源站

本节以电力规划设计总院调研组调研成果为主，增加了上海浦东机场及北京燃气集团指挥调度中心两项目。

一、广州大学城

（一）项目概述

广州大学城分布式能源站是广州大学城配套建设项目，为广州大学城一期 18km² 区域内的 10 所大学提供冷、热、电能三联供，能源站规划容量为 4×78MW，分二期建设，一期 2×78MW，由广东电力设计研究院负责设计，总投资约 8.5 亿元人民币（含线路出线投资）。于 2008 年 7 月 28 日正式开工建设。两套机组分别于 2009 年 10 月 20 日和 21 日通过 72h+24h 试运行，全面转入生产运营。

中国华电集团新能源发展有限公司为与广州大学城能源发展有限公司按 55%、45% 的股比合资成立广州大学城华电新能源有限公司，合作投资建设广州大学城分布式能源站并负责经营管理，项目竣工结算总投资约 8.5 亿元人民币（含线路出线投资）。

（二）设备及其运营情况

大学城能源站一期建设两套 2×78MW 燃气—蒸汽联合循环机组，预留两套扩建场地。该工程燃气轮机发电机组为美国普惠公司的 FT8-3 Swift Pac 双联机组（60MW）；余热锅炉为中国船舶重工集团公司第七〇三研究所生产的两台中压和低压蒸汽带自除氧、尾部制热水、卧式自然循环、无补燃型、露天布置的余热锅炉；蒸汽轮机发电机组供货商为中国长江动力公司（集团），分别选用一套带调整抽汽的抽汽凝汽式蒸汽轮机发电机组和一套双压补汽式蒸汽轮机发电机组，配套 18MW 和 25MW 发电机各一台。

系统利用余热锅炉尾部烟气制备热媒水，余热锅炉尾部热水加热器把热媒水从 60℃ 加热到 90℃，一部分热媒水为大学城热水制备站的水水热交换器加热高质水，向大学城用户提供热水，一部分作为热水型中央空调溴化锂机组的热源。经余热利用后，余热锅炉排烟温度由140℃降至90℃。

2011 年大学城能源站发电约 6.2 亿 kWh；对大学城累计供应热水约 57 万 t，低压蒸汽约17351GJ。

大学城能源站每年用气量约为 1.4 亿 m³ 左右，均为合同气，气价约 2.36 元/m³（由广州燃气集团供给），必要时采购少量现货气作为补充气源，广州区域现货气市场价格约为4.2 元/m³（标况）左右。

该项目在广东省节能调度排序中仅次于水电和核电机组，列火电机组第一名；执行的上网电价为 0.78 元/kWh（含税）；热水免费供大学城管理公司，自来水则由大学城管理公司提供。

（三）评价

工程原设计为冷热电三联供项目，实际投运后，所发电量全额上网，基本未供冷、热负荷，仅向大学城免费供应少量热水及低压蒸汽，从后评价角度看，不像"分布式能源站"。但由于它是万千瓦级分布式能源站的先行示范工程，其经验与教训对于分布式能源站的规划、设计、建设与运营均有较大的指导意义。

（四）建设与运营

详见第十章和第十一章。

二、上海浦东机场

（一）工程概述

（1）浦东国际机场能源中心通过燃气轮机热电联供系统采用了"汽电共生，冷、热、电三联供"。它在供冷、供热的同时，产生的多余电量通过机场 35kV 航飞变电站 10kV 母线与市电并网，为并网处的机场其他用户供电，在技术上还可以向市网送电。燃气轮机通过发电机组供电，通过余热锅炉供热，产生的电和蒸汽通过 YK 离心式制冷机组和溴化锂吸收式制冷机组供冷，实现冷热电三联供。

（2）浦东国际机场出于对机场供电的可靠要求、环境保护、能源综合利用、降低运行成本，提高企业经济效益等各种原因出发，在其能源中心配置了一台 4000kW 的 10.5kV 燃气轮机发电机组，一台额定负荷 9.7t/h 利用燃气轮机排出的高温烟气产生 0.9MPa 的饱和蒸汽余热锅炉和蒸汽供应量不足时使用的辅助燃气燃油锅炉，使用蒸汽制冷的溴化锂吸收式制冷机组和使用电力制冷的 YK 离心式制冷机组。此外，还有软化水处理装置、除氧器、水泵、空气压缩机、冷冻水泵、冷却塔、凝结水回收装置、水箱、分汽缸、分水器、集水器、电气柜等辅助设备。余热锅炉产生的饱和蒸汽通过分汽缸与燃气燃油锅炉产生的蒸汽相同品质的蒸汽向蒸汽用户输送，用以供热或作为除氧器生产用气，同时输送至蒸汽制冷的溴化锂吸收式制冷机组作为动力供冷。使用由燃气轮机发电机组供电的 YK 离心式制冷机组作为制冷补充，与溴化锂吸收式制冷机组共同制冷，通过分水器向用户供冷。该燃气轮机热电联供装置，为机场提供部分电力（约 1/4）和冷暖空调，生活用汽的热源（约 1/10）。该套装置由美国 Solar Turbine Co 成套供应包括一台 Centuar50 燃气轮机发电机组，一台 Deltak 公司生产的不带补燃的废气余热锅炉以及有关辅助设施和 BOD 系统，采用机炉集中控制就地及远程二级计算机控制，在额定工况下其性能参数如下：发电功率 4003kW、供热量 11t/h（0.1MPa 饱和蒸汽）、热耗 12607kJ/kWh、燃料单耗轻柴油 1181kg/h 或天然气 1376m³/h（标况）、热电联供效率≥

80.1%、与分供相比（电由网供、汽由油锅炉供）节能30%左右。

（3）设计寿命为20～30年。天然气价格1.90元/m³（标况），电价0.75元/kWh，预测成本0.468元/kWh。当大于2500kWh时才能与市电并网。夏季和冬季16h/天，3500kWh左右。夏冬余热锅炉产生蒸汽。

（4）当以三联供方式供冷时，燃气轮机热电联供系统以较低的电价、汽价供应给YK离心式制冷机组和溴化锂吸收式制冷机组，三种设备制冷的经济性就会有所不同。以燃气轮机热电联供系统带能源中心三联供时的组合，即带两台YK机组和两台溴化锂机组运行（电负荷2100kW，蒸汽负荷13.4t/h），使其与最经济制冷成本相等。可得出供应的汽电价格应为蒸汽165元/t，电价0.54元/kWh。经过计算，能源中心燃气轮机冷热电联供系统在以其较低成本的汽，电供应制冷系统，确保制冷系经济性的情况下，燃气轮机冷热电联供系统的电负荷必须达到3800kW以上接近满负荷时成本与收入平衡。此时，燃气轮机运行成本为不考虑设备折旧为电价0.400元/kWh、汽价165元/t。考虑设备折旧为电价0.505元/kWh、汽价206元/t。

（5）从经济分析表明，每年按5840h运行计算。可节约年运行费用约550万元左右（与分供相比）。该套设备总投资为309万美元，折合人民币约2564.7万元人民币，机组投运后，考虑折旧等各种费用，约3.5年左右时间即可回收全部投资。

（二）后评价

（1）该装置于1998年9月签约，1999年4～5月设备陆续进入现场安装，目前设备正处在良好的运行状态中。

（2）上海浦东国际机场项目基本上成功，但也存在一定的问题：

1）上网问题。经过上海市政府同意并网，不同意上网。通过电网购电，自发备用，不够时买电。

2）天然气的压力问题。设计压力要求保证25kgf/cm²，而用气高峰时压力仅为7～8kgf/cm²，不符合燃气轮机的要求，整个机组的经济性比燃气轮机差。

3）天然气的价格问题。由于东海天然气价格比陕甘宁天然气的价格高为1.9元/m³，因此，其经济性受到一定的影响。

4）环保高效得不到体现。由于只有夏冬季才使用余热锅炉，而春秋季余热锅炉不开，不产生蒸汽，经济性变差。若有一个稳定的热负荷会更经济。

5）峰谷电价。峰价0.88元/kWh、平价0.63元/kWh、谷价0.17元/kWh。峰量和平量时才能有效，使机组每天才能运行16h，特别是夏季高峰时，还要开锅炉。

（3）解决的措施。为了在有限的年运行小时数下确保并提高燃气轮机冷热电联供系统的经济性，必须增加电负荷。一个是增加并网点的负荷，另一个是增加能源中心的负荷。

三、北京南站

（一）项目概述

北京南站燃气热电冷三联供系统由铁道部投资，承担了北京南站运行所需的25%的冷、热源和20%的电力供应，系统总装机容量3140kW。2008年燃气热电冷三联供系统的燃气发电机组、溴化锂吸收式制冷机组等设备及工艺管线的安装和单机调试已经完成。

（二）设备及其运营情况

北京南站燃气热电冷三联供系统主要设备为两台1570kW的康明斯燃气发电机组，两台使用清华大学建筑节能中心技术专利的江苏双良生产的烟气热水溴化锂吸收式冷水机组（制冷量为 3200kW），设计出口排烟温度在 30℃以下。

系统在 2008 年设备和工艺管线安装和单机调试完成后，不能并网发电，因此无正常运营数据。

（三）其他资料

详见本章第四节。

四、北京燃气集团指挥调度中心

（一）基本情况

（1）建筑面积 32000m²，高 42m，地上 10 层，地下 2 层。

（2）大楼负荷预测：用电 100～1000kW，平均 400～800kW；冷负荷 500～3000kW；采暖 550～2700kW。

（3）在北京燃气集团总部大楼（简称北燃大楼）DG 项目中，使用了两台 Caterpillar 公司生产的燃气内燃发电机组（725、480kW）和两台远大公司生产的余热型直燃溴化锂冷温水机组（200 万、100 万 kcal），其机组主要技术参数见表 7-20。

表 7-20　　　　　　　　　　北燃 DG 系统发电机组参数

发电机组型号	额定发电量（kW）	电压（V）	转速（r/min）	冷却水热量（kW）	烟气热量（kW）
G3508	480	400	1500	460	208
G3512	725	400	1500	630	415

（4）燃气内燃发电机组供电系统的主要配套设备包括控制柜、并机柜、ATS 转换开关控制柜等。系统除了具备各种发动机和发电机的控制保护功能外，还具备自动负载跟踪功能、自动同步并网功能、逆功率保护功能等功能。

（二）DG 并网连接方式

原设计中，北燃大楼由市电高压 10kV 双路电源供电。两台 1250kV·安变压器，一用一备，0.4kV 低压系统为单母线分段。

供电系统的运行模式有三种，可以根据实际用电情况和市电供应情况选择：

（1）发电机组与市电并网，两台燃气内燃发电机（725kW 和 480kW）的发电电压为 0.4kV，两机组并联后与市电一段母线并联。发电机可长期与 1 号变压器并联运行。DG 机组不向电网逆功率，发电机发电量始终低于大楼的用电负荷，不足部分由市电补充。

（2）发电机组独立运行。发电量跟随负荷变化，经济性较差。

（3）发电机组与市电不间断切换。发电机在冷热电负荷合适的情况下独立向大楼送电，其他时间切换到市电。

（三）运行中的问题

（1）由于对负荷的估计失误，造成整个项目运行不经济。北燃大楼 CCHP 的发电容量为 1200kW，供暖供冷的面积为 3.3 万 m²。余热直燃机制冷出力为 300 万 kcal，而实际的白天最大的负荷仅仅不足 500kW，一半的发电量将闲置，同样导致系统电热比偏低，这样的结果就是满负荷运行的时间减少。系统经济性大为降低。

（2）北燃大楼是具有调度指挥、客户服务、管理办公等多功能一体的综合建筑，采用燃气三联供系统提供能源。

（3）在天然气发电做功后，约 460℃ 的烟气通过三通阀（调节型）进入直燃机的高温发生器，作为余热直燃机的主要热源，夏季产生 7～12℃ 的冷水，冬季产生 50～60℃ 的温水；同时，缸套水在夏季进入直燃机的低温发生器，作为余热直燃机的辅助热源；在冬季进入换热器作为部分热源。

（4）该系统的运行模式为以电定热，优先利用可回收的烟气和缸套水中具有的热量满足燃气大楼冷、热负荷的需要，如果能力不够，就采用直燃方式补充。初期为孤岛方式运行，后期采用与市电并列方式运行。该系统在 2004 年 8 月投运至今，成功地经过多个采暖、制冷季实现以三联供方式的运行，完全能满足燃气大楼冷、热、电的需要，供能质量达标，节能、节约效果显著。

（5）根据两年的制冷、采暖季的实际使用测试，全系统的能源利用效率平均大于 70%。其中，在办公时段全系统的能源利用效率平均大于 75%，在非办公时段全系统的能源利用效率平均大于 65%。年平均节能率约为 16%，年节约费用近 100 万元。

五、上海花园饭店

（一）项目概述

花园饭店分布式能源项目属于中日合作节能改造示范项目，拆除原有的燃油锅炉，新建内燃机机组和余热锅炉，在发电的同时利用余热产生热水和蒸汽。该项目 2009 年 9 月开始实施，到 2010 年 3 月基本完成。根据协议，其项目资金分为由日方和中方承担，其中日方承担 NED0 和 JFS 公司提供改造设备投资 2953 万元人民币，中方承担设备安装工程费用 510 万元。

（二）设备及其运营情况

（1）项目主要改造内容包括：新建 1 台 350kW（型号 EP-350G）内燃机机组，余热锅炉供热（出力 188kg/h，8MPa）；在原有 3 台 7t/h 燃油锅炉基础上，拆除 2 台 7t/h 的锅炉，新建 3 台 2t/h 的贯流式锅炉；内燃机及锅炉均采用 BEMS 管理软件集中控制；增加热泵机组，利用夜间电费便宜的时段，制造客房用热水；将变频技术运用在空调机及水泵的控制系统中；运用太阳能发电。

（2）由于项目为花园饭店供电，其购电电价为分阶段电价，故燃机发电主要在电价高峰时运行，每天基本运行 13h 左右，所发电量为花园饭店自用，电气接线采用并网不上网形式。

（3）根据项目建设前日方对该项目的设计估算，该示范项目完成后，节能效果为花园饭店 2006 年能耗的 20%，约为 680t 油当量。项目实际建成后，基本达到原设计的目标，在 2010 年 1～10 月极端气温天数多，客房入住率由于受惠于世博会的举行与上一年同期相比提高了 24.5 个百分点、入住人数比去年增加了 58%，营业额与去年同期相比增长 48% 的情况下，而电费支出比去年减少了 2.1%、燃料支出减少了 28%、能源的总支出与去年同比减少了 10%。

（4）工程为节能改造示范项目，获得了中日政府的大力支持，其外资部分 2953 万元设备费用为日方无偿提供，无需考虑资金成本，因此与同类工程相比不具备可比性。

（5）内燃机热电联产机组，启停频繁，根据项目单位提供资料，2000h 需要采取一次保养，8000h 进行一次中修，12000h 进行一次大修，其检修费用较高，折算至电价其发电成本需要增加 0.21 元/kWh，目前该部分费用未计入运行成本。

六、杭州燃气集团

（一）项目概述

（1）杭州市燃气（集团）有限公司建设了一套热电冷三联供分布式能源系统。系统设计为日常办公、调度中心、抢修基地以及食堂（总建筑面积 9000m²）提供电、冷、热、热水等多种能源需求，采用全自动智能控制。该项目于 2009 年 4 月正式启动，于 2010 年 3 月投入运行。

（2）项目税前总投资 851 万元。主要为设计费、咨询评审费、主要设备费（微型燃气轮机发电机组、余热溴化锂空调、余热烟气换热器、配电设备等）、配电系统改造费、工程安装费、审批等费用。资金来源除市重大科技创新项目拨的专项资金 200 万元外，其余部分由杭燃集团自筹。

（二）设备及其运营情况

（1）该分布式能源系统包括 4×65kW 美国 Capstone 微燃机、1 台 75 万 kcal 远大直燃型溴化锂吸收式空调、1 台 80kW 无锡蓝星烟气水换热器。

（2）4 台微燃机发出的电与市电在低压侧并网向基地供应电力，基地用电不足部分由市网供应。微燃机发电后的烟气利用余热溴化锂空调吸收后向基地供应冷量或热量，不足部分由天然气补燃实现。通过烟气水换热器换热后产生生活热水。

（3）系统采用 400V 电压并网，并接入 10kV 系统，采用并网不上网的接入方式；用户侧配置逆功率保护和主动及被动式防孤岛保护，以防止运行中的功率倒送和孤岛运行；电源侧配置不带重合的电流保护或电流保护带无压鉴定重合。

（4）整个燃气冷热电三联供系统采用"保留市电、自身调峰"的控制方式，即市电始终保持低于 50～90kW（可根据实际工况调整），由微燃机根据基地负载变化进行台数控制调峰，供冷/热量不足的部分通过余热锅炉补燃的方式解决，这样从技术上保证"并网不上网"的可靠性，同时确保微燃机始终工作在满载状态，效率最高。2011 年系统的运行数据见表 7-21，经济效益分析见表 7-22。

表 7-21 　　　　　杭燃集团分布式能源系统 2011 年运行数据

名　　称	2011 年总量	备　　注
安全运行天数（天）	261	不含双休和法定假日
微燃机总发电量（kWh）	301659	
微燃机总耗气量（m³，标况）	131895	
余热制冷量（kWh）	367204	折合用电 122401kWh
余热制热量（kWh）	123186	折合用气 15398m³（标况）
生活热水供热量（kWh）	20070	折合用气 2509m³（标况）
发电效率（%）	22.87	
系统能源利用效率（%）	61.57	

表 7-22 　　　　杭燃集团分布式能源系统 2011 年运行经济效益分析

项目	联供系统		常规系统（燃气锅炉+电空调）		比　　较
产出	发电量（kWh）	301659	用电量（kWh）	424060	
	供热量（kWh）	123186	制热量（kWh）	123186	
	供冷量（kWh）	367204	制冷量（kWh）	367204	
	供热水量（kWh）	20070	热水量（kWh）	20070	

续表

项目	联供系统		常规系统 （燃气锅炉+电空调）		比　　较
投入	电费（元）	0	电费（元）	402433	
	燃气费（元）	455038	燃气费（元）	71628	
	总费用（元）	455038	费用（元）	474061	节省 19023 元

注　三联供系统燃气价格按 3.45 元/m³（标况），常规系统燃气价格按 4.0 元/m³（标况）；电力价格按杭州市 8:00～17:00 工商业平均电价 0.949 元/kWh 计算。

第四节　冷热电三联供在北京南站的应用

一、概况

北京南站主要功能建筑面积约为 22 万 m²，其中高架候车厅建筑面积为 4.8 万 m²，地下一层转乘厅建筑面积约为 6 万 m²，办公楼建筑面积约为 2.2 万 m²，车库约为 9 万 m²。其中高架候车大厅，室内最大高度约 30m。能源站独立设置在主站房西侧，距站房约 300m。

二、冷热源方案背景

北京南站项目设计之初，铁道部门有关部门就提出了冷热源要充分体现节能、环保政策的要求，经过对能源站多种总体方案的综合比较，结合北京南站地区的冷、热、气、电、水源的实际情况，重点考虑能源系统的可靠性、节能性和环保性，提出了"冷热电三联供系统+电制冷机组+燃气锅炉"的整体设计方案，之后遵照铁道部有关部门要求对"水源热泵与冰蓄冷相结合"方案进行比较研究，在比较方案深化的过程中，发现北京南站能源与新的市政水提升泵站相邻，在调查研究污水源热泵技术的基础上，认为有如此得天独厚的外部条件，因地制宜采用污水源热泵代替更加合理，更能体现绿色用能、可再生用能。最终方案确定为"冷热电三联供+污水源热泵"。下面重点对冷热电三联供系统应用进行介绍和分析。

三、系统配置

（1）冷热电三联供系统是城市合理、高效使用天然气最佳途径之一，可以实现能量的梯级利用，能充分利用天然气的热能，配置合理其最大综合用能效率可达 90%以上。较目前仍大量采用的直接燃烧天然气供热、供冷具有很大的节能性。

（2）冷热电三联供可以降低以天然气为燃料的供热成本，减轻运营负担。设计合理时与常规系统相比，增量投资靠运行费用的节省 5 年内可收回，具有很好的经济性。

（3）从宏观角度看，用户可以在电网、天然气管网的峰谷荷和价格之间选择最佳运行时段，获得经济利益的最大，对电网、气网都有消峰填谷的积极作用，能有效解决燃气公司夏季气源相对过剩，电力公司夏季电力供应相对不足，以及白天相对不足、夜晚相对过剩的矛盾，也提高了电网和输气管网的总体输送效率。

（4）全年冷热电负荷。北京南站最大冷热负荷分别为 12.5MW 和 12MW，相关变压器总容量为 18.4MW。

四、设备配置

在并网下不上网的前提下，利用三联供系统满足整个建筑的冷热电负荷是不合理的，因此发电机容量合理确定是整个三联供系统的核心问题之一。

系统采用"以电定热、效益最大"为基本原则。在并网前提下，发电机容量的选择是根据用户用电量变化情况，充分考虑发电机尽量延长额定发电运行时间，同时综合考虑发电设备在其寿命周期内经济效益的最大化，用户对冷热需求的不足部分选配其他形式冷热源进行补充。

从全年逐时基础电力负荷量的分布情况模拟可以看出，电力负荷分布范围为 1.5～6MW，在该范围内内燃机发电机组更能体现上述基本原则。

通过全年逐时冷、热、电负荷准确地模拟计算以及确定在各种不同负荷情况下的运行策略，采用软件模拟计算循环逼近，选出容量配置见表 7-23。

表 7-23　　　　　　　　　　系 统 配 置 能 力

序号	名称	燃气内燃机方案		
		发电量	余热量	台数
1	内燃发电机	1570kW	2.45kg/s 烟气，510℃	2
			508kW/446kW 高/低温热水	
2	烟气热水型溴冷机（带回收）	冷量 1622kW	热量 2220kW	2

五、并网设计

发电机所发电应尽量扩大用户范围，只有这样才可以充分利用自发电，在用电最低负荷附近基本只用自发电，当自发电不足时由并网的市政电网自动补充，因此与市政电网并网是三联供系统合理运行的必须前提。

六、运行模式

设计时模拟系统运行总原则是：按照峰谷电价运行，优先利用内燃机余热；峰平电期间发电机发电运行，不足电量由市电补充，谷电期间发电机停机买电。

从模拟结果可以看出，不管在夏季还是冬季此系统能满足冷热电需求。统计全年机组满负荷运行小时数达 4428h，既保证了设备利用率，又能达到比较好的经济性。

对全年运行进行模拟，三联供系统的贡献总结见表 7-24。

表 7-24　　　　冷、热、电三联供系统提供冷、热和电量所占各自全年能耗的比例

分　　项	冷热电量（万 kWh）	占各自总量比例（%）
发电机废热制冷	332	37
发电机废热供热	503	27
发电机发电	1263	34.06

七、系统特点

北京南站三联供系统除了采用与污水源热泵系统联合运行的特点外，根据清华大学节能

楼的研究和运行经验，设计中还在以下两个方面进行了尝试和研究。

1. 冬季废热热泵运行

经烟气余热设备利用后排出的烟气温度仍然较高，为 150～170℃，损失约 10%的能量，北京南站利用烟气型溴化锂吸收式机组冬季做热泵运行，在只花费少量输送能耗的情况下，提取烟气中的显热和潜热共计 520kW，计算提高能源利用率约 10%。

2. 夏季废热优先用于除湿

夏季内燃发电机产生的缸套水等低品位废热可以用于溴冷机制冷，但其制冷效率很低，制冷 COP 值 0.7。结合温湿度独立控制空调系统，可以提高夏季低品位废热制冷效率，制冷 COP 值可达 1.0。

虽然夏季废热优先用于除湿具有一定优越性，但由于北京南站空调机房位置及工期等原因，未能采用温湿度独立控制空调系统，在天津站工程中采用了温湿度独立控制空调系统，利用电厂废热对除湿溶液进行再生。虽然分属两个工程，但对冷、热、电三联供系统夏季废热的更合理实际工程利用还是具有很大的借鉴意义。

八、节能性分析

三联供系统的节能率定义为：在产生相同热量（冷量）与电量的条件下，三联供系统与常规系统的燃料节约率。

与发电效率 50%的天然气大型联合循环发电系统进行比较，该比较对象是目前理论节能性最高系统，模拟计算结果显示，北京南站能源系统全年运行节能率 12%。

另一种想法是与一些用户用能的实际情况进行比较，即与目前仍较普遍存在的燃气直接燃烧供冷供热进行比较。这种比较方法虽然不完全符合三联供系统节能率的定义，也进行了理想化的简化，但从用户角度看这种直接比较也还具有一定参考价值。

比较结果见表 7-25。

表 7-25　　　　　　　　　　　北京南站与常规系统能源利用比较

名称	1MJ 天然气利用率		北京南站能源站系统	
	锅炉（MJ）	直燃机（MJ）	冬季（MJ）（COP=2.8）	夏季（MJ）（COP=3.47）
转化结果	0.95	1.3	1.62	1.89
节能率			67%	59%

另外，北京南站使用污水源热泵系统后，可减少冷却塔的飘水和蒸发补水量，经计算每年节省用水量约 7.2 万 t。

九、环保性分析

三联供系统以天然气为燃气，天然气是优质、高效、清洁的理想能源，因此总体讲环境友好。

运行模拟计算北京南站三联供系统废热利用年节约 260 万 kWh，节能效益减少了排放。

十、经济性分析

三联供与污水源热泵系统整体初投资及运算费用模拟计算结果见表 7-26。

表 7-26 与常规系统经济比较

序号	名　称	常规系统（万元）	北京南站能源系统方案（万元）
1	设备初投资	3227	6044
2	电网预备费		64.8
3	运行维护费		145
4	节水费		-21.6
5	运行费年节省		586.8
6	回收期（年）		4.8

比较基础是天然气费 1.8 元/m³、峰平谷各 8h 电价分别为 1.16、0.78、0.39 元/kWh。从表 7-26 中可以看出北京南站能源站系统年运行费用较常规系统可以节省 586.8 万元，理想情况下 5 年内就可以回收增量投资。

目前北京南站实际情况是未采用峰谷电价，冬夏气价分别为 1.95、1.85 元，电价 0.98 元，比设计取值更加有利。

十一、运行情况

北京南站 2008 年 8 月开始运行，已经运行了一个夏季和冬季。总体效果良好。但冷热源只依靠污水源热泵系统维持运行。

2008 年北京南站开通使用时三联供系统尚未全部安装完毕，目前系统安装全部完成，由于自发电并网问题一直没有得到解决，因此发电机和烟气溴冷机一直尚未投入运行。国家发展改革委和北京市发展改革委都签发了关于北京南站自发电并网问题的支持文件，目前一方面积极争取尽早解决并网问题，另一方面酝酿独立运行的改造方案，但可以预期独立运行与并网运行相比，其节能、经济等性能都会大打折扣。

十二、结束语

（1）以天然气为能源的三联供系统，实现了对能量的梯级利用，是节能，经济、环境友好的用能方式，对一些地区的铁路站房等大型公建，满足气源供应充足、经济条件允许，气电价比例有利的条件下，具有积极推广价值。

（2）按照"以电定热、效益最大"为原则进行发电机配置相对具有合理性、可行性。

（3）冷热电三联供系统设计具有一定复杂性，需要进行大量细致的工作，尤其要重视与电力行业的密切配合，否则极有可能和目标相差甚远。

（4）北京南站在冷、热、电三联供及污水源热泵系统应用方面进行了有意义的尝试，以北京南站在冷、热、电三联供技术应用为基础，清华大学和铁道第三勘察设计院集团有限公司共同完成了 2007 年国家 863 课题《高效天然气冷热电联技术集成及示范研究》的立项和实施工作。随着后期调试、运行、数据测试和整理分析，应密切跟踪，总结出更多的经验和教训，使工程拥有良好的经济性的同时，能源利用完善程度争取达到国际领先水平。

接 入 系 统

第一节 概 述

一、燃气发电机组接入系统

（1）燃气发电机组分为燃气调峰机组、热电联产机组和分布式能源站三类。

（2）前两类机组接入系统有关问题与燃煤机组基本相同，执行与燃煤机组相同的前期工作程序、设计内容深度与审批办法。

（3）由于分布式能源站有特殊性，政府主管部门与电网企业均在编制有关规定。

（4）三类机组的发电设备利用小时均应在可行性研究阶段进行科学分析，其推荐意见应由政府主管部门和网、厂企业认可。

（5）三类机组的电价机制均应符合现行规定，以协调政府与企业、电网与电厂、电力与天然气产业、企业与用户之间的利益与诉求。

二、分布式能源站接入系统

（1）分布式能源站接入系统具有接入容量小，接入电压低、接入位置分散等特点。

（2）分布式能源站的发展，主要问题之一是与公用电网的关系，即并网与上网（售电）的问题。为此，也分为三类，即并网又上网、并网不上网与独立运行。

（3）与分布式能源站的定义（性质）有关。国内、外公认它是小型的、分散的、冷热电三联供的能源站，但对于小型有多种提法：

1）规模较小的。这种提法十分笼统，缺乏量化，不仅可包括 E 型（200MW 级）燃机，个别的还包括 F 级（350MW 级）燃机，显然不可操作。

2）单套 100MW 级以下的。这是 60 年来，电力行业对大、中、小型机组法定的定义，也易为各方接受。

3）单套 10MW 以下，这是电力行业某些单位的看法。在建设部分行业标准中，也有以 6～15MW 划限的说法。

4）也有单套 25MW 以下的意见，已与燃气—蒸汽联合循环有关规定相衔接。还有以 50MW 划限的意见，希望划入 6B 机组。

5）本书对分布式能源站提出了三点划限意见，即单套 100MW 级以下的、冷、热、电三联供（厂内制冷）的、并网不上网（或独立运行）的能源站，详见第一章。由于三项划限条件均需满足，从实施情况看，单套 10MW 以下均可属于分布式能源站；单套 100MW 级以上均不属于分布式能源站；单套 10～100MW 级，由于要满足三项划限系件，特别是并网不上网的要求，绝大多数难以划入分布式能源站。

三、并网不上网的要求

（1）并网是分布式能源站安全运行的需要，从电网企业角度，只要满足 Q/GDW 480—2010《分布式电源接入电网技术规定》，就能接入该企业所辖公用电网。

（2）上网即分布式能源站是否向公用电网售电，实向双向输送，本质上是如何协调网、厂双方经济利益问题，如果采用燃气调峰机组电价，或比燃煤标杆电价加 150 元/MWh（待定），电网企业没有收益，只有付出，显然难以接受；如果采用燃煤标杆电价，由于低于燃气成本，显然分布式能源站的投资主体也不会接受。

（3）电网企业能够接受的是将分布式能源站归入自备电厂，自发自用，并网不上网，这对绝大多数分布式能源站是易于做到的，只要装机容量小于自用电力负荷即可满足要求。

（4）只有对于工业园区，分布式能源站规模较大，难以由某一用户建设。为此，建议由多个用户合资建站，属于公用/自备电厂，分布式能源站向出资用户直供电。此时，应以热定电，仍应满足并网不上网的要求。

（5）总之，实现并网不上网的要求，即符合自备电厂建设直供电与电价定价原则，实现网、厂双赢，实质上是将 10～100MW 级的项目，大部分划入热电联产机组，而不是划入分布式能源站，按照热电联产项目前期工作程序进行管理。

（6）对于以冷、热负荷定电，发电能力超过自用电量的分布式能源站，应优先考虑安装背压机组，安装储热（或冷）设备削峰填谷，或安装燃气锅炉等方案，争取符合并网不上网的要求。

（7）《分布式发电管理办法》（征求意见稿）中规定"多余电力上网"，由于它包括资源利用性质的电源，理应全额收购；对于燃用紧缺、昂贵、不可再生的天然气项目理应有所区别。

第二节　并　网　要　求

一、并入电网管理

关于并入电网管理，目前的初步看法是：

（1）分布式发电并网工程设计、咨询、建设、调试、检测等环节，均应依法实行开放、公平的市场竞争机制，降低成本，保证工程质量。

（2）国家能源主管部门会同有关部门拟定并网技术标准，指导、监督各地并网管理工作。省级能源主管部门负责本地区并网管理工作，按照简化程序、提高效率的原则，根据具体情况实行分级管理。

（3）省级能源主管部门应会同电力监管部门建立并网争议协调机制，切实保障分布式发电投资企业、电网企业的合法权益，做好对分布式发电公平开放接入的监督管理。

（4）省级能源主管部门应会同有关部门，结合地区分布式发电规划，组织编制地区配电网建设规划，完善配电网结构，加快推进配电网智能化，为分布式发电发展提供保障。相关配电网建设规划报国家能源主管部门备案。

（5）省级能源主管部门可按照分布式发电管理的需要，建立分布式发电建设、运行信息统计、报送机制，收集并统计相关数据和信息。

（6）省级主管部门应根据分布式发电类型及容量，制定相应并网业务办理程序、时限、制度，编制统一的并网协议和购售电合同示范文本。

二、对电能质量的要求

国家电网公司对电能质量的要求是：

（一）一般性要求

分布式电源并网前应开展电能质量前期评估工作，分布式电源应提供电能质量评估工作所需的电源容量、并网方式、变流器型号等相关技术参数。

分布式电源向当地交流负载提供电能和向电网发送电能的质量，在谐波、电压偏差、电压不平衡度、电压波动和闪变等满足相关的国家标准。同时，当并网点的谐波、电压偏差、电压不平衡度、电压波动和闪变满足相关的国家标准时，分布式电源应能正常运行。

变流器类型分布式电源应在并网点装设满足 IEC 61000-4-30《电磁兼容　第 4-30 部分 试验和测量技术　电能质量测量方法》标准要求的 A 类电能质量在线监测装置。10（6）～35kV 电压等级并网的分布式电源，电能质量数据应能够远程传送到电网企业，保证电网企业对电能质量的监控。380V 并网的分布式电源，电能质量数据应具备一年及以上的存储能力，必要时供电网企业调用。

（二）谐波

分布式电源所连公共连接点的谐波电流分量（方均根值）应满足 GB/T 14549—1993《电能质量　公用电网谐波》的规定，不应超过表 8-1 中规定的允许值，其中分布式电源向电网注入的谐波电流允许值按此电源协议容量与其公共连接点上发/供电设备容量之比进行分配。

表 8-1　　　　　　　　　　　注入公共连接点的谐波电流允许值

标准电压（kV）	基准短路容量（MVA）	谐波次数及谐波电流允许值（A）											
		2	3	4	5	6	7	8	9	10	11	12	13
0.38	10	78	62	39	62	26	44	19	21	16	28	13	24
6	100	43	34	21	34	14	21	11	11	8.5	16	7.1	13
10	100	26	20	13	20	8.5	15	6.4	6.8	5.1	9.3	4.3	7.9
35	250	15	12	7.7	12	5.1	8.8	3.8	4.1	3.1	5.6	2.6	4.7
标准电压（kV）	基准短路容量（MVA）	谐波次数及谐波电流允许值（A）											
		14	15	16	17	18	19	20	21	22	23	24	25
0.38	10	11	12	9.7	18	8.6	16	7.8	8.9	7.1	14	6.5	12
6	100	6.1	6.8	5.3	10	4.7	9	4.3	4.9	3.9	7.4	3.6	6.8
10	100	3.7	4.1	3.2	6	2.8	5.4	2.6	2.9	2.3	4.5	2.1	4.1
35	250	2.2	2.5	1.9	3.6	1.7	3.2	1.5	1.8	1.4	2.7	1.3	2.5

注　标准电压 20kV 的谐波电流允许值参照 10kV 标准执行。

（三）电压偏差

分布式电源并网后，公共连接点的电压偏差应满足 GB/T 12325—2008《电能质量　供电电压偏差》的规定，即：

（1）35kV 公共连接点电压正、负偏差的绝对值之和不超过标准电压的 10%［注：如供电电压上下偏差同号（均为正或负）时，按较大的偏差绝对值作为衡量依据］。

（2）20kV 及以下三相公共连接点电压偏差不超过标称电压的±7%。

（3）220V 单相公共连接点电压偏差不超过标准电压的+7%、−10%。

（四）电压波动和闪变

分布式电源并网后，公共连接点处的电压波动和闪变应满足 GB/T 12326—2008《电能质量 电压波动和闪变》的规定。

分布式电源单独引起公共连接点处的电压变动限值与电压变动频度、电压等级有关，见表 8-2。

表 8-2 　　　　　　　　　　　　　　电 压 波 动 限 值

r（次/h）	d（%）
r≤1	4
1<r≤10	3*
10<r≤100	2
100<r≤1000	1.25

注　1　r 表示电压变动频度，指单位时间内电压变动的次数（电压由大到小或由小到大各算一次变动）。不同方向的若干次变动，若间隔时间小于 30ms，则算一次变动。d 表示电压变动，为电压方均根值曲线上相邻两个极值电压之差，以系统标称电压的百分数表示。

　　2　很少的变动频度 r（每日少于 1 次），电压变动限值 d 还可以放宽，但不在 GB/T 12326—2008 中规定。

　　3　对于随机性不规则的电压波动，以电压波动的最大值为判据，表中标有"*"的值为其限值。

分布式电源在公共连接点单独引起的电压闪变值应根据电源安装容量占供电容量的比例以及系统电压等级，按照 GB/T 12326—2008 的规定分别按三级做不同的处理。

（五）电压不平衡度

分布式电源并网后，其公共连接点的三相电压不平衡度不应超过 GB/T 15543—2008《电能质量三相电压不平衡》规定的限值，公共连接点的三相电压不平衡度不应超过 2%，短时不超过 4%；其中由各分布式电源引起的公共连接点三相电压不平衡度不应超过 1.3%，短时不超过 2.6%。

（六）直流分量

变流器类型分布式电源并网额定运行时，向电网馈送的直流电流分量不应超过其交流定值的 0.5%。

（七）电磁兼容

分布式电源设备产生的电磁干扰不应超过相关设备标准的要求。同时，分布式电源应具有适当的抗电磁干扰的能力，应保证信号传输不受电磁干扰，执行部件不发生误动作。

（八）电能质量要求说明

分布式电源并入低压电网，对电压偏差、谐波等电能质量指标的影响比较大，并网前分布式电源应开展电能质量前期评估工作，分布式电源应提供电能质量评估工作所需的电源容量、并网方式、变流器型号等相关技术参数。

分布式电源应具备适应电网运行的能力，在电网正常运行、电能质量符合相应标准的要求时，分布式电源应能正常运行。防止分布式电源保护设置范围与电网运行的各类指标范围不符合，导致分布式电源保护频繁动作，影响电网的正常运行。同时，分布式电源还应满足电磁兼容的要求，其设备产生的电磁干扰不应超过相关设备标准的要求。

电能质量指标引用最新版国标关于电能质量的规定。国标中没有规定 20kV 电压等级的谐波电流，其谐波电流参照 10kV 电压等级标准执行。

对于变流器类型电源，变流器将直流电转换为交流电并入电网，要防止直流分量流入电网，对电网的电磁使用设备造成危害，直流分量应在一定的限制，直流分量的大小广泛征求了国内变流器生产厂商的意见，确定了变流器类型分布式电源并网额定运行时，向电网馈送的直流电流分量不应超过其交流定值的 0.5%。

三、并网前的检测

国家电网公司对并网前的检测要求如下。

（一）检测要求

分布式电源接入电网的检测点为电源并网点，必须由具有相应资质的单位或部门进行检测，并在检测前将检测方案报所接入电网调度机构备案。

分布式电源应当在并网运行后 6 个月内向电网调度机构提供有资质单位出具的有关电源运行特性的检测报告，以表明该电源满足接入电网的相关规定。

当分布式电源更换主要设备时，需要重新提交检测报告。

（二）检测内容

检测应按照国家或有关行业对分布式电源并网运行制定的相关标准或规定进行，必须包括但不仅限于以下内容：

（1）有功输出特性，有功和无功控制特性。
（2）电能质量，包括谐波、电压偏差、电压不平衡度、电压波动和闪变、电磁兼容等。
（3）电压电流与频率响应特性。
（4）安全与保护功能。
（5）电源启停对电网的影响。
（6）调度运行机构要求的其他并网检测项目。

（三）并网检测说明

检测是保证分布式电源主要设备和分布式电源建设质量的主要手段。为了保证分布式电源能满足本标准规定的各项技术指标，并网前需对各项技术指标进行检测与确认，以确保分布式电源并网后对电网的电能质量和安全稳定运行不会带来不利影响。检测内容包括有功输出特性，有功和无功控制特性、电能质量、电压电流与频率响应特性、安全与保护功能、电源启停对电网的影响以及调度运行机构要求的其他并网检测项目，这些检测内容都是直接关系到分布式电源并网后系统的供电质量和安全稳定运行，对分布式电源和电网来说都非常重要。检测必须由具有相应资质的单位或部门进行，以保证检测结果的公平公正。

第三节 一 次 接 入 系 统

一、接入电网管理

关于接入电网管理，目前的初步看法是：

（1）纳入省级分布式发电规划的项目经当地能源主管部门审核同意后按规定程序办理并

网业务。电网企业应结合配电网规划及分布式发电项目建设计划，加快地区公用配电网建设及改造，在重点城市和地区逐步形成智能配电网运行控制和互动服务体系，满足分布式发电并网需要。

（2）分布式电源接入公用配电网及由此引起的公用配电网建设与改造原则上由电网企业承担。因特殊原因由项目业主建设的，电网企业应与项目业主协商一致，报地方能源主管部门同意。

（3）电网企业应根据省级能源主管部门的要求，制定并公告分布式发电并网相关服务标准及细则，为分布式发电提供便捷、及时、高效的接入电网服务。对符合要求的项目，应在规定的时间内办理相关手续，保证项目及时并网。特殊情况不能接入的要及时向省级能源主管部门和项目业主说明情况。分布式发电企业应做好企业内部电力设施建设、改造工作，满足电网安全生产需要。

（4）分布式发电项目业主应与电网企业签订并网协议、调度协议、购售电合同，明确双方责任和义务，确定电能计量、电价及电费结算、调度管理方式等。相关协议可根据实际情况进行适当简化。

二、接入系统原则

（一）国家电网公司的规定

（1）并网点的确定原则为电源并入电网后能有效输送电力并且能确保电网的安全稳定运行。

（2）当公共连接点处并入一个以上的电源时，应总体考虑它们的影响。分布式电源总容量原则上不宜超过上一级变压器供电区域内最大负荷的25%。

（3）分布式电源并网点的短路电流与分布式电源额定电流之比不宜低于10。

（4）分布式电源接入电压等级：200kW及以下分布式电源接入380V电压等级电网；200kW以上分布式电源接入10（6）kV及以上电压等级电网。经技术经济比较，分布式电源采用低电压等级接入优于高电压等级时，可采用低电压等级接入。

对于接入系统原则说明如下：

（1）考虑到低压电网的电能质量及安全稳定运行，分布式电源接入低压电网时需考虑公共连接点处是否已有其他电源并网，分布式电源并网点的不同选择可能会对电网的电压稳定和安全保护带来不同的影响，本标准首先提出并网点的确定原则必须总体考虑各分布式电源的共同影响。以选择合适的并网点，最小化分布式电源对电网的影响。

（2）为防止逆流对上一级电网产生较大的影响，导致上一级电网需要在继电保护设置等方面做出大范围的调整，分布式电源所产生的电力电量尽量在本级配电区域内平衡，分布式电源总容量原则上不宜超过上一级变压器供电区域内最大负荷的25%。该限值的取值一方面根据区域内负荷峰谷差估算分布式电源所产生的电力能在本供电区域内全部平衡掉；另一方面考虑到近几年内分布式电源有可能发展迅速，不需更新，25%是可接受的合理范围。这里所说的容量都为电源的装机容量，由于实际中可能存在特殊电源结构和负荷特性，特殊情况可做特殊处理，主要保证分布式电源的输出不会对上一级电网运行造成大的影响。

（3）分布式电源功率波动导致连接点处的电压波动与分布式电源容量与接入点短路容量的比值关系密切相关，通过对分布式电源并网点短路电流与分布式电源额定电流比值的规定可以减少分布式电源对配电网运行的影响，通过大量研究和分析，分布式电源并网点的短路电流与分布式电源额定电流之比不宜低于10。

（二）上海市地方标准

根据《分布式供能系统工程技术规程》第五章"接入公用电网系统"的有关规定：

（1）接入容量。合理地确定接入电网的机组容量是保证分散发电可靠性和经济性统一的前提。当接入机组容量较大时，机组本体投资提高，而且由于电网运行方式对大容量的机组运行会有比较高的要求，其发电小时数必然受到限制，结果机组利用率反而下降。同时，机组容量较大时接入系统的投资也相应提高；由于需要接入较高的电压等级，送电线路更多，截面更大，还有可能因此引起短路电流容量超标的问题，导致接入系统费用的进一步提高。

因此，上海电网要求分散发电机组容量不超过上级变压器主变压器容量的30%。这样，机组被迫停运的时候可以充分利用主变压器30%的过载能力，有效地保证原有负荷的供电，从而充分兼顾了供电的安全性和机组的效率。

（2）并网不上网。并网不上网对于提高分散发电机组经济性主要体现在两个方面。首先，分散发电机组按需要定点，所发电就地消化，这样机组利用率可以大大提高。其次，机组容量大，上网后运行方式会受到较多限制，出于对电网运行安全可靠性和贸易结算的需要，上网机组接入系统的配套费用大大增加。以通信系统为例，如果机组并网不上网，机组与电网的通信只需要有一部专门的电话即可，但是对于上网机组，上海电网为了保证电网对机组的控制，往往要求机组装设一套光纤通信系统，投资大大增加。

（3）接入电压等级。分散发电接入系统的电压等级一般根据其实际送入系统的容量来确定。送入容量越大，要求接入的电压等级就越高。从就地平衡电力考虑，一般以地方负荷为最小，分散发电为最大发电容量的运行工况进行校核，要求满足电网变电站母线上连接的负载大于接入的分散电源的发电容量，用户已需的功率不反向流过变压器。上海地区为保证电网对用户（包括分散发电用户）的安全可靠发电，接入分散电源的总装机容量不应大于上级变电站单台主变压器容量的30%。

（4）分布式供能系统的发电机组应根据总装机容量和当地电网的实际情况按照表 8-3 选择合适的接入电压等级。

表8-3　　　　　　　　　　分布式供能系统发电装置接入电压等级表

总装机容量	电压等级	总装机容量	电压等级
200kW 以下	400V	3（含）～10MW	10kV 或 35kV
200～400kW	400V 或 10kV	10MW 及以上	35kV 或 10kV
400kW（含）～3MW	10kV		

（5）分布式供能系统并网线路用户侧应在适当位置安装开关，设置明显的断开点并可进行隔离操作。

（6）分布式供能系统的发电机组应接入用户配电系统次级电压母线，并经由用户所属降压变压器或隔离变压器与公用电网相连，与公用电网接入点应具有防止在检修或事故等非正常状态下倒送电的措施。

（三）北京市调研情况

（1）并网配电系统要有足够的容量接纳分布式能源系统，在机组停运时能够有备用容量向用户送电。

（2）并网电压。当分布式能源系统与电网并联时，必然要选择接入的电压等级，一般与当地配电电压级电网相连。在北京市内建设的分布式能源系统电力并网可选择 400V、10.5kV、110kV 三个电压等级。在选择输电等级上，要考虑输送容量的限制，具体对应关系如表 8-4。

表 8-4 北京地区分布式能源系统并网电压

机 组 容 量	并 网 电 压
几十千瓦至几百千瓦	400V
几百千瓦至 20MW	一般在 10.5kV 电网并网或根据电网的实际情况确定
20～100MW	220kV 变电站的 110kV 出线处

（3）接入比例。为了保证电网的安全稳定，一定区域内的分布式电源比例不能过高，对于分布式能源在接入点所占比例参考国外技术导则中给出经验值小于 30%。

（4）北京市冷热电联产项目的基本情况。北京地区冷热电联供系统并网及运行情况见表 8-5。

表 8-5 北京市冷热电联产项目运行情况

序号	项目地点	设备情况	系统情况	并网情况	备注
1	北京燃气集团监控中心	1 台 480kW+1 台 725kW 燃气内燃机 1 台 BZ100 型+1 台 BZ200 型余热直燃机	已投产	一直并不上网	
2	北京次渠站综合楼	1 台 80kW 宝曼燃气微燃机 1 台 20 万 kcal（1kcal=4.19kJ）余热直燃机	已投产	并网	负荷较轻偶尔运行
3	软件广场	1 台 1000kW 燃气轮机 1 台 250kcal 余热直燃机	已投产		
4	中关村生命科学园	三台燃机 13000kW	2008 年一期工程投运	未投产	
5	国际商城	2 台 8960kW Solar 人马 40 燃气轮机 2 台 20t/h 再燃余热锅炉总规划 78 万 m²	已投产		
6	北京高碑店污水处理厂沼气热电站	一期：4 台 6GTLB 型沼气内燃机 513kW 二期：3 台 JMS316GS-B、沼气内燃机 710kW，共 4182kW	均已投产	并网	正常运行
7	北京南站	2×1500kW 康明斯燃气内燃机配合污水源热泵	2008 年 8 月投产	并网方案正在制定中	不并网无法运行
8	北京奥运 9 楼	1250kW 燃气轮机、余热吸收式制冷	2008 年投入	并网	负荷较轻偶尔运行
9	北京邮电大学	2×2400kW 燃气机或 3×1800kW 内燃机			
10	清华文津国际公寓	2×1160kW 北京重点示范项目康明斯，五星级酒店 12 万 m²	2006 年底开始运行	未并网	独立运行自带负荷
11	北京水利医院	165kW 燃气内燃机，1.5 万 m²			
12	北京亦庄开发区燃气调压站	30kW，夏季供制冷	已投产	未并网	市电接入困难，独立运行，UPS 调节

续表

序号	项目地点	设备情况	系统情况	并网情况	备注
13	培新宾馆	185kW 燃气内燃机，2 万 m²			
14	309 医院	600～800kW 燃气内燃机两台，空调 4.2m²	已投产		
15	清华大学节能楼	卡特 CAT G3306 燃气机	已投产	已并网	可运行
16	北京亦庄开发区	4×FTB 燃气—蒸汽联合循环热电联产 150MW	已投产	已并网	可运行
17	北京宝熊供热厂	1 台 1500kW，供蒸汽 5t/h，供热 7 万 m² 夏季供制冷	已投产	并网	已运行为西客站供热
18	蟹岛绿色生态园	4 台燃气内燃机共 3000kW 供 19.6 万 m²	已投产		
19	北京电子城热电联产	2×40MW 燃气蒸汽联合循环热电联产余热锅炉加 4×50MW 热水锅炉	已投产		

第四节　二次接入系统

一、功率控制和电压调节

（一）有功功率控制

通过 10（6）～35kV 电压等级并网的分布式电源应具有有功功率调节能力，并能根据电网频率值、电网调度机构指令等信号调节电源的有功功率输出，确保分布式电源最大输出功率及功率变化率不超过电网调度机构的给定值，以确保电网故障或特殊运行方式时电力系统的稳定。

（二）电压/无功调节

分布式电源参与电网电压调节的方式包括调节电源的无功功率、调节无功补偿设备投入量以及调整电源变压器的变比。

通过 380V 电压等级并网的分布式电源功率因数应在 0.98（超前）～0.98（滞后）范围。

通过 10（6）～35kV 电压等级并网的分布式电源电压调节按以下规定：

（1）同步电动机类型分布式电源接入电网应保证机端功率因数在 0.95（超前）～0.95（滞后）范围内连续可调，并参与并网点的电压调节。

（2）异步电动机类型分布式电源应具备保证在并网点处功率因数在 0.98（超前）～0.98（滞后）范围自动调节的能力，有特殊要求时，可做适当调整以稳定电压水平。

（3）变流器类型分布式电源功率因数应能在 0.98（超前）～0.98（滞后）范围内连续可调，有特殊要求时，可做适当调整以稳定电压水平。在其无功输出范围内，应具备根据并网点电压水平调节无功输出，参与电网电压调节的能力，其调节方式和参考电压、电压调差率等参数应可由电网调度机构设定。

（三）启停

分布式电源启动时需要考虑当前电网频率、电压偏差状态和本地测量的信号，当电网频率、电压偏差超出本规定的正常运行范围时，电源不应启动。

同步电机类型分布式电源应配置自动同期装置，启动时分布式电源与电网的电压、频率和相位偏差应在一定范围，分布式电源启动时不应引起电网电能质量超出规定范围。

通过380V电压等级并网的分布式电源的启停可与电网企业协商确定；通过10（6）～35kV电压等级并网的分布式电源启停时应执行电网调度机构的指令。

分布式电源启动时应确保其输出功率的变化率不超过电网所设定的最大功率变化率。

除发生故障或接收到来自于电网调度机构的指令以外，分布式电源同时切除引起的功率变化率不应超过电网调度机构规定的限值。

（四）功率控制和电压调节说明

（1）分布式电源有功功率和无功功率控制是一个非常重要的能力，但是，分布式电源功率控制的使用也许非常有限。目前，功率控制可能最广泛地用在发生事故系统能力降低的情况下，以帮助系统恢复正常运行，以防止事故扩大。

（2）在有功功率控制和无功功率控制方面，主要对通过10（6）kV及以上电压等级并网的分布式电源提出要求，要求它们应能够参与电网运行调节，支撑电网运行，以确保电网故障或特殊运行方式时电力系统的稳定。

（3）通过380V电压等级并网的分布式电源容量一般都非常小，功率控制对电网的支持非常有限，考虑到成本和技术因素，在有功功率控制上不做出要求，功率因数也只需在0.98（超前）～0.98（滞后）之间即可。

（4）由于同步电动机类型、异步电动机类型和变流器类型分布式电源无功调节能力和调节方式不一致，分别对它们提出了不同的要求，其功率因数的范围考虑到了各类型分布式电源的调节能力。通过10（6）kV及以上电压等级并网的分布式电源电压调节按以下规定：

1）同步电动机类型分布式电源接入电网应保证机端功率因数在0.95（超前）～0.95（滞后）范围内连续可调，并参与并网点的电压调节。

2）异步电动机类型分布式电源应具备保证在并网点处功率因数在0.98（超前）～0.98（滞后）范围自动调节的能力，有特殊要求时，可做适当调整以稳定电压水平。

3）变流器类型分布式电源功率因数应能在0.98（超前）～0.98（滞后）范围内连续可调，有特殊要求时，可做适当调整以稳定电压水平。在其无功输出范围内，应具备根据并网点电压水平调节无功输出，参与电网电压调节的能力，其调节方式和参考电压、电压调差率等参数应可由电网调度机构设定。

（5）分布式电源的启停会对低压电网的运行带来一定的影响，分布式电源启动时应充分考虑到运行电网的电压和频率，当电网电压和频率异常时，分布式电源不应启动，以防止事故发生。通过380V电压等级并网的分布式电源可自动监测电网条件而启停，也可根据当地条件由电网企业协商确定；而通过10（6）～35kV电压等级并网的分布式电源启停时必须执行电网调度机构的指令，以确保系统运行安全和检修人员的人身安全。

二、电压电流与频率响应特性

（一）电压响应特性

当电网电压过高或者过低时，要求与之相连的分布式电源做出响应。该响应必须确保供电机构维修人员和一般公众的人身安全，同时避免损坏连接的设备。当并网点处电压超出表8-6规定的电压范围时，应在相应的时间内停止向电网线路送电。此要求适用于多相系统中的任何一相。

表 8-6 分布式电源的电压响应时间要求

并网点电压	要 求
$U<50\%U_N^*$	最大分闸时间[①]不超过 0.2s
$50\%U_N\leq U<85\%U_N$	最大分闸时间不超过 2.0s
$85\%U_N\leq U<110\%U_N$	连续运行
$110\%U_N\leq U<135\%U_N$	最大分闸时间不超过 2.0s
$135\%U_N\leq U$	最大分闸时间不超过 0.25s

* U_N 为分布式电源并网点的电网额定电压。

① 最大分闸时间是指异常状态发生到电源停止向电网送电时间。

（二）频率响应特性

对于通过 380V 电压等级并网的分布式电源，当并网点频率超过 49.5～50.2Hz 运行范围时，应在 0.2s 内停止向电网送电。通过 10（6）～35kV 电压等级并网的分布式电源应具备一定的耐受系统频率异常的能力，应能够在表 8-7 所示电网频率偏离下运行。

表 8-7 分布式电源的频率响应时间要求

频率范围	要 求
低于 48Hz	变流器类型分布式电源根据变流器允许运行的最低频率或电网调度机构要求而定；同步电动机类型、异步电动机类型分布式电源每次运行时间一般不少于 60s，有特殊要求时，可在满足电网安全稳定运行的前提下做适当调整
48～49.5Hz	每次低于 49.5Hz 时要求至少能运行 10min
49.5～50.2Hz	连续运行
50.2～50.5Hz	频率高于 50.2Hz 时，分布式电源应具备降低有功输出的能力，实际运行可由电网调度机构决定；此时不允许处于停运状态的分布式电源并入电网
>50.5Hz	立刻终止向电网线路送电，且不允许处于停运状态的分布式电源并网

（三）过电流响应特性

变流器类型分布式电源应具备一定的过电流能力，在 120%额定电流以下，变流器类型分布式电源可靠工作时间不小于 1min；在 120%～150%额定电流内，变流器类型分布式电源连续可靠工作时间应不小于 10s。

（四）最大允许短路电流

分布式电源提供的短路电流不能超过一定的限定范围，考虑分布式电源提供的短路电流后，短路电流总和不允许超过公共连接点允许的短路电流。

（五）电压电流与频率响应特性说明

（1）分布式电源接入电网一方面影响电网的电压、频率和短路电流水平；另一方面，分布式电源根据保护设置对电网的电压和频率运行水平做出响应。分布式电源电压和频率响应特性必须支持系统电压和频率稳定，同时避免损坏连接的设备。

（2）频率响应特性针对不同容量等级的分布式电源提出不同要求，特别小容量的电源对电网频率支持作用非常微弱，不对其频率耐受能力提出过多要求，当并网点频率超过 49.5～50.2Hz 运行范围时，规定其在 0.2s 内停止向电网线路送电，不增大系统对频率稳定处理的负担。大容量电源对电网频率有一定影响和支撑作用，对其提出频率耐受能力使得它们能够支持电网频率稳定。

（3）变流器类型分布式电源和同步电动机、异步电动机类型分布式电源频率控制方式有所不同，系统频率低于 48Hz 时，变流器类型分布式电源响应特性受固有运行频率限制或电网调度机构要求而确定，同步电动机、异步电动机类型分布式电源要求运行 60s，以支撑系统频率稳定。频率高于 50.2Hz 时，系统有功过剩，分布式电源应具备降低有功输出的能力，为频率稳定做贡献；当频率高于 50.5Hz 时，分布式电源应立刻终止向电网线路送电，缓解系统有功过剩压力。

（4）变流器类型分布式电源的保护设置应充分考虑到一定的过电流能力，当并网电流在 120%额定电流以下，变流器类型分布式电源可靠工作时间不小于 1min；在 120%～150%额定电流内，变流器类型分布式电源连续可靠工作时间应不小于 10s。

（5）分布式电源接入电网将提供一定大小的短路电流，对低压电网原有继电保护整定有一定影响，分布式电源的接入应充分考虑公共连接点的短路容量。考虑分布式电源提供的短路电流后，原有继电保护原则上无需更换。由于分布式电源接入使得公共连接点允许的短路电流超过规定限值时，分布式电源考虑增加限流阻抗。

三、安全

（一）一般要求

（1）为保证设备和人身安全，分布式电源必须具备相应继电保护功能，以保证电网和发电设备的安全运行，确保维修人员和公众人身安全，其保护装置的配置和选型必须满足所辖电网的技术规范和反事故措施。

（2）分布式电源的接地方式应和电网侧的接地方式保持一致，并应满足人身设备安全和保护配合的要求。

（3）分布式电源必须在并网点设置易于操作、可闭锁、具有明显断开点的并网断开装置，以确保电力设施检修维护人员的人身安全。

（二）安全标志

（1）对于通过 380V 电压等级并网的分布式电源，连接电源和电网的专用低压开关柜应有醒目标志。标志应标明"警告"、"双电源"等提示性文字和符号。标志的形状、颜色、尺寸和高度参照 GB 2894—2008《安全标志及其使用导则》执行。

（2）10（6）～35kV 电压等级并网的分布式电源根据 GB 2894 在电气设备和线路附近标识"当心触电"等提示性文字和符号。

（三）安全要求说明

（1）分布式电源接入低压电网，直接靠近用户侧，人身和设备安全非常重要。一方面，分布式电源的并网设备或分布式电源安装附近应有明显的安全标识，提醒公众注意安全，防止触电事故发生；另一方面，分布式电源必须在并网点设置易于操作、可闭锁、具有明显断开点的并网断开装置，使得电力设施检修维护人员能目测到开关的位置，确保人身安全。

（2）当分布式电源变压器的接地方式与电网的接地方式不配合，就会引起电网侧和分布式电源侧的故障传递问题及分布式电源的三次谐波传递到系统侧的问题，因此，分布式电源的接地方式应和电网侧的接地方式保持一致，并应满足人身设备安全和保护配合的要求。

四、继电保护与安全自动装置

（一）一般性要求

分布式电源的保护应符合可靠性、选择性、灵敏性和速动性的要求，其技术条件应满足GB/T 14285—2006《继电保护和安全自动装置技术规程》和DL/T 584—2007《3kV～110kV电网继电保护装置运行整定规程》的要求。

（二）元件保护

分布式电源的变压器、同步电动机和异步电动机类型分布式电源的发电机应配置可靠的保护装置。分布式电源应能够检测到电网侧的短路故障（包括单相接地故障）和缺相故障，短路故障和缺相故障情况下保护装置应能迅速将其从电网断开。

分布式电源应安装低压和过电压继电保护装置，继电保护的设定值应满足表8-6的要求。分布式电源频率保护设定应满足表8-7的要求。

（三）系统保护

通过10（6）～35kV电压等级并网的分布式电源，宜采用专线方式接入电网并配置光纤电流差动保护。在满足可靠性、选择性、灵敏性和速动性要求时，线路也可采用T接方式，保护采用电流电压保护。

（四）防孤岛保护

同步电动机、异步电动机类型分布式电源，无需专门设置防孤岛保护，但分布式电源切除时间应与线路保护相配合，以避免非同期合闸。

变流器类型的分布式电源必须具备快速监测孤岛且监测到孤岛后立即断开与电网连接的能力，其防孤岛保护应与电网侧线路保护相配合。

（五）故障信息

接入10（6）～35kV电压等级的分布式电源的变电站需要安装故障录波仪，且应记录故障前10s到故障后60s的情况。该记录装置应该包括必要的信息输入量。

（六）恢复并网

系统发生扰动脱网后，在电网电压和频率恢复到正常运行范围之前，分布式电源不允许并网。在电网电压和频率恢复正常后，通过380kV电压等级并网的分布式电源需要经过一定延时时间后才能重新并网，延时值应大于20s，并网延时由电网调度机构给定；通过10（6）～35kV电压等级并网的分布式电源恢复并网必须经过电网调度机构的允许。

（七）继电保护与安全自动装置说明

分布式电源应配置继电保护和安全自动装置，保护功能主要针对电网安全运行对电源提出保护设置要求确定，包括低压和过电压、低频和过频、过电流、短路和缺相、防孤岛和恢复并网保护。分布式电源不能反向影响电网的安全，电源保护装置的设置必须与电网侧线路保护设置相配合，以达到安全保护的效果。

防孤岛保护是针对电网失压后分布式电源可能继续运行、且向电网线路送电的情况提出。孤岛运行一方面危及电网线路维护人员和用户的生命安全，干扰电网的正常合闸；另一方面孤岛运行电网中的电压和频率不受控制，将对配电设备和用户设备造成损坏。对于同步电动机、异步电动机类型分布式电源，其运行特性已经使其不可能在孤岛情况下运行，无需再专门设置防孤岛保护，电网失压后的切除时间只需要与线路保护相配合即可保证系统安全稳定运行；而变流器类型分布式电源，受其运行控制特性影响，孤岛后有可能继续向电网线路送电，必须设置专门的防孤岛保护，以防止孤岛运行的出现，保证检修人员的人身安全和设备的运行安全，其防孤岛保护需要与电网侧线路保护相配合。变流器的防孤岛控制有主动式和被动式两种，主动防孤岛保护方式主要有频率偏离、有功功率变动、无功功率变动、电流脉冲注入引起阻抗变动等判断准则；被动防孤岛保护方式主要有电压相位跳动、3 次电压谐波变动、频率变化率等判断准则。

五、通信与信息

（一）基本要求

（1）通过 10（6）～35kV 电压等级并网的分布式电源必须具备与电网调度机构之间进行数据通信的能力，能够采集电源的电气运行工况，上传至电网调度机构，同时具有接受电网调度机构控制调节指令的能力。并网双方的通信系统应以满足电网安全经济运行对电力系统通信业务的要求为前提，满足继电保护、安全自动装置、自动化系统及调度电话等业务对电力通信的要求。

（2）通过 10（6）～35kV 电压等级并网的分布式电源与电网调度机构之间通信方式和信息传输应符合相关标准的要求，包括遥测、遥信、遥控、遥调信号，提供信号的方式和实时性要求等。一般可采取基于 DL/T 634.5101—2002《远动设备及系统 第 5101 部分：传输规约 基本远动任务配套标准》和 DL/T 634.5104—2009《远动设备及系统 第 5-104 部分：采用标准传输协议集的 IEC 60870-5-101 网络访问》的通信协议。

（二）正常运行信号

在正常运行情况下，分布式电源向电网调度机构提供的信息至少应当包括：

（1）电源并网状态、有功和无功输出、发电量。

（2）电源并网点母线电压、频率和注入电力系统的有功功率、无功功率。

（3）变压器分接头挡位、断路器和隔离开关状态。

（三）通信与信息说明

为了满足电网调度机构对分布式电源的有功、无功的控制以及对分布式电源实时运行数据的掌握，通过 10kV 及以上电压等级并网的分布式电源必须具备数据通信能力。

电网调度机构为了做出正确的运行决策，需要知道电源端电网的运行状态以及机组的参数、模型，这些都是通信信息中需要包括的内容。

六、电能计量

（1）分布式电源接入电网前，应明确上网电量和用网电量计量点，计量点的设置位置应与电网企业协商。

（2）每个计量点均应装设电能计量装置，其设备配置和技术要求符合 DL/T 448—2000《电能计量装置技术管理规程》，以及相关标准、规程要求。电能表采用智能电能表，技术性能应满足国家电网公司关于智能电能表的相关标准。

（3）通过 10（6）～35kV 电压等级并网的分布式电源的同一计量点应安装同型号、同规格、准确度相同的主、副电能表各一套。主、副表应有明确标志。

（4）分布式电源并网前，具有相应资质的单位或部门完成电能计量装置的安装、校验以及结合电能信息采集终端与主站系统进行通信、协议和系统调试，电源产权方应提供工作上的方便。电能计量装置投运前，应由电网企业和电源产权归属方共同完成竣工验收。

（5）分布式电源既可以作为电源向电网送电，又可以作为用户从电网吸收电能，分布式电源并网必须确定上网电量和用网电量计量点，计量点原则上设置在产权分界的电源并网点。考虑到用户端的分布式电源的产权分界点可能在户外，或者其他特殊并网位置，计量点的设置可以与电网企业协商。

为保证计量的合格性及公正性，计量表的安装需经电网与电源双方认可，并由相应资质的电能计量检测机构对电能计量装置完成相应检测。

七、智能电网的要求

（一）智能电网与分布式能源

（1）智能电网是以高性价比的计算机、电子设备和可控电力元器件等为基础，利用网络通信技术、自动控制和信息技术，将这些技术和原有的输、配电基础设施高度结合而形成的新型电网，从而实现对电力网络的变革与改造，达到电力网络更加可靠、安全、经济、高效、灵活、环保这一根本目标。

（2）这里智能主要体现在可观测（量测、传感技术）、可控制（对观测状态进行控制）、嵌入式自主的处理技术、实时分析（数据到信息的提升）、自适应、自愈。

（3）可再生能源以及冷热电联供系统的利用符合智能电网的发展规划，将作为智能电网发展的一部分。

（二）智能电网基本功能

智能电网应包括以下基本功能：

（1）推广用户侧管理；

（2）电网将支持分布式电源接入；

（3）使新的电力产品、服务以及电力市场成为可能；

（4）提供良好的电能质量；

（5）使得电力运行利用最优化；

（6）系统有自愈功能；

（7）在系统遇到自然灾难或冲击时可以灵活地运行。

（三）智能电网实现的指标

（1）灵活性（flexible），在适应未来电网变化与挑战的同时，满足用户多样化的电力需求。

（2）可接入性（accessible），使所有用户都可接入电网，尤其是对可再生、高效、清洁能源的利用。

（3）可靠性（reliable），提高电力供应的可靠性与安全性以满足数字化时代的电力需求。

（4）经济性（economic），通过技术创新、能源有效管理、有序市场竞争及相关政策等提高电网的经济效益。

八、适用系件

国家电网公司的规定是针对全部分布式电源而言，对于资源利用项目，应全额收购，多余电力应上网；对于燃用天然气的分布式能源站，如果执行并网不上网的原则，接入系统的二次部分将大大简化。

第五节 运 行 管 理

对有关各方，从运行管理角度，初步认为应提出下述要求：

（1）分布式发电项目业主要建立健全运行管理规章制度，保障项目安全可靠运行。分布式发电运行应符合国家发电设备运行管理相关规定，满足国家及行业相关规程规范要求。

（2）分布式发电应接受能源主管部门及相关部门的监督检查，如实提供运行记录；应接受电力调度机构统一调度，向电力调度机构上报必要的运营统计信息。

（3）在紧急情况下，天然气冷热电联供等可控分布式发电应能作为地区应急保安电源，根据电力调度机构指令，为地区电网提供必要支持。省级有关部门可制定出台鼓励分布式发电发挥应急保安作用的政策。

（4）电力调度机构应按照节能发电调度管理的要求，优先安排分布式发电项目上网。

第六节 政 策 措 施

为了妥善解决网、站之间的矛盾，建议采取以下政策措施：

（1）电网企业应全额收购其电网覆盖范围内符合并网技术标准的可再生能源分布式发电项目的上网电量，发电企业有义务配合电网企业保障电网安全。

（2）分布式发电可比照企业自备电厂，向电网企业支付系统备用费。系统备用费标准由省级价格主管部门按合理补偿成本原则制定，可参照现行大工业销售电价中基本电价水平（按变压器容量计收标准）确定，也可按自备电厂与电网已协调一致的水平确定。

（3）分布式发电上网电价按照国务院价格主管部门有关分布式发电电价政策执行。电网企业按照规定的上网电价收购可再生能源电量所发生的费用，高于按照常规能源发电平均上网电价计算所发生费用之间的差额，由在全国范围对销售电量征收可再生能源电价附加补充。

（4）电网企业为收购分布式发电量而支付的合理接网费用，可以计入电网企业输电成本，并从销售电价中回收。省级有关部门可制定相关政策措施，鼓励电网企业加强配电网建设，积极接纳分布式发电。

技术经济评价

本章主要包括燃气机组工程造价，经济效益分析与风险分析等内容。

第一节　大中型机组参考造价

一、限额设计控制参考造价指标

（一）控制工程造价的要求

（1）1986～1994 年，由于向市场经济转变等主客观原因，火电工程造价年平均增长率为 16.83%，成为电力建设的瓶颈，到了非解决不可的地步。

（2）"九五"期间，原电力工业部将控制工程造价和达标投产作为两面红旗，即作为电力建设战线的重中之重来安排工作。

（3）控制工程造价的关键措施是实行限额设计，实行"静态控制、动态管理、以静管动"的十二字方针。即设计院负责控制工程量，使概算总体上不超过限额，实行限额设计；项目法人负责采购，对静态投资负责，工程决算，在扣除物价上涨因素以后，不超过估算（限额）和概算（不超过限额）；物价上涨因素由国家宏观调控，通过编审的火电工程结算性造价指数进行动态调整，取消单个工程的调整（到 1998 年已不再调整），实质上是全国统一调整。

（4）限额设计的量化要求，即为限额设计控制参考造价指标。

（二）历年参考造价指标

（1）从 2004 年 3 月起，在 2003 年水平的指标中，已出现 9F 型燃机的参考造价。迄今 9F、9E 型燃机的参考造价已每年颁布一版。

（2）与此同时，也提供了燃机工程的参考电价。

（三）控制指标的作用

1. 对于设计单位

（1）编制可行性研究报告投资估算及初步设计概算的控制额度。为防止"宽打窄用"或"钓鱼"，现行规定要求在估算、概算中提供特定的内容，与限额设计控制指标进行分析与对比，即将限额设计控制参考造价指标作为全国造价水平统一衡量的尺度。

（2）每次出版的限额设计控制参考造价指标，都附有大量的基础资料，如技术条件、主要工程量、主机、主要辅机价格、主要材料价格以及其他费用的计算结果，正确地利用这些基础资料，可以大大减少设计院收资工作量，保证估、概算编制质量和减少其随意性，为控制额度与进行造价分析打下良好的基础。

（3）当初步可行性研究阶段编制投资初步估算采用造价分析法时，应以限额设计控制参考造价指标作为主要根据，详见第四节。

2. 对于国家主管部门及有关单位

（1）是主管部门审批估、概算的主要依据。

（2）是计划部门编制宏观规划，报送项目建议书、可研报告书及开工报告的参考资料（投资体制改革后，为报送项目申请报告）。

（3）作为项目法人决策及控制工程投资时参考。

3. 编制决算决价指数

为了编制决算造价指数，过去曾做过一段时间的探索，研究建立数学模型。从1996年开始，形成了每年调整一次"量"（技术条件与工程量），每年调一次"价"（设备、材料价格及政策性取费办法）的工作制度，按照"价变量不变"的原则编制出相邻两年参考造价之比值，就可得出两年间的决算造价指数。这就从根本上解决了如何编制决算造价指数的问题。

4. 编制参考电价

当前，电力工业体制和基本建设投资体制均已改革，电价也从"成本加"转变为"边际电价"，即同一地区、同一时段和同一类型的机组，国家统一核定相同的上网电价（标杆电价）。从"九五"期间控制工程造价以来形成的一些办法是否过时，这是大家共同关心的问题。作者认为：

（1）从1998年开始取消工程"调概"，改为"静态控制、动态管理"的办法，"限额设计控制指标"就是必要的手段之一。这种办法由项目法人负责"静态控制"，其中工程量由设计单位通过"限额设计"进行控制，对项目法人负责；国家和投资方负责"动态管理"，即调整物价对工程造价的影响，或者换一句话说，根据给出的"结算性物价指数"进行全国性的"调概"。这样做，参建各方责任清晰，能够科学考核，以充分调动各方的积极性，故仍应坚持。

（2）投资体制改革以后，控制造价的责任更多地转给项目法人及其投资方；与此同时，上网电价为边际电价，项目法人投资控制越好，投资方获得的回报越多，从而进一步调动了项目法人控制工程造价的自觉性，参考电价的作用也就越显著。

（3）2005年起，指标编制做到概算"表三"深度，从而为采用造价分析法创造了更好的条件，大大增加了指标的可信度，并使它更易于操作。

总之，从总体上看，它的作用较前更为重要，并已受到有关各方的肯定。

（四）注意事项

在指标使用时还应注意：

（1）指标是根据基本技术条件编制的，可直接用于宏观规划，它代表了平均水平，但不能为每一具体工程所直接套用。

（2）具体工程在套用时，首先要按技术条件进行模块调整，初步可行性研究阶段技术条件一时尚难明确的可暂时不调，特定的技术条件可自编调整模块。

（3）指标中厂址条件如铁路长度、土石方工程量以及征地单价等，是指定的适中数值，与具体工程会有所不同。

（4）指标是按北京地区价格编制的，其他地区应做调整。

（5）指标是指定水平年的静态概算水平，对于动态投资和计划总投资还要计算，不同阶段基本预备费也要调整。

（6）指标中不包括厂外灰渣利用项目、厂外送出及光纤通信工程、地方性收费、融资费用等项目，如有特殊要求，还应专门计算。

二、2013 年水平燃气机组工程参考造价指标

（一）编制说明

1. 机组配置

（1）9F 级：纯凝机组为 2 台燃气轮机组+2 台余热锅炉+2 台蒸汽轮机组（一拖一）+2 台发电机组，供热机组为 2 台燃气轮机组+2 台余热锅炉+1 台蒸汽轮机组（二拖一）+1 台发电机组。纯凝机组和供热机组对应的整套机组 ISO 容量分别为 847.8MW 和 836.06MW。

（2）9E 级：2 台燃气轮发电机组+2 台余热锅炉+2 台蒸汽轮发电机组（一拖一），燃用天然气时单套机组 ISO 工况容量 191MW。

2. 主要编制依据

（1）9F 级和 9E 级主要设备价格参考近期同类设备合同价。

（2）建筑、安装工程主要材料价格采用北京地区 2013 年价格，其中安装材料的实际价格以华北地区装置性材料价格资料为基础，并结合 2013 年实际工程招标价格做了综合测算。人工工资、定额材料机械调整执行电力工程造价与定额管理总站《关于发布 2013 年版电力建设建筑工程概预算定额水平调整的通知》（定额〔2014〕1 号）。

（3）定额采用国家能源局 2013 年 8 月发布的《电力建设工程概算定额》（2013 年版），部分项目采用《北京市建筑工程概算定额》。

（4）费用标准按照 2013 年 8 月由国家能源局发布的《火力发电工程建设预算编制与计算规定》，其他政策文件依照惯例使用至 2011 年底止。

（5）增值税按《中华人民共和国增值税暂行条例》（中华人民共和国国务院令第 538 号）执行。

（6）抗震设防烈度按 7 度考虑。

3. 编制范围

不包括的内容：

（1）厂外光纤通信工程；

（2）地方性收费；

（3）项目融资工程的融资费用；

（4）价差预备费；

（5）建设期贷款利息。

（二）燃气—蒸汽联合循环机组参考造价指标

参考造价指标见表 9-1。

表 9-1　　　　　　　　　　　　参考造价指标　　　　　　　　　　　　　元/kW

机组容量			2012 年造价	2013 年造价
2×300MW 等级 燃气机组（9F 级纯凝）	一拖一	新建	2830	2895
		扩建	2745	2808
2×300MW 等级 燃气机组（9F 级供热）	二拖一	新建	2827	2916
		扩建	2742	2829
2×180MW 等级 燃气机组（9E 级）	一拖一	新建	3143	3242
		扩建	3049	3145

注　燃气机组 9F 级扩建造价按新建机组的 97%考虑。

（三）各类费用占指标的比例

各类费用比例见表 9-2。

表 9-2　　　　　　　　　　　各 类 费 用 比 例　　　　　　　　　　　　　　%

机组容量	建筑工程费用	设备购置费用	安装工程费用	其他费用	合计
2×300MW 级燃气机组（9F 级纯凝）	11.41	65.57	10.06	12.97	100
2×300MW 级燃气机组（9F 级供热）	13.39	63.16	10.11	13.33	100
2×180MW 级燃气机组（9E 级）	12.09	62.42	11.97	13.53	100

（四）燃气—蒸汽联合循环机组设备参考价格

设备参考价格见表 9-3。

表 9-3　　　　　　　　燃气—蒸汽联合循环机组设备参考价格

序号	设备名称	规格型号	单位	2012 年参考价	2013 年参考价	变化幅度
一	300MW 等级燃气机组（9F）					
1	燃气轮机	M701F4 型	台		37600	
2	燃气轮机	PG9371FA 型	台		33600	
3	燃气轮机	SGT5-4000F	台	38000	35600	-6.32%
4	余热锅炉	卧式三压再热自然循环，主蒸汽汽量 256t/h	台	7500	7400	-1.33%
5	蒸汽轮机	TCF1，三压、再热、双缸、向下排汽，适用二拖一供热方案	台	8800	8600	-2.27%
6	发电机	THDF 108/53 型，424MW 水氢氢	台	7900	7600	-3.80%
7	蒸汽轮发电机	QFSN-300-2	台	4400	4200	-4.55%
8	电动双梁桥式起重机	起重量 120/35t　跨度 41m	台	330	315	-4.55%
9	调压站	天然气流量 135300m³/h（标况），进口设计压力 5.3MPa(g)，出口设计压力（3.65±0.15）MPa(g)	台	1500	1500	
10	增压站	天然气流量 190884m³/h（标况），进口设计压力约 3.2MPa(g)，出口设计压力约 2.9×(1±1%)MPa(g)	台	5000	5000	
11	主变压器	400MVA，220kV 三相无载调压	台	1560	1500	-3.85%
12	高压厂用变压器	25MVA/24kV	台	310	300	-3.23%
13	高压厂用变压器	16MVA/21kV	台	245	235	-4.08%
14	分散控制系统	配套 M701F4 型燃机	套/台机		1000	
15	分散控制系统	配套 PG9371FA 型燃机	套/台机		800	
16	分散控制系统	配套 SGT5-4000F 型燃机	套/台机		900	

序号	设备名称	规格型号	单位	2012 年参考价	2013 年参考价	变化幅度
二	180MW 等级燃气机组（9E）					
17	燃气轮机	M701DA，燃料为天然气，国产设备	台	21200	20600	−2.83%
18	燃气轮机	PG9171E，燃料为天然气，国产设备	台	17700	17200	−2.82%
19	燃气轮机	SGT5-2000E，燃料为天然气，国产设备	台	21500	21000	−2.33%
20	燃气轮发电机	QF-162-2-15.75，150MW	台	2700	2630	−2.59%
21	燃气轮发电机	QFR-135-2J	台	2080	2020	−2.88%
22	燃气轮发电机	QF-180-2	台	3800	3700	−2.63%
23	余热锅炉	NG-M701DA-R	台	4300	4250	−1.16%
24	余热锅炉	Q1181.4/545.4-190.5	台	3300	3260	−1.21%
25	蒸汽轮机	LCZ60-5.8/0.98/0.58	台	2700	2650	−1.85%
26	蒸汽轮机	LZCC81-7.8/2.3/1.3/0.6	台	4300	4200	−2.33%
27	汽轮发电机	QF-78-2-10.5，78MW	台	1200	1180	−1.67%
28	汽轮发电机	QFJ-60-2	台	900	880	−2.22%
29	汽轮发电机	QF-100-2	台	2000	1960	−2.00%
30	桥式起重机	75/20T	台	130	120	−7.69%
31	桥式起重机	50/20t	台	96	90	−6.25%
32	桥式起重机	50/10t	台	80	75	−6.25%
33	调压站	天然气流量 82000m³/h	台		800	
34	循环水泵	Q=9000～12500m³/h，H=28～33m	台	120	120	
35	燃机主变压器	220kV，180MVA	台	600	580	−3.33%
36	燃机主变压器	220kV，160MVA	台	500	485	−3.00%
37	汽轮机主变压器	220kV，100MVA	台	420	410	−2.38%
38	汽轮机主变压器	220kV，80MVA	台	330	320	−3.03%
39	高压启动备用变压器	SFZ10-8000/220	台	180	175	−2.78%
40	高压厂用变压器	SF10-8000/13.8	台	50	50	
41	分散控制系统	配套 M701DA 型燃机	套/台机	379	345	−8.97%
42	分散控制系统	配套 PG9171E 型燃机	套/台机	425	390	−8.24%

（五）燃气—蒸汽联合循环机组基本技术组合方案（2013 年水平）

1. 9F 级燃气蒸汽联合循环机组

9F 级机组见表 9-4。

表 9-4   **9F 级机组（SCC5-4000F）**

序号	系统项目名称	新 建
1	容量 300MW 级	一拖一，单轴，燃用天然气，2 套
2	主厂房区布置	每套机组单独布置，燃气轮机、发电机和汽轮机为单轴纵向顺序布置，主厂房钢结构，余热锅炉露天布置，主厂房跨度 29m，厂房长 53.3m，运转层标高 4.5m
3	燃气轮机	燃气轮机型号 SGT5-4000F（4）；9F 型，燃用天然气，2 台。无旁路烟道。单套联合循环发电功率 423.9MW（ISO 工况），424.2MW（性能保证工况）
4	蒸汽轮机	汽轮机：型号：TCF1；三压、再热、双缸（高压缸和中低压缸）、轴向排汽。主蒸汽压力 12.473MPa，主蒸汽/再热蒸汽温度 560/549.7℃。主蒸汽流量 268.86t/h
5	发电机	发电机型号：THDF108/53；水氢氢，铭牌出力：424.2MW/498MVA；静止励磁系统。从发电机端通过励磁变压器引接
6	余热锅炉	卧式、三压、再热、无补燃、自然循环、露天布置。配 1 座烟囱，高 60m，内径 7.6m
7	热力系统	高、中、低压三级给水系统。高中压合泵，高中压给水泵采用 2 台 100%容量离心式调速给水泵，1 运 1 备。2 台 100%容量凝结水泵，1 运 1 备。2 台 100%容量闭式冷却水泵：2 台 100%容量闭式冷却器；1 运 1 备。2 台 100%容量开式循环冷却水泵，1 运 1 备。电动双梁桥式起重机 370t/140t/16t/2t，1 台。设高、中、低压三个 100%旁路
8	空气压缩机站	配 4 台空气压缩机，各 15m³/min
9	启动锅炉	启动锅炉 1×20t/h
10	暖通系统	主厂房采用直接蒸发式空气处理机组
11	天然气处理系统	天然气处理系统范围：电厂围墙外 1m 天然气管道至厂区内天然气调压站至燃气轮机。天然气处理系统包括紧急隔断，过滤、调压及计量功能。设调压站 1 座，调压站内的调压支路按单元制设置，每套机组 1 个单元设 2 路调压支路，1 路工作线 1 路备用线
12	化学水处理	锅炉补给水系统采用全膜法处理工艺，系统净出力 2×40t/h；给水、炉水加药及水汽取样系统包括在余热锅炉岛内；循环水加 ClO₂，出力 2×10kg 有效氯/h；循环冷却水设加酸、加稳定剂系统；制氢系统 1×10m³/h，并设干燥、储存设施；工业废水处理系统按分散处理、集中排放考虑
13	供水方式	采用扩大单元制二次循环供水系统
14	冷却水塔	每台机配逆流式自然通风冷却塔 1 座，冷却塔淋水面积为 3000m²
15	循环水系统	两台机共用 1 座循环水泵房，下部结构 29.14m×20.1m×9.0m（长×宽×深），上部结构 12.8m×37.38m×14.5m（长×宽×高），大开挖施工。泵房内安装 4 台循环水泵（立式斜流泵），水泵特性参数为：Q=3.3m³/h，H=23m；电动机 N=1100kW，U=6000V。循环水压力钢管采用焊接钢管：2×DN2000mm，总长 L=2×700m
16	补给水系统	补给水为地表水，补给水量为 1200m³/h。四分机合建一座补给水泵房。本期 3 台补给水泵，2 用 1 备；补给水泵 Q=600m³/h，H=35m；电动机 N=95kW，U=380V。下部结构 15m×19.0m×8m（长×宽×深），上部结构 18m×9m×8m（长×宽×深），大开挖施工。地表水处理站采用斜管式沉淀池 2×800t/h+部分滤池方案
17	补给水管线	补给水管 1×DN600，管线长度 L=5km
18	电气系统	主接线为 220kV 双母线，出线 4 回，采用 220kV 户内 GIS，配电装置 10 个间隔（8 个断路器间隔和 2 个母线设备间隔）。主变压器是 SFP-480000/220 型（原则应与机组容量匹配），2 台三相主变压器；发电机出口设断路器。每套联合循环机组设 1 台高压厂用变压器，接在相应机组发电机出口，容量选用 20MVA。2~4 套联合循环机组共设 1 台 20MVA 高压厂用/备用变压器。设置 2 套燃机变频启动装置。每套燃机机组设置 1 台 1200kW 柴油发电机组。每套燃机设 1 台 80kVA 不停电源装置

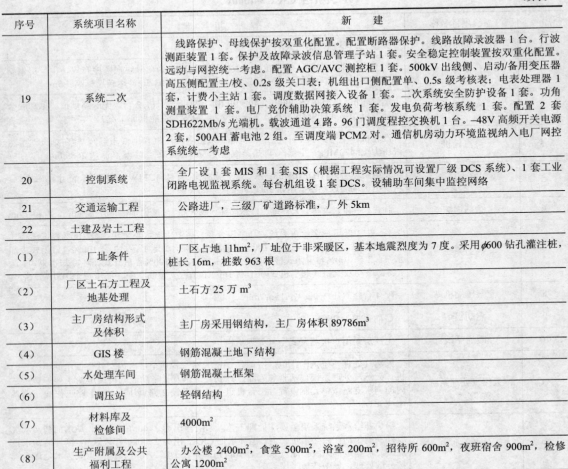

续表

序号	系统项目名称	新　建
19	系统二次	线路保护、母线保护按双重化配置。配置断路器保护。线路故障录波器 1 台。行波测距装置 1 套。保护及故障录波信息管理子站 1 套。安全稳定控制装置按双重化配置。远动与网控统一考虑。配置 AGC/AVC 测控柜 1 套。500kV 出线侧、启动/备用变压器高压侧配置主/校、0.2s 级关口表；机组出口侧配置单、0.5s 级考核表；电表处理器 1 套，计费小站站 1 套。调度数据网接入设备 1 套。二次系统安全防护设备 1 套。功角测量装置 1 套。电厂竞价辅助决策系统 1 套。发电负荷考核系统 1 套。配置 2 套 SDH622Mb/s 光端机。载波通道 4 路。96 门调度程控交换机 1 台。−48V 高频开关电源 2 套，500AH 蓄电池 2 组。至调度端 PCM2 对。通信机房动力环境监视纳入电厂网控系统统一考虑
20	控制系统	全厂设 1 套 MIS 和 1 套 SIS（根据工程实际情况可设置厂级 DCS 系统）、1 套工业闭路电视监视系统。每台机组设 1 套 DCS。设辅助车间集中监控网络
21	交通运输工程	公路进厂，三级厂矿道路标准，厂外 5km
22	土建及岩土工程	
(1)	厂址条件	厂区占地 11hm²，厂址位于非采暖区，基本地震烈度为 7 度。采用 φ600 钻孔灌注桩，桩长 16m，桩数 963 根
(2)	厂区土石方工程及地基处理	土石方 25 万 m³
(3)	主厂房结构形式及体积	主厂房采用钢结构，主厂房体积 89786m³
(4)	GIS 楼	钢筋混凝土地下结构
(5)	水处理车间	钢筋混凝土框架
(6)	调压站	轻钢结构
(7)	材料库及检修间	4000m²
(8)	生产附属及公共福利工程	办公楼 2400m²，食堂 500m²，浴室 200m²，招待所 600m²，夜班宿舍 900m²，检修公寓 1200m²

2. 9F 级燃气—蒸汽联合循环供热机组

9F 级燃气供热机组见表 9-5。

表 9-5　　　　　　　　　　9F 级燃气供热机组［西门子 SGT5-4000F（4）］

序号	系统项目名称	新　建
1	容量 300MW 级	二拖一，多轴，燃用天然气，1 套
2	主厂房区布置	燃气轮机采用低位布置、蒸汽轮机采用高位布置。燃机房和汽机房的钢结构各自独立。燃机房跨度为 36.98m，长为 80m，燃机房占地面积为 36.98m×80m。汽机房和热网站为一体建筑，跨度为 58m，其中汽轮机区域长度为 35m，热网站长度为 15.5m，总占地面积为 58m×50.5m。余热锅炉为立式锅炉，采用封闭结构
3	燃气轮机	燃气轮机型号 SGT5-4000F（4）；9F 型，燃用天然气，2 台。简单循环功率 284.743～299.52MW；无旁路烟道。整套联合循环总出力，性能保证工况 836.057MW
4	蒸汽轮机	汽轮机：三压、再热、双缸、向下排汽、可背压可纯凝运行，高中压合缸、低压缸双分流、双缸双排汽、下排汽。主蒸汽压力 12.452MPa、主蒸汽/再热蒸汽温度 545/540℃，主蒸汽流量 522.698t/h
5	发电机	发电机型号 QFSN-300-2，水氢氢，出力 300MW/353MVA（3 台）。静止励磁系统，从发电机端通过励磁变压器引接

序号	系统项目名称	新 建
6	余热锅炉	立式、自然循环、三压、无补燃、全封闭布置。配 2 座烟囱，出口标高 80m，内径 6.5m
7	热力系统	高、中压两部分组成。高压给水泵采用 2 台 100%容量液力耦合调速给水泵，中压给水泵采用 2 台 100%容量变频调速给水泵；凝结水泵 3 台 55%容量；闭式冷却水系统设 2 台 65%容量的闭式水板式换热器和 2 台 100%容量的闭式冷却水泵；循环水系统设置 2 台 100%容量开式冷却水泵。170t/35/20t 和 80/20t 行车各 1 台。每台余热炉设高、中、低压三个 100%旁路，汽机配 1 台 100%容量的中排旁路
8	热网系统	本期工程 2 台烟气水水换热器，额定换热量：52MW；2 台热网疏水冷却器和 4 台热网加热器，额定换热量：175MW 管式，并联布置。热网循环水泵采用一级泵升压的方式。两台机组共设置 4 台热网循环水泵，液力耦合器调速
9	空气压缩机站	配 4 台喷油螺杆空气压缩机各 32.6m³/min
10	启动锅炉	启动锅炉 1×20t/h
11	暖通系统	主厂房和余热锅炉房采用热水采暖方式，厂区采暖单独设置加热站。厂区设置一个集中制冷加热站。主厂房和余热锅炉房夏季通风系统采用自然进风、机械排风的通风方式。发电机励磁小间和燃机励磁小间设空调降温设备，同时设置事故通风系统。集中控制室、电子设备间分别设置全空气式全年性集中空调系统
12	天然气处理系统	天然气处理系统范围：电厂围墙外 1m 天然气管道至厂区天然气增压机，将天然气压力提升到燃机需要的压力，调压站至燃气轮机。天然气增压机 2 台，流量 80000m³/h（标况），进口压力 2.2MPa，出口压力 2.9MPa，转速 3000r/s，入口导叶调节范围 0%～70%，电动机功率 2000kW，电动机电压 6000V，密封气介质氮气
13	化学水处理	锅炉补给水处理系统采用"全膜法"处理工艺，热网补充水拟与锅炉补给水处理系统统一考虑，采用一级 RO 出水经除碳后补入热网系统，水处理系统的容量 UF 系统按 4×65t/h 设计，一级 RO 系统按 4×50t/h 设计，二级 RO 及 EDI 分别按 2×27t/h、2×25t/h 设计；给水、炉水加药及水汽取样系统包括在余热锅炉岛内；循环冷却水采取加硫酸、稳定剂和杀生剂的联合处理方式；本工程外购氢气，厂内设供氢站存放周转氢瓶；工程不设工业废水集中处理站，仅设置容量约 1000m³ 的废水池 2 座，废水在废水储存池内进行曝气、氧化和 pH 值调节，然后送至城市污水处理厂
14	供水方式	本期工程采用带有冷却塔的循环供水系统。一套联合循环机组配 10 格，17.5m×16m 的机力通风冷却塔，单格冷却水量 4500m³/h，P=220kW，D=9750mm，设置 4 台循环水泵，冷却塔出水口设有平板滤网；每个流道设有平板液压钢闸门
15	循环水系统	设置 1 座循环水泵房，设有控制室及配电间。水泵房的长度为 31.8m，水泵间的宽度为 15m，其地下部分深 8.0m，地上部分高约 15m，泵房占地面积为 31.8×15m²；泵房大门考虑进车要求，可将水泵或电动机及部件外运检修。配间尺寸 9m×6m×3m，布置在循环水泵房北侧，控制室布置在配间二层，高度按 3m 计。泵房内安装 2 台循环水泵及电动机 Q=6.0m³/s、H=26m、P=1600kW、V=6000V，2 台冬季循环水泵及电动机 Q=1.36m³/s、H=26m、P=750kW、V=6000V。循环水压力钢管采用焊接钢管；2×DN2000mm，总长 L=2×500m
16	补给水系统	电厂生产补给水采用城市再生水，非采暖季总补给水量需 1026m³/h，水源采用污水处理厂供水，其分界线在电厂围墙中心线外 1.0m 处，其接口处的设计供水量为 1130m³/h，供水水压不小于 0.1MPa。电厂直接从该接口处引水，经流量计量装置后，分别接入循环水泵房前池和生产给水蓄水池内
17	补给水管线	补给水管 1×DN600，管线长度 300m；补给水管 1×DN400，管线长度 250m
18	电气系统	本期三台机组，以发电机—变压器—线路组方式通过 3 回 220kV 电缆送出。发电机经主变压器升压至 220kV GIS 配电装置。主变压器为：3 台三相，油浸，额定容量 380MVA，242±2×2.5%/20kV。发电机中性点经单相接地变压器（二次侧接电阻）接地。发电机与主变压器之间的连接采用全链式分相封闭母线，高压厂用变压器和励磁变压器由发电机与主变压器低

序号	系统项目名称	新　建
18	电气系统	压侧之间引接。 燃机发电机出口装设断路器，汽轮机发电机出口不装设断路器。 厂内220kV配电装置不设母线，3台机组共计3个间隔。 机组的启动是由220kV系统，通过燃机回路的主变压器、高压厂用变压器倒送至厂用电系统。 两台高压厂用变压器相互备用，为三相双绕组变压器，油浸，额定容量38MVA，20±8×1.25%/6.3kV。 每台燃机发电机组设置一套630kW/788kVA柴油发电机组。 全厂机组设置两套交流不间断电源（UPS），额定容量为80kVA
19	系统二次	线路保护、母线保护按双重化配置。配置断路器保护。线路故障录波器1台。行波测距装置1套。保护及故障录波信息管理子站1套。安全稳定控制装置按双重化配置。远动与网控统一考虑。配置AGC/AVC测控柜1套。220kV出线侧、启动/备用变压器高压侧配置主/校、0.2s级关口表；机组出口侧配置单、0.5s级考核表；电表处理器1套，计费小主站1套。调度数据网接入设备1套。二次系统安全防护设备1套。功角测量装置1套。电厂竞价辅助决策系统1套。发电负荷考核系统1套。配置2套SDH 622Mbit/s光端机。载波通道4路。96门调度程控交换机1台。−48V高频开关电源2套，500AH蓄电池2组。至调度端PCM2对。通信机房动力环境监视纳入电厂网控系统统一考虑
20	控制系统	联合循环机组的控制系统将采用一套分散控制系统（DCS），全厂设1套MIS和1套SIS，设置1套工业闭路电视监视系统。每台燃气轮机发电机组配置一套TCS。设辅助车间集中监控网络
21	交通运输工程	无公路
22	土建及岩土工程	
（1）	厂址条件	厂区占地9.76hm²，厂址位于采暖区，基本地震烈度为8度。燃机基础采用ϕ600钻孔灌注桩，桩长11.5m，桩数170根
（2）	厂区土石方工程及地基处理	土石方25万m³
（3）	主厂房结构形式及体积	主厂房采用钢结构，主厂房体积171128m³
（4）	GIS楼	钢筋混凝土地下结构
（5）	水处理车间	钢筋混凝土框架
（6）	调压站	钢筋混凝土框架结构，体积19924m³
（7）	材料库及检修间	4000m²
（8）	附属及公共福利工程	办公楼2400m²，食堂500m²，浴室200m²，招待所600m²，夜班宿舍900m²，检修公寓1200m²

3. 9E级燃气—蒸汽联合循环机组

9E级燃气机组见表9-6。

表9-6　　　　　　　　　　　9E 级 燃 气 机 组

序号	系统项目名称	新　建	扩建
	容量180MW级	一拖一，2套	
1	热力系统	高、低压二级给水系统。高压给水泵采用2台100%容量离心式定速给水泵，1运1备。低压给水泵采用2台100%容量离心式定速给水泵，1运1备。2台100%容量凝结水泵，1运1备。2台100%容量闭式冷却水泵，1运1备；2台100%容量闭式冷却器，1运1备。2台100%容量开式循环冷却水泵，1运1备。设高、低压2个100%旁路	同左

序号	系统项目名称	新　建	扩建
2	燃气轮机	PG9171E 型燃用天然气 2 台。配有旁路烟道等辅助设施。基本进口。单套联合循环总出力，ISO 工况 191MW（燃天然气）	同左
3	余热锅炉	双压、自然循环、卧式、露天、无补燃、2 台。每炉 1 台除氧器及 4 台给水泵。每炉配高、低压水循环泵各 1 台，并配 1 座炉顶烟囱，高 60m	同左
4	蒸汽轮机	QFW-60-2 高压、双压、单缸、无再热、单轴抽汽、下排汽，2 台。功率 60MW	同左
5	燃机发电机	额定功率因数 0.8，额定电压 15kV，冷却方式为空冷，短路比 0.52，旋转硅整流无刷励磁，2 台，额定功率 131MW	同左
6	汽轮发电机	额定功率 60MW，额定功率因数 0.8，额定电压 10.5kV，冷却方式为空冷，2 台	同左
7	主厂房区布置	燃气轮发电机组、余热锅炉露天布置，除氧器及高低压给水泵等布置在余热锅炉框架内；汽轮发电机组、控制室等屋内布置，全厂公用	
8	暖通系统	主厂房屋顶风机排风，集控室 4 台恒温恒湿柜式空调器	同左
9	空气压缩机站与启动锅炉	配 4 台 15m³/min 仪用、厂用空气压缩机。无启动锅炉	
10	天然气处理系统	天然气处理系统范围：电厂围墙外 1m 天然气管道至厂区内天然气调压站至燃气轮机。天然气处理系统包括紧急隔断、过滤、调压及计量功能。设调压站 1 座，调压站内的调压支路按单元制设置，每台机组 1 个单元设 2 路调压支路，1 路工作线 1 路备用线	同左
11	水处理系统	锅炉补给水处理系统采用超滤加二级反渗透加 EDI，出力 4×75t/h；循环水稳定杀生处理；化验室；给水、水冷加药系统；汽水取样系统，工业废水集中处理系统，凝结水精处理系统	锅炉补给水系统同左
12	供水系统方式	二次循环供水系统，母管制	同左
13	循环水管	循环水管 DN40×10，总长度 600m，钢管	同左
14	冷却塔	冷却塔 6 个，每格冷却水量 4700t/h。风机直径 9.75m	同左
15	循环水泵房	循环水泵 4 台，集中循环水泵房 1 座，循环水泵房下部结构 9.2m×41m×3m（长×宽×深），地上结构 9.2m×41m×8m（长×宽×高），大开挖施工	同左
16	补给水系统	补给水泵 3 台，Q=350m³/h，H=40m。补给水泵房 1 座。补给水量 700t/h，土建按 4 套建，大开挖施工。补给水管单根，总长 5km，DN500，钢管	增加 1 台补给水泵
17	水预处理	采用地表水，采用斜管沉淀+滤池工艺（部分），2×450t/h	同左
18	电气系统	电气主接线为 220kV 双母线，出线 2 回，采用 GIS 9 个间隔（7 个断路器间隔和 2 个母线设备间隔）。燃机发电机与主变压器之间不设断路器，汽轮发电机与主变压器之间装设断路器。燃机发电机主变压器 SFP10-180000/220 型，180MVA。2 台；汽轮发电机主变压器 SFP10-80000/220 型，80MVA，2 台。每套联合循环机组的高压厂用变压器接在相应机组的汽轮发电机出口，容量选用 SZ10-10000/10，10MVA。2 套机组的 2 台高压厂用工作变压器互为备用，不设置高压备用变压器	同左
19	系统二次	线路保护、母线保护按双重化配置。配置断路器保护。线路故障录波器 1 台。行波测距装置 1 套。保护及故障录波信息管理子站 1 套。安全稳定控制装置按双重化配置。远动与网控统一考虑。配置 AGC/AVC 测控柜 1 套。220kV 出线侧、启动/备用变压器高压侧主/校、0.2s 级关口表；机组出口侧配置单、0.5s 级考核表；电表处理器 1 套，计费小主站 1 套。调度数据网接入设备 1 套。二次系统安全防护设备 1 套。功角测量装置 1 套。电厂竞价辅助决策系统 1 套。发电负荷考核系统 1 套。	同左，已有系统按扩容考虑

续表

序号	系统项目名称	新　　建	扩建
19	系统二次	配置 2 套 SDH622Mb/s 光端机。载波通道 2 路。96 门调度程控交换机 1 台。−48V 高频开关电源 2 套，500Ah 蓄电池 2 组。至调度端 PCM2 对。通信机房动力环境监视纳入电厂网控系统统一考虑	
20	控制系统	全厂设 1 套 MIS、1 套工业闭路电视监视系统。每台机组设 1 套 DCS，每台燃气轮机随机供 1 套控制系统 MarK-Ⅵ（进口），每台蒸汽轮机随机供 1 套专用的控制系统。设辅助车间集中监控网络	MIS、辅助车间网进行扩容，控制系统同左
21	交通运输工程	公路进厂，三级厂矿道路标准，厂外 5km	
22	土建及岩土工程		
（1）	厂址条件	厂区占地 9hm²，厂址位于非采暖区，基本地震烈度为 7 度，采用 PHC 桩、长 25m、φ400×80；辅助建筑及油罐区位于填方区，需进行必要的地基处理	
（2）	地基处理	采用 φ400×80 的 PHC 桩，桩长 23～26m，桩数 1096 根	同左
（3）	厂区土石方工程	土石方 20 万 m³	
（4）	主厂房结构形式及体积	主厂房钢结构，主厂房体积 53556m³	
（5）	水处理车间	钢筋混凝土框架	
（6）	材料库及检修间	2500m²	
（7）	综合办公楼	1500m²	

第二节　典型工程造价

一、大中型燃气机组

在第一节中介绍了大中型燃气机组的参考造价，包括 9F 级与 9E 级机组，由于经过加工与提炼已成为最有典型意义的工程。

本节主要根据漕泾工程投产后，开展后评价工作的结论，进一步分析与介绍燃气机组工程造价，并提供了电力规划设计总院调查情况的汇总结果。

（一）工程概况

（1）该项目是上海市化学工业园区规划建设的热电联产项目，由上海电力公司牵头筹建，业主单位为上海漕泾热电有限责任公司，由中方三股东（70%）与外方（新加坡胜胜科公用事业私人有限公司 30%）合资组建。

（2）该项目建设规模为 2×300MW 级燃气—蒸汽联合循环机组和 3 台 110t/h 快速启动锅炉及热网。

（3）其余情况详见第七章第二节。

（二）投资控制情况

1. 累计投资完成情况

根据工程决算报告，工程总投资 286022 万元。其中建筑工程 29643.79 万元、安装工程 31129.71 万元、设备购置费 192073.39 万元、其他费用 33175.25 万元。投资完成情况详见表 9-7。

表 9-7　　　　　　　　　　　投资完成情况表　　　　　　　　　　万元

项目名称	金额	占合计比重
建筑工程	29643.79	10.36%
安装工程	31129.71	10.88%
设备购置费	192073.39	67.15%
其他费用	33175.25	11.60%
投资合计	286022	100.00%

2. 投资控制与变化情况

从各阶段批复的投资额及最终工程决算值来看，工程的实际造价控制在概算总投资范围之内。项目总投资与动态执行概算相比节余 39193 万元，节余率 12%；与批准概算相比节余 41363 万元，节余率 12.6%。各阶段投资变化见表 9-8。

表 9-8　　　　　　　　　　　项目总投资对比表　　　　　　　　　　万元

项目名称	批准概算	执行概算	竣工决算
建筑工程费用	32527	29522	29644
设备购置费用	206648	204529	192073
安装工程费用	32117	30218	31130
其他费用	37760	42730	33175
基本预备费	（4817）	（2737）	0
特殊项目			
材料价差			
静态投资	309052	306999	276380.53
建设期贷款利息	17920	17803	（9641.47）
价差预备费	413	413	0
动态投资	327385	325215	286022
生产铺底流动资金	3883	3883	0
概算外项目			
项目计划总资金	331268	329098	286022

3. 建安工程投资分析

建筑及安装工程费初设概算 65056 万元（包括价差预备费 413 万元），执行概算 60153 万元，决算 60774 万元。与初设概算相比，结余 4283 万元，结余率 6.58%；与执行概算相比，超支 621 万元。主要原因是在建设过程中，热用户数量不断增多，根据热用户地理位置的需要，热网管道增长，使热网安装工程费用增加。

项目单项工程，施工单位送审结算金额为 30217 万元，审定金额为 28187 万元。项目各系统实际建安费用执行情况详见表 9-9。

表9-9 漕泾热电厂各系统实际建安费用统计

单位：元

单位工程项目	概算			实际值			实际值较概算增减	
	建筑工程费	安装工程费	合计	建筑工程费	安装工程费	合计	增减额	增减率
热力系统	99050169.00	101750157.00	200800326.00	140456319.60	28860244.21	169316563.81	-31483762.19	-15.68%
燃料供应系统	2386446.00	1829054.00	4215500.00	3663032.45	7755345.09	11418377.54	7202877.54	170.87%
除灰系统	0.00	0.00	0.00	0.00	0.00	0.00	0.00	
水处理系统	8794088.00	15235009.00	24029097.00	14277664.35	27298670.61	41576334.96	17547237.96	73.02%
供水系统	62051521.00	42625739.00	104677280.00	65744698.07	28480198.91	94224896.98	-10452363.02	-9.99%
电气系统	5186738.00	44490786.00	49677524.00	9625115.05	96617376.75	106242491.80	56564967.80	113.86%
热工控制系统	0.00	13131555.00	13131555.00	0.00	9762320.13	9762320.13	-3369234.87	-25.66%
交通运输系统							0.00	
附属生产工程	38797583.00	6490800.00	45288383.00	48323081.76	41737134.34	90060216.09	44771833.09	98.86%
厂内、外单项工程								
地基处理	42699963.00	0.00	42699963.00	0.00	0.00	0.00	-42699963.00	-100.00%
厂区施工区土石方工程	871484.00	0.00	871484.00	0.00	0.00	0.00	-871484.00	-100.00%
厂内外临时工程	6292374.00	0.00	6292374.00	0.00	0.00	0.00	-6292374.00	-100.00%
脱硫系统	24390000.00	9360000.00	33750000.00	0.00	0.00	0.00	-33750000.00	-100.00%
价差							0.00	
其他费用							0.00	
基本预备费							0.00	
价差预备费	4700000.00	-570000.00	4130000.00				-4130000.00	-100.00%
热网工程	34750000.00	86250000.00	121000000.00	11070221.94	70115345.65	81185587.59	-39814432.41	-32.90%
合计	329970366.00	320593100.00	650563466.00	296437924.24	311297125.69	607735049.93	-42828416.07	-6.58%

4. 设备购置费分析

设备购置费实际完成 192073 万元，较批准概算 206648 万元结余 14574.61 万元，结余率为 7.05%，较执行概算 204529 结余 12456 万元，结余率 6.09%。设备采购采用招标方式，费用总体控制较为理想。各系统的设备概算执行情况详见表 9-10。

表 9-10　　　　　　　　　　各系统设备购置价格变化对比表　　　　　　　　　　万元

单位工程项目	初设概算	实际	实际较概算增减	百分比
热力系统	1945787254.00	1816493084.83	-129294169.17	-6.64%
燃料供应系统	4349696.00	526194.26	-3823501.74	-87.90%
除灰系统	0.00	0.00	0.00	
水处理系统	17045999.00	9727906.04	-7318092.96	-42.93%
供水系统	11410005.00	7627366.33	-3782638.67	-33.15%
电气系统	54176402.00	45973418.93	-8202983.07	-15.14%
热工控制系统	26473776.00	16597485.21	-9876290.79	-37.31%
交通运输系统	0.00	0.00	0.00	
附属生产工程	2833402.00	1556888.61	-1276513.39	-45.05%
厂内、外单项工程			0.00	
地基处理	0.00		0.00	
厂区施工区土石方工程	0.00		0.00	
厂内外临时工程	0.00		0.00	
脱硫系统	0.00	0.00	0.00	
价差	0.00	0.00	0.00	
其他费用		10561669.00	10561669.00	
热网工程	4380000.00	11669911.67	7289911.67	166.44%
合计	2066456534.00	1920733924.88	-145722609.12	-7.05%

5. 其他费用分析

与批准概算相比，工程其他费用决算 33175.25 万元（含借款利息 9641.47 万元），扣除贷款利息，较执行概算 55683.28 万元（扣除所含的基本预备费 4817 万元，建设期贷款利息 17920 万元，其他费用实际为 32943 万元）节余 9412.5 万元，节余率 28.56%。

6. 工程造价控制方面的经验与教训

（1）建设期间，合理安排了贷款计划；采用长短贷相结合的方式，降低综合贷款利率；同时项目单位积极与银行沟通，大部分资金都取得了比额定利率下浮 10% 的银行贷款，节约了大量的贷款利息。

（2）项目建设过程中，资金到位及使用情况良好，做到了估算控制概算，概算控制决算。项目总投资与动态执行概算相比节余 39193 万元，节余率 12%；与批准概算相比节余 41363 万元，节余率 12.6%，项目总体造价控制较好。

（3）项目通过招投标方式选定设备及工程承包商，提高竞争力，降低了工程造价。

（4）项目充分受惠于国家的优惠政策。工程建设期间对进口设备，实现减、免、退税金额共计 2.39 亿元，大大降低了工程造价。

（5）竣工决算的编制应严格按照中国电力投资集团公司基本建设项目竣工决算编制办法的规定进行编制。

（三）电力规划设计总院调研报告中，安装 F 级和 E 级燃气发电机组的工程造价

（1）江苏的 2 台 F 级机组基本在 24 亿元左右，单位投资在 3100 元/kW 以内；2 台 E 级机组基本在 13 亿元以内，单位投资在 3600 元/kW 以内。

（2）浙江的 2 台 F 级机组基本在 22 亿元左右，单位投资在 2820 元/kW 以内。

（3）上海新建的 2 台 F 级机组基本在 24 亿元左右，单位投资在 3100 元/kW 以内。

（4）北京新建的 2 台 F 级机组基本在 34 亿元左右，单位投资在 4400 元/kW 以内。主要是北京地价较贵，且噪声治理和景观设计等方面有个更高的要求，费用较其他 F 级机组高。

（5）广东的 F 级机组单位投资基本控制在 3200 元/kW 以内，E 级机组的单位投资单位投资在 3500 元/kW。

根据调研已建燃机投资和在建燃机投资，主机设备是影响燃机造价的主要因素，《火电工程限额设计参考造价指标（2013 年水平）》可以作为燃机投资的主要依据。

（6）各工程造价见表 10-26。

二、10MW 以上的热电联产工程或分布式能源站

（一）华电天津北辰风电园分布式能源站

（1）内容摘自可行性研究报告。该报告由华北电力设计院工程有限公司于 2011 年 1 月编制。

（2）委托单位为中国华电集团公司新能源发展有限公司。建设地点为天津北辰风电园。

（3）建设规模为 2 套 60MW 级燃气—蒸汽联合循环机组，预留扩建 2 套同级机组的位置。

（4）如采用南京汽轮机集团有限公司提供的 S-106B 机组，采用一拖一方案，工程静态投资为 61155 万元，单位千瓦造价为 4932 元；动态投资为 63082 万元，单位千瓦造价为 5087元；计划总资金为 64153 万元。

（5）如采用 P&W 提供的 FT8-3 机组，采用一拖一方案，则工程静态 55856 万元，折合 3834 元/kW，动态投资 57616 万元，折合 3954 元/kW；计划总资金 58507 万元。

（二）江西华电南昌小蓝分布式能源站

（1）内容摘自可行性研究报告。该报告由华北电力设计院工程有限公司于 2012 年 3 月编制。

（2）委托单位为中国华电集团公司新能源发展有限公司。建设地点为江西南昌小兰经济开发区。

（3）建设规模为 3 台 LM6000PD-SPint 型（或同容量机组）燃气—蒸汽联合循环机组，容量为 160MW 级，预留扩建一套同级机组的位置。

（4）本工程静态投资为 103303 万元（含热网）或 93082 万元（不含热网），折合 5596元/kW；动态投资 106055 万元（含热网），或 95536 万元（不含热网），折合 5743 元/kW。

（三）江西华电九江分布式能源站

（1）内容摘自初步设计文件。该文件由华东电力设计院于 2011 年 11 月编制。

（2）委托方为中国华电集团公司新能源发展有限公司。建设地点为江西省九江市城东港区。

（3）建设 2×30MW+1×25MW 级二拖一燃气—蒸汽联合循环机组，不考虑扩建。

（4）发电工程静态 52034 万元，折合 6002 元/kW；动态投资 53355 万元，折合 6154 元/kW。

（四）广西华电南宁华南城分布式能源站

（1）内容摘自初步设计内审用汇报材料，汇报材料由西南电力设计院于 2011 年 12 月编制。

（2）委托方为中国华电集团公司新能源发展有限公司，建设地点为南宁市华南城。

（3）建设规模为 3 台 LM6000 内燃机，一拖一方式，规模为 174MW，不考虑扩建。

（4）发电工程静态投资为 12.38 亿，折合 7115 元/kW；动态投资为 12.82 亿，折合 7370 元/kW。

（五）广州大学城分布式能源站

（1）内容摘自电力规划设计总院调研报告。

（2）项目内容见第七章第三节。

（3）总投资为 8.5 亿元，按照 2 套 78MW 机组计算，单位千瓦投资 3846 元。

三、10MW 以下的分布式能源站

（一）北京南站

（1）项目概况见第七章第三、四节。

（2）初投资 6044 万元。

（3）按照安装 2×1570kW 内燃机组，总容量 3140kW 计算，单位千瓦投资 19650 元。

（二）上海浦东机场

（1）项目概况见第七章第三节。

（2）该套设备总投资 309 万美元，折合人民币约 2564.7 万元。

（3）按照安装 1×4000kW 内燃机组计算，单位千瓦投资 6412 元。

（三）上海花园饭店

（1）项目概况见第七章第三节。

（2）为中日合作节能改造示范项目，日方承担折合 2953 万元，中方承担 510 万元，共 3463 万元。

（3）按照安装 1×350kW 内燃机组计算，单位千瓦投资 9894 元。

第三节　运行方式与年利用小时

一、燃气调峰机组

（1）为了满足发电要求，通常采用大容量、高效率的 F 级机组。

（2）从多用清洁能源出发，根据国家《节能发电调度办法（试行）》（国办发〔2007〕53 号文）的要求，应优先调度燃气机组。

（3）但从电网购电成本出发，电网企业希望燃气机组按调峰要求运行，这一要求已在发改能源〔2011〕2196 号文件中肯定。

（4）南方电网有限责任公司曾以网、厂总体效益为前提，结合珠江三角洲电网情况进行

研究，认为燃气调峰机组设备年利用小时宜采用 800h。

（5）江苏省节能发电调度试点经验证明，省内 135MW 级和 200MW 级燃煤机组，如按照调峰和备用要求进行调度，设备年利用小时宜为 2000h。

（6）上海市有关部门认为，纯电网调峰用的燃气机组，设备年利用小时宜为 1200～1500h。

（7）根据以上意见，纯电网调峰机组，设备年利用小时宜取 1200～1500h。

（8）根据江苏省天然气管网负荷曲线，旺季为冬季，淡季为夏季，其余为平季。

（9）在旺季和平季，只需保障电网调峰必需的气源；在淡季，则要求燃气机组尽量满发，以取代地下盐矿等贮气库的建设费用与天然气损耗。

（10）如夏季 4 个月按照 122 天、2928h、燃气机组平均负荷率 80%～90%；其余 8 个月按照全年的 2/3 调峰，即 800～1000h 计算，按双调峰要求运行的燃气调峰机组，设备年利用小时将为 3500h 左右，即与燃机第一批打捆招标时确定的要求相同。

（11）3500h 是现行《火电工程限额设计参考造价指标》（2013 年水平）中的基础数字。

（12）当燃气机组标杆电价一定时，设备年利用小时越高，上网电价成本越低。因此，发电项目的投资方希望提高设备年利用小时数，故在同一"指标"中，敏感性分析取 2500～5000h，这是可以理解的。但从网、厂双方总体效益来看，设备年利用小时数过高并不合理，宜通过改善电价形成机制达到双赢。

二、热电联产机组

（1）为了满足热负荷的要求，按照"以热定电"的原则，可以选用 F 级，经论证也可选用 E 级等机组。

（2）工业用汽是全年性的，如果年均热负荷取最大供热能力的 50%，相应机组出力取 45%，每年约合 4000h。

（3）采暖用热是季节性的，以北京地区为例，每年采暖期为 4 个月，如果季均热负荷按照机组最大供热能力的 85%考虑，相应机组出力取 70%，每季利用小时约合 2000h。如在严寒地区，可达 2500h 以上。

（4）热电联产机组可以用"以热定电"的出力与最大出力之差进行电网调峰。对于采暖机组，采暖期只能小幅调峰，利用小时约为 100h；在非采暖期，利用小时约为 800～1000h。对于工业用汽机组，全年只能中幅调峰，利用小时约为 600h。

（5）在用气淡季，热电联产机组也可以用于气网填谷。对于采暖机组，与凝汽机组相同，利用小时可达 2400～2700h，即在电网调峰 400～500h 的基础上，增加 2000～2200h。对于工业用汽机组，也与凝汽机组相同，利用小时达 2400～2700h，即在"以热定电"1200h，电网调峰 200h 的基础上，增加 1000～1300h。

（6）因此，对于南方工业用汽机组，设备年利用小时在 5500～6000h 之间；北方采暖用热机组设备年利用小时在 5000～5500h 之间；供应两类热负荷的机组，在两者之间，即 5000～6000h 之间。

（7）鼓励燃气调峰机组向邻近地区供应热（冷）负荷，但其设备年利用小时原则上仍应按照双调峰计算，并应采取措施，解决电网调峰与热（冷）负荷连续供应的矛盾。

（8）具体工程项目应"因地制宜"，根据热负荷性质、组成、采暖季节长短、热（冷）负荷波动程度，以及机组最大供热能力利用程度等因素，在可研阶段进行论证，并在设计审批时确定。以上分析仅供参考。

三、分布式能源站

（1）分布式能源站，由于小型化、热冷电三联供和就近供应电力等原因，一般采用 B 级以下的小、微型燃机或燃气的内燃机。

（2）夏季（天然气网为淡季）主要供应制冷负荷；冬季（天然气网为旺季）主要供应蒸汽和热水；春秋季（天然气网为平季），两类负荷均有减少，主要适应电网调峰要求，并降低本单位购电支出。

（3）以上海花园酒店为例，所安装的 350kW 燃气内燃机，年均每日开机 13h，满负荷运行；不开机时，冷、热负荷依靠贮冷（热）和备用设备供应，因此设备年利用小时为 4500h 左右，可供参考。

（4）如果天然气价在淡季降价，使分布式能源站发电成本低于电网低谷电价时，或在用户侧不实行峰谷电价的地区，它也可以用于天然气网削峰填谷，设备年利用小时可能增加至 5400h。

四、结论和建议

（1）燃气机组按产品性质分为三类，即燃气调峰机组、热电联产机组与分布式能源站，其运行方式与设备年利用小时数是不同的。

（2）燃气调峰机组，如果仅供电网调峰使用，其设备年利用小时数在 1200～1500h 之间；如果考虑天然气管网削峰填谷，在用气淡季燃气机组宜尽量满发，其设备年利用小时将增加至 3500h 左右。

（3）热电联产机组，要贯彻"以热定电"的原则，工业用汽机组，设备年利用小时约 4000h；采暖用热机组，设备年利用小时约 2000h。如果考虑电网调峰与天然气管网削峰填谷，前者将增至 5500～6000h，后者将增至 5000～5500h。

（4）分布式能源站，根据典型工程调查，设备年利用小时约 4500h，有可能增至 5400h。

（5）具体燃气发电项目，应因地制宜，在可研阶段专题论证，并通过后评价进行检验。

（6）燃气机组设备年利用小时的推荐值见表 9-11，表中全年推荐值已考虑同时率与化整因素。

表 9-11　　　　　　　　　　　燃气机组设备年利用小时的推荐值

机组类型	凝汽机组	工业用汽	采暖用热	分布式能源站
全年（h）	约 3500	5500～6000	5000～5500	4500～5400
夏季电网	调峰	中幅调峰	调峰	两班制
利用小时（h）	400～500	200	400～500	
淡季气网	填谷	中幅填谷	填谷	有条件时填谷
利用小时（h）	2000～2200	1000～1300	2000～2200	0～900
热（冷）网		以热定电		以冷定电
利用小时（h）		1200		1800
春秋季电网	调峰	中幅调峰	调峰	两班制
利用小时（h）	400～500	200	400～500	
平季气网				
利用小时（h）				

机组类型	凝汽机组	工业用汽	采暖用热	分布式能源站
热（冷）网		以热定电		以热（冷）定电
利用小时（h）		1300		1200
冬季电网	调峰	中幅调峰	小幅调峰	两班制
利用小时（h）	400～500	200	100	
旺季气网				
利用小时（h）				
热（冷）网		以热定电	以热定电	以热定电
利用小时（h）		1500	2000～2500	1500

（7）在《节能发电调度办法（试行）》中要求优先调度燃气机组，从国家节能减排角度出发，无疑是正确的，但企业必须考虑自身的经济利益，电网企业要降低总的购电成本，只能让燃气机组调峰，这也为《产业结构调整指导目录》（2011 年版）所肯定，可以认为这是政企双赢的办法。

（8）天然气管网从产、输角度看，全年是均衡的，按照民用—工业燃料—发电用气的优先供应原则，在民用与工业燃料旺季，一般为冬季，发电用气希望压至最低；而在淡季，一般为夏季，则希望燃气发电机组尽量满发，起到削峰填谷的作用。由于气电价格比煤电高，在《关于发展天然气分布式能源的指导意见》中，也已提出天然气价在旺季要求燃机填谷时给予折让，从电网企业的购电成本出发，燃机可变成本应与煤电标杆电价持平，以兼顾各方利益。

（9）分布式能源站现多采用两班制方式运行，每日启停一次，目的是在夜间仍使用低谷期间的优惠电能，因此，如希望分布式能源站参与削峰填谷，天然气价在此期间也应优惠，使其可变成本低于低谷电价。

（10）为使表 9-11 中的运行方式能够实现，在电力与燃气企业签订供应协议时，不仅应有量、质、价的规定，还应有分季节供气量变化范围的协议。

（11）表 9-11 中的运行方式宜取得电网企业的认可。

第四节　快速电（热、冷）价计算方法

一、燃煤凝汽机组

2003 年，在《电力工程经济评价和电价》一书中，作者就已推荐了燃煤凝汽机组的快速电价计算方法，并在 2009 年该书再版时，结合规定的方法与参数进行了更新。

（一）主要用途

快速电价计算是一种简易的手算方法，它概念清楚，快速简便，可以在多种场合使用，与电算成果相比，有很高的准确程度，其主要用途是：

（1）快速计算上网电价水平；

（2）核算电算结果是否合理；

（3）进行敏感性分析；

（4）分析电价构成；

（5）分析敏感性分析以外其他因素的影响；

（6）求出固定费率，即以投资项的常数与燃煤项或其他项的常数之比值作为年固定费率，即可求得以电价最优为准则的年固定费率。

（二）综合计算公式

（1）不含税电价按式（9-1）计算，即

$$A_1 = \frac{1000K_2C}{n(1-\Phi)} + 1.01\frac{D(B_1+B_2)}{1000(1-\Phi)} + \frac{A_{40}n_0}{n(1-\Phi)} \tag{9-1}$$

（2）含税电价按式（9-2）计算，即

$$A_{11} = \left\{\frac{1000K_{12}C}{n(1-\Phi)} + 1.01\left[\frac{DB_1}{1000(1-\Phi)n(1+f_8)} + \frac{DB_2(1-f_9)}{1000(1-\Phi)}\right] + \frac{A_{40}n_0}{n(1-\Phi)}\right\} \times$$

$$[1+f_0(1+f_0+f_{11})] \tag{9-2}$$

（3）K_2可按式（9-3）计算，即

$$K_2 = K_5(1-f_1) + f_1f_2/[(1-f_3)]\times(1-f_4)] + f_5 + f_6 \tag{9-3}$$

（4）K_5可按式（9-4）计算，即

$$K_5 = [(1+i)^y \times i]/[(1+i)^y - i] \tag{9-4}$$

（5）K_{12}可按式（9-5）计算，即

$$K_{12} = K_5(1-f_1) + f_1f_2/[(1-f_3)\times(1-f_4)] + f_5(1-f_6) + f_6$$

（三）当前常用数值

f_0，增值税率，取17%；

f_1，资本金占建成价的比例，取最低值，也是常用值，即20%；

f_2，资本金利润率，预期值，与资本金内部收益率有关。当y=20年时，见表9-12，与后者规定值10%相应，可取11.75%。

表 9-12　　　　　　资本金内部效益率与资本金利润率关系　　　　　%

资本金内部效益率	6	7	8	9	10	11	12
资本金利润率	8.72	9.44	10.19	10.96	11.75	12.56	13.39

f_3，所得税率，已由33%改为25%；

f_4，公积公益金提取比例，已由10+5%改为0%；

f_5，大修费率国产机组取2.5%（进口机组应改1%）；

f_6，保险费率，取0.15%（应为固定资产净值的0.25%，因在经营期间，净值逐年减少，故取此平均值）；

f_7，修理费扣税比，取10%；

f_8，燃煤出矿价进项税率，取17%（原13%，现已统一取17%）；

f_9，燃料运输费扣税比，取10%；

f_{10}，城市建设附加税率，取5%（按县、镇考虑时）；

f_{11}，教育附加税率，取3%；

i，贷款利率，取 6.07%（原按季结算为 5.76%，现已改 5.94%，如按年结算，相当于 6.07%）；

Φ，厂用电率，取 5.5%（采用汽动给水泵时，工程设计时，如出入较大，可以调整）；

n_0，年利用小时数，是常用值，取 5000h/年；

y，还货期，因简化计算要求，改用经营期，即 20 年，在推导时，已考虑了两者的差异。

根据以上数据可以求出

$$k_5 = 0.0877$$
$$k_{12} = 0.9416 + 0.2667 f_2$$

这批数字在一定时期内可以视为常数，以求出后述简化公式，但如有重大变化，也可对上述简化公式中的系数，用综合计算公式进行调整，从而分析其影响。

（四）快速计算公式

将上述常用数字带入后，含税电价快速计算式为

$$A_{11} = 1.184 \left[\frac{1000C(0.09416 + 0.2667 \times f_2)}{0.945n} + \frac{D}{0.935 \times 1000} \times \left(\frac{B_1}{1.17} + 0.9B_2 \right) + 5291 \frac{A_{40}}{n} \right] \quad (9-5)$$

式（9-5）中有 7 个数字需要根据工程情况确定，即资本金利润率 f_2，可根据表 10-12 以资本金内部收益率为基础求出，在新规定中，火电工程取 11.75%；动态投资 C；标煤出矿价 B_1；运输价 B_2；发电标煤耗 D；年利用小时数 n；其他成本统计值 A_{40}，可根据同一地区、同类电厂、前三年统计平均值带入。

其中，B_1 加 B_2、C 与 n 为规定要进行敏感性分析的因素。

如厂用电率与 5.5%相差较大时，例如改用电动给水泵，式（9-5）中的 0.945 改（$1-\phi$），0.935 改 $\frac{1-\phi}{1.01}$，可按此调整。

二、燃气机组

（一）计算公式的延伸

（1）燃煤凝汽机组。已按《建设项目方法与参数》（第三版）及当前执行的财政，税收政策进行了修改。

（2）燃煤热电联产机组。已加入年供热量、热价等参数，并采用总成本法计算。

（3）燃气调峰机组。已将燃煤改为燃气。

（4）燃气热电联产机组，已加入年供热量，热价等参数，可适用城市采暖及工业园区供汽项目。

（5）燃气分布式能源站，再加入年供冷量、冷价等参数。它可以包含（3）～（5）类情况，具有通用性。

（二）燃气调峰机组

（1）推荐的快速电价计算方法已按照《建设项目经济评价方法与参数》（第三版）进行了修改。详见《电力工程经济评价和电价》（第二版）。

（2）与燃煤机组相比较，主要区别是：

1）由于天然气价格高于燃煤价格，虽然天然气气耗折为标煤煤耗低于燃煤机组，总体上可变成本与总成本均高于燃煤电厂。

2）燃气机组与燃煤机组相比，单位造价略低，但检修成本高。进口煤机大修理费率为 1.5%（现改 1%），国产煤机为 2.5%（现改 2%），燃机为 3.50%，但实际上因运行方式（年启

停次数）不同，调峰机组有可能超出此费率，初步分析，可能达到4.5%左右。

3）厂用电率较低，一般取2%，低于燃煤机组（特别是脱硫、脱硝后的燃煤机组）。

4）燃气机组年利用小时较低，一般为3500h左右。

（3）经过修正的计算公式为

$$A_{11} = 1.184 \times \left(1000C \frac{0.1032 + 0.2667 f_2}{0.98n} + \frac{DB}{1.096} + 3571 \times \frac{A_{40}}{n} \right) \tag{9-6}$$

式中　A_{11}——含税电价，元/MWh；

　　　f_2——资本金利润率（预期值），%；

当资本金内部收益率为8%或10%时，在计算年限（经营期）为20年的条件下，f_2分别为10.19%和11.75%；

　　　C——单位动态投资，元/kW；

　　　D——发电气耗，一般采用额定工况设计气耗的1.05倍，调峰机组还可以适当再增加，m³/MWh（标况）；

　　　B——气体燃料到厂价格，元/m³（标况）；

　　　A_{40}——同类型机组近3年其他费用的统计平均值，元/MWh；

　　　n——设备年利用小时，h/年。

（三）热电联产机组

（1）作者在火电前期讨论之七十四《快速电热价格计算方法及其应用》中推荐了燃煤机组快速电热价格计算方法。并已延伸至燃煤热电联产机组。

（2）与燃煤机组相比，燃气机组主要区别见（一）、（二）中阐述。

（3）燃气机组快速电热价格计算方法为

$$A_{11} nN(1 - \varphi') + A_{12} Q_t = K_c' C'N + K_D' BF + K_E' N \tag{9-7}$$

其中

$$\varphi' = \phi + \frac{Q e_t}{1000 Nn}$$

$$K_c' = 1208 \times (0.1032 + 0.2667 f_2)(1 - \phi')$$

$$F = D_e nN + D_t Q_t$$

$$K_E' = 3571 \times \frac{A_{40}}{n}$$

式中　A_{11}——含税电价，元/MWh；

　　　n——设备年利用小时，h/年；

　　　N——装机容量，MW；

　　　φ'——热电厂综合厂用电率，%；

　　　ϕ——发电厂用电率，一般取2%；

　　　Q——年供热量，GJ/年；

　　　e_t——供热厂用电率（增加值），kWh/GJ；

　　　A_{12}——出厂热价，元/GJ；

　　　K_c'——与投资有关的系数；

　　　f_2——资本金利润率（预期值），%；

  C'——单位动态投资，已考虑供热增加的投资，元/kW；

  K'_D——与热电厂购气费用有关的系数，一般取 1.08；

  B——气体燃料到厂单价，元/m³（标况）；

  F——热电厂气体燃料年耗总量，m³/年（标况）；

  D_e——发电气耗，m³/MWh（标况）；

  D_t——供热气耗，m³/GJ（标况）；

  A_{40}——同类机组近 3 年其他费用的统计平均值，元/（MW·年）。

注：气耗 D_e、D_t 一般都采用额定工况设计气耗的 1.05 倍。

（四）分布式能源站

（1）以（三）为基础，增加年供冷量的收入与相应的支出。

（2）分布式能源站快速电、热、冷价格计算方法为

$$A_{11}n \times N(1-\varphi') + A_{12}Q_t + A_{13}Q_c = K'_c C''N + K'_D BF' + K'_E N \tag{9-8}$$

其中
$$F' = D_e \times n \times N + D_t \times Q_t + D_c \times Q_c$$

式中 A_{13}——出厂冷价，元/GJ；

  Q_c——年供冷量，GJ/年；

  C''——单位动态投资，已考虑供热、制冷增加的投资，元/kW；

  D_c——制冷气耗，一般都采用额定工况设计气耗的 1.05 倍，m³/GJ（标况）。

第五节 参 考 电 价

（一）限额设计参考电价计算条件

（1）假设电厂建设工程在 2011 年 1 月 1 日开工。

（2）各类型机组的年度静态投资比例见表 9-13 和表 9-14。资本金投入比例同静态投资比例。

表 9-13   燃煤机组静态投资各年度比例   %

机组	第 1 年	第 2 年	第 3 年	合计
2×300MW	30	50	20	100
2×600MW	30	40	30	100
2×1000MW	30	40	30	100

表 9-14   燃机静态投资各年度比例   %

机组容量	第 1 年	第 2 年	合计
300MW 级（一拖一）	55	45	100
300MW 级（二拖一）	55	45	100
180MW 级（一拖一）	60	40	100

（3）参考电价中各类型机组均进行单机结算，比例见表 9-15。

表 9-15　　　　　　　　　　　单 机 结 算 比 例　　　　　　　　　　　%

容量	性质	1 号	2 号	合计
12×300MW	新建	65	35	100
2×300MW	扩建	60	40	100
2×600MW	新建	60	40	100
2×600MW	扩建	58	42	100
2×1000MW	新建	60	40	100
2×1000MW	扩建	58	42	100
300MW 级（一拖一）	新建	65	35	100
300MW 级（二拖一）	新建	65	35	100
180MW 级（一拖一）	新建	70	30	100

（4）各类型机组的建设工期见表 9-16 和表 9-17。电厂每台机组从其投产年开始共运行 20 年，即整个电厂的运行期大于 20 年。

表 9-16　　　　　　　　　　　燃煤机组建设工期　　　　　　　　　　　月

容量	性质	1 号	2 号
2×300MW	新建	22	26
2×300MW	扩建	20	24
2×600MW	新建	26	30
2×600MW	扩建	24	28
2×1000MW	新建	30	36
2×1000MW	扩建	28	34

表 9-17　　　　　　　　　　　燃机建设工期　　　　　　　　　　　月

机组容量	性质	1 号燃机	2 号燃机
300MW 级（一拖一）	新建	20	24
300MW 级（二拖一）	新建	20	24
180MW 级（一拖一）	新建	14	18

（5）资本金占动态投资的 20%。

（6）长期贷款利率 7.05%，短期贷款利率和流动资金贷款利率 6.56%。

（7）贷款年限（包括建设期）2×300MW 取 15 年；2×600MW、2×1000MW 取 18 年；300MW 和 180MW 级燃机取 10 年。

（8）固定资产形成率 95%，残值率 5%，折旧年限 15 年，摊销年限 5 年。

（9）300MW 燃煤机组按供热机组考虑，年发电量 3000GWh，年供热量 500 万 GJ；600MW 和 1000MW 燃煤机组按纯凝机组考虑，年利用小时 5000h；投产年的利用小时按发电月数占全年月数比例计算。燃机（纯凝）年利用小时按 3500h 计算；燃机（供热）年发电量 2926GWh，年供热量 614 万 GJ。

（10）保险费率 0.25%；燃煤机组大修理费率 2%，燃机大修理费率 3.5%。

（11）300MW 供热机组发电标煤耗取 270g/kWh，供热标煤耗 39kg/GJ；600MW 机组（超临界）取 299g/kWh，1000MW（超超临界）机组取 290g/kWh；燃机 300MW 级（纯凝）发电气耗取 212m³/MWh（标况），燃机 300MW 级（供热）发电气耗取 196m³/MWh（标况）、供热气耗取 30.60kg/GJ，180MW 级气耗取 244m³/MWh（标况）［按陕京天然气，低位发热量为 32720kJ/m³（标况）］。

（12）含税标煤价为 900 元/t；燃机含税气价 2.28 元/m³（标况）。燃煤供热机组含税热价 35 元/GJ。燃机供热机组含税热价 60 元/GJ。

（13）职工人数 2×300MW 机组取 234 人，2×600MW 机组取 247 人，2×1000MW 机组取 300 人。燃机职工人数取 100 人。

（14）职工工资取 5 万元/（人·年），福利劳保系数取 60%。

（15）水价按含税 0.5 元/t 计取。

（16）材料费 300MW 机组取 6 元/MWh，600MW 机组取 5 元/MWh，1000MW 机组取 4 元/MWh。燃机 300MW 级取 8 元/MWh，180MW 级取 15 元/MWh。

（17）其他费用 300MW 机组取 12 元/MWh，600MW 机组取 10 元/MWh，1000MW 机组取 8 元/MWh。燃机 300MW 级取 12 元/MWh，180MW 级取 18 元/MWh。

（18）300MW 供热燃煤机组发电厂用电率取 5.5%，供热厂用电率 11.26kWh/GJ；600MW（超临界）取 5.2%，1000MW 取 4.5%。另外，脱硫厂用电率 300MW 机组取 1.5%，600MW 机组取 1.1%，1000MW 取 0.7%。300MW 级燃机（供热）发电厂用电率取 2.8%，供热厂用电 13.59kWh/GJ；300MW 级燃机（纯凝）厂用电率取 2.0%，180MW 级燃机厂用电率取 2.5%。

（19）300MW 机组和 600MW 机组燃煤含硫量按 2%，1000MW 机组燃煤含硫量按 0.9%。脱硫成本按耗用石灰石考虑，2×300MW 机组 8t/h，2×600MW 机组 16t/h，2×1000MW 机组 8t/h，石灰石含税价格 100 元/t。

（20）脱硝剂的单价按 4000 元/t（含税）计取。

（21）排污费用按燃烧烟煤考虑，按第 3 时段最高允许排放浓度计算。在年利用 5000h 时，300MW 亚临界机组 SO₂ 143 万元/（台炉·年），NOₓ 162 万元/（台炉·年），烟尘 8 万元/（台炉·年）；600MW 超临界机组 SO₂ 260 万元/（台炉·年），NOₓ 293 万元/（台炉·年），烟尘 15 万元/（台炉·年）；1000MW 机组 SO₂ 360 万元/（台炉·年），NOₓ 410 万元/（台炉·年），烟尘 24 万元/（台炉·年）。

（22）现金、应付账款等周转次数取 12 次/年。

（23）铺底流动资金占总流动资金的 30%。

（24）增值税计算所用各种税率按国家规定。

（25）公积金取 10%，不计提公益金。

（26）所得税率取 25%。

（27）投资各方内部收益率取 8%。

（28）燃气蒸汽联合循环机组未考虑运行期的购网电费。

（二）燃机参考电价

2013 年水平限额设计控制参考电价见表 9-18。

表 9-18　　　　　　　　2013 年水平限额设计控制参考电价一览表

机组等级	机组台数	建设性质	机组容量	静态投资	单位静态投资	动态投资	单位动态投资	动静比例
单位	（台）		（MW）	（万元）	（元/kW）	（万元）	（元/kW）	
300MW 等级燃气机组（9F 级纯凝）	一拖一	新建	848.40	245982	2899	258238	3044	1.05
300MW 等级燃气机组（9F 级供热）	二拖一	新建	836.06	244330	2922	256208	3064	1.05
180MW 等级燃气机组（9E 级）	一拖一	新建	382	119047	3116	122642	3211	1.03

基本方案电价	敏感性分析							
	投资		投资各方 FIRR	利用小时数		气价（元/m³，标况）		
	10%	−10%	10%	2500	5000	1.5	2.5	3
（元/MWh）	含税电价（元/MWh）							
773.98	789.12	759.39	787	832	730	509	673	849
808.21	823.97	793.03	822	900	741	470	680	903
893.13	908.97	878.17	906	955	847	587	777	979

（三）参考电价构成

参考电价构成见表 9-19。

表 9-19　　　　　　　　参考电价构成一览表

机组内容	机组台数	机组性质	总容量	电价构成（%）					
单位	台		MW	燃料费	折旧	财务费用	净利润	所得税	其他
300MW 等级燃气机组（9F 级，纯凝）	一拖一	新建	848.40	77.1	5.7	2.43	4.73	1.56	8.49
300MW 等级燃气机组（9F 级，供热）	二拖一	新建	836.06	68.9	4.56	1.95	4.09	1.35	19.15
180 等级燃气机组（9E 级）	一拖一	新建	382	77.3	5.09	2.45	4.08	1.29	9.79

第六节　修理费用

（一）金陵电厂（GE 机组）

电厂与 GE 公司签订长期维修的合约式服务合同，即 CSA 合约，于 2007 年 11 月 23 日开始生效。CSA 的费用主要由起始备件费、启动费、月度固定费、运行时间费等组成，从其他渠道获得资料，2008 年运行 CSA 年度费用为 3600 万元。

由于机组频繁参与系统调峰，机组每开机一次，利用小时偏低。其中 2009、2010 年，平均启动运行小时数仅为 12h 左右，典型的昼开夜停两班制运行方式；对于单轴 9FA 燃机，每次机组启动时汽轮机部件的应力承受能力都会影响整个联合循环机组的升负荷率。对于冷态启动而言，从启动达到基本负荷通常耗时 4.0h 左右，需要耗气 5 万 m³（标况）；对于热态机组而言，则每次需要耗时 1.5~2.0h，需要耗气 2 万 m³（标况）；而每次停机损失 1 万 m³（标况）。若假定当年机组热态/冷态启动各占 50%，2009~2011 年期间，因频繁启停而增加的天然气耗量分别占当年年耗气量比例为 2.61%、2.40%、1.01%。因此，当前机组采用调峰运行，频繁启/停的两班制运行方式，将增加电厂气耗 2.5%左右。

由于受天然气供应和电网要求燃机的主要运行方式的影响，机组的运行方式以调峰为主，极端情况下每天两次启、停，导致年度启、停折合次数大大高于规程规定。机组的历年启停折合次数 260 次左右。这种运行方式直接导致燃烧室和热通道部件加速使用寿命损耗，等效运行小时数大大降低。投产至今已发生燃烧器涂层脱落、燃机一级动叶片烧损和发电机转子匝间短路等设备问题，严重影响了燃机发电机组的安全运行，同时也大大提高了机组的检修成本，年平均费用支出 9565 万元，占项目投资的比例为 4.07%。

燃机设备的热通道部件由制造厂垄断供应，价格非常昂贵，增加检修维护费用；此外，机组在启停过渡期低负荷运行将大大增加 NO_x 的排放，不能充分发挥优质清洁能源的优势。GE 公司 9F 燃机中修时更换的主要部件参考价格见表 9-20。

表 9-20　　　　　　　　　　PG9351FA 型燃机热通道部件价格表

部 件 名 称	数量（套）	价格（万元）
一级喷嘴	1	2435
一级动叶	1	2030
一级护环	1	1000
二级喷嘴	1	2003
二级动叶	1	1826
二级护环	1	500
三级喷嘴	1	2041
三级动叶	1	1970
三级护环	1	200
IGV	1	383
燃烧室喷嘴组件	1	2600
合计		16988

根据国外运行燃机的经验数据，启动次数越多，检修费用支出越多。表 9-21 为欧洲某燃机电站的运行维修费用与年启动次数的关系，其中比例关系表明，若电厂带基荷连续运行，维修费可减少 1/3。

表 9-21 欧洲某燃机电站的运行维修费用与年启动次数

	年启停次数	50 次/年	350 次/年	500 次/年
	运行维修费用（英镑）	370 万	600 万	800 万
费用组成	固定费用	15%	15%	15%
	可变费用	40%	20%	15%
	热通道部件费用	45%	65%	70%

（二）戚墅堰电厂（GE 机组）

基于项目公司人员负担较重，简单的检修工作由电厂自己承担，与 GE 公司签订了长期备件和服务合约，即 MMP 合约，今后可以根据需要以确定的优惠价格从 GE 公司选购备件、进行部件修理、选择检修指导人员等。小修 1200 万元（燃烧器热通道部件的拆装和返厂修理、燃机专用耗材和热工测量元件的更换费用）；中修，除了小修范围外，另加燃机静叶和动叶的拆装和返厂修理，开缸修理等费用 5600 万元。考虑到燃机动静叶、护环、燃料喷嘴等部件经过数次小修后即寿命到期需购买新件，动、静叶在每次返厂修理时都有一定比例的报废率，则每台机组均摊到每年的新件补充费用约 2200 万元；至今未进行过大修。自投运以来，该燃机曾出现几次故障，可能由于制造工艺原因或机组运出现的主要设备故障。表 7-5 为电厂提供的 2009～2011 年期间燃机的修理费用，年平均费用支出 11163 万元，占项目造价的比例为 4.98%。

（三）望亭电厂（GE 机组）

项目公司与 GE 公司签订了长期备件和服务合约，即 MMP 合约，今后可以根据需要以确定的优惠价格从 GE 公司选购备件、进行部件修理、选择检修指导人员等。可根据需要以确定的优惠价格从 GE 公司选购备件、进行部件修理、选择检修指导人员等。电厂的检修费用支出，数额较小的，归为修理费，直接计入当年生产费用；数额较大的，归为技改费，转为固定资产，通过计提折旧。运行期间，出现的主要设备故障：2006 年 11 月 2 号机组发电机转子匝间短路，原因是设备制造质量问题，事后发电机解体返厂修复，检修时间 183 天；2009 年 11 月 1 号机组 4 号燃烧器两个喷嘴有积碳现象，1 片一级汽轮机动叶烧蚀，事故原因主要与设备制造质量、燃机运行工况等有关，事后更换损毁部件，检修时间 37 天。表 7-9 和表 7-10 为电厂提供的 2009～2011 年期间燃机的修理费用，年平均费用支出 8289 万元，占投资比例约为 3.6%。根据国外运行燃机的经验数据，启动次数越多，检修费用支出越多。若电厂带基荷连续运行，维修费可减少 1/3。

（四）苏州蓝天燃机（GE 机组）

项目采用 2 台燃机+2 台余热锅炉+2 台抽凝机的主机配置。燃机制造厂为 GE 公司，型号为 PC9171E，发电能力 120MW；汽轮机制造厂为南京汽轮集团，发电能力 50MW，额定抽气 100t/h；锅炉制造厂为杭州锅炉厂，主要辅机均采用国产先进设备。

表 9-22 为电厂提供的 2009～2011 年期间燃机的修理费用，年平均费用支出 6929 万元，占投资比例约为 5.1%。

表 9-22 蓝天燃机 2009～2011 年期间燃机的修理费用 万元

项目	2009 年	2010 年	2011 年
修理费	6317.2	5951	6809
技改费	228	180	1301
修理支出合计	6545	6131	8110

（五）半山电厂（GE 机组）

三台机组总装机容量 1170MW、机组类型为联合循环，机组冷态启动时间 190 分钟、停机时间 30 分钟。检修时间为：A 级检修 55 天左右、8 级检修 35 天左右、C 级检修 15 天左右。电厂在 2005 年与浙江省天然气开发公司签订了为期 20 年的"照付不议"供气合同，自 2007 年起每年合同供气量为 7.77 亿 m^3。

燃机维修根据燃机的运行状态进行安排，遵循表 9-23 的要求。

表 9-23 半山电厂燃机维修准则

需检修的部件	累计运行时间（h）	累计启停次数（次）	检修性质	检修天数
燃烧室	8000	450	C 修	9～15
热通道	24000	900	B 修	30～35
燃机主机	48000	2400	A 修	45～55

注 1 两种累计方式以先到限值为准。
　2 从满负荷跳闸甩负荷对部件寿命的影响相当于累计 8 次正常启停。
　3 正常启动后快速升负荷相当于累计 2 次正常启停。
　4 紧急启动使机组从静态在少于 5min 内升到满负荷，对部件寿命的影响相当于累计 20 次正常启停。
　5 关于快速启停运行方式产生的非常大的不良影响。这是因为在叶片和喷嘴产生热应力。较高的应力意味着很少的几次启停运行就会产生裂纹。

机组运行及计划检修情况见表 9-24。

表 9-24 半山电厂燃机运行及计划检修情况

项目	1 号机组	2 号机组	3 号机组	备注
累计运行时间（h）	23001	24903	22233	2005 年 5 月投产
累计点火启动（次）	732	590	558	
第一次 C 修	2006.11.18～2006.12.05	2007.5.23～2007.6.20	2007.10.12～2007.10.20	
第二次 C 修	2009.4.16～2009.4.25	2009.2.11～2009.3.1	2010.6.7～2010.6.21	由公司检修队伍自行完成
第一次 A 修	2011.10.8～2011.12.1	2010.11.15～2011.1.18	计划于 2012 年 1 月底开始	同步进行压气机升级改造

机组修理费用估算见表 9-25。

表 9-25 一个大修周期费用估算

序号	项目名称	时间	费用（万元）	备 注
1	第一次燃烧室检查（C 修）费用	1.5 年	2002	主要包括燃烧室检查人工费、修理费和部件更换费
2	第一次热通道检查（B 修）费用	3.5 年	23078	主要包括热通道检查人工费、修理费和部件更换费
3	第二次燃烧室检查（C 修）费用	5.0 年	2002	满 3 个小修周期，需更换燃烧喷嘴
4	第二次热通道检查（B 修）费用	7.0 年	5562	在第二次中修时，不需要再采购动叶、静叶、护环、压气机导叶，但需更换 1 级静叶、2 级静叶、1 级护环、2 级护环、1 级动叶
5	第三次燃烧室检查（C 修）费用	8.5 年	2002	满 5 个小修周期，需更换火焰筒和过渡段
6	A 修费用	10～11 年	15000	满 3 个小修周期，需更换燃烧喷嘴；同时满 3 个中修周期，需更换 3 级静叶、3 级护环、2 级动叶、3 级动叶
7	合计		49646	

注　以上测算主要针对燃机部分，汽轮机、发电机、余热锅炉等的检修可以参考标准进行核算。平均每年的大修费用约 7000 万元。

2011 年，燃气机组发生燃料费用 1.64 亿元，材料费用 900 万元，折旧费用 2.16 亿元，修理费用 6500 万元，技改费用 1.1 亿元。

（六）漕泾燃机（GE 机组）

在设备维修方面，公司早在设备投入试运行前就充分考虑了今后运行维护可靠性、经济性的问题，与 GE 能源集团及中国技术进出口总公司，共同签订了合约式服务合同（CSA），合同涵盖了两台 30 万 kW 机组的一个大修周期，或大约七年时间的服务工作。CSA 中包含备件、修理服务和技术咨询服务。实践证明，CSA 合同确保了设备性能的可靠性，降低了设备的检修维护费用，大大减轻了运行风险，目前公司正考虑与 GE 公司续签下一期 CSA 服务合同。漕泾热电公司的生产指标和运营成本（2009～2011 年）情况见表 7-17。

国内现有的燃气机组多为国外引进型，燃机的关键技术、关键部件掌握在设备制造商手中，造成燃机备件和维修费用居高不下。对于备件，可在同类型机组企业间搭建平台，组建燃机共享备件库，在合作电厂之间开展设备与备件的调配服务，提高备件的使用率，降低企业的成本。在设备维修方面，考虑利用 CSA 续签合同谈判的契机，加入本土检修人员培训的要求，切实推动设备维修本土化的进程。

（七）临港燃气电厂（西门子机组）

电厂与西门子签订的燃机长期维修协议是以机组检修计划周期和检修服务费用作为计算燃机修理费的依据。机组的大修周期不是固定不变的，它受机组的运行方式、燃料等因素的影响。例如机组按调峰方式运行，反复多次的使热部件承受因迅速变化的温度而引起的热冲击和热应力，会导致热部件的疲劳裂纹和蠕变挠曲，从而缩短了热部件的使用寿命和大修周期。因此，西门子公司根据机组的实际启动次数和运行状态，采用不同的折算方法来确定机组的等效运行小时或修正的运行小时、修正的启动次数，再由这些折算的运行小时或启动次数来确定大修周期。

在长期维修合约期内电厂的备品备件、维护修理及人工费全部由西门子公司负责，按照目前电厂与西门子公司签订的合约计算，一套联合循环机组一个大修周期（按目前的运行方式，一个大修周期预计为 10 年）的维修服务费用为 2800 万欧元（费用中不含关税、增值税等国内税）。全年修理费平均为 1.2 亿人民币。其中：备品、备件的价格一般占合同总额的 50%～60%，燃烧热通道部件返修费用约占 20%～30%，人工费用约占 10%～20%，而且，备品、备件经过一个完整的检修周期，一般都需要进行更换。

其他费用：制造和管理费用约 3200 万元；水费和外购电费合计 1800 万元。

按上述实际发生的固定费用水平，目前临时结算电价中的补偿标准，即 0.220 元/kWh，2500 利用小时，扣除财务费用后，利润水平相对较低。前几年处于亏损状态。

（八）小结

对 F 级的调峰燃机年修理费用，主要考虑电网平均的调峰利用小时数，以及平均的启停次数和运行方式等因素。根据目前调研的各省机组运行情况和启停机次数均不太一致，对于投产时间不长，启停次数及机组利用小时均较少，运行时间未达到 B 修（或 C 修）标准的 2 套一拖一 F 级机组，年费用约为 3000 万～5000 万元。对于年利用小时较高的，如江苏省燃机利用小时达到 4000～5000h 的，启停次数又相对较少，2 套 F 级燃机机组年修理费用在 8000 万～10000 万元；对于年利用小时未达到 4000h，年启停次数 600 次以上的机组（主要指浙江省），年修理费用在 7000 万～11000 万元。综上所述，启停次数对燃机的年修理费影响较大，2 套"一拖一"F 级燃机年修理费在 8000 万～10000 万元之间较为合理。

第七节　经 济 效 益 分 析

根据电力规划设计总院调研情况编写本节内容。

一、2011 年各省燃机基本情况

2011 年各省燃机基本情况见表 9-26。

表 9-26　　　　　　　　　　2011 年各省燃机基本情况对比表

省份	项目名称	机组性质	主机型式	总投资（亿元）	利用小时（h）	含税气价（元/m³，标况）	含税电价（元/MWh）	含税热价（元/GJ）	补贴政策	修理费用
江苏省	金陵	调峰	2×390MW（PG9351FA）	23.5	4794	1.81	581		按省物价局（苏价工〔2011〕189 号）9E 机组上网电价 0.656 元/度，9F 机组上网电价 0.581 元/kWh，拟今后不分 9E 和 9F 新建燃气机组统一标杆电价 0.605 元/kWh	CSA 合约，9565 万元/年
	戚墅堰	调峰	2×390MW（PG9351FA）	24.66	5131	1.81	581			MMP 合约，11163 万元/年
	望亭	调峰	2×390MW（PG9351FA）	23.43	4617	1.81	581			MMP 合约，8289 万元/年
	蓝天	热电联产	2×180MW（PG9171E）	13.6（含部分管网）	6403	2.17	656	82		6929 万元/年
浙江省	半山	调峰	3×390MW（PG9351FA）	36	3498	2.053	713		根据省物价局（浙价资〔2010〕210 号）调整燃气	17500 万元/年

续表

省份	项目名称	机组性质	主机型式	总投资（亿元）	利用小时（h）	含税气价（元/m³，标况）	含税电价（元/MWh）	含税热价（元/GJ）	补贴政策	修理费用
浙江省	镇海	调峰	2×390MW（PG9351FA）	21.3	3002	2.41	744		机组上网电价，即采用两部制电价（计划小时内（3500/2600h）燃气机组电价为0.744元/度，对超发计划对应电价为0.5元/kWh），其中半山电厂气价和电价见表中数据，蓝天和德能上网电价为0.8元/kWh	CSA合约，3724万元/年
	萧山	调峰	9F级SGT5-4000F（2）	21.6	2997	2.41	744			长协，7807万/年
	余姚	调峰	2×390MW（PG9351FA）	22.12	3044	2.41	744			3285万元/年
	科丰	热电联产	1×39.62MW（PG6561B）	1.8	3500	2.41	800	233元/t		
上海市	漕泾	热电联产	2×329MW（PG9351FA）	28.6	5296	2.22	559.2	121.55	根据市物价局（沪价管〔2012〕001号），采用两部制电价模式，即2500h以内的容量电价0.22元/kWh，按实际发电量电度电价为0.454元/kWh，对调峰9E机组在尖峰500h内电度电价按0.554元/kWh，其余同上	CSA合约，12700万元/年
	临港	调峰	9F级SGT5-4000F（2）/（4）	46	1239	2.32	454		燃气电厂全年发电计划按照2500利用小时安排，实际发电不足2500h的，按照公平公正和经济节能的原则，安排燃煤电厂替代发电，替代发电价格暂定为0.3665元/kWh	长协，18000万元/年
北京市	太阳宫	热电联产	2×390MW（PG9351FA）	34	4505	2.28	573	79	国家发改委明确的燃气临时上网结算电价0.573元/kWh与北京市发改委核定各电厂根据测算核定的上网电价之间的差额部分在上网电量基数内补贴电价及用设计气耗补贴天然气涨价0.33元/m³基于天然气原价0.195元/m³）	4600万元/年，补贴2.48亿元/2011年
	郑常庄	热电联产	9E级SGT5-2000E（含热水锅炉）	21.3	3933	2.28	573	79		
	北京南站		2×1570kW							
广东省	东莞能源	热电联产	2×180MW（PG9171E）	12.6	2830	5	620	280元/t	因气源不同制定不同的补贴方式：①澳气基本供应大部分9F机组，上网电价为0.533元/kWh；②对燃用现货LNG的大部分9E执行临时结算电价，并根据上网电量3500万kWh/（月·台），通过对大工业用户收取加工费的方式，按上月各厂燃料成本增加0.1元/kWh进行补贴	2000万元/年
	广前电力	调峰	3×390MW三菱M701F	36.2	3156	1.46	533			12310万元/年
	东部电厂	调峰	3×390MW三菱M701F	约36.5	3214	1.81	533			8609万元/年
	大学城	分布式	2×78MWHP公司	8.5	3846	2.36	780			

注 1 根据浙江省经信委浙经信电力〔2010〕681号文编制的燃气机组发电计划，以西气为主气源的机组年发电利用小时为3500h，以东气为气源的机组按2600h，东气机组根据实际来气调整。

2 CSA条约：与GE公司的长期维修合约式服务，费用主要起始备件费、启动费、月度固定费、运行时间费等组成。

3 MMP条约：与GE公司签订的长期备件和服务条约，即今后可以根据需要以确定的优惠价格从GE公司选购备件、进行部件修理、选择检修指导人员等。

4 LNG现货价根据国际原油价实时变化，在国际原油价格100美元/桶时，相应门站气价含税约为5.4元/m³。

二、输入条件分析

（一）天然气价格

天然气购气成本占总成本的比例高达 80%以上。

（二）气电价格联动

（1）在制定标杆电价时，应有统一的到厂气价。

（2）对于调峰机组，由于启停次数较多，启停能耗大，检修费用高，与带基荷有区别，或采取其他措施给予补偿。

（3）由于燃气机组在低负荷时气耗大幅度增加，应根据平均负荷率确定气耗。

（4）由于气价与电价均由政府价格主管部门核定，具备气电价格联动的操作条件。

（三）电网调峰补偿

（1）燃机调峰机组不仅可以解决电网调峰电源，对于电网企业也带来收益。

1）减少了抽水蓄能电站的建设投资与运行费用。（包括输入 4kWh、输出 3kWh 之差）

2）燃机调峰机组一般接入地区电网，即以 220kV 及以下电压接入系统，可以减少电网输变电工程投资及线损。

3）间接还可以提高大容量、高参数燃煤机组利用小时与减少辅助服务补偿费用。

（2）因此，燃气调峰机组电价可以推广上海市的经验，由固定费用与燃料费用两部分组成，前者按照商定的年利用小时分摊，后者实行气电价格联动。

（3）燃气调峰机组全年购电成本将高于燃煤标杆电价，但在一定范围内，可以用上述收益抵消。

（四）燃气补贴

（1）当燃气价格高，单纯调高上网电价，电网已不能消纳时，需要对燃气进行价格补贴。

（2）当燃气机组在电网电源中的比重迅速上升时，燃气补贴更为需要。

（3）燃气补贴按照核定的年利用小时等因素计算。

（4）燃气补贴由地方政府主管部门负责解决，北京市主要靠地方财政；广东省也从部分高耗能用户抽取。

（5）燃气补贴也需要气电联动，及时调整。

（五）电价形成机制

（1）根据上海市的经验，燃气调峰机组电价由固定费用与燃料费用两部分组成。

（2）燃料费用根据平均先进气耗及到厂气价确定，随气价调整（气电价格联动）。

（3）其他成本视为固定费用，根据平均先进造价及其他管理成本确定。按照商定的年利用小时，求出固定电价。

（4）支付办法如下：

1）当发电量超过商定的年利用小时时，只支付增加的燃料费用。

2）当发电量低于商定的年利用小时时，要扣除未发生的燃料费用。

（5）因此，它类似于两部制电价，但两部分构成不尽相同。这种构成适于及时气电价格联动。

（6）只有天然气价格统一时，才有可能实行统一的标杆电价。

（六）气价形成机制

（1）目前主要由政府定价。

（2）按照《关于发展天然气分布式能源的指导意见》中的要求，对于气网填谷发电时相应的气量，应实行价格折让。为兼顾天然气长输企业、发电企业和电网企业的利益，建议以燃煤标杆电价反推气价折扣率。

（3）气网填谷的气量与气价折扣率写入长期供用气合同。

（4）热电联产机组是否加价，需要进一步研究。

三、经济评价

在表 9-27 主要原始数据条件下，针对 F 级燃气—蒸汽联合循环，F 级燃气—蒸汽热电联合循环及分布式能源的财务分析指标见表 9-28。

表 9-27　　　　　　　　　　燃机项目主要原始数据一览表

序号	内　容	单位	F 级发电机组	F 级供热机组	分布式能源
1	机组容量	MW	2×390	1×836.06	2×1.45
2	发电小时数	h	3500	3500	4320
3	年供热量	万 GJ		614	10.23
4	发电厂用电率	%	2	2.8	
5	修理费率	%	4.5	3.5	0.1 元/MWh
6	发电气耗	m³/MWh	212	196	205
7	供热气耗	m³/MWh		30.6	29.6
8	气价（含税）	元/m³	2.41	2.41	2.39
9	热价（含税）	元/GJ		60	41
10	电价（含税）	元/MWh			847

表 9-28　　　　　　　　　　财务分析指标一览表

序号	内　容	单位	F 级发电机组（一拖一）	F 级供热机组（二拖一）
1	机组总容量	MW	780	836
2	工程动态投资	万元	254233	252816
3	单位造价	元/kW	3259	3024
4	流动资金	万元	13568	17070
5	项目投资财务内部收益率（所得税后）	%	7.43	8.03
	项目投资回收期	年	11.88	11.33
	项目投资财务净现值	万元	8245	18891
6	项目资本金财务内部收益率	%	9.69	9.78
7	投资各方财务内部收益率	%	8	8
8	总投资收益率	%	5.93	6.09
9	项目资本金净利润率	%	15.57	15.15

续表

序号	内　容	单位	F级发电机组（一拖一）	F级供热机组（二拖一）
10	平均热价（含税）	元/GJ		60
11	平均上网电价（含税）	元/MWh	744.39	737.09

1. 各方案电价构成

各方案的电价构成见表9-29。

表 9-29　　　　　　　　　　　　　各方案电价的构成　　　　　　　　　　　元/MWh

项　目	F级发电机组	F级供热机组
燃料费	452.20	554.96
材料费	8.00	8.00
工资及福利费	3.05	2.73
折旧费	41.68	37.13
修理费	37.83	27.30
其他费用	12.00	12.00
财务费用	19.13	17.73
所得税	10.37	9.61
净利润	31.10	28.82
销售税金	45.39	42.53

F级发电机组、供热机组电价构成比例如图9-1和图9-2所示。

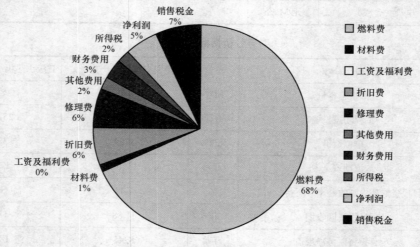

图 9-1　F级发电机组电价构成比例图

2. 敏感性分析

按机组年发电量、气价和投资各上下浮动20%做单因素变化敏感性分析，结果表明，最敏感的因素是气价变化，其次是发电量的变化，投资上涨对上网电价的影响相对较小，见表9-30。

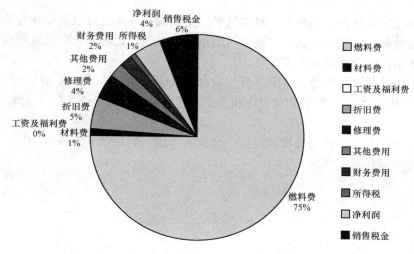

图 9-2　F 级供热机组电价构成比例图

表 9-30   敏 感 性 分 析 汇 总 表

序号	内容	变化率（%）	F 级发电机组电价（元/MWh）	F 级供热机组电价（元/MWh）
1	基本方案	0	744.39	737.09
2	电量 1500h	−57	972.98	941.94
3	电量 2800h	−20	787.06	746.52
4	电量 3850h	10	727.93	687.22
5	电量 4200h	20	714.81	674.18
6	气价 1.93	−20	634.98	597.84
7	气价 2.17	−10	689.55	667.47
8	气价	10	798.97	806.71
9	气价	20	853.54	876.34

3. 影响燃气发电经济性的因素分析

（1）从电价构成比例分析来看，上述各种配置的燃气发电的燃料成本占到发电成本的 68%～75%，与敏感性分析的结果相一致，影响燃气发电经济性的重要因素是燃气价格，因此，从鼓励燃气电站的建设方面考虑，应从政策和市场两个方面考虑，确定合理的补贴标准或燃气价格对燃气电站的发展是至关重要的。对于供热机组，若供热量不变的话，当气价增加 10%，电价也相应增加 9.44%，高于调峰发电机组的电价增加 7.33%，说明供热成本也相应提高了，单独提高电价需要的幅度更大。

（2）通过敏感性分析，合理确定 F 级调峰机组的年利用小时数较为重要，测算的上网电价随着年利用小时数的增加而减少。而合理的年利用小时数又是根据各省年平均电力调峰和气力调峰确定；此时测算的上网电价为各省的燃机调峰时段的标杆电价，应考虑省内 F 级机组的年均气耗、行业平均收益率（测算时的行业平均收益水平为 8%）等因素。

（3）当实际年利用小时数低于测算时的年利用小时数，此时电厂的投资收益不能得到保证，需要政府制定合理的补贴政策，对燃气机组主要固定成本部分以及就部分应得收益给予合理补偿；而当实际利用小时数超过测算时的年利小时数，此时的电厂投资收益较大，政府可以不进行补贴，仅考虑燃料成本即可。

（4）对于燃气分布式能源，按照目前市场含税气价 2.39 元/m³ 热价 41 元/GJ，测算出电价为 847 元/MWh，高出测算的 F 级发电机组的电价 744.39 元/MWh 约 0.1 元/kWh 一般用户很难承担。

因此，如果大力推广燃气分布式能源，建议应考虑一定的燃气或电价补贴、优惠税收政策等多种形式鼓励分布式能源。

工 程 建 设

本章介绍燃气发电项目建设管理过程的管理内容，主要从安全、质量、进度、造价、融资、招标和合同管理方面进行阐述。

第一节 安 全 管 理

一、安全管理责任的分解和落实

工程建设工作应坚决贯彻"安全第一，预防为主，综合治理"的方针，坚持以人为本，加强安全管理意识，做到"警钟长鸣，常抓不懈"，切实落实"安全是基本建设一切工作的基础、安全生产责任重于泰山"的安全管理理念，确保工程建设安全文明施工，确保实现"四个安全"。

1. 建设单位的职责

（1）设立安监部门，配置专职安全管理人员。

（2）对工程建设过程中的安全健康与环境工作负有全面的监督、管理责任。应明确发布建设项目的安全方针、安全目标、政策和主要保证措施，并监督落实；负责制定现场应急措施，组织应急预案的演练；明确必需的安全健康与环境保护法规，负责对参建单位的安全健康与环境管理工作进行考核；要定期检查各参建单位安全管理机构的设置是否完善，安全管理体系运转是否正常，监督检查其对专职安监人员培训、考核及取证情况；依托项目安全委员会，建立健全各级安全保证体系和安全监督体系，落实各级安全责任制。

（3）应当向设计、施工单位提供施工现场及毗邻域内供水、排水、供电、供气、供热、通信、广播电视等地下管线资料，气象和水文观测资料，相邻建筑物和构筑物、地下工程的有关资料，并保证资料的真实、准确、完整。

（4）负责组建工程项目安全施工委员会，设置安监机构或专职安监人员，组织、协调、管理工程建设中的安全施工、文明施工。

（5）组织制订工程年度安全工作目标计划，并贯彻落实。

（6）推行建设工程安全管理责任制，与有关建设各方签订安全生产责任书，并负责考核。

（7）负责向承包商提供符合电力建设安全工作规程要求的安全文明施工基础条件。

（8）负责对投标单位或承包单位的资质进行审查，确保与具备相应资质的单位签订合同，不得将建设工程肢解发包。

（9）编制工程概算时，应当确定建设工程安全措施补助费、安全预评价、安全验收评价、安全标识标志等专项费用。安全措施补助费在投标时不得列入竞争性报价，一般设立独立费用。

（10）应检查、督促承包商严格执行安全健康与环境管理的规章制度和措施。概算中的安全措施补助费、安全预评价、安全验收评价、安全标识标志等专项费用要专款专用。

（11）在组织审查施工组织设计时，必须同时审查安全文明施工和环境保护措施。

（12）参加承包商人身死亡事故和其他重大事故的调查处理工作。

（13）对在安全健康与环境管理工作上不称职的承包商项目经理或安监机构负责人有权提出撤换要求。

（14）建设单位应建立工程建设安全管理"两金一费、两训一检"（即施工单位安全保证金、个人安全风险抵押金、安全措施费，进厂前安全培训、每周安全培训、每日安全巡检）制度。

（15）应全面协助试运指挥部作好机组启动试运全过程中的组织管理，参加试运各阶段工作的检查协调、交接验收和竣工验收的日常工作。

（16）负责按照有关规定开展并网安全性评价工作。

（17）建设单位不得对勘察、设计、施工、工程监理等单位提出不符合建设工程安全生产法律、法规和强制性标准规定的要求，不得压缩合同约定的工期。

（18）建设单位不得明示或者暗示施工单位购买、租赁、使用不符合安全施工要求的安全防护用具、机械设备、施工机具及配件、消防设施和器材。

2. 监理公司的职责

（1）工程监理单位和监理工程师应当按照法律、法规和工程建设强制性标准实施监理，并对建设工程安全生产承担监理责任。应认真履行《电力建设安全健康与环境管理工作规定》的监理单位的有关安全管理职责。

（2）建立以安全责任制为中心的安全监理制度及运行机制。

（3）电力建设工程安全监理实行项目总监理师负责制。另外，根据工程项目安全监理工作的实际需要，设立安全副总监，并聘任安全监理工程师，从事专职安全监理工作。

（4）在监理大纲、监理规划中应明确安全监理目标、措施、计划和安全监理工作程序，并建立相关的程序文件，经建设单位批准后编制监理细则。

（5）工程监理单位应当审查施工组织设计中的安全技术措施或者专项施工方案是否符合工程建设强制性标准；审查施工承包商施工组织设计、重大技术方案及现场平面布置所涉及的安全文明施工和环境保护措施是否符合工程建设强制性标准；并提出审查意见，报建设单位或受委托方批准后，监督实施。

（6）工程监理单位在实施监理过程中，发现存在安全事故隐患的，应当要求施工单位整改；情况严重的，应当要求施工单位暂停施工，并及时报告建设单位。施工单位拒不整改或者不停止施工的，工程监理单位应当及时向有关主管部门报告。

（7）审查施工承包商大/中型机械安全准用证、安装（拆除）资质证、操作许可证，监督检查施工机械安装、拆除、使用、维修过程中的安全技术状况，发现问题及时督促整改。

（8）审查设计承包商设计体系履行安全职责的状况，发现问题及时督促解决。

（9）审查施工承包商编制的安全和健康工作程序；审批单位工程开工报告。

（10）审查重大项目、重要工序、危险性作业和特殊作业的安全施工措施，报建设单位批准后，负责监督实施。

（11）负责对危险点和危险源的评估，提出控制措施；负责审核施工单位制定的重大事故预案，报建设单位批准。

（12）协调解决各施工承包商交叉作业和工序交接中存在的影响安全文明施工的问题，对重大问题应跟踪控制。

（13）严格控制土建交付安装、安装交付调试以及整套启动、移交生产所具备的安全文明施工条件。凡未经安全监理签证的工序不得进入下道工序施工。

（14）参加工程项目安全委员会组织的安全检查，并督促落实整改措施，实行闭环管理。

（15）参加人身责任以上事故和重大机械、火灾事故以及重大厂内交通事故的调查处理工作。

（16）监理单位应按合同进行机组启动试运阶段的监理工作。

3. 设计单位的职责

（1）工程建设项目设计单位应履行技术设计中的有关安全责任，根据建设单位、施工单位、监理单位的要求，为工程建设全过程的安全文明施工提供技术与设计的服务和支持。

（2）设计单位应按照法律、法规、工程建设强制性标准及安全预评价的审查意见进行设计，防止因设计不合理导致生产安全事故的发生。

（3）设计单位应当考虑施工安全操作和防护的需要，对涉及施工安全的重点部位和环节在设计文件中注明，并对防范生产安全事故提出指导意见。

（4）对施工风险较大部位的设计，必须充分考虑施工安全条件和技术措施，负责安全技术措施的交底，确保施工过程中的安全。

（5）在现场总平面设计中，应考虑土石方堆放场地与避免水土流失措施，施工垃圾堆放场地与处理措施，以及其他"三废"（废物、废水、废气）、噪声等排放、处理措施，使之符合国家、地方有关职业卫生和环境保护的要求。

（6）在工程防腐、保温等材料的选型设计中，应以不损害职工的安全与健康为前提，充分应用安全卫生的新技术、新工艺、新材料，使之符合国家、地方有关职业卫生与环境保护的要求。

（7）采用新结构、新材料、新工艺的建设工程和特殊结构的建设工程，设计单位应当在设计中提出保障施工作业人员安全和预防生产安全事故的措施建议。

（8）设计单位和注册建筑师等注册执业人员应当对其设计负责。

（9）设计单位应负责必要的设计修改，提交完整的竣工图。

（10）勘察设计单位在勘察作业时，应当严格执行操作规程，采取措施保证各类管线、设施和周边建筑物、构筑物的安全。

4. 施工单位的职责

（1）施工单位从事建设工程的新建、扩建、改建和拆除等活动，应当具备国家规定的注册资本、专业技术人员、技术装备和安全生产等条件，依法取得相应等级的资质证书及安全生产许可证，并在其资质等级许可范围内承揽工程。

（2）施工单位主要负责人依法对本单位的安全生产工作全面负责。施工单位应当健全安全保证体系和安全监督体系；制定安全健康与环境保护各项管理制度，保证本单位安全生产条件所需资金的投入，对所承担的建设工程进行定期和专项安全检查，并做好安全检查记录。

（3）施工单位的项目负责人应当由取得相应执业资格的人员担任，对建设工程项目的安全施工负责，落实安全生产责任制度、安全生产规章制度和操作规程，确保安全生产费用的有效使用，并根据工程的特点组织制定安全施工措施，消除安全事故隐患，及时、如实报告生产安全事故。

（4）施工单位对列入建设工程概算的安全作业环境及安全施工措施所需费用，应当用于施工安全防护用具及设施的采购和更新、安全施工措施的落实、安全生产条件的改善，不得挪作他用。

（5）施工单位应当设立安全生产管理机构，配备专职安全生产管理人员，并报建设单位或总承包商备案。专职安全生产管理人员的配备办法应符合 2008 年 5 月 13 日中华人民共和国住房和城乡建设部建质〔2008〕91 号关于印发《建筑施工企业安全生产管理机构设置及专职安全生产管理人员配备办法》的通知的规定。

（6）建设工程实行施工总承包的，由总承包单位对施工现场的安全生产负总责。

（7）总承包商在现场的项目经理是安全第一责任人，对现场安全文明施工和本规定有关条款的执行负全面的监督、管理责任。

（8）施工单位应制定保证现场安全文明施工的措施规划，并按建设单位规定的安全和健康工作程序目录，编制安全和健康工作程序。

（9）总承包单位应当自行完成建设工程主体结构的施工。总承包单位依法将建设工程分包给其他单位的，分包合同中应当明确各自的安全生产方面的权利、义务。总承包单位和分包单位对分包工程的安全生产承担连带责任。

总承包商招用的分承包商必须具备承担电力建设工程的相应施工资质和安全资质。总承包商在与分承包商签订承包合同时，必须预留分承包商一定比例的工程价款作为安全文明施工的保证金。

对施工中连续发生人身死亡事故的分承包商，总承包商必须予以辞退，并在合同中明确说明。

分包单位应当服从总承包单位的安全生产管理，分包单位不服从管理导致生产安全事故的，由分包单位承担主要责任。分包单位应当接受建设单位、监理、总包、地方有关部门对安全文明施工、环境保护、卫生健康的监督检查。

（10）总承包单位应成立现场施工安全委员会，领导和协调现场安全文明施工的整体工作。

（11）施工单位应向建设单位提供现场总平面布置图和总平面的管理措施，并说明危险物品的保管、存放和使用中的安全防护措施。

（12）工程开工前，施工单位必须向建设单位呈报安全和健康工作程序，经批准后方可开工。

（13）建设单位提供的安全措施补助费，施工单位必须做到专款专用，严禁挪作他用。

（14）施工单位应以工程建设项目作为投保单位，与保险机构签订保险合同，为施工现场的作业人员办理意外伤害保险，支付保险费。

（15）施工单位垂直运输机械作业人员、安装拆卸工、爆破作业人员、起重信号工、登高架设作业人员等特种作业人员，必须按照国家有关规定经过专门的安全作业培训，并取得特种作业操作资格证书后，方可上岗作业。

（16）施工单位应当在施工组织设计中编制安全技术措施和施工现场临时用电方案，对达到一定规模的危险性较大的分部分项工程编制专项施工方案，并附具安全验算结果，经施工单位技术负责人、总监理工程师签字后实施，由专职安全生产管理人员进行现场监督。

（17）建设工程施工前，施工单位技术人员应当对有关安全施工的技术要求向施工作业人员作出详细交底说明，并由双方签字确认。

（18）施工单位应当在施工现场入口处、施工起重机械、临时用电设施、脚手架、出入通道口、楼梯口、电梯井口、孔洞口、桥梁口、隧道口、基坑边沿、爆破物及有害危险气体和液体存放处等危险部位，设置明显的安全警示标志。施工单位应当根据不同施工阶段和周围环境及季节、气候的变化，在施工现场采取相应的安全施工措施。施工现场暂时停止施工的，施工单位应当做好现场防护，所需费用由责任方承担，或者按照合同约定执行。

（19）施工单位应当将施工现场的办公、生活区与作业区分开设置，并保持安全距离；职工的膳食、饮水、休息场所等应当符合卫生标准；施工现场临时搭建的建筑物应当符合安全使用要求；施工现场使用的装配式活动房屋应当具有产品合格证。

（20）施工单位对因建设工程施工可能造成损害的毗邻建筑物、构筑物和地下管线等，应当采取专项防护措施。

（21）施工单位应当在施工现场建立消防安全责任制度，确定消防安全责任人，制定用火、用电、使用易燃易爆材料等各项消防安全管理制度和操作规程，设置消防通道、消防水源，配备消防设施和灭火器材，并在施工现场入口处设置明显标志。

（22）施工单位应当向作业人员提供安全防护用具和安全防护服装，并书面告知危险岗位的操作规程和违章操作的危害。

（23）作业人员应当遵守安全施工的强制性标准、规章制度和操作规程，正确使用安全防护用具、机械设备等。

（24）施工单位采购、租赁的安全防护用具、机械设备、施工机具及配件，应当具有生产（制造）许可证、产品合格证，并在进入施工现场前进行查验。施工现场的安全防护用具、机械设备、施工机具及配件必须由专人管理，定期进行检查、维修和保养，建立相应的资料档案，并按照国家有关规定及时报废。

（25）为建设工程提供机械设备和配件的单位，应当按照安全施工的要求配备齐全有效的保险、限位等安全设施和装置。

（26）出租的机械设备和施工机具及配件，应当具有生产（制造）许可证、产品合格证。出租单位应当对出租的机械设备和施工机具及配件的安全性能进行检测，在签订租赁协议时，应当出具检测合格证明。

（27）施工单位在使用施工起重机械和整体提升脚手架、模板等自升式架设设施前，应当组织有关单位进行验收，也可以委托具有相应资质的检验检测机构进行验收；使用承租的机械设备和施工机具及配件的，由施工总承包单位、分包单位、出租单位和安装单位共同进行验收。《特种设备安全监察条例》（国务院令〔2009〕549 号）规定的施工起重机械，在验收前应当经有相应资质的检验检测机构监督检验合格。施工单位应当自施工起重机械和整体提升脚手架、模板等自升式架设设施验收合格之日起 30 日内，向建设行政主管部门或者其他有关部门登记。登记标志应当置于或者附着于该设备的显著位置。

（28）在施工现场安装、拆卸施工起重机械和整体提升脚手架、模板等自升式架设设施，必须由具有相应资质的单位承担。安装、拆卸施工起重机械和整体提升脚手架、模板等自升式架设设施，应当编制安装、拆装方案，制定安全施工措施，并由专业技术人员现场监督。施工起重机械和整体提升脚手架、模板等自升式架设设施安装完毕后，安装单位应当自检，出具自检合格证明，并向施工单位进行安全使用说明，办理验收手续并签字。

（29）施工起重机械和整体提升脚手架、模板等自升式架设设施的使用达到国家规定的检验检测期限的，必须经具有专业资质的检验检测机构检测。

（30）检验检测机构对检测合格的施工起重机械和整体提升脚手架、模板等自升式架设设施，应当出具安全合格证明文件，并对检测结果负责。

（31）施工单位的主要负责人、项目负责人、专职安全生产管理人员应当经建设行政主管部门或者其他有关部门考核合格后方可任职。

（32）施工单位作业人员进入新的岗位或者新的施工现场前，应当接受安全生产教育培训。在采用新技术、新工艺、新设备、新材料时，应当对作业人员进行相应的安全生产教育培训。

（33）施工单位应当制定本单位生产安全事故应急救援预案，建立应急救援组织或者配备应急救援人员，配备必要的应急救援器材、设备，并定期组织演练。

（34）施工单位发生生产安全事故，应当按照国家有关伤亡事故报告和调查处理的规定，及时、如实地向负责安全生产监督管理的部门、建设行政主管部门或者其他有关部门报告；特种设备发生事故的，还应当同时向特种设备安全监督管理部门报告。

（35）施工单位应完成启动需要的建筑和安装工程及试运中临时设施的施工；配合机组整套启动的调试工作；编审分部试运阶段的方案和措施，负责完成分部试运工作及分部试运后的验收签证；提交分部试运阶段的记录和有关文件、资料；做好试运设备与运行或施工中设备的隔离措施。机组移交试生产前，负责试运现场的安全、消防、治安保卫、消缺检修和文明启动等工作。在试生产阶段，仍负责消除施工缺陷等。

二、安全委员会的建立和运作

1. 安全委员会的建立

（1）建设项目要建立安全委员会。

（2）建设单位应根据规定，与各参建单位联合成立建设工程项目安全委员会；安全委员会主任由建设单位行政正职担任；职责明确，副主任由建设单位分管工程副职、施工单位项目经理、设计总工程师和总监理师担任，委员会其他成员由建设单位有关负责人和承建方或与施工总承包商构成发承包关系的分承包商法定代表人授权的人员参加。

（3）安全委员会成员或成员单位发生变化的，要在7天内根据变化情况相应调整委员会成员，并以正式文件公布。

（4）安全委员会不代替各参建单位的内部安全管理工作。

2. 安全委员会的运作

（1）动员、组织、监督各参建单位贯彻落实国家有关安全生产的法律、法规、方针政策和上级有关安全健康与环境工作的指示，决定工程建设中安全文明施工管理的重大措施。

（2）讨论通过建设单位制定的建设工程项目安全工作方针、安全目标、安全技术措施计划，以及建设单位的建设项目安全文明生产管理制度，并动员、组织、监督参建单位落实。

（3）通过并发布建设工地各参建单位必须遵守的、统一的安全健康与环境工作规定。

（4）决定工程中重大安全文明施工问题的解决议案。

（5）各参建单位各级安全管理组织机构、人员配置应满足工作需要并认真落实各级安全责任制。专职安全生产管理人员的配备办法应符合《建筑施工企业安全生产管理机构设置及专职安全生产管理人员配备办法》规定的要求，并报建设单位或总包商备案。

（6）建立建设项目施工过程中的事故报告制度，随时掌握建设项目施工过程中的人身伤亡、设备损坏和质量事故情况，并报建设单位，由建设单位按照《电业生产事故调查规程》或国家、上级有关规定向上级公司报告。

（7）各参建单位在工程施工中发生重伤、死亡、设备损坏、施工机械损坏和质量事故时，按照建设单位和安全委员会发布的有关规定对责任单位进行考核。

（8）安全委员会安全监督办公室应建立与各参建单位安全监督管理机构的联系制度，建立现场安监部门之间信息网络联系制度，组织安全网络活动，协调与安全监理工程师之间工作的配合，共同保证安全委员会各项决议的落实。

（9）安全监督办公室负责提出对各承包商的安全考核与奖惩意见，交安全委员会决定。

（10）安全委员会安全监督办公室每月应召开一次由各参建单位参加的月度安全工作例会，了解工地各施工项目的安全文明施工情况，总结上月安全施工情况，提出整改措施，布置下月的重点安全工作。

（11）安全委员会安全监督办公室每周召开一次由建设单位、施工单位、监理单位参加的周安全工作例会，及时掌握和了解工地各施工项目的安全文明施工动态，总结上周的安全施工情况，提出整改措施，布置下周的安全管理工作。

（12）安全委员会安全监督办公室应根据每周、每月现场安全情况分别编写安全周报与安全月报。安全周报的主要内容应包括总体安全情况、上周主要开展的安全工作、本周安全工作重点；安全月报的主要内容应包括月度安全情况、月度开展的安全工作及下月的重点安全工作。

（13）安全委员会根据有关规定及时将安全周报、安全月报抄报上级公司，抄送施工单位、设计单位、监理单位，同时下发建设单位相关部门。

（14）安全委员会应至少每季度牵头组织一次现场安全施工联合检查，重点检查安全管理、事故隐患、本建设项目的反事故措施落实情况等。检查发现的问题，应及时协调解决，实现闭环管理。

（15）安全委员会安全监督办公室应每周对施工现场至少组织一次安全检查，检查发现的问题应及时向参建单位下达整改通知书，对各参建单位的整改情况应认真监督和验证，形成闭环资料。

（16）安全监督办公室应完成安全委员会授权或交办的其他工作。

三、施工安全管理

1. 施工准备阶段

（1）建设单位要确保与具备相应资质的承包商签订合同，主要承包商应通过质量、安全、环境管理体系认证。

（2）建设单位在与承包商签订合同时，应根据其承包工程量的大小，在合同中明确预留一定比例的工程价款作为安全文明施工的保证金，且建设单位的管理层和职能管理部门人员、各参建方的安全第一责任人或主管安全的副经理和项目经理必须缴纳个人安全风险抵押金。

（3）施工企业对承建项目的分包单位（含包工队，下同）的安全施工负有监督和指导的责任，必须将分包单位的安全管理工作列入本单位的重要议事日程，严禁以"包"代管、以

"罚"代管。施工企业及其工程项目部招用分包单位时，必须由本单位安监部门严格审查其安全资质。未经安全资质审查或审查不合格的分包单位，严禁录用。施工企业及其工程项目部下属的专业工地不得越权自行招用分包单位。安全资质审查应在每年年初或新工程开工前进行。资质审查不得自行降低标准，不得简化审查手续，不得逾期不办。对于管理混乱或上年度发生过人身死亡事故的分包单位，不得继续使用。

（4）施工企业因工程施工需要可招用少量的临时工，但必须签订正式用工合同。进行体检及三级安全教育、考试合格。将其分到施工班组，纳入本企业职工范围进行安全管理。

（5）各参建单位各级安全管理组织机构、人员配置应满足工作需要并认真落实各级安全责任制。专职安全生产管理人员的配备办法应符合《建筑施工企业安全生产管理机构设置及专职安全生产管理人员配备办法》（中华人民共和国建设部）规定的要求，并报建设单位或总包商备案。

（6）建设单位与参加工程建设的各承包方签订安全生产责任书，明确各单位的安全目标和责任。

（7）建设单位在组织审查施工组织设计时，必须同时审查安全文明施工和环境保护措施。

（8）建设单位应执行电力建设项目环境影响评价制度和环境保护设施与主体工程"三同时"的规定。施工企业的施工技术部门在编制施工组织设计时，应根据施工过程中或其他活动中产生的污染气体、污水、废渣、粉尘、放射性物质以及噪声、振动等可能对环境造成的污染和危害，单独编制环境保护措施。

（9）建设单位对承包方的人员和招用的劳务人员情况进行监督，民工正式上岗前必须体检合格，正式职工每年必须进行一次体检。对违反规定私招乱雇的人员、不合格的人员要按照有关规定责令退场。

（10）发包单位应监督分包单位定期组织职工体检。体检不合格或患有职业禁忌症者，以及老、弱、病、残者，未成年者，应坚决清退，严禁录用。凡已注册的人员不得随意更换，不得冒名顶替。

（11）工程开工前，分包单位必须组织全体人员分工种进行安全教育和考试。受教育人员名单和考试成绩必须报发包单位安监部门备案，发包单位安监部门可对受教育人员进行抽考。凡增补或调换人员、更换工种，在上岗前必须进行安全教育和考试，并报发包单位安监部门备案。

（12）分包单位进入施工现场的全部手续审查合格后，发包单位应给分包单位职工办理带有本人照片的胸卡证，并在上岗时佩戴。胸卡证严禁转借他人。

（13）施工企业及其工程项目部领导和施工、技术、安监部门负责人，应由上级安监部门组织每两年进行一次安全教育、培训和考试。新任命的各级领导，应经有关安全工作方针、政策、法规、制度和岗位安全职责的培训、教育，并由上一级安监部门安排或组织考试。

（14）施工企业每两年应由总工程师负责，人事教育部门和安监部门配合，组织一次由技术人员、管理人员、专职安监人员和班组长参加的安全教育、培训与考试。每年年初和新工程开工前，应组织参加施工活动的全体人员进行一次安全工作规程、规定、制度的学习、考试与取证，持证上岗工作。

（15）施工企业对新入厂人员（包括正式工、合同工、临时工、代训工，实习和参加劳动的学生以及聘用的其他人员等）应进行不少于40个课时的三级安全教育培训，经考试合格，持证上岗工作。

（16）企业应将环境保护教育纳入教育培训计划。在组织安全教育培训时，应针对工程的实际情况，将环境保护的措施和要求，以及环境保护的法律、法规知识作为教育培训的重要内容，对职工进行培训教育。

（17）工程项目安全教育、培训，必须使所有施工人员熟练掌握触电、中毒、外伤等现场急救方法和消防器材的使用方法。

（18）对施工中采用新技术、新工艺、新型机械（机具），以及职工调换工种等，必须进行适应新操作方法、新岗位的安全技术培训教育，经考试合格后方可上岗工作。

（19）建设单位应监督承包方特种作业人员的持证上岗率达到100%。

（20）对从事电气、起重、司炉、焊接、爆破、爆压、特殊高处作业的人员和架子工、厂内机动车驾驶人员、机械操作工作及接触易燃、易爆、有害气体、射线、剧毒等特殊工种作业人员，必须经过有关主管部门培训取证后，方可上岗工作。

（21）建设单位应明确发布建设项目的安全方针、目标、政策和主要保证措施。

（22）施工组织设计中必须有明确的安全、文明施工内容和要求。

（23）监理单位应根据《建筑工程安全生产管理条例》的规定，按照工程建设强制性标准、《建设工程监理规范》和相关行业监理规范的要求，编制包括安全监理内容的项目监理规划，明确安全监理的范围、内容、工作程序和制度措施，以及人员配备计划和职责等。

（24）对中型及以上项目和《建筑工程安全生产管理条例》第二十六条规定的危险性较大的分部分项工程，监理单位应当编制监理实施细则。实施细则应当明确安全监理的方法、措施和控制要点，以及对施工单位安全技术措施的检查方案。

（25）监理单位审查施工单位编制的施工组织设计中的安全技术措施和危险性较大的分部分项工程安全专项施工方案是否符合工程建设强制性标准要求。

2. 施工阶段

（1）加强施工阶段的安全检查和评价。上级公司要定期或不定期组织项目间、地区间的建设工程安全互查和评价。组织安全检查时，应使用安全检查表，对所检查的单位和工程给予定性和量化评价。检查以后及时发布安全检查情况通报或安全问题整改通知书，对检查中发现的问题监督责任单位限期整改。建设单位要定期检查各参建单位安全管理机构的设置是否完善，安全管理体系的运转是否正常，监督检查其对专职安监人员培训、考核及取证情况。

（2）工程承包方应组织入场教育培训和定期安全学习，建设单位负责检查、监督和考核。

（3）加强职业健康安全管理体系运行的监督。建设单位要监督检查承包方职业健康安全管理体系运行是否正常。在招标过程中，主体工程不得采用未通过 GB/T 28000《职业健康安全管理体系》、GB/T 24000《环境管理体系》及 GB/T 19000《质量管理体系》的承包商。

（4）加强对施工分包队伍的管理。

（5）进一步落实安全风险抵押金制度和安全文明施工保证金制度，用好用足施工安全措施补助费。

（6）建设单位应与参建各方共同对工程建设中可能存在的危险源充分识别和分析，对于低、中、高度危险源，应采用不同的措施来控制。对于高度危险源，防范措施应形成作业文件，制订相应的应急预案，并进行培训和演练，以便最大限度地预防和减少事故的发生及其所造成的人员和经济损失。

（7）参建单位必须按照要求进行安全文明施工。

（8）建设单位要定期或不定期组织安全检查。

（9）安全施工措施。

（10）对现场施工的具体要求按《电力建设安全工作规程　第1部分：火力发电厂》中的相关规定执行。

（11）在事故易发季节和节假日前，应有针对性地制定措施，做好安全防范工作。

3. 日常管理

（1）工程建设要坚持"安全五同时"原则，在计划、布置、检查、总结、考核其他工作的同时，计划、布置、检查、总结、考核安全和文明施工工作。

（2）在各种专业协调会上要同时检查安全技术措施的制订和实施情况。

（3）各级工程建设技术管理人员在现场检查指导工程进展情况时，要同时检查工程安全情况。对不符合安全规定和文明施工的情况应予以制止。

（4）建设单位监督、检查承包方认真贯彻执行国家有关工程建设安全生产的方针、政策、法律、法规、规定，参照《电力建设安全健康与环境管理工作规定》和所签订的安全生产责任书中的有关职责，监督各单位建立并完善安全保证体系和监督体系。

（5）对在安全健康与环境管理工作上不称职的承包商项目经理或安全机构负责人有权提出撤换的要求。

（6）对未能认真执行合同中有关安全文明施工的条款以致造成不良后果的承包商，建设单位应按合同条款扣罚其安全文明施工保证金。情况严重的，应终止合同的执行。

（7）建设单位或建设项目安全委员会制订建设项目安全健康与环境工作考核和奖惩具体规定，并严格执行。

（8）参建单位应建立安全工作例行会议制度，并定期召开安全例会，做好会议记录，参会人员应签到。

4. 事故应急管理

（1）施工单位应当制定本单位生产安全事故应急救援预案，建立应急救援组织或者配备应急救援人员，配备必要的应急救援器材、设备，并定期组织演练。

（2）施工单位应当根据建设工程施工的特点、范围，对施工现场易发生重大事故的部位、环节进行监控，制定施工现场生产安全事故应急救援预案。实行施工总承包的，由总承包单位统一组织编制建设工程生产安全事故应急救援预案，工程总承包单位和分包单位按照应急救援预案，各自建立应急救援组织或者配备应急救援人员，配备救援器材、设备，并定期组织演练。

（3）存在重大危险源的单位应将重大危险源报告书和重大危险源安全评价报告报送县（市、区）人民政府负责安全生产监督管理的部门备案，并抄送生产经营单位的行政管理部门。

四、安全监督与考核

（1）建设单位应检查、督促承包商严格执行安全健康与环境管理的规章制度和措施，概算中的安全措施补助费要专款专用。

（2）建设项目安全健康与环境工作，实行与经济挂钩的管理办法，由建设单位或项目安全委员会制订考核和奖惩具体规定，并严格执行。建设单位或总承包商在与承包商签订承发包合同或委托管理合同时，应根据其承包工程量的大小，在合同中明确预留一定比例的工程价款作为安全文明施工的保证金。

（3）对未能认真执行承包合同或委托管理合同中有关安全文明施工的条款以致造成不良后果的承包商，建设单位应按合同条款扣罚其安全文明施工保证金。情况严重的，应中止承包合同或委托管理合同的执行。

（4）对未能认真执行承包合同或委托管理合同中有关安全文明施工的条款以致造成不良后果的参建单位，建设单位应按合同中有关条款扣罚其安全文明施工保证金和安全风险抵押金。现场施工人员违章（要特别重视容易发生违章作业的农民工），存在安全隐患，则对当事人及用人单位施以严格的经济处罚。

（5）安全作业环境及安全施工措施所需费用，施工单位应当用于施工安全防护用具及设施的采购和更新、安全施工措施的落实、安全生产条件的改善，不得挪作他用。

（6）建设单位提供的安全措施补助费和施工机械、设备及工程保险费与人身保险费，施工单位必须做到专款专用，并负责合理分配给电力建设系统承包商，严禁挪作他用。

（7）对分包单位必须实行安全工作与经济挂钩的管理办法。由发包单位根据工程量的大小，预留一定比例的承包合同价款作为安全施工保证金。发生死亡事故扣除保证金的100%，发生重伤事故扣除保证金的50%。

（8）按照制定的制度，对缴纳安全风险抵押金的人员进行奖惩。

（9）对未能认真执行合同中有关安全文明施工的条款以致造成不良后果的承包商，建设单位应按合同条款扣罚其安全文明施工保证金。情况严重的，应终止合同的执行。

（10）发生人身伤亡事故、重大人身伤亡事故或其他重大、特大事故，应扣罚所有相关人员的安全风险抵押金，且按合同中有关规定对相关施工单位进行考核。

第二节 质 量 管 理

质量控制就是利用科学的方法进行质量预测和动态控制，以保证建设工程达到合同规定的质量标准。

一、制定质量方针和明确质量目标

质量方针和质量目标两者确定了预期的结果，并帮助组织利用其资源达到结果。质量方针为建立和评审质量目标提供了框架。质量目标的实现对产品质量、作业有效性和财务业绩都有积极性的影响，因此对相关方的满意和信任也产生积极影响。

1. 制定质量方针

质量方针是组织的质量宗旨和质量方向，是质量管理体系的纲领。方针的内容要充分体现电力建设项目特点，遣词造句要言简意赅，先进可行，易懂、易记、便于宣传，要使参建者都知道、理解并遵照执行。如"百年大计、质量第一；科学严谨，精益求精。"

2. 明确质量目标

质量目标是质量方针的具体化，可以从两个角度制定：一是从时间上实现全过程控制，把建设项目的质量要求与总体施工计划联系在一起，按照施工进度的要求，分解质量目标，同时在关键时期建立质量考核点；二是在空间上实现全方位及全员质量管理目标，把质量分解到项目实施的各方面，包括项目的各专业部门、作业班组、各工序及岗位，全面落实质量目标。

确定质量目标具体内容。

（1）质量水平。工程整体质量高水平达标投产。

（2）指标情况。机组主要经济、技术指标达到国内一流水平。

（3）获奖情况。省内，省级优胜杯；行业，工程质量争创行业优质工程奖；国家，争创国家优质工程金奖、银奖，争创鲁班奖。

（4）三不使用。不使用不满足国家标准的原材料；不使用不满足国家标准的产品；不使用资质不满足工程建设规模的单位。

3. 过程控制目标

（1）要实现 8 个"一次成功"。厂用电受电一次成功、汽轮机本体扣盖一次成功、锅炉整体水压试验一次成功、燃机点火、锅炉吹管一次成功、汽轮发电机组冲转一次成功、联合循环启动带负荷试运一次成功、机组并网发电一次成功、机组满负荷试运一次成功。

（2）要实现 8 个"零目标"。安全事故零目标、质量事故零目标、大件设备返厂整修零目标、移交生产缺陷零目标、设备系统"五漏"（气、汽、水、油、风）零目标、投产后半年内非停零目标、投产后基建痕迹零目标、投产后一年内重大技改项目零目标。

4. 质量管理工作原则

建设单位在工程建设质量管理过程中要开展 1234 法则，即"建立一个体系、完善两种签证、强化三种监督、落实四级验收"。

二、建立质量管理体系

1. 建设项目质量体系的构成

质量体系一般由组织结构、程序、过程和资源四部分组成。

（1）组织结构。成立质量管理委员会，建设单位负责成立涵盖各参建单位（设计、监理、施工、调试等单位）在内的质量管理委员会（领导小组），下设办公室（挂靠建设单位的质量管理部门）。把质量管理职权合理分配到各个层次，建立集中统一、步调一致、协调配合的质量权力机构。建设单位的主要职责，全面负责工程建设质量管理；负责成立质量管理委员会（领导小组），下设办公室；负责制定项目质量管理办法，明确工程建设目标，并督促各参建单位具体落实。检查各参建单位质量管理体系的建立和运行情况；监督检查监理单位负责的质量检查和验收工作，确保工程质量达到预定目标。按有关规定对重点部位、重点阶段进行检查验收。

（2）程序。程序有管理性程序和技术性程序两种，程序文件都是管理性质的，即质量体系文件（质量手册、质量计划、质量体系程序文件、质量记录，详细作业文件等）；技术程序文件指作业指导书（或操作规程）。编制一个书面的或文件化的程序，其内容包括目的、职责、工作流程、引用文件和使用的记录、表格等。

（3）过程。施工过程质量控制可分为三个阶段，即施工前质量控制、施工中质量控制和施工后质量控制。在全过程控制中的任何一个阶段出现问题都会影响最终输出结果，要对质量活动过程进行全面控制，即全面质量管理体系。

（4）资源。资源包括人员、机械、材料、资金、技术和方法。资源是否保障主要反映在是否满足施工过程所需的各种设备、材料和一批高素质的技术人员和管理人员。

组织结构、程序、过程和资源四部分彼此相对独立又相互依存。程序是组织结构的继续和细化，程序和过程密切相关，有了质量保证的各种程序文件，才能保证高质量的施工过程。

2. 建设项目质量体系的建立

建设项目质量管理体系分为质量体系的策划与准备、质量体系文件的编制、质量体系的运行、质量体系的评价和完善四个过程。

（1）质量体系的策划与准备。质量体系的策划与准备主要包括教育培训、制定质量方针、明确质量目标、编制项目质量计划、组织机构设计、资源配置。

（2）质量体系文件的编制。质量体系文件的编制主要包括质量手册、质量体系程序文件、质量计划、质量记录、作业指导书。

（3）质量体系的运行。

1）施工准备阶段质量控制。重点工作包括：按照体系要求配置满足施工现场质量管理的相关标准、规范、手册等技术文件和必要的检验、测量设备和器具；要求监理单位按照监理大纲要求快速进场开展工作；要求施工单位在规定的时间内建立质量管理体系、配备足够的高素质质量管理人员；形成质量管理网络、制定例会制度，保证质量体系正常运行；重点对施工组织设计、焊接工艺评定等技术性文件，金属、电气、热工试验室资质、特种作业人员资质以及分包队伍资质等资质性文件的审查。

2）施工阶段质量控制包括对施工承包单位质量自检系统进行监督；对各项施工活动及工序质量进行检查监督；严格审核设计变更和图纸修改；严格各分项分部工程及隐蔽工程的中间质量检验和评定。

3）竣工验收阶段质量控制。竣工后组织有关部门按现行有关标准规定的要求进行验收及竣工验收。

（4）质量体系的评价和完善。质量体系的评价和完善主要包括验证质量计划、调整质量控制。

1）验证质量计划。施工项目经理对项目质量计划执行情况组织检查、内部审核和考核评价，验证实施效果。

2）调整质量控制。建设单位、监理单位及施工单位应分析和评价项目管理现状，识别质量持续改进区域，确定改进目标，实施选定的解决办法。

3. 质量管理的主要工作

（1）开工前，建设单位组织设计、施工、监理等参建单位按照相关规范和验收标准确定工程质量检查计划（如编制施工质量检验项目划分，确定单位、分部、分项、检验批等检验层次）。

（2）建设单位通过对工程的设计、安全文明施工、监理和达标投产的监督管理，提高工程质量。

（3）建设单位结合达标投产的阶段性检查，不定期组织施工工艺质量检查评比。制定具体项目和办法，组织评比人员进行评比打分，完成评比报告，提出奖惩、协调的同时，检查和总结工程建设的（包括设计）质量，基建协调会和现场办公会议要对工程质量情况进行检查和总结。

4. 质量监督

（1）开工前需向电力质量监督机构提交电力建设工程质量监督申报书，并获得批准。

（2）按照电力建设工程质量监督总站的规定申办工程质量监督手续，经批准后成立工程质量监督站，下设办公室。

（3）质量管理会员会和工程质量监督站的区别，质量管理会员会是建设单位质量管理机构，工程质量监督站是受政府委托的特殊机构。质量管理会员会办公室和工程质量监督站办公室应合署办公。

（4）工程监督检查的重点阶段项目通过监督检查后，应及时向质监中心站索取监督检查报告，以有利于机组按期并网发电和达标投产顺利进行。主要监检项目包括工程首次质量监督检查、土建工程的四个阶段、水压试验前、汽轮机扣盖前、厂用电受电前、机组整套启动试运前、机组整套启动试运后、验收移交生产后。

（5）建设单位与有关参建各方共同策划，制定土建、安装工程闪光点，明确质量工艺和高于规范的质量验收标准。闪光点工程施工前，实施工程样板，通过建立混凝土样板和砌筑、抹灰样板等，引导工程达标、创优的有序开展。

三、质量管理的方法和措施

1. 施工前的准备

各参建单位应认真执行合同规定的质量标准，强抓质量管理，树立精品意识，对质量目标指标进一步分解细化到分项工程，并落实到班组和个人。重点做好以下几项工作：

（1）开工前施工单位要组织施工人员学习施工技术规范、质量标准，熟悉施工图纸及有关技术资料，学习技术管理制度、操作规程等，严格按经过审批的作业指导书的要求进行施工前技术交底，以确保施工质量得到有效控制。

（2）结合工程特点，依据国家和原电力部颁发的《电力建设工程施工技术管理导则》及相关施工技术规范和质量检验评定标准以及建设单位和设备供应商确定的技术标准、有关设计文件，施工单位编制该工程的一整套施工管理制度、在征得建设单位、监理和工程质量监督站的确认后，作为工程项目验收及过程控制检验和试验的依据，在施工中严格执行。

（3）工程质量验评项目划分表中列出质量控制点。对施工中的重点控制对象和薄弱环节，例如隐蔽工程、特殊关键工序、被下一道工序掩盖的工序等在工程开工前经各级质检人员和建设单位、监理共同确定，实施停工待检点（H点）控制模式。

（4）单位工程开工前，要根据标准和本工程特点，分专业编制详细的工程质量验评项目划分表，其内容包括工程编号、工程名称、验收依据、验收级别及W（见证点）、H（停工待检点）质量管理点和验收时应提交的资料等内容。

2. 施工过程中的质量检查验收

（1）工程项目实施四级质量检查验收制度，既施工班组一级自检，各专业工程处（队）专职质检员二级复检，工地（公司）专职质检三级验收，建设单位或监理人员四级验收。所有的验收要与工程同步进行且有验收人书面签证，并每月底报送建设单位和监理。

（2）保证施工及检验过程中所使用的计量器具及焊接、起重、试验、检验等机械设备处于受控状态，由具有资格的检测机构出具符合使用要求的检定合格证书，且均在规定的检定或检验周期内。所有计量器具和设备在规定的位置要有统一的检定检验状态标识，随时供检验、建设单位或监理监督检验。

（3）在施工过程中，施工单位依据建设单位或监理按合同签发的施工计划施工，随时接受建设单位或监理的检查和检验，对不符合标准的质量问题，按要求进行返工、整改。

3. 隐蔽工程质量控制

隐蔽工程项目在施工单位内部三级检验合格后，提前48h向监理或建设单位提出书面申请，在监理或建设单位未书面（隐蔽工程验收签证单）批准隐蔽前，不得覆盖和隐蔽。对工程质量验评项目划分表中确定的停工待检点，在施工单位三级自检合格的基础上，提前 24h 书面申请监理或建设单位检验并签署意见，如检验不合格，不得进行下道工序的施工。所有的隐蔽工程项目和停工待检点项目将与项目施工同时形成独立的质量记录，该质量记录以监理或建设单位签署的意见为准。

4. 工程实体质量抽查

按照工程建设强制性标准和设计文件，对工程实物进行监督检查。对工程作业现场的施工、安装质量和关键部位进行监督检查；对有可能影响安全和重要使用功能的材料、构配件实施监督检查；对存在质量问题或怀疑存在质量问题的部位或设备进行验证。如对重要结构钢筋保护层抽查，检验钢筋保护层厚度是否满足设计和标准要求，对一些重要的原材料或对检验报告存疑的原材料，建设单位可委托有资质的实验室进行平行检验等。

四、质量验收和评定工作程序

（一）隐蔽工程验收工作程序

1. 隐蔽工程验收的内容

（1）工序中间环节半成品的验收。如建筑工程中的钢筋工程，验收内容有钢筋的品种、规格、数量、位置、形状、焊接尺寸、接头位置、预埋件的数量和位置，以及材料代用情况。

（2）埋入地下的基础工程，验收内容有地基开挖土质情况、标高尺寸、基础断面尺寸、桩基中桩的位置、数量、制作质量、入土深度等。

（3）埋入地下的管道工程，验收管道垫层、坐标、接口、焊缝、水压试验等。

（4）全厂接地网及计算机系统接地装置，验收坐标、焊缝搭接尺寸、焊口防腐处理，以及设计要求的降阻剂、接地电阻等。

（5）埋入结构或土中的防水工程，如屋面、地下室、水下结构的防水层、防水处理措施、防腐处理等的施工质量。

（6）工艺设备安装前的内部质量验收，如安装工程中设备解体检修，电气设备安装中变压器吊芯检查，设备在扣盖前或有关设备内部已完工程的验收。

2. 隐蔽工程验收各方的职责

（1）施工单位负责将隐蔽工程按有关验收规定进行自检。

（2）监理公司组织隐蔽工程的质量检查和验评，鉴定是否可进行下道工序。

3. 隐蔽工程验收

（1）隐蔽工程验收时间。施工单位应提前 48h 书面通知监理公司，由监理公司通知有关单位。各有关单位应派人员按时到达现场。

（2）隐蔽工程验收工作参加人员。建设单位质检组相关专业质检人员；分管的监理工程师；施工单位技术负责人和质检员；设计代表（必要时）。

（3）隐蔽工程验收前，施工单位必须先自检合格并填写隐蔽工程质量检查记录表，提供给验收人员检查。隐蔽工程验收时，施工单位未通知监理公司或建设单位而自行隐蔽的，监理公司和建设单位有权提出重新开挖解体检查；其费用由施工单位负责。隐蔽工程验收时，经检查发现的问题不按要求进行返工和处理时，监理公司或建设单位有权通知施工单位停工，停工损失由施工单位自己负责。H 点必须有监理人员参加检查后，方可进行隐蔽。无论监理人员是否参加验收，当其提出对已经隐蔽工程重新验收的要求时，施工单位应按要求进行剥露，并在检验后重新进行覆盖。隐蔽工程验收是单位工程验收的基础，隐蔽工程验收应与验评工作同时进行，以利于进行分项、分部和单位工程的验收。隐蔽工程经共同检查的各方做出评价并签证后，才能进行下道工序。

验收记录表一式三份，各单位签署意见后，监理单位、施工单位、建设单位各一份。

（二）工程质量验收工作程序

1. 工程质量验收相关单位职责

（1）施工单位。按内部三级检验制度进行班组自检、工地和质检部门复检，并接受建设单位、监理单位和质监站的监督检查。单位工程竣工验收前，正确完成竣工验收资料，填写工程质量报验单，报监理公司。

（2）设计单位。参加单位工程的验收，接受监理公司、质监站的监督。

（3）调试单位。必要时参加有关单位工程的验收工作，接受监理公司、建设单位的监督。

（4）监理公司。主持分项、分部工程、关键工序和隐蔽工程的质量检查和验评；核签工程质量报验单；组织单位工程的预验收工作，提出监理意见。

（5）建设单位。参加分项、分部、单位工程的验收工作；组织单位工程的验收工作。

（6）质监站。根据《电力建设工程质量监督检查典型大纲》规定的监督项目组织有关单位进行各项质监活动和该项目的签证工作，监督分部、单位工程的检查验收工作，监督检查所核定质量等级的真实性。

2. 验收程序

（1）分部工程验收。分部工程验收分两个阶段进行。首先进行分项工程验收，然后进行分部工程验收。

1）分项工程验收办法。分项工程验收，一般在工序结束后按质量计划中的检查点（H、W、R 点）进行；凡须经监理公司、建设单位验收的分项工程，施工单位复查合格后，提前将工程质量报验单报监理公司，由监理公司组织相关各方对该分项工程进行检查、验收及签证。

分项工程验收以现场实物检查为主，同时检查施工记录的完整性与真实性。验评依据为电力行业颁发的验评标准；鉴于有些分项工程划分范围大，一个分项工程常常分几次施工，要求每施工一次，验收一次，并记录完整，使验评工作正确反映工程实际情况；分项工程验收后，必须填写质量检验评定表。隐蔽工程质量验收详见隐蔽工程质量验收程序。

2）分部工程验收方法。施工单位自检合格后，提前将工程质量报验单报监理公司，由监理公司组织施工、设计（必要时）、建设等单位进行该分部工程的检查验收。分部工程验收一般在所含全部分项工程完成验收，并有分项工程质量检查、试验报告结论（如混凝土强度、抗渗强度、金属一般强度、疲劳强度、焊接的无损检验和热处理等）后进行。分部工程验收以文件记录验收为主，现场实物抽查为辅。分部分项工程验评中，有关上下的接口联系详见DL/T 5210—2009《火电施工质量验收及评价规程》中的项目划分范围。确因客观原因某分项工程未完工并未通过验收，属重要项目的，则不能进行分部验收；属次要项目的，列明未完项目，说明原因，明确责任单位，限定完成日期，方可进行分部验收。

（2）单位工程验收。施工单位在自检合格的基础上，提前 7 天向监理公司提出正式验收申请即单位工程质量报验单。

1）单位工程验收的前提条件。事先完成该单位工程的分项工程和分部工程的验收；单位工程的全部工程量已完成；竣工验收文件、记录资料完整、真实、齐全。

2）单位工程验收原则。单位工程的验收原则上不存在验收后仍继续施工、调试的情况；如果确因客观原因某分部工程未验收，属重要性质的，则不能进行单位工程的验收；属次要性质的，要列明项目，说明原因，明确责任单位，限定完成日期，并经监理公司批准后方可进行予验收，但不能批准竣工报告；在遗留分部分项工程完成后，及时补齐有关文件资料，形成完整的竣工资料文件包，监理公司在接到施工单位的验收申请后，根据正式验收的内容对该单位工程进行预验收，提出整改意见，限定整改日期；整改完成后报建设单位；由建设单位组织施工、设计、生产、调试等单位对该单位工程进行正式检查验收。

（3）正式验收程序。主要是文件资料验收，主要包括单位工程竣工验收登记表；建筑工程按验评标准中规定的单位工程质量验评主要技术资料核查表；制造厂家设备图纸和说明书；设备开箱及缺陷处理记录；隐蔽工程验收报告及记录；安装试验报告及记录；单位工程分部试运或整套启动记录；主要建筑及设备基础沉降记录（包括永久性水准标识）。电厂根据验收评审和观感得分，依据验评标准，最终评定单位工程的质量等级。审阅未完项目表及具体处理计划，填写验收总评意见，决定工程等级。参加验评单位签字。

（4）验收结论。按 DL/T 5210—2009《电力建设施工质量验收及评价规程》中单位工程的质量等级划分规定评为合格或不合格。

（三）质监站检查项目

质监站根据《火电工程质量监督检查典型大纲》制订工程总体监检计划，上报中心站，下发至建设、施工、监理、设计、制造、调试等相关单位以及质监站各专业组。相关单位根据工程总体监检计划，及时完成相关工作。施工单位完成质量监督节点工作并经自检合格后，经建设单位向质监站提出接受检查申请。质监站根据建设单位的申请，通知各相关单位，组织检查组，召开检查会议。检查会议中，检查组听取监理公司和施工单位汇报后，根据监检大纲要求，按照专业对口，进行分组检查。各组将检查结果汇总，形成检查报告、记录、签证、整改意见。有整改内容的，相关单位整改后，重新接受质监站组织的检查，合格后形成检查报告、记录、签证。各种检查资料上报中心站，并存档。

（四）随机抽查

随机抽查应填写检查记录，其内容一般应包括抽查时间、项目、内容、存在问题及处理意见、抽查人签字。对抽查中发现的主要问题，质监站填发工程质量监检不符合项目通知单，接受单位及时整改后反馈给质监站。抽查记录、报告等资料存档。

五、质量事故处理报告制度

1. 重大质量事故

房屋及构筑物的主要结构倒塌；超过规范规定的基础不均匀下沉、建筑物倾斜、结构开裂或主体结构强度严重不足；影响结构安全和建筑物使用年限或造成不可挽回的永久性缺陷；严重影响设备及其相应系统的使用功能；严重影响下一步主要工程施工，其损失金额 10 万元以上或影响工期 15 天以上者；返工损失一次在 10 万元以上等可界定为重大质量事故。

2. 一般质量事故

返工一次损失金额在一万元以上，10 万元以下（含 10 万元）的质量事故；影响下道工序施工 5～15 天等可界定为一般质量事故。

3. 记录事故

返工一次损失在 1 万元以下的事故；影响下道工序施工不超过 5 天者。

4. 质量事故处理程序

重大质量事故由质监站组织监理、设计、施工等单位，对事故发生责任单位的事故调查报告进行调查、分析、审核，提出处理意见，并上报主管部门。重大质量事故处理方案的审批应由监理、设计、施工等单位共同商定并签证后实施，同时建设单位应及时向上级公司汇报，请上级公司参与事故的分析处理工作。

一般质量事故由事故责任单位组织内部有关部门对事故进行调查、分析、处理，制定预防措施的结果并报给质监站、监理公司。由事故责任单位提出质量缺陷处理方案，经监理、设计代表、审核签字后组织实施。

记录事故由当事施工单位记录处理，处理完毕后，将技术措施及结果报给监理公司。有下列情况之一者，质监站应立即上报上级公司和质监中心站：房屋及构筑物的主要结构倒塌；建筑物结构基础超过规范规定的不均匀下沉，建筑物倾斜，结构开裂，或主体结构强度严重不足，必须经过补强才能使用；主要设备或系统因制造或设计、安装调试、运行原因需返厂处理。

以江西华电九江分布式能源站工程为例，工程建设过程中，强调质量优先的理念，工程建设初期确定了"高水平达标投产"，确保"行优"，争创"国优银奖"的目标。在施工准备阶段，先后派两批专业人员参加中电建协举办的培训班，并聘请电力质监中心站、中电建协咨询专家到场培训、指导；公司总经理亲自挂帅检查现场施工质量，小到钢筋间距、支模尺寸，大到钢筋保护层尺寸等都严格要求，超出规范全部进行返工处理，全公司人员质量意识得到了提升；成立专业管理组，并定期召开专业会议，提高了专业管理能力；能源站土建工程获得专家、上级公司好评。

第三节　进　度　管　理

工程建设进度管理是指对工程建设各阶段的工作内容、工作程序、持续时间和衔接关系编制计划，将该计划付诸实施，然后在进度计划的实施过程中经常检查实际进度是否按计划要求进行，对出现的偏差情况分析原因，采取补救措施或调整、修改原计划直至竣工、交付使用。建设工程进度管理的最终目的是确保建设项目按预定的时间投用或提前交付使用。

工程建设进度管理是工程项目建设中与质量管理、造价管理、安全管理并列为工程建设管理的四大目标之一。

一、进度管理的原则和目标

1. 进度管理的原则

进度控制的最终目的是确保项目进度目标的实现，建设项目进度控制总目标是实现合同约定的竣工日期。

进度管理应遵循以下原则：有利于工程总体施工进度的原则；关键路径（或主线路径）作业优先原则；影响其他标段的接口部分工程优先开工的原则；合理交叉施工作业原则；保证工程质量及安全文明施工的原则；确保场内交通运输通畅的原则。

2. 进度管理的目标

总体目标是：工程建设工期按投资方或董事会批复开工报告中的工期（或绩效考核责任书中明确的工期）投产，总工期不能超过已经颁布的定额工期。

3. 影响进度的因素

影响建设工程进度的不利因素有很多，其中人为因素是最大的干扰因素。在工程建设过程中，常见的影响因素（建设单位、承包商、客观条件）如下：

（1）建设单位因素；

（2）勘察设计因素；

（3）施工技术因素；

（4）自然环境因素；

（5）组织管理因素；

（6）社会环境因素；

（7）材料、设备因素；

（8）资金因素等。

二、工程进度计划的编制

（一）工程进度计划编制的主要内容和职责分工

建设项目总体计划从开始施工到竣工为止各个阶段（设计阶段、施工准备、施工阶段）的进度计划安排。施工总体进度计划应依据施工合同、施工进度目标、工期定额、有关技术经济资料、施工部署与主要工程施工方案等编制。

1. 建设单位的编制的计划

（1）编制工程里程碑计划（一级计划）；

（2）编制图纸交付计划；

（3）编制工程招标计划；

（4）编制工程物资采购计划；

（5）编制设备到货计划；

（6）编制工程投资计划；

（7）编制工程资本到位和融资计划；

（8）编制人力资源需求计划；

（9）编制岗位人员到位计划。

2. 施工单位编制的计划

根据一级计划（里程碑计划）、二级进度计划编制相应的三、四、五、六级计划。

（1）劳动力安排计划；

（2）机械与机具安排；

（3）提供设备与材料需求计划；

（4）物资采购计划；

（5）预制件需求计划；

（6）半成品需求计划；

（7）施工图纸要求计划；

（8）文件送审计划；

（9）安全与质量检验计划。

3. 监理单位编制的计划和职责

（1）编制二级进度计划；

（2）对相应三、四级计划的全面审核、协调和控制；

（3）根据监理合同完成有关进度计划的其他任务。

（二）工程进度计划编制的基本要求

（1）符合工程实际需求。根据有关工程项目的合同、协议、规定、施工技术资料、工程性质、工期要求和各种条件的实际变化情况，及时优化交通运输、物资供应、施工条件和劳动力机具等资源的配置，不断滚动更新三、四级工程进度计划，确保一、二级进度目标的实现。

（2）均衡、科学地安排进度计划。编制进度计划要统筹兼顾，均衡合理地安排各种施工要素。进度计划要体现主、次关系，相互依存关系，工序间的逻辑关系。要便于跟踪管理，定期盘点，定期分析，及时纠偏更新，确保工程按期完成。

（3）积极可行，留有余地。既要尊重规律，又要在客观条件允许下，充分发挥主观能动性，挖掘潜力，运用各种技术组织措施，使计划指标具有先进性。要从工程实际出发，充分考虑各种资源条件（设计、设备交付的实际可能性）的客观实际，使计划留有可调余地。

（4）参建单位承包范围和接口界定要清晰、明确。

（三）工程进度计划的内容深度、编审批准程序和时间要求

工程进度计划应采取分级编制和控制的原则，按照不同的工程阶段将工作内容逐级分解，分解深度应满足控制的需要，具有可度量性和可盘点性。

1. 一级进度计划——里程碑计划

里程碑进度计划要根据工程建设工期定额标准、主体开工批复文件，以及工期对标管理的各项指标，结合项目的实际情况，采用计算机信息管理手段组织编制。

燃气发电厂里程碑节点一般应包括主厂房挖土、主厂房基础浇第一方混凝土、锅炉钢架开始吊装、受热面开始吊装、锅炉汽包就位、烟囱到顶、主厂房封顶、汽轮机台板就位、锅炉水压试验完成、冷却塔（循环水）通水、DCS 系统复原、厂用电受电、汽轮机扣盖、汽轮机油冲洗完成、锅炉化学清洗完成、天然气通气、点火吹管完成、首次整套启动、满负荷试运完，热网投入运行。

里程碑计划由建设单位组织编写，由投资方、董事会批准和控制，建设单位执行。

2. 二级进度计划——工程总体综合进度计划

二级进度计划根据一级进度计划要求由监理单位负责编制，建设单位负责审批。深度至各子系统、关键交接点、重大形象进度目标。

3. 三级进度计划——各承包商（标段）施工总进度合同计划

（1）三级进度计划为各承包商根据二级进度计划要求而编制的各标段详细施工总进度，应于各标段开工前 15 天内提交，20 天内由总监理师协商建设单位批准，由监理公司控制，各承包商具体执行。

（2）三级进度计划的内容是二级进度计划的具体细化和实施。

4. 四级进度计划——各承包商（标段）施工总进度的作业进度实施计划

四级进度计划是在承包商编制的标段三级进度计划基础上进一步分解、逐步细化、进行

滚动编制的，是专业作业实施计划，是作业实施与现场进度协调的依据，由监理控制。该进度由承包商项目部编制，标段开工前 10 天内提交总监理师，建设单位工程部 5 天内批复。二、三、四级进度计划以横道图网络节点表示。

5. 五级进度计划——年、季（3 个月滚动计划）、月度计划

根据二、三、四级进度计划和各级工程管理部门的要求，参建单位要编制年、季（3 个月滚动计划）、月度计划，对工程进度的执行情况实施动态管理，跟踪考核。该计划分别于当年 12 月 25 日、当季末 25 日、当月末 25 日提交，建设单位于月底汇总上报有关部门。

6. 六级进度计划——周进度计划

周进度计划由承包商根据滚动计划的要求编制，内容应有上周执行情况，下周计划安排意见，应于每周末提交监理公司核批。各承包商、各专业、各班组的作业计划应根据工程实际，及时调配各种资源，确保各级进度计划的顺利实施。

三、工程进度的控制措施

1. 技术保证措施

应组织审查承包商提交的进度计划，使承包商能在合理的状态下施工；编制技术方案和措施，满足进度控制需要；采用 P3E/C 或 Microsoft Project 软件，对项目进度计划实施动态控制；编审设计图纸、资料交付进度，符合工程进度需要；做好图纸会审和技术交底工作，确保工程顺利进行。根据场地因素和气候环境因素的变化等，及时对开工项目和进度进行微调，以确保整体工期目标的实现。

2. 组织保证措施

建设单位应组织建立进度控制目标体系，明确建设工程现场监理组织机构中的进度控制人员及其职责分工；建立工程进度报告制度及进度信息沟通网络；建立进度计划审核制度和进度计划实施中的检查分析制度；建立进度协调会议制度，包括协调会议举行的时间、地点，协调会议的参加人员等。例如利用计算机网络系统，建立图纸、资料进度信息发布平台，使建设单位管理人员实时掌握影响工期的关键节点，明确图纸催缴范围和设备制造商对设计提资情况，使工程进度处于受控状态。

3. 质量保证措施

应建立健全质量保证体系，运用 P3E/C 软件、PMIS 软件对工程质量实行全过程管理；组织编制质量规划、质检计划、并加进 P3E/C、PMIS 进行动态管理；建立质量责任制，严格对工程质量实行动态预控、考核。

4. 安全保证措施

应组织编制工程项目的安全方针、安全目标、安保体系、安全规划和各项安全制度，纳入 P3E/C。建立建设工程项目安全委员会；制定周、月和季节性安全活动规划及奖惩制度，落实安全生产责任制，实施安全生产的动态预控、考核。

5. 物力保证措施

根据工程进度计划的需要，按照计划规定的时间、地点、质量标准、数量要求，保证供应物资；督促施工承包商的施工机械设备按计划进场，充分发挥其生产效率；指派专人到重要设备厂家进行设备催交、催运，协调运输部门的关系，保证设备按计划运达施工现场。

6. 科学管理措施

工程应采用 P3E/C 或 Microsoft Project、发电厂全面标识系统 KKS 为代表的计算机管理

系统；加强合同管理，协调合同工期与进度计划之间的关系，保证合同中进度目标的实现；充分发挥监理公司"四控、二管、一协调"的作用。

7. 奖惩措施

编制工程项目进度计划奖惩办法，明确里程碑、工程控制点、关键路径上的进度难点和超前奖、滞后罚款或误期关联损失赔偿制度。

8. 纠偏

在施工进度计划的实施过程中，由于各种因素的影响，常常会打乱原始计划的安排而出现进度偏差。因此，建设和监理单位必须对施工进度计划的执行情况进行动态检查，并分析进度偏差产生的原因，以便为施工进度计划的调整提供必要的信息。使用项目管理工具软件可以方便地完成项目管理的计划编制、进度跟踪、风险应对。P3E/C 或 Microsoft Project（适用于中小型、工程工具软件投资计划小的工程）是专用于项目管理的软件，可以适应不同企业规模和不同管理目标的要求，既可以选择满足个别需要的单用户版本，也可以选择满足大型项目管理需求的服务器版本，允许多个用户使用普通数据协同工作。

想要做好工程进度的动态管理，提高进度计划管理的工作效率，不依靠先进科学的项目管理软件是很难做到的。

工程进度计划要充分利用好 P3E/C 或 Project 软件的功能，通过周、月、季（3 个月滚动计划）、年计划的跟踪盘点、计算分析，发现工程进度的偏差（承包商上报的现行计划所体现的实际进度与目标进度计划比较所发生的偏差）、工程计划偏差（现行计划与目标进度计划比较发现的偏差），应按规定程序进行确认、发布，采取提醒、预警方式纠偏，必要时采取纠偏措施，更新调整计划，调配各种资源配置，以符合上一级进度计划要求。

以江西华电九江分布式能源站工程为例，在工程进度控制管理方面，通过 Project 软件应用，按照"全面翔实计划、严格按计划实施、及时反馈更新、严密跟踪对比"这种工作流程，及早发现工程施工进度、施工图纸和设备到场计划中存在的问题，采取有效措施，克服了江南雨季施工困难等不利因素，确保了工期目标实现。具体方法：经过请示上级公司，获得了 100 万元以下设备询价的批复，减少了招标流程，加快了设计速度；与设计沟通送审电子版图纸发至现场，施工技术人员先提前熟悉图纸，发现问题，及时反馈，再出蓝图，节约了大量图纸会审时间；建立信息传递公示群，将工程建设信息及时公示，便于相关人员快速掌握，缩短了工程信息的流转时间，提高了工作效率。

四、建设工程进度计划的表示方法

（一）横道图

横道图形象、直观，且易于编制和理解。

用横道图表示的建设工程进度计划，一般包括两个基本部分，即左侧的工作名称及工作的持续时间等基本数据部分和右侧的横道线部分。该计划明确地表示出各项工作的划分、工作的开始时间和完成时间、工作的持续时间、工作之间的相互搭接关系，以及整个工程项目的开工时间、完工时间和总工期。

利用横道图表示工程进度计划，存在下列缺点：

（1）不能明确地反映出各项工作之间错综复杂的相互关系，因而在计划执行过程中，当某些工作的进度由于某种原因提前或拖延时，不便于分析它对其他工作及总工期的影响程度，不利于建设工程进度的动态控制。

（2）不能明确地反映出影响工期的关键工作和关键线路，也就无法反映出整个工程项目的关键所在，因而不便于进度控制人员抓住主要矛盾。

（3）不能反映出工作所具有的机动时间，看不到计划的潜力所在，无法进行最合理的组织和指挥。

（4）不能反映工程费用与工期之间的关系，因而不便于缩短工期和降低工程成本。

在计划执行过程中，横道计划进行调整也十分繁琐和费时。

（二）网络图

无论是工程设计阶段的进度控制，还是施工阶段的进度控制，均可使用网络计划技术。

1. 网络计划的种类

网络计划可分为确定型和非确定型两类。

如果网络计划中各项工作及其持续时间和各工作之间的相互关系都是确定的，就是确定型网络计划，否则属于非确定型网络计划。

建设工程进度控制主要应用确定型网络计划。除了普通的单双代号网络计划之外，还有：

（1）时标网络计划；

（2）搭接网络计划；

（3）有时限的网络计划；

（4）多级网络计划等。

2. 网络计划的特点（熟悉）

与横道计划相比，网络计划具有以下主要特点：

（1）网络计划能够明确表达各项工作之间的逻辑关系；

（2）通过网络计划时间参数的计算，可以找出关键线路和关键工作；

（3）通过网络计划时间参数的计算，可以明确各项工作的机动时间；

（4）网络计划可以利用电子计算机 P3E/C 或 Microsoft Project 软件进行计算、优化、跟踪和调整。

第四节 造 价 管 理

一、工程造价管理的基本概念

（一）工程项目费用的组成

发电工程建设预算费用由建筑工程费、安装工程费、设备购置费、其他费用和动态费用组成。具体费用构成项目和计算标准参见《电力工程建设预算编制与计算标准》。

（二）按照定额的编制程序和用途分类

可以把工程建设定额分为施工定额、预算定额、概算定额、概算指标、投资估算指标5种。

1. 施工定额

施工定额是施工企业（建筑安装企业）在企业内部组织生产和加强管理的一种定额，属于企业生产定额，由劳动定额、机械定额和材料定额3个相对独立的部分组成。为适应组织生产和管理的需要，施工定额的项目划分很细，是工程建设定额中分项最细、定额子目最多的一种定额，也是工程建设定额中的基础性定额。在预算定额的编制过程中，施工定额的劳动、机械、材料消耗的数量标准，是计算预算定额中劳动、机械、材料消耗数量标准的重要依据。

2. 预算定额

预算定额是在编制施工图预算时，计算工程造价和计算工程中劳动、机械台班、材料需要量使用的一种定额。预算定额是一种计价性的定额，在工程建设定额中占有很重要的地位。从编制程序看，预算定额是概算定额的编制基础。

3. 概算定额

概算定额是编制初步设计概算时，计算和确定工程概算造价，计算劳动、机械台班、材料需要量所使用的定额。它的项目划分粗细，与初步设计的深度相适应。它一般是预算定额的综合扩大。

4. 概算指标

概算指标是在 3 阶段设计的初步设计阶段，编制工程概算，计算和确定工程的初步设计概算造价，计算劳动、机械台班、材料需要量时所采用的一种定额。这种定额的设定和初步设计的深度相适应，一般是在概算定额和预算定额的基础上编制的，比概算定额更加综合扩大。概算指标是控制项目投资的有效工具，它所提供的数据也是计划工作的依据和参考。

5. 投资估算指标

投资估算指标是在项目建议书和可行性研究阶段编制投资估算、计算投资需要量时使用的一种定额。它非常概略，往往以独立的单项工程或完整的工程项目为计算对象，它的概略程度与可行性研究阶段相适应。投资估算指标往往根据历史的预、决算资料和价格变动等资料编制，但其编制基础仍然离不开预算定额、概算定额。

（三）工程建设预算及其分类

1. 投资估算

投资估算是可行性研究设计阶段确定的工程总投资限额，也是对建设项目进行经济效益评价的重要基础，可作为国家投资主管单位、投资方对工程项目进行方案比较和投资决策的依据。

2. 初步设计概算

初步设计概算是指在初步设计阶段，根据设计要求进行的工程造价计算。它是初步设计文件的组成部分，由单位工程概算、单项工程综合概算和建设项目总概算组成。初步设计概算需经投资方或董事会批复后执行。

3. 施工图预算

施工图预算是在施工图设计完成后，根据施工图设计图纸、现行预算定额、费用定额以及地区设备、材料、人工、施工机械台班等预算价格编制和确定的建筑安装工程造价的文件。

二、工程造价管理的目标及控制方法

（一）工程造价控制的总体目标

工程建设项目造价管理应加强过程管理，以投产、效益双达标为原则，确保做到初步设计概算不超过国家投资主管单位批复可研中的投资估算；工程结算控制在批复概算范围内；在确保工程质量和进度的同时，最终将工程总投资控制在投资方或董事会批准的总概算范围之内。

（二）工程造价控制的分解目标

根据概算费用的构成和承包合同费用划分的实际情况，一般对造价控制目标分解如下，各建设单位应按分解目标进行造价控制和管理，确保实现工程造价控制的总体目标。

（1）建筑安装合同尽量采用总价固定（闭口价）方式，合同结算价格按原合同价格目标控制。

（2）设计、监理、调试、物资设备采购供应合同结算价不超合同价。

（3）基本预备费控制在30%以内。

（4）概算中的建设单位管理费、生产准备费用按年度财务预算指标控制，工程建设期总额不突破概算值。

（5）建设期贷款利息控制在概算值以内。

（6）概算中计列的，承包合同外的其他费用按签订的合同或协议价进行控制，未发生的项目不动用。

（7）动用执行概算中的项目风险储备金（招标节余费用及批复设计概算的基本预备费的70%），按投资方或董事会批准后使用。

（三）工程造价的控制方法

对所有与投资和费用有关的项目的活动都必须进行事前控制、事中控制和事后控制，确保各项活动的每个环节都能做到按程序执行。

1. 事先控制

造价确定前对影响投资的因素进行分析，并事先确定投资的原则和投资控制的措施。设计过程中推行限额设计，强化优化设计，对概预算的编制要严格审查，保证造价确定的合理性和准确性。

以江西华电九江分布式能源站工程为例，在初步设计与施工图设计阶段，不断进行技术方案比较，优化总平面布置，调整了原设计的建筑物位置，建筑物坐落紧凑，利用建筑物进行噪音阻挡。各建筑物间距离减小，厂区管道、电缆用量同步减少，噪声治理费用也得到了很大优化，第一版噪声治理概算费用1443万元，批准概算635万元。

同时，利用场地的实际地质情况，重新进行设计优化与计算，不仅减小了各建筑物的基础与结构的设计，减小了概算土建工程量，同时，减少了各建筑物的换填量。仅主厂房基础一项，施工图较概算混凝土同口径减少了175m³。在土方开挖时，要求施工单位对土方分类堆放，区分可回填与不可回填的土方，现场划分出土方堆积区分别存放，根据分类后的土质，土方回填替换了原概算的换填砂石料，换填砂石料减少2200m³。主厂房基础共减少施工费用30多万元。

2. 事中控制

项目实施过程中要全过程跟踪管理，严格控制经费签证和各类变更，对合同实施方提出更换材料或替代产品，没有经过价格比较的，一定要再找三家以上类似单位进行询价。

以江西华电九江分布式能源站工程为例，在食堂宿舍楼开挖时，按图纸到位的情况，道路与雨排水管道已经完工，食堂宿舍楼开挖放线后，考虑基础外边线、工作面、基坑排水沟后，需对南北两侧的雨排水管道拆除后恢复约150m，排水井四座，坡路约300m²。如不进行拆除，施工单位提出钢板桩支护的施工方案。

为此，建设单位专题进行讨论，经专家建议，排水沟从基坑四边周排水改为东西两侧布置潜水泵，中间定向排水，南北两侧压缩工作面，用砂袋对雨水井进行支护。经与施工单位反复洽商，节约钢板桩施工费用约30万元，减小土方开挖量用于增加砂袋防护的费用，仅同意施工单位按概算土方计算规则计算土方工程量，发生工程量签证拆除雨排水井一座，拆除雨排水管 35m。

还以江西华电九江分布式能源站工程为例，部分材料因质量、品牌不同，价格差异较大，所以在招标时，对门窗、地面砖等材料给出了暂定价进行报价，并要求施工单位选用此类材料要及时报批确定的品牌、质量、价格，而在报批过程中，施工单位与建设单位同时进行询价，以质量确定价格，不仅控制了材料质量，同时也使材料价差得到了严格控制。

3. 事后控制

对已发生的费用严格审查，严格进行工程结算、竣工决算及审计。

（四）工程投资控制的主要措施

对已发生的变更、签证、另委、工程量差、材料价差按照合同规定进行结算，同时严格进行定额及费用的审查，确保结算项目与费用不重复计算。做到严格进行合同结算、工程结算、竣工决算，最终结算经审计确认。

以江西华电九江分布式能源站工程为例，在项目筹建期间，由建设单位统一进行了施工现场办公临建，在施工招标时，建设单位明确了施工单位的办公临建应由施工单位承担，把办公临建的费用进行了分摊，明确施工单位承担费用金额 185 万元，并在合同中予以了规定，使建设单位的投入得到了正确处理。

以技术与经济相结合作为控制工程造价的主要手段，即在投资决策阶段、设计阶段、招投标阶段和建设实施阶段综合利用组织措施、技术措施、经济措施和合同措施对造价进行有效控制。

（1）组织措施。建立费用管理责任体系，确定合理工作程序，完善规章制度，实现成本管理工作程序化、业务标准化。

（2）技术措施。是费用的控制保证，在建设的各阶段通过不同方案比选，在保证安全、质量、工期的前提下，找出最佳方案。在工程进展过程中采取措施降低费用，在满足功能的前提下，采用先进的施工技术和新材料降低工程造价。

（3）经济措施。做好费用预算和预测，做好资金使用计划，在使用过程中严格控制，及时准确记录、收集、整理、核算实际发生的费用。对各种变更及时做好增减账，及时结算工程款。

（4）合同措施。包括以下几方面：

1）选用适合于工程规模、性质和特点的合同结构模式，合同条款明确一切影响费用、效益的因素，全过程的合同控制。

2）以"六算"控制作为工程投资控制的主要环节，即初可研、可研阶段的投资估算、初设阶段的概算、施工图阶段的预算、工程结算及竣工决算的控制。

3）按工程项目建设各阶段的内容要求确定造价管理的重点和要点，做好造价控制的规划和管理程序的编写。

4）建立工程投资控制的组织机构，明确各级管理人员的责任、权限及相互关系，形成三级控制管理体系。

5）加强合同法律意识，减少合同纠纷产生。要对合同合法性、严密性进行认真审查，减少签订合同时产生纠纷的因素，把合同纠纷控制在最低范围内，以保证合同的全面履行。

6）加大合同管理力度，保证合同全面履约。

7）认真办理签证，重视工程索赔。工程索赔是在工程承包合同履行中，当事人一方由于另一方未履行合同所规定的义务或者出现了应当由对方承担的风险而遭受损失时，向另一方提出赔偿要求的行为。在实际工作中，索赔是双向的，既包括承包人向发包人的索赔，也包括发包人向承包人的索赔。因此，合同履行过程要特别重视工程延误索赔、工程变更索赔、合同被迫终止索赔、工程加速索赔、意外风险和不可预见因素索赔等。

三、设计阶段的造价管理

工程设计阶段对工程造价的影响非常大，项目设计阶段所确定的项目建设标准、主要技术经济指标及施工详图，在很大程度上直接影响着项目的经济效益，因此，工程设计阶段是工程项目造价控制的关键。

1. 设计单位的选择

在选择设计单位时，要严格进行设计招标，鼓励竞争，促使设计单位改进管理、采用先进技术，降低工程造价，缩短工期，提高投资效益，主要措施包括：

（1）提倡采用两阶段招标，通过多方案选择和竞争，择优确定最佳设计方案，达到优化设计方案的目的。

（2）要求设计单位在投标书中提交控制造价的组织、技术措施，并根据工程建设条件以及可研条件中确定的工程建设标准提出初步设计方案及投资限额估算，以此作为评标的主要因素及设计合同奖惩的依据。

（3）要求各设计单位主要设计人要具有相应资质，并有已投运的同类型机组的设计经验。

（4）明确设计单位设计变更控制指标及奖惩条款，因设计原因引起工程造价的增加不得超过基本预备费的30%。

2. 组织好设备技术规范书的审查

审查的重点为技术标准和规范；工厂和现场试验、检验的项目及要求，设备监造的范围及要求；专业间的接口；供货的范围，国产和进口设备必须清楚界定。技术规范书审查要点如下：

（1）审查供货范围是否存在漏项，是否符合本项目实际情况。

（2）依据批复的初设文件，审查设备选型是否存在降低或提高标准，避免出现超概情况。

（3）完善分包与外购，调查了解并提出三家及以上符合要求的分包与外购品牌。

（4）核实规范书内主要技术参数是否经济合理。

（5）审查规范书的编制是否存在倾向性。

3. 做好初步设计概算的审查工作

充分掌握设备的市场信息，在初设概算中尽可能地以市场价格计列设备、材料费用，并组织好设备的招投标工作，坚持合理低价中标原则，选择性能价格比最优的设备供应商。要组织好初步设计概算书的审查，审查的重点为：

（1）设计概算编制依据的合法性、时效性和适用范围；

（2）设备、材料价格是否接近市场价格；

（3）设计概算编制的深度是否满足《电力工程建设预算编制与计算标准》的要求；

（4）概算编制范围和内容与主管部门批准的建设项目范围和具体工程内容是否一致；

（5）分期建设项目的建设范围及具体工程内容有无重复交叉，是否重复计算和漏算；

（6）单位工程的工程量、套用定额、取费是否正确；

（7）其他费用应列的项目是否符合规定；

（8）不同设计单位分别做出的概算是否已进行同口径汇总合并，汇总是否有误等。

4. 初步设计方案及概算的审查、收口及批准

建设单位委托的设计单位编制好初步设计方案与概算后，建设单位应尽快组织委托有资质的单位进行审查，审查后应在一个月内完成收口工作，审查单位将审查意见报投资方或董事会，批复后执行。

以江西华电九江分布式能源站工程为例，该工程是国内第一个工业园区分布式能源示范项目，设计院没有成型的设计经验，在公司总经理的组织下，专业技术人员对总平面布置进行了反复研究，最终确定了满足降噪要求的总平面布置方案，降低了噪声治理费用；根据燃机的排烟温度，尽量达到能源的梯级利用，对余热锅炉进行反复研究，确定最优热水炉方案。

四、建设实施阶段的造价管理

工程建设实施阶段的造价管理应严格进行施工、调试招标，择优选择承包单位，加强合同管理，以合同管理作为项目实施阶段造价管理的主线，并要严格按国家有关规定逐项落实开工条件，防止盲目开工。跟踪检查设计单位造价控制措施的实施情况及各种审查会纪要的落实情况，加强对设计单位的监督和管理。

1. 组织好图纸会审

图纸会审是指工程各参建单位（建设单位、监理单位、施工单位）在收到设计院施工图设计文件后，对图纸进行全面细致的熟悉，审查出施工图中存在的问题及不合理情况并提交设计院进行处理的一项重要活动。图纸会审由建设单位负责组织并记录。通过图纸会审可以使各参建单位特别是施工单位熟悉设计图纸、领会设计意图、掌握工程特点及难点，找出需要解决的技术难题并拟定解决方案，从而将因设计缺陷而存在的问题消灭在施工之前，提前消除设计变更。图纸会审的重点为：

（1）找出图纸自身的缺陷和错误。审阅图纸设计是否符合国家有关政策和规定（建筑设计、结构设计和施工规范等）图纸与说明是否清楚，引用标准是否确切；施工图纸标准有无错漏；总面积与建筑施工图尺寸、平面位置、标高等是否一致，平、立、剖面图之间的关系是否一致；各专业工种设计是否有矛盾，是否协调和吻合。

（2）施工的可行性。结合图纸的特点，研究在施工过程中，在质量、安全、工期、工艺、材料供应，乃至于经济效益上能否满足图纸的要求，必要时建议设计单位给予适当的修改。

（3）地质资料是否齐全，能否满足图纸的要求；周边的建筑物或环境是否影响本建筑物的施工等；施工图纸的功能设计是否满足建设单位的要求等。

（4）材料来源有无保证，能否代换；图中所要求的条件能否满足；新材料、新技术的应用有无问题。

（5）工艺管道、电气线路、设备装置、运输道路与建筑物之间或相互间有无矛盾，布置是否合理，是否满足设计功能要求。

2. 加强工程设计变更的管理

设计变更是指设计单位依据建设单位要求调整，或对原设计内容进行修改、完善、优化。设计变更应以图纸或设计变更通知单的形式发出。

（1）要坚持先算账后变更的原则，每个变更都要有变更费用概算（或预算）。

（2）设计变更无论是由哪方提出，均应由监理部门组织建设单位、设计单位、施工单位协商，经过确认后由设计部门发出相应图纸或说明，并由监理工程师办理签发手续，下发到有关部门付诸实施。

（3）确属原设计不能保证工程质量、安全要求，设计遗漏和确有错误以及与现场不符无法施工非改不可的，要及时签发。

（4）一般情况下，即使变更要求可能在技术经济上是合理的，也应全面考虑，将变更以后所产生的效益（质量、工期、造价）与现场变更引起施工单位的索赔等所产生的损失加以比较，权衡轻重后再做出决定。

（5）对变更费用进行动态管理，及时统计变更费用，若确需变更但有可能超概算时，更要慎重。

（6）设计变更应简要说明变更产生的背景，包括变更产生的提出单位、主要参与人员、时间等。

（7）设计变更必须说明变更原因，如工艺改变、工艺要求、设备选型不当，设计者考虑需提高或降低标准、设计漏项、设计失误或其他原因。

（8）建设单位对设计图纸的合理修改意见，应在施工之前提出。在施工试车或验收过程中，只要不影响生产，一般不再接受变更要求。

（9）要坚决杜绝内容不明确的，没有详图或具体使用部位，而只是增加材料用量的变更。

（10）对设计变更进行闭环管理，设计变更实施后，由监理工程师签注实施意见。

（11）若原设计图没有实施，则变更费用中要扣除原设计相应的概算费用。若原设计已经实施，且发生了原图制作加工、安装、材料费以及拆除等费用时，除考虑原设计所包含的相应费用外，在变更实施前要对已发生的费用进行签证确认。已拆除的材料、设备或已加工好但未安装的成品、半成品，均应由监理人员负责组织建设单位回收，或与施工单位协商进行作价处理，并从变更费用扣除能继续利用的设备、材料费用。

（12）由施工单位编制变更结算单，经造价工程师按照标书或合同中的有关规定审核后作为结算的依据。

（13）由于施工不当或施工错误造成的变更，正常程序相同，但监理工程师应注明原因，此变更费用不予处理，由施工单位自负，若对工期、质量、投资效益造成影响的，还应进行反索赔。

（14）由于设计部门的错误或缺陷造成的变更费用，以及采取的补救措施，如返修、加固、拆除所发生的费用，由监理单位协助建设单位与设计部门协商是否索赔。

（15）由于监理部门责任造成损失的，应扣减监理费用。

（16）设计变更应视作原施工图纸的一部分内容，所发生的费用计算应保持一致，并根据合同条款及国家有关政策进行费用调整。

（17）属变更削减的内容，也应按上述程序办理费用削减，若施工单位拖延，监理单位可督促其执行或采取措施直接发出削减费用结算单。

（18）要严格现场签证，对出现的量差要认真计量、签证和记录，并作为结算的依据。

（19）合理化建议也按照上面的程序办理。

（20）由设计变更造成的工期延误或延期，则由监理工程师按照合同规定处理。

（21）凡是没有经过监理工程师认可并签发的变更一律无效；若经过监理工程师口头同意

的，事后应按有关规定补办手续。

3. 建设实施阶段造价管理应注意的其他工作

（1）对法人管理费、生产准备费及其他合同外费用要严格控制，有效使用。

（2）严格执行工程进度款审核制度，合理支付进度款。

（3）加强财务管理，优化资金结构，合理安排资金使用，降低财务费用。

（4）做好机组启动试运的组织协调工作，杜绝重大设备损坏、火灾事故发生，并有节电、节油、节水等措施。

（5）对工程咨询类合同的签订要进行严格控制。

五、工程结算阶段的造价管理

1. 工程结算编制依据

（1）国家有关法律、法规、规章制度和相关的司法解释。

（2）国务院建设行政主管部门以及各省、自治区、直辖市和有关部门发布的工程造价计价标准、计价办法、有关规定及相关解释。

（3）施工承包合同、专业分包合同及补充合同、有关材料、设备采购合同、招投标文件，包括招标答疑文件、投标承诺、中标报价书及其组成内容。

（4）工程竣工图或施工图、施工图会审记录，经批准的施工组织设计，以及设计变更、工程洽商和相关会议纪要。

（5）经批准的开、竣工报告或停、复工报告。

（6）建设工程工程量清单计价规范或工程预算定额、费用定额及价格信息、调价规定等。

（7）工程预算书。

（8）影响工程造价的相关资料。

2. 对于施工承包合同约定的价款调整条件

（1）施工图工程量差。建设单位在过程结算时只考虑合同约定的风险系数内的工程量差，如出现较大工程量差，需经上级单位或投资方审定后方可计入工程进度款支付。

（2）对于涉及金额 50 万元以上的重大设计变更。如上级单位或投资方已经批复，可计入工程进度款支付；如未批复，不可计入工程进度款支付。

（3）一般设计变更、现场签证。综合单价优先采用投标价，如没有则宜采用施工图预算下浮方式进行工程进度款支付。

（4）甲方提供的设备材料卸车保管费。按照合同约定计算后可计入工程进度款支付。

（5）项目法人临时委托的招标范围以外的工程。按施工图预算并参考其他合同约定的下浮方式计算后进行工程进度款支付。

（6）材料量、价差。在工程进度款支付过程中暂不考虑该项费用。

3. 变更审核

对合同价格调整要进行严格的审核，变更审核的重点内容为：变更的签证；工程量计算及签证；直接费定额的套价及计算；人工、材料（包括钢材）、施工机械台班用量分析；人工、材料、施工机械台班价格；结构类型、工程类别的确定；各种费率（调价）标准、计费（调价）基数及工程造价计算；其他有关工程造价的构成项目。

4. 合同以外零星项目工程价款结算

发包人要求承包人完成合同以外零星项目，承包人应在接受发包人要求的 7 天内，就用工数量和单价、机械台班数量和单价、使用材料和金额等向发包人提出施工签证，发包人签证后施工。如发包人未签证，承包人施工后发生争议的，责任由承包人自负。

六、决算阶段的造价管理

（1）工程决算的编制依据如下：

1）经批准的可行性研究报告及其投资估算；

2）经批准的初步设计或扩大初步设计及其概算或修正概算；

3）经批准的施工图设计及其施工图预算；

4）设计交底或图纸会审纪要；

5）招投标的标底、承包合同、工程结算资料；

6）施工记录或施工签证单，以及其他施工中发生的费用记录，如索赔报告与记录、停（交）工报告等；

7）竣工图及各种竣工验收资料；

8）历年基建资料、历年财务决算及批复文件；

9）设备、材料调价文件和调价记录；

10）有关财务核算制度、办法和其他有关资料、文件等。

（2）工程竣工验收是建设程序的最后一个阶段，是全面检查和考核合同执行情况、检验工程建设质量和投资效益的重要环节。工程项目通过验收，交付使用，标志着投入的建设资金转化为使用价值，竣工决算就是对前期工程投资效果的总结和评价。

（3）一般应在单机投运移交生产后三个月内完成单机竣工结算的编制，整个工程的竣工决算要在最后一台机组移交生产六个月内编制完成。

（4）竣工决算编制完成后要及时提交审计。委托具有专业审计资质的社会中介机构进行审计，建设单位应积极配合审计组的工作。

第五节 项 目 融 资

各建设单位的财务部门专职负责项目资金的筹措和管理工作，包括落实资本金、接洽银行及非银行金融机构、制定融资方案、落实年度资金等。基建项目融资的监管部门为建设单位的上级主管财务部门。

一、基建项目资本金

建设单位应按照《国务院关于固定资产投资项目试行资本金制度的通知》的规定要求和董事会确定的年度投资计划，督促出资人认缴资本金。在实际执行中，动态概算发生变化的，以经批准调整后的概算为基数，按照国家有关规定，调整项目资本金，并相应调整各出资方应认缴的资本金。

项目资本金可以用货币出资，也可以用实物、工业产权、非专利技术、土地使用权作价出资。对作为本资本金的实物、工业产权、非专利技术、土地使用权，必须经过有资格的资产评估机构依照法律、法规评估作价，不得高估或低估。以工业产权、非专利技术作为出资的比例不得超过投资项目资本金总额20%，国家对采用高新技术成果有特别规定的排除。

二、基建项目融资

总投资中资本金以外的建设资金，由建设单位从金融机构融资解决。融资一律采取"无追索权的项目融资"，特殊情况经上级公司批复统一后方可采用"有限追索权的项目融资"。

建设单位落实资本金之后，对资本金以外的融资部分，积极联系银行或非银行金融机构，合理确定贷款额度及信贷条件（如贷款利率能否下浮、能否提前还款等），并制订详细的融资方案和资金使用计划，上报主管财务部门。为合理降低融资费用，建设单位可充分利用贷款银行提供的商业票据承兑及贴现等金融品种和服务手段。

（1）第一种融资的方式是委托贷款。所谓委托贷款就是建设单位在银行开设一个专款账户，然后把资金汇到专款账户里面，委托银行放款给项目方。这个是比较好操作的一种融资形式。通常，对项目的审查着重要求银行做出向项目方负责每年代收利息和追还本金的承诺书。

操作流程如下：

1）企业提供项目有关的全部文件资料；

2）资金方主办人阅悉后，邀请企业法定代表人或（委托人）洽谈，双方签订前期合作意向书；

3）企业邀请投资方前往项目所在地考察，编制考察报告，项目投资价值分析报告书，聘请有关专家论证；

4）投资方与用款企业签订联办委托贷款合同，企业提供合同生效的全部文件资料；

5）办理担保手续，应符合《担保法》规定，且由银行认可的专业评估机构评估，并进行担保合同的签署；

6）委托方、用款企业、受托银行，三方在银行签订委托贷款合同（合同是按银行格式化文本签署）；

7）委托方带齐手续和开户额度到银行开立联办委托贷款专用账户。

操作过程中问题应对及思考：

基建前期，要考虑基建进度以及融资成本的控制，如某建设单位用某中心的6000万低息委托贷款偿还某国际信托有限公司5000万委托贷款及相结合。基建后期用低息贷款置换前期高息贷款。

两项贷款的共同之处是业务风险低；差别在于办理速度快的贷款利率偏高，而某中心办理的贷款办理周期及流程复杂，但是贷款利率低。

值得注意的是，在办理清洁基金贷款过程中，按照某中心的委托贷款签署流程，最后由政府财政局与建设单位签署转贷协议。考虑到政府注重贷款担保的有效性及风险监控的审慎性，建设单位参考了政府层层转贷的方式，为其提供了授信银行再次转贷及上级企业担保的双重保证，保障企业的还款来源。在满足政府有效防范政策性贷款风险的同时，满足企业低融资成本。

（2）第二种融资方式是融资租赁。融资租赁又叫金融租赁，从交易的角度界定，融资租赁出租人根据承租人的请求，向承租人指定的出卖人，按承租人同意的条件，购买承租人指定的资本货物，并以承租人支付租金为条件，将该资本货物的占有、使用和收益权转让给承租人。简而言之，融资租赁的基本方式是三方当事人（出租人、承租人、供货人）间的两份合同（购买合同、租赁合同）所确定的债权债务关系。

操作流程如下：

1）办理租赁委托和资信审查；

2）设备选择；

3）签订购货协议；

4）签订租赁合同；

5）申办融资租赁合同公证；

6）租赁物件交货；

7）办理验货与投保；

8）支付租金；

9）维修保养；

10）税金缴纳；

11）租赁期满处理设备。

操作过程中问题应对及思考：

江西华电九江分布式能源有限公司在办理融资租赁业务的过程中，遇到两点问题无法突破。

1）融资租赁购置设备是否可以享有关税等税收抵免优惠政策。因企业采购的主要设备为美国进口。签订租赁合同过程中，就设备"所有权"问题，无法达成免税条件。可是融资租赁的实质是以"融物"的形式"融资"，并非传统意义上的买卖或转让行为，其交易的真实目的是为了进行融资，所以在涉及进口设备融资租赁时，应当给予抵免的优惠政策，减少融资租赁双方在交易中产生的额外成本，从而促进融资租赁业在电建行业的发展。

2）融资租赁的增值税问题无法解决。自 2009 年 1 月 1 日起施行《中华人民共和国增值税暂行条例》，国家税务部门将允许企业抵扣新购入设备所含的增值税。全国所有地区、所有行业将推行增值税转型改革，核心内容是允许企业抵扣新购入设备所含的 17%增值税。新税制显然有利于刺激企业加大设备投资，但由于新税制中并未明确适用于融资租赁行业，亦缺少相关配套政策，这意味着企业从融资租赁公司租赁的机器设备中所含的增值税进项税额，不能在销项中得到抵扣。如果通过融资租赁方式添置固定资产不能抵扣增值税，无疑增加了企业的采购成本，企业将不再选择此种方式购置设备。

（3）进口保理。保理又称托收保付，出口商将其现在或将来的基于其与买方订立的货物销售/服务合同所产生的应收账款转让给保理商（提供保理服务的金融机构），由保理商向其提供资金融通、进口商资信评估、销售账户管理、信用风险担保、账款催收等一系列服务的综合金融服务方式。它是国际贸易中以托收、赊账方式结算货款时，出口方为了避免收汇风险而采用的一种请求第三者（保理商）承担风险责任的做法。

操作流程如下：

1）进口商和出口商签订购销合同；

2）在洽谈时，出口商通过当地的出口保理商提交保理申请，选择一家银行作为进口保理商；

3）进口保理商根据进口商的资信，核定信用担保的额度并通知出口商；

4）出口商发货并转让应收账款，将发票转让给出口保理商，并获得融资；

5）账款到期后，进口商向进口保理商支付货款；

6）进口保理商付汇给出口保理商。

实务操作过程中问题应对及思考：

在基建中期，采购采取进口保理方式进行，由于国内业务进行较少，双方合作过程中进行了破冰式的探索，以下两点值得借鉴及思考：

1）银行单方寻求梯形突破，在掌握企业底线以后，以求通过进口保理业务牵制住固定资产贷款业务。这就要求企业，在业务合作初期，尤其是授信审批条件批复前，要提前做充分的沟通，不要一次性满足银行的文件类要求，随着业务的不断深入进展和要求给出相关文件，特别是非批复性文件。

2）因该行初次办理进口保理业务，受理过程中三方签署文件流程及顺序尚待理清；同时，进口企业与进口保理银行要通过文件明晰债权债务（应收账款及贷款偿还）关系，着重明确贷款的还款方式及金额，后续还款着重处理完结债权债务的相关文件。

（4）直接贷款。固定资产贷款是银行为解决企业固定资产投资活动的资金需求而发放的贷款，主要用于固定资产项目的建设、购置、改造及其相应配套设施建设的中长期本外币贷款。

操作流程如下：

1）客户应提供资料合规，并按规定履行了固定资产投资项目的合法管理程序；

2）借款人提交资料并承诺所提供材料真实、完整、有效；

3）按照审贷分离、分级审批的原则报总行审贷委审批；

4）合同中要约定提款条件应包括与贷款同比例的资本金已足额到位、项目实际进度与已投资额相匹配等要求，要求借款人在合同中对与贷款相关的重要内容作出承诺；

5）合同中要约定提款条件，应包括与贷款同比例的资本金已足额到位、项目实际进度与已投资额相匹配等要求，要求借款人在合同中对与贷款相关的重要内容作出承诺；

6）约定专门还款准备金账户；

7）在发放贷款前审核借款人满足合同约定的提款条件，并按照合同约定支付的方式对贷款资金的支付进行管理与控制，监督贷款资金按约定用途使用。

实务操作过程中问题应对及思考：

针对国内每家银行的放贷情况不同，由具有担保能力的投资方签署担保文件及借款文件。对于固定资产贷款，办理流程简单明了，但是借款条件极难达成，在资金充裕的情况下，要尽可能地争取有利于企业的借款条件，才能为日后的运营期利润实现铺垫基础。

三、基建项目资金管理

1. 基建项目资金管理的内容

制订详细融资方案及全过程和分年度的资金使用计划，根据项目建设进度合理安排资金来源，保证建设资金及时到位；加强资金动态管理，控制资金存量，有效降低资金使用成本；规范保管包括借贷协议在内的融资档案；按照《企业会计准则》的要求，准确计算资本利息和相关筹资费用。

2. 基建项目资金管理的职责分工

（1）建设单位基建工程部门负责编制分年度工程投资计划，跟踪工程进度。落实完工程度。

（2）建设单位计划部门依据基建工程部门提供的年度投资计划和合同签订情况，组织编制年度资金使用计划。

（3）建设单位财务部门根据工程投资计划和年度资金使用计划编制年度资金预算，并按照工程进度和需要积极筹措资金，保证工程建设资金供应；同时按月统计资金（资本金和借贷等）到位情况以及资金使用情况，报送主管部门和单位基建工程部门、计划部门；加强资金动态管理，优化债务结构，控制资金存量，有效降低资金使用成本；建立融资档案，规范、妥善保管包括接待合同（协议）在内的档案资料；按照《企业会计准则》的要求，准确计算资本化利息和相关的筹资费用，并将资本化利息计算明细表等工作底稿作为融资档案妥善保管。

第六节 工 程 招 标

一、工程招标的一般原则和要求

1. 工程招标的一般原则

基建工程招标要严格执行《中华人民共和国招标投标法》等国家相关法律、法规和政策等有关规定；要遵循公开、公平、公正、科学、择优、严谨、诚实信用的原则，按法定的程序组织开展招标工作。工程项目的勘察、设计、施工、监理、咨询、安装、调试、设备、主要材料及大型设备运输的采购必须实行招标。

2. 工程招标的限额规定

施工单项合同估算价在 200 万元人民币以上的，重要设备、主要甲供材料等货物的采购单项合同估算价在 100 万元人民币以上的，勘察、设计、监理、咨询等服务的单项合同估算价在 50 万元人民币以上的必须实行招标；单项合同估算价低于上述规定的标准，但项目总投资额在 3000 万元人民币以上的必须实行招标。

3. 项目核准时对工程招标的要求

项目核准报批文件中应报招标方式选择意见，建设单位应根据国家发展和改革委员会对项目核准文件批复意见要求选择招标方式、组织招标工作。主要设备招标采用公开招标方式。

二、工程招标的计划及安排分类

1. 工程招标计划的安排

建设单位要按照上级公司或董事会的要求，根据工程自身的特点及情况，编制年度招标工作计划和阶段性项目招标工作计划，对于不同阶段的工程项目招标可按以下要求进行：

（1）燃机或分布式能源工程勘察、设计、咨询全过程招标，也可采用分阶段招标。

1）全过程设计（包括可研、初步设计、施工图、竣工图设计等）招标在初步可行性研究审查通过后进行；

2）可行性研究阶段设计招标在初步可行性研究已审查通过后进行；

3）初步设计及施工图阶段的设计招标应在项目可行性研究报告已审查通过，建设单位已组建之后进行；

4）咨询招标应根据咨询服务的内容，在合适的时间进行。

（2）工程主机设备包括燃机、余热锅炉、汽轮机和发电机招标应在可行性研究报告审查通过、建设单位已组建后进行。

（3）主体工程施工招标应在初步设计及概算已审查通过，第一批辅机签订合同后，设计进度能满足施工要求，以及主机设备、建设资金和建设场地已落实的条件下进行。为保证有效竞争和现场管理，火电工程有两台机组时可以选择1～2家主体施工单位。

（4）工程监理招标宜在项目初步可行性研究已审查通过后进行。

（5）调试（含达标投产性能试验）招标宜在项目正式开工后进行。

1）调试招标宜采用一个标段，标段划分较多不利于机组试运和整体配合。

2）调试招标的范围应包括机组的分系统调试、整套调试、机组的性能试验和特殊试验。

3）调试过程中与施工单位的配合费用包含在调试总价中，由调试单位负责协调解决。

（6）燃机工程大型设备运输招标应在设备采购合同签订后进行，也可纳入设备采购或施工合同中合并进行。

2. 工程招标的分类

（1）工程招标分设计、施工、监理、调试、及设备材料类，设备类包括成套设备、进口设备和国产设备。

为保证项目建设的质量和工期，有效控制工程造价，提高投资效益，结合火电建设的特殊性和目前电力建设市场的实际情况，对燃机和分布式能源辅机设备招标采取分批次划分进行。

（2）由于各项目设备系统及配置不同，设备和主要材料的种类也不同。所以，招标批次划分中的设备应视项目实际情况而定，本建议是根据常规工程的情况划分的。辅机设备和主要材料应在项目具备国家规定的开工条件后招标，批次的划分宜按下列原则：

1）与主厂房基础直接相关的、影响总平面布置的大型设备优先；

2）供货周期长、影响安装或调试的设备（如进口设备或含进口件的设备）优先；

3）制造周期长的设备优先；

4）商务策略需要尽早采购的设备或主要材料优先；

5）大宗设备和材料可适时招标；

6）批次的划分要结合项目的费用计划、进度计划及施工图交付状况统筹考虑；

7）结合项目的基建管理人员、安装队伍、资金周转及到位情况、仓储情况综合考虑确定。

各项目辅机招标批次或每批招标的辅机设备及主要材料会有一定差异，从实际出发，把握好招标时机，是保证项目建设质量和进度的关键环节。

三、招标程序

（一）招标组织方式的确定

（1）建设单位是电力建设工程招标的主体，对工程招标全过程负责。

（2）工程设备招标组织方式的划分。按招标的组织形式分为自行招标和委托招标，按招标的方式分为公开招标和邀请招标。

1）自行招标：指建设单位在具备法律规定的条件后，可以不通过招标代理机构而直接自行组织招标。

2）委托招标：当建设单位不完全具备自行招标所要求的条件时，须委托具有相应资质和条件的中介机构及其他有关单位进行招标代理。

3）公开招标：指以招标公告的方式邀请不特定的法人或组织投标。

4）邀请招标：指以投标邀请书的方式邀请特定的法人或组织投标。

（二）招评标组织机构

建设单位应在项目招标前成立招评标组织机构。招标评标机构一般由招标领导小组、评标委会（下设技术组、商务组、综合组）、监督小组组成、投资方、建设单位和外聘专家组成。监督小组由投资方、建设单位纪检监察、审计人员组成。

评标委员会由建设单位或招标代理机构负责依法组建，其人员组成结构要在招标方案中一并报批（不报具体人员）。评标委员会成员一般在开标前1～3天组成，必须严格保密。评标委员会成员应由建设单位或其委托的招标代理机构的代表、投资方代表和相关的技术、经济方面的专家组成，专家应当从招标代理机构的专家库名单中抽取或直接确定（对于技术特别复杂、专业性要求特别高或者国家有特殊要求的招标项目，采取随机抽取方式确定的专家难以胜任评标的，可以由招标领导小组直接确定），评标委员会成员应为五人及以上单数，其中技术、经济等专家不得少于成员总数的2/3，建设单位及本工程参建单位的评委不得超过成员总数的1/2，且建设单位（含招标代理机构）的人员不得超过成员总数的1/3，与投标人有利害关系的人不得进入相关工程项目的评标委员会。

评标委员会主任原则上应由评标委员会成员选举产生。评标委员会主任与评标委员会的其他成员有同等评审权。

评标委员会必须依据招标文件中载明的评标标准和方法及领导小组确定的具体评标标准和方法细则，对投标文件进行评审，评标结束后评标委员会即告解散。

（三）招标文件的编制与发售

（1）招标文件的编制原则。遵守《中华人民共和国招标投标法》等法律、法规及上级公司的有关管理规定；符合批复的项目可行性研究报告、初步设计内容的原则；在招标文件中不含有歧视性和倾向性条款；严格执行审查后的技术规范书；根据招标代理机构招标文件范本，结合本工程实际情况编制招标文件。

（2）招标文件的组成和语言。由投标须知、合同条件、合同格式及附件、工程技术文件、投标文件格式、评标办法及其附件等内容组成。招标文件的语言应使用中文，语言应严谨、准确，文字要简洁。建设单位可根据工程项目的实际情况，工程规模较大时，招标可以适当分若干标段，以发挥各投标人的优势，开展竞争。

（3）建设单位根据工程进度，督促设计院编制技术规范书，原则由建设单位组织审查，审定后技术规范书交招标代理机构，招标代理机构依据审定的技术规范书编制招标文件后，交建设单位审定。招标文件（含招标公告及资格预审公告）中对投标人资格审查的条件由建设单位提出，招标代理机构审定。招标文件中的评标标准和方法及资格预审（或后审）标准和方法由招标代理机构负责编制。

（4）招标文件中应提出有关保护性条款，要有安全、质量、进度、付款等风险防范条款。招标文件编制完成后，按公开招标的内容要求编制招标公告和资格预审公告。自行招标由建设单位编制招标公告和资格预审公告，委托招标由招标代理机构编制招标公告和资格预审公告。

（5）发布招标公告和资格预审公告，必须通过国家指定的报刊、信息网络或其他媒介发布（如中国国际招标网、中国采购与招标网、中国建设报、中国日报、中国经济报等）并保证其符合规定的发布时限（自资格预审文件发出之日起至停止发出之日止，最短不得少于5个工作日）；对于采用邀请招标方式的，邀请的投标单位应为4家及以上；多个标段同时招标时，每单个标段的投标单位不得少于3家，总投标单位不得少于发标数的2倍、且最少不得少于5家。

（6）公开招标应进行投标人资格预审。由建设单位或招标代理机构组成资格预审小组，对潜在的投标人进行资格预审。资格预审一般适用于潜在投标人较多或大型、技术复杂货物的公开招标，预审结果由招标代理机构复核。

（7）资格预审后，建设单位应向招标代理机构作出符合资格预审条件的潜在投标人的确认，并由招标代理机构向其发出资格预审合格通知，告知获取招标文件的时间、地点和方法，同时向资格预审不合格的潜在投标人告知资格预审结果，资格预审合格的潜在投标人不足 3 个的，应重新组织招标进行资格预审。对进行资格后审的，由评标委员会按确立的后审标准和方法对参加投标的投标商进行后审，对资格后审不合格的投标人，评标委员会应当对其投标作废标处理。后审结果作为评标的结论，写入评标报告。

（8）向资格预审合格的投标人发售招标文件。招标人应当确定投标人编制投标文件所需的合理时间。依法必须进行招标的项目，自招标文件开始发出之日起至投标人提交投标文件截止之日止，最短不得少于 20 日。

（9）投标。投标人应是依法注册的法人单位，两证（资质证书、收费证书）一照（工商营业执照）齐全，资质等级和经营范围应与投标项目相适应；投标人应按招标文件要求提交投标保证金（或保函）；具有完善的安全、环境、质量管理体系；联合投标时，应明确主承包单位，联合体每一成员均应具备相应的资质条件，由同一专业的单位组成的联合体，按照资质等级较低的单位确定资质等级。联合体各方应当签订共同投标协议，明确约定各方拟承担的工作和责任，并将共同投标协议连同投标文件一并提交。联合体中标的，联合体各方应当共同与建设单位签订合同，就中标项目共同承担连带责任。

（四）招评标程序

1．开标程序

开标会由建设单位或招标代理机构主持，应邀请所有投标人参加；主持人介绍各投标单位、宣布开标、监督、记录人员；监督人员宣读工作纪律和投标单位注意事项；开标人公布开标顺序和开标过程；监督人、开标人、工作人员和投标方检验标书密封状态并签字，工作人员检验投标文件的数量及内容组成；投标方公布开标报价（也可在技术澄清后公开投标报价）；监督人宣布检验结果是否合法、有效；主持人宣布开标结束。

2．评标程序

（1）开标后标书的评审程序为：阅读标书，整理资料初步评审，澄清详细评审编写评标报告。对不合格的投标应在开标时排除。

（2）评标应根据招标项目的不同类型按国家现行法律法规的相关规定，分别采用经过评审的最低投标价法、综合评估法及行政法规允许的其他评标方法。评标办法及细则应按合价低价的原则确定。对各投标人的投标报价进行评审并按规定调整后的评标价，作为价格评分的基础。对评标价进行评分的方法既要有利于合理低价中标，又要避免价格决定中标、恶意低价中标和价格因素作用不够的情况。

（3）评标应在严格保密的情况下进行。评标应依据招标文件中确定的评标标准和方法细则进行评审。

（五）澄清及答疑

（1）澄清及答疑方式。对投标文件中含义不明确、对同类问题表述不一致或者有明显文字和计算错误的内容作必要的澄清、说明或者补正。澄清、说明或者补正应以书面方式进行并不得超出。

（2）澄清可在初步评审之后或详细评审过程中进行。

（3）专业组阅读投标文件，整理、汇总技术参数对比表、差异表、供货范围对比表（包括备品备件、专用工具）、进口部套件清单等。对供货范围及进口范围不符合要求的，可作为澄清问题提出。对投标文件中不满足招标文件要求之处做好记录。对投标文件中含义不明确、对同类问题表述不一致或有明显文字和计算错误的内容进行归纳整理，形成书面的需投标人澄清的问题，一般采用传真澄清方式，必要时与投标人进行当面澄清。

（六）评标报告的编写与定评

（1）评标报告的编写由评标委员会完成，并由全体评委签字。

（2）评标结束后由建设单位或招标代理机构组织召开招标会议，审查评标委员会提出的评标报告，推荐预中标候选人排序。按照管理审批权限从推荐的预中标候选顺序中选定预中标人。

（3）预中标单位确定后，建设单位或招标代理机构向预中标单位发出预中标通知书，由建设单位和预中标单位商谈技术协议，进行合同谈判。

（4）合同签订后，及时向未中标单位发出未中标通知书，退回未中标单位的投标保证金或保函。

（5）在预中标通知书发出后的规定时间内，建设单位和预中标单位按照招标文件和中标单位的投标书签订书面合同。

（6）中标单位不得向他人转包工程，按合同约定或经建设单位同意，预中标单位才可将中标项目的非主体、非关键性工作或特殊工作分包给资质合格的分包单位，分包项目不得再次分包。分包项目仍由中标单位向建设单位负责。

第七节 合同管理

一、概述

合同管理在工程项目管理中具有十分重要的地位，建立以合同管理为核心的项目管理体系是控制工程质量、进度、投资与安全所必须具备的手段。参加工程建设的各方人员，无论是建设单位、咨询公司，还是设计人员、施工人员、监理人员、材料设备供应商，都事先通过合同的形式明确各方的责、权、利关系，从而保证了各自的利益与项目管理的成功紧紧联系在一起。

（一）合同管理的原则

1. 合同法的基本原则

平等、自愿、公平原则；诚实信用原则；遵守法律，不得损害社会公共利益原则。

2. 项目合同管理应遵守的基本原则

以书面形式订立，合同执行过程中由于各种原因造成的洽商变更内容，也必须以书面形式签认，并作为合同的补充部分；合同必须办理授权委托手续；合同签订前，必须有项目预算并落实资金来源；款项支付时，必须先经工程、财务、监理、档案等部门会签审查后再付款；合同必须通过比质比价和招投标，择优选择签约人；合同一经签订，除特殊情况外必须按合同约定条款履行。

涉及关联交易的合同时，要按权限取得董事会、股东大会的批准后方可正式签订合同。

（二）合同管理机构

1. 合同管理机构的主要职责

建设单位应设立合同管理机构归口统一管理合同，合同管理机构负责对合同管理工作进行规范、指导、监督、检查。

合同管理机构的主要职责如下：制定本单位合同管理制度；合同授权委托事宜；合同依法、依程序签订；按单位规定参与有关合同谈判及审查等工作；建立合同台账，对合同进行统一编号、统计、保管及例行报表；检查合同履行情况；组织合同业务知识培训，总结合同管理经验，提出表彰、通报及奖惩建议；处理合同纠纷。

2. 合同承办人制度

每一件合同须由法定代表人或承办部门确定一名主要承办人。承办人应对自商约起至合同履行完毕全过程负责，期间出现的任何与合同有关的问题须及时与有关部门及合同管理机构进行协商，并以承办人为主进行解决。

合同承办人的主要职责如下：制定程序办理合同签订、履行、变更、解除、终止事宜；起草合同文本，开展资信调查，组织及协调合同谈判、合同评审，聘请中介机构或咨询机构，提请有关业务部门审核会签合同；处理授权委托事宜，会同合同管理机构办理合同公证、鉴证、见证；协调处理合同履行中出现的各种问题；向合同承办部门、合同管理机构和单位负责人报告履约状况；将合同文本及其附件、相关资料，按规定及时归档；处理合同纠纷。

（三）合同管理的重点和措施

1. 合同管理的重点

合同管理按过程可分为招投标阶段、合同签订阶段、工程项目实施阶段三个阶段。每个阶段的管理重点如下：

（1）招投标阶段。详细编写招标文件中的技术规范书及商务条款，在合理的预算价格内，选用合理的技术方案，以确定中标单位。在发出中标通知书后，即进入合同签订阶段。

（2）合同签订阶段。充分理解即将采用的合同条件，合同谈判中，在充分考虑合同签订双方各自利益的基础上，尽量使自己的风险减少到最小，严格在招标文件及投标文件确定的原则下签订合同，做到合同文本科学、规范、符合实际。

（3）工程项目实施阶段。将合同管理与工程质量、进度、安全、资金控制，紧密结合起来，用合同管理促进工程建设，从而使合同管理更为高效、便捷、有的放矢。

2. 建设工程项目合同的特点

（1）合同经济法律关系的多元性。主要表现在合同签订和实施过程中会涉及多方面的关系，包括建设单位、监理、施工、设计、调试、材料供应、设备加工以及银行、保险等众多单位，因而产生错综复杂的关系，这些关系都要通过经济合同来体现。

（2）合同内容庞杂、条款多。因为每个工程项目的特殊性和建设项目受多种因素的影响和制约，所以合同中除一般条款外，还包括特殊条款，并涉及保险税收、专利等多项内容。因此在签订合同时，必须全面考虑各种因素，以免产生不良后果。

（3）合同履约方式的连续性和履约周期长。这是由建设工程的特殊性决定的，因为建设项目实施必须循序渐进地进行，所以履约方式也表现出连续性和渐进性。这就要求项目管理人员随时依据合同和现场实际情况进行有效的管理，以确保合同的顺利实施。

（4）合同的多变性。项目在实施过程中经常会出现设计变更或合同条款的修改，所以项目管理人员必须加强对变更的管理，做好记录，作为索赔、变更或终止合同的依据。

（四）基建工程合同管理工作的要求

（1）建立健全工程项目合同管理制度，明确各部门在合同管理中的职责分工和权限，规定各类合同签订的程序。合同管理制度的主要内容应包括承办人负责制度、承办人持证上岗制度、授权委托书制度、内部审核会签制度、合同台账管理制度、合同归档管理制度、履约报告制度、定期清理制度、履行监督制度、责任追究制度、统计管理制度等。

（2）设立合同归口管理机构，并设专人统一管理合同，建立合同台账，对合同履行情况进行统计分析。

（3）每一件合同须由法定代表人或承办部门确定一名主要承办人，按照谁签约谁负责的原则进行合同管理。承办人工作岗位发生变化的，应当另行确定承办人接续履行其职责。

（4）加强合同的监督与审计，对合同数额较大或对工程质量、安全影响较大的重大合同，从合同的项目论证、对方当事资信调查、合同谈判、文本起草、修改、签约、履行或变更解除、纠纷处理的全过程，都由工程、财务、审计、法律等部门参与，严格管理和控制，有效防范合同风险，切实维护企业合法权益。

（5）加强合同管理人员的培训教育，使合同管理人员掌握合同法律知识和签约技巧。

（五）起草合同文本

（1）起草合同文本的依据。依据《中华人民共和国合同法》和国家有关部门颁发的与合同法有关的法规、条例、规范、规章的要求和规定进行编制。通过招标签订的合同，要在招标之前制定合同文本，作为招标文件的组成部分。

（2）草拟合同时需重点研究的内容。合同价格形式；约定不明条款的履行规则；价格发生变化的履行规则；合同履行保证金、质保金、预付款、进度款支付规则；结合工程实际情况需特别要求的其他专用条款。施工、设计、监理、设备等合同在编制过程中要在职责、进度、质量、变更等方面进行统筹考虑，使其在建设阶段成为一个有机整体，保证工程的顺利实施。

（3）草拟的合同按权限进行审定后方可作为合同谈判的依据性合同文本。

（六）合同谈判

（1）合同正式谈判前，要根据招标文件、审定的合同草本的要求，结合合同实施中可能发生的各种情况进行周密、充分的准备。

（2）成立合同谈判小组。以建设单位合同管理部门为主组成谈判小组，明确谈判代表及其权限、谈判的原则、目的和条件等。谈判小组负责起草合同文本、拟定谈判方案，并对对方主体资格、经营信誉、履约能力等情况进行调查了解。合同谈判过程中，应保持谈判人员的相对固定，无特殊情况，不能更换。合同谈判小组应由具备相应专业技术知识和经济、法律知识的人员组成。业务相关部门应积极配合合同承办部门做好谈判工作。谈判小组代表建设单位进行合同谈判，谈判过程中的重大问题要及时向建设单位主管领导汇报。合同谈判过程中在做出违背审定原则的让步之前，要按权限进行审批、确认。

（3）具体谈判事宜时的要求。组建谈判领导班子，任命负责人和主谈人；必要时可根据合同的特点按商务和技术进行分组谈判；确定谈判的重点内容，研究谈判策略，确定让步层次和条件，并进行授权；谈判策略和让步条件要严格保密；分组谈判时要注意信息沟通和衔接。

（七）合同的审查与订立

1. 合同的审查

正式签订合同前要按程序提请有关业务部门以及财务、监审、法律部门进行审核会签。合同审核的重点为：勘察、设计合同中有关基础资料和文件的条款；施工合同中的工程范围、建设工期、工程质量、工程造价、技术资料交付时间、材料和设备供应责任、拨款和结算、竣工验收、质量保修范围和质量保证期、双方相互协作等条款；监理合同中发包方委托监理的内容、发包方与监理方权力责任的划分、监理费用及付款方式等条款；设备采购类合同中的技术标准、供货范围、交货期、交货地点、付款方式、质量保证责任等条款。

（1）工程部门重点审查合同的技术性，主要包括：技术措施完备、可行；技术标准和参数真实、可行；工作范围或供货范围明确，责任清晰；工期满足工程进度要求；合同考核条款合理、有效。

（2）计划部门重点审查合同的经济性、可行性和安全性，主要包括：对方资信可靠、资金充裕、具有履约能力，合同具有可操作性；合同价在已批准的项目概算额度内；付款方式合理；合同价格调整条款明确、合理。

（3）财务、监审部门对合同的审核内容包括：资金来源合法，资产的所有权明确、合法；资金、资产的用途及使用方式合法合规；价款、酬金支付方式明确、具体、合法；履约保函真实、可靠、可兑现，税费计算合理合法，逾期支付利息、滞纳金、违约金约定明确清楚，垫付资金必要、还款有保障，质量保证金和尾款支付真实、必要；担保方式真实、可靠。对外担保、投资、借款经过内控程序批准，决策程序合法；数量、价款、金额计算方式正确、数额准确，财务票据、单证齐全；索赔条款合法，符合国家财经法纪和上级公司有关业务管理规章制度。

（4）法律部门对合同的审核。没有设立法律部门的建设单位可聘请法律顾问对合同有关内容进行审查。一是合法性审查：主体合法，签约各方具有签约的权利能力和行为能力；内容合法，签约各方意思表示真实、有效，无悖法律、法规、政策及计划，无规避法律行为，无显失公平内容，权利义务对等；形式合法；签约程序合法。二是严密性审查：条款齐备、完整；文字清楚、准确；设定的权利、义务具体、确切；相应手续完备；合同的组成部分、相关附件完备；附加条件适当、合法。

2. 合同的订立

合同应当由各建设单位的法定代表人签署。需要委托签订的，应当办理法定代表人授权委托书，明确授权范围、权限和期限。受托人应在授权范围内订立合同。签订合同时要对合同另方签字人的授权情况进行审查。

（八）合同的履行

（1）工程管理人员要掌握合同管理的重点和要点，落实合同的目标，依据合同指导工程实施和项目管理工作。合同履行前，合同管理机构应组织工程管理部门相关人员进行合同的学习和交底，对合同内容、风险、重点或关键性问题做出特别说明和提示。合同交底主要包括以下三个方面的工作：

1）合同资料的交底。将投标工作阶段时的所有构成合同文件的招标文件、招标图纸、技术规范、投标书以及与此相关的基础资料和标前调查资料交由工程管理人员，用来帮助工程管理人员理解合同并作为工作的依据。

2）合同文本的交底。将合同文本在签订时的情况，如谈判的焦点、一些有利条款和不利条款，以及让步条款和认为应提醒合同管理人员注意的问题等相关情况，由原参与合同谈判人员交给工程管理人员，以利于工程管理人员更好地理解、应用合同条款。

3）合同价格交底。将合同价格的组成，各种费用计算依据与原则，以及合同价格的调整方法交代清楚，以利于工程管理人员在工程实施中开展工作。

（2）合同执行过程中要实行动态管理，充分发挥好合同承办人的作用，随时跟踪收集、整理、分析合同履行中的信息，及时对合同履行情况进行预测或评估，及早提出和解决影响合同履行的问题，防患风险于未然。合同承办人在合同履行中的职责如下：

1）承办人负责组织合同的履行，监督合同履行的全过程，并督促当事人按照约定全面、实际履行合同。

2）承办人负责履行合同约定的通知义务，包括提示有关部门、单位按合同约定的日期、期间履行合同义务或主张权利。

3）承办人负责汇报、请示合同履行中出现的问题、争议。

4）执行过程中严格控制合同的变更，及时做好、保存好有关记录，为合同结算打好基础。

5）合同履行完毕或合同的权利义务终止后，承办人负责整理、保管合同档案，并按文档管理要求的时间及方式归档。

（九）合同的变更与转让

1. 合同变更

合同变更是指合同依法成立后，在尚未履行或履行过程中当事人双方依法对合同约定的内容进行修订或调整所达成的协议。因此，合同变更仅指合同内容的调整，不涉及主体和标的的改变。变更的范围可包括义务范围的增加和减少、质量要求的改变、合同价格或支付方式的改变、合同期限的变化等，只要双方达成一致就可以变更合同。

2. 合同的转让

（1）合同的转让是指当事人一方将合同的权利、义务转让该第三人，由第三人接受权利、承担义务的法律行为。为体现签订和履行合同属于当事人之间的自主行为，合同法允许当事人全部或部分转让合同，但必须符合法律规定的要求。

（2）合同转让的特点。合同部分转让时，转让方当事人原来在合同中的权利、义务将分割为两部分，被转让部分由第三人与另一方当事人直接建立权利义务关系，转让方对第三人的行为不承担任何责任；未转让部分的权利、义务在签订合同的当事人之间仍然有效。

（3）合同全部转让实际上是合同主体的变更，原合同中确定的权利和义务仍然不变，但设定在第三方和另一方当事人之间。

（十）合同的终止和评价

合同已按约定履行完成后终止。合同管理工作比较偏重于经验，只有不断总结经验，才能不断地提高合同管理水平，因此，合同终止后应做好合同后评价工作。合同终止后，应进行以下评价工作：

（1）合同订立情况评价。合同签订时的得失、有利条款和不利条款以及其模糊不清的部分，只有通过合同的执行才能检验清楚，在合同执行后对签订情况进行评价，可以起到以史为鉴的作用，提高本人和企业的合同谈判水平。

（2）合同履行情况评价。每个工程和合同均有其不同的特点，在合同实施中也会遇到相同和不同的问题，通过对合同履行情况评价，可以促进本企业合同管理人员的经验教训交流。

（3）合同管理工作评价。将合同管理的方式、办法和得失予以总结、交流，可以丰富合同管理的经验，提高企业的合同管理水平。

二、勘察设计合同管理要点

勘察设计单位接受建设单位委托的本工程规定的勘察设计内容以外的工作时，如增加设计内容、增加技术服务、施工或设备的招标代理、咨询等，应签订补充协议或另行签订合同，明确服务范围、工期、质量、价格及其他要求。

1. 设计工期的控制

（1）勘察设计合同中应对设计工期提出明确要求。一般情况下，工程计划总工期应按照定额工期确定；施工准备期应控制在半年以内；主体工程基础开挖前，必须提供满足连续施工 3～5 个月的施工图；施工期间图纸交付日期应满足施工进度要求；最后一批施工图必须在第一台机组投产前 6 个月提供；总平面布置中的地下管网、管沟、电缆隧道应在土建施工阶段完成设计，以防止设备安装阶段反复开挖，影响后期安装施工；工程竣工验收后应在 90 天内完成竣工图编制；另外，合同中还应明确规定初步设计完成时间以及设备材料技术规范书提交计划。

（2）合同工期确定后，建设单位根据工程需要，提出适当提前交付设计文件时，可按设计合同规定，根据提前时间和预测提前工期所节省的建设期贷款利息，给予适当的奖励或设计赶工补偿，以补充协议形式支付。

（3）因受托方自身的原因延期交付设计文件时，每延误一天应扣减该设计阶段合同价款的 2%，扣款总额一般不超过合同总价的 2%；影响工程关键路径的，扣除总额不超过合同总价的 6%。

2. 工程设计造价的控制

（1）在可研阶段，因设计责任致使可研估算超出可研评估审查结果 5%以上时，以 5%为基数，每超过 1%应扣减该设计阶段合同价款的 1%，超出 10%及以上时，应扣减该设计阶段合同价款的 20%。

（2）初步设计概算的静态投资超过可研估算结果（按审定估算同一价格水平年计算，不含基本预备费）的 4%时，以 4%为基数，每超过 1%应扣减该设计阶段合同价款的 1%，超出 4%时设计文件应视为不合格，建设单位有权要求受托方重新返工，并可视情况扣减设计合同价的 20%。

（3）施工图预算的静态投资超过批准概算（按审定估算同一价格水平年计算，不含基本预备费）的 2%时，以 2%为基数，每超过 1%应扣减该设计阶段合同价款的 1%；当超过 4%及以上时，除按以上扣减合同价款外，受托方须无偿进行返工。

（4）采用两阶段设计招标方式时，设计单位应保证其中标后所做的估算/概算不超出投标时的估算/概算的 1%，否则建设单位有权扣除不超过合同价款总额 10%的勘察设计费。

（5）如设计方在施工期间的设计变更所导致的增加的工程投资超过项目基本预备费的 1/3，建设单位有权扣除相当于超过部分 30%的合同价款；因设计方的投标方案与施工图发生偏差导致工程投资增加的，建设单位有权扣除相当于合同价款总额 2%的设计费。

3. 工程设计质量的控制

（1）合同中应根据设计招标文件范本和行业的有关规定，明确设计范围和设计深度。由于设计单位没有满足设计范围和达到设计深度而出现的重大设计变更和由于设计单位的错误造成重大工程质量事故或由于设计质量问题引起返工造成损失时，设计单位须尽快提出补救措施，完善设计，降低损失。建设单位有权根据损失的程度扣除不超过合同价款总额 10%的勘察设计费。

（2）因设计方原因，造成工程投产后的技术经济指标（包括工程量、厂用电率、耗水量、单位千瓦占地面积等）未能达到设计方所提交的设计文件中提出的相应技术经济指标（以初设审定的技术经济指标为依据)时，建设单位有权扣除不超过合同价款总额 6%的勘察设计费。其中，工程量、厂用电率、耗水量、单位千瓦占地面积中每一项的扣款额最高均不得超过合同价款总额的 1.5%。

（3）因设计原因造成机组投产后 50 天内发生非法停机，建设单位单位有权按照设计费的 1%对设计单位进行考核。

（4）建设单位可单独聘请设计监理单位对设计方提供的勘察设计工作进行监理。设计监理单位负责对初步设计及施工图设计进行评审，提出的优化方案被采纳后，可按照节省投资额的一定比例对审查单位进行奖励。

4. 技术服务

设总和设计人员应具有已投运的同容量工程设计经验，对不符合要求的设计人员建设单位有权要求撤换。建设单位和设计单位应对建筑、安装施工和调试等阶段的现场设计服务人月数按有关规定协商确定。设计工代的配备应满足工程要求，现场设计提问应在 48h 内答复。如果设计方提供的现场服务的人月数、参加设备材料评标和技术谈判的人工数等未能达到合同相关规定的要求并使设计方的工作受到影响，建设单位将根据实际人月（工）数扣减合同价款，但扣款总额一般不高于合同价款总额的 4%。

三、施工合同管理要点

1. 一般规定

（1）施工合同必须将工程的进度要求、质量标准、价格调整等规定明确地反映到合同条款中。

（2）施工合同主要有以下几种计价方式：

1）固定总价合同。以一次包死的总价进行承包，价格不因环境变化和工程量增减而调整的合同，被称为固定总价合同。在固定总价合同中，承包商承担了全部的工作量和价格风险，除重大设计变更外，合同总价一般不做调整。这种承包合同结算方式较为简单，承包商的索赔机会较少；但由于承包商承担了全部风险，报价中不可预见风险费用较高，相应抬高了合同总价。对于管理人员较为薄弱的建设单位，上级公司建议采取固定总价合同。

2）概算下浮费率承包合同。施工单位以工程项目的批准概算为基础，按照一定的下浮比例进行建安工程概算费用承包的合同。概算下浮费率承包合同结算方式相对简单，工程施工过程中通过严格控制设计变更及工程签证，可有效控制工程费用不突破批准概算，但由于发包阶段设计深度不够，存在初步设计与施工图设计工程量误差较大、概算漏项多、个别概算定额水平不合理等问题，增加了施工单位结算时索赔的机会。

3）施工图预算加签证合同。按实际的施工图工程量和当期的预算价格，乘以合同约定的下浮比例进行结算的承包合同。施工图预算加签证结算合同的特点是据实结算，结算价可真实反映工程实际造价，但结算时间长，工作量大，对建设单位技经人员的专业水平要求较高。

4）工程量清单计价合同。建设工程招投标中，招标人委托具有资质的中介机构编制反映工程实体消耗和措施消耗的工程量清单，作为招标文件的一部分提供给投标人，由投标人依据工程量清单自主报价的计价方式。工程量清单计价采用综合单价计价，综合单价是根据完成规定计量项目所需的人工费、材料费、机械使用费、管理费、利润，并考虑风险因素确定的。工程量清单计价方式中，工程量按施工图纸据实结算，综合单价一般不作调整。工程量清单计价合同的特点是：风险由建设主体的交易双方分担，建设单位主要承担工程量的风险，施工单位主要承担综合单价的风险。因此，工程量清单计价方式要求工程量清单编制单位具有较高的专业水平，尽可能做到清单项目完整、工程量准确，以减少工程量变化带来的合同调价风险。

（3）施工合同管理应注意以下几个问题：

1）做好合同文件管理工作，建立相应的技术档案，包括合同、补充合同协议乃至经常性的工地会议纪要、工作联系单等，这些文件实质上都是合同内容的一种延伸和解释。

2）对合同履行情况进行动态分析，并根据分析结果采取积极主动的措施。

3）按合同要求的时限履行义务，尤其要落实好建设单位负责的各项开工条件，保证图纸、设备、甲供材的及时供应，避免引起索赔。

4）公正地处理索赔。根据事实证据和合同条款客观公正地审查索赔要求的正当性，对于因建设单位责任引起的施工单位损失给予合理的费用或工期补偿。同时，也可以找出对方违约的地方，通过反索赔维护建设单位的合法权益。

5）严格执行现场签证制度。工程项目施工过程中遇到与合同约定不符的情况时，必须及时办理现场签证。由于签证可以直接作为追加工程合同价款的计算依据，因此要严格履行签证权限管理和审批程序。现场签证宜只签客观实际情况而不签造价，只签实际工作量、工时数、施工措施而不签造价，以便负责结算的部门对最终的签证费用进行审核，对不合理的现场签证予以拒绝。

2．施工工期的管理

施工工期应根据上级公司批准的工程里程碑计划，结合招标文件要求和投标文件承诺意见，在签订合同文件时具体确定。

（1）承包商应保证实际工程进度符合进度计划的要求。若因承包商原因导致实际工程进度落后于计划进度，监理单位有权通知承包商采取必要措施，加快工程进度，确保工程能在预定的工期内完工。承包商无权要求就所采取的措施支付任何额外费用。

如果承包商在接到监理单位要求加快进度的通知后14天内，未能采取加快工程进度的措施，致使实际工程进度进一步滞后，或承包商虽采取了一些措施，但仍无法按计划工期交工时，建设单位可在向承包商发出书面通知14天后终止本合同或将本合同工程中的一部分工作委托给其他承包商完成。由此引起的额外费用由承包商承担。

因承包商的原因造成合同工期延误的，每拖延一天应扣减合同价款的0.3%，最高扣罚一般不超过合同总价的3%；如延误合同工期达1个月，建设单位除扣减其合同价格外，有权终止合同。

（2）对承包商的奖励和惩罚。建设单位根据市场情况，要求承包商比合同工期提前完成建设任务时，可根据由于提前投产所节省的建设项目法人管理费及预测节省的建设期贷款利息给承包商适当的赶工措施费、成本奖励，奖励方案应严格按上级公司的有关规定履行批准手续后实施。如承包商比合同工期滞后完成建设任务，建设单位相应采取惩罚措施。

因建设单位的原因（如工程开工、土地、道路、各种许可等现场条件及工程检验、验评等延误，设计、设备、材料、资金等供应不及时，设备、材料、设计质量不合格等）可能影响工期时，承包商应采取积极措施挽回或减少影响，可视实际情况对整个工程的影响程度及承包商损失情况，给以适当补偿。

3. 施工质量的管理

（1）工程建设质量必须按原电力工业部颁发的《电力建设施工及验收技术规范》、《火电施工质量检验及评定标准》、《火力发电厂基本建设工程启动及竣工验收规程》，原国家电力公司电力工程质量监督总站发布的《电力建设工程质量监督规定》及国家和行业的其他技术规范和规定执行。

（2）工程建设质量目标一般为：建筑工程单位工程质量合格率100%，安装工程单位工程优良率100%，受监焊口一次合格率大于或等于98%；分项工程合格率为100%；安装项目分部工程优良率为100%；分项工程优良率大于98%；分项工程合格率为100%；安装焊口一检合格率98%以上。施工质量达不到以上条件的，可按各优良品率每降低1个百分点，扣减合同总价的0.5‰给予处罚，工程质量超过以上条件，建设单位应根据情况给予适当的奖励。另外，建设单位可根据工程实际，制定机组性能指标、技术指标、消缺率、质检活动检查情况等指标对施工单位进行奖励和考核。

（3）承包商发生施工质量问题应在规定时间内处理，费用由责任方负责；如因承包商的原因造成工程永久性缺陷，建设单位有权视具体情况要求承包商予以赔偿，最高赔偿应不超过该部分的合同价款。

（4）工程施工质量应满足机组达标投产的要求，每台机组通过达标验收后，可支付50%质保金，承包商未按时实现达标投产，建设单位应提出限期整改意见，并视达标验收情况，处以合同总价的0.1%的罚款。

（5）机组投产后第一年发现的施工质量问题应按合同中的保修条款规定，由承包商负责保修，如承包商在规定时间内没有安排保修工作，建设单位有权安排修复工作，其费用可从质量保证金中支付，但最高额一般不超过工程质量保证金。

（6）工程获得国家级优质工程或获得鲁班奖，建设单位可给予承包商适当的奖励。

4. 工程造价的管理

（1）承包商对工程设计、施工提出的合理化建议得到采纳，从而降低工程造价或避免错误造成损失，建设单位应根据情况，按降低造价或避免损失额的一定比例给承包商以奖励。

（2）工程进度款必须严格按工程进度完成情况支付，并与工程质量、工地现场的文明安全管理情况紧密结合起来。付款申请应由监理单位签证，建设单位工程、计划、物资、财务、质检、档案等部门会签，并经建设单位主管领导批准后，财务方可付款。

（3）设计变更、现场签证管理是施工合同管理的核心内容，是合同结算的重要依据，建设单位应制定严格的管理制度，实行分级授权管理。

（4）施工合同变更控制的重点。工程量增减；质量及特性的变更；工程标高、基线、尺寸等变更；工程的删减；永久工程的附加工作，设备、材料和服务的变更等。

（5）工程竣工验收合格后，由承包方在工程竣工验收合格后的约定期限内提交竣工结算文件，经监理单位和建设单位审查后，委托上级公司技经中心或具有相应资质的工程造价咨询单位进行竣工结算审核，建设单位在约定期限内向承包方提出工程造价咨询单位出具的竣工结算审核意见，工程竣工结算文件经发包方与承包方确认并经审计部门审计后即作为工程决算的依据。

5. 施工合同的分包

施工合同中应对工程分包做出以下规定：承包人不得将主体工程进行分包或转包，承包商对外分包的总工程量不得超过合同总价或暂定合同总价的20%。承包人未征得建设单位同意，不得将本工程任何部分进行分包。承包商擅自进行分包的，建设单位有权扣留分包部分的合同价款，由此给建设单位造成的损失由承包商承担。经建设单位同意分包的，承包商应将分包合同副本提交给建设单位。承包人对其分包合同负全责，分包人不得将分包工程进行转让或再分包。附属工程的分包单位要具备相应施工资质，应优先选用有相应业绩的、与主承包商长期合作的分包单位。分包合同不能解除主承包商所承担的任何约定义务与责任，主承包商应按照主体工程同等标准严格管理分包单位，保证合同的正常履行。

建设单位应建立主体承包单位和分包单位的业绩记录，作为今后选择主承包商及分承包商的依据。

6. 劳动用工

建设单位应要求承包商与所雇用的劳动者签订劳动合同，切实加强用工管理，按合同规定按时足额支付用工费用。如果承包商未按时足额向劳动者支付用工费用，建设单位有权代其支付，并从工资保证金或应向承包商支付的款项中扣除相应费用。承包商应在签订合同后5天内，向建设单位支付合同总价或暂定合同总价1%的工资保证金。在工程通过竣工验收后，如果承包商已足额支付劳动者工资，工资保证金由建设单位全额返还，否则，建设单位有权从工资保证金中扣除相应金额用于劳动者工资的支付。

四、设备采购与材料采购合同管理要点

1. 一般规定

（1）建设单位应组织好设备材料采购招标文件的审查，审查的重点包括：技术标准和规范必须明确；工厂和现场试验、检验的项目及要求，设备监造的范围及要求必须明确；专业间的接口必须明确；供货的范围必须明确；设备技术标准及进口范围原则上执行初步设计审查意见，如确实需要提高设备档次，须报批准后执行；要求卖方保证设备的供货满足施工进度的要求，明确延误工期向卖方索赔的相关条款；对投标单位的资质和业绩提出明确要求，保证设备的质量；招标文件中规定的进口设备国外监造、验收、培训及设计联络会等项目，必须在招标前报批准后确定。

（2）设备采购合同管理的重点。

1）合同订立前的管理：主要检查监督合同签订前的资源调查、市场预测和采购决策等准备工作是否按规定的程序进行，调查预测的结果是否形成了文书材料。

2）合同签订中的管理：主要检查监督供应商的法人资格、资信情况和履约能力，合同的条款是否完备准确，签约过程是否符合法定手续和程序等，并对资格审查、资信材料和谈判签约等资料进行认真的整理。

3）合同履行中的管理：主要是组织落实采购合同任务，监督检查货物质量、交货进度和接收合同标的物，进行价格审核和货款结算，处理合同纠纷等，以此来保证采购合同是否全面履行。

2. 设备材料交货期的管理

合同内应对交（提）货期限写明月份或更具体的时间。如果合同内规定分批交货时，还需注明各批次交货的时间、地点及详细交货内容，以便明确责任。主机和主要辅机订货时，合同工期必须比定额工期提前 2 个月，同时在合同中预留交货进度保证金，以确保催交设备的主动、有效。如果非因买方原因，卖方未能按本合同规定的交货期交货时（不可抗力除外）买方有权按下列比例向卖方收取迟交货物违约金：

（1）迟交 1～4 周，每周违约金金额为迟交货物金额的 0.5%；

（2）迟交 5～8 周，每周违约金金额为迟交货物金额的 1%；

（3）迟交 9 周以上，每周违约金金额为迟交货物金额的 1.5%。

3. 设备材料质量管理

（1）由建设单位采购设备、材料时，不论采用何种交接方式，采购方均应在合同规定的由供货方对质量负责的条件和期限内，对交付产品进行验收和试验。某些必须安装运转后才能发现内在质量缺陷的设备，应在合同内规定缺陷责任期或保修期。在此期限内，凡检测不合格的物资或设备，均由供货方负责。

（2）需方将在合同规定的质保期满且其在质保期满前提出的索赔和赔偿全部得以满足后30 天内，向供方签发合同设备最终验收证书。

（3）对于由施工单位采购的材料，建设单位、监理方要会同施工单位对生产厂家的资质及质量保证措施予以审核，并对订购的产品样品要求其提供质保书，根据质保书所列项目对其样品质量进行再检验。样品不符合规范、标准的，不能订购其产品，以防止不合格的材料用于工程，保证工程建设质量。

4. 合同支付结算管理

（1）设备采购合同一般有以下几种付款方式：

1）1:3:3:2:1 付款方式。合同生效后支付 10%设备预付款；设备制造进度达 60%支付 30%进度款；设备运至交货地点支付 30%提货款；设备通过可靠性运行及性能验收支付 20%交货款；设备通过最终验收支付 10%质量保证金。

2）1:2:3:3:1 付款方式。合同生效后支付 10%设备预付款；设备主要部件投料支付 20%投料款；设备制造进度达 60%支付 30%进度款；设备通过可靠性运行及性能验收支付 30%到货款；设备通过最终验收支付 10%质量保证金。

3）1:8:1 付款方式。合同生效后支付 10%设备预付款；全部合同设备运到交货地点支付80%到货款；设备通过最终验收支付 10%质量保证金。

4）7:2:1 付款方式。适用于小额询价采购设备，合同生效且设备运到交货地点支付 70%到货款；设备通过可靠性运行及性能验收支付 20%到货款；设备通过最终验收支付 10%质量保证金。

（2）采购方有权部分或全部拒付货款的情况大致包括：交付货物的数量少于合同约定，拒付少交部分的货款；拒付质量不符合合同要求部分货物的货款；供货方交付的货物多于合同规定的数量且采购方不同意接收部分的货物货款，在承付期内可以拒付。

5. 进口设备采购

（1）进口设备典型的采购流程。设备招标→商务谈判→签订合同→买方开具与合同约定的即期信用证→卖方装运发货→在货物装运完成后 48h 之内以电传或传真形式将合同号、货物名称、数量、毛重、体积（用 m^3 表示）、发票金额、运输工具名称及启运日期通知买方货物到港托运→货物抵达目的港和/或现场后，买方应向中华人民共和国出入境检验检疫局（以下称为检验检疫局）申请对货物的质量、规格、数量和重量进行检验，并出具交货后检验证书（一般是抽查）→报关交税→提货。

（2）进口信用证的有关问题。

1）进口信用证是银行应国内进口商的申请，向国外出口商出具的一种付款承诺，承诺在符合信用证所规定的各项条款时，向出口商履行付款责任。信用证是比较完善的国际贸易结算方式，与托收不同，由于银行信用的介入，为出口商安全收款、进口商安全收货提供了保障。

2）企业如需向银行申请办理进口开证，应当满足以下条件：企业应具有民事行为能力和财产处置权，财务制度健全，企业资信良好，具有一定的经营和履约能力；企业应在银行开有人民币或外汇基本账户或往来账户，并保持经常结算往来，信誉良好；进口的商品符合国家有关规定和市场需求，并在企业经营权限范围内，需配额管理的商品须提供进口许可证；企业应向国家外汇管理局申领进口开证名录卡，如需办理进口付汇备案表的进口开证，应向国家外汇管理局进行申领；企业应向银行提供等值于开证金额的人民币或外汇保证金，对一些资信良好、有一定清偿能力的客户，银行可以根据企业的资信状况以及抵押、担保的落实情况，核定开证授信额度，减免开证保证金。减免开证保证金的操作程序同银行贷款操作程序。

（3）开证注意事项。

1）信用证的内容应是完整的、自足的。信用证内容应严格以合同为依据，对于应在信用证中明确的合同中的贸易条件，必须具体列明，不能使用"按××号合同规定"等类似的表达方式。因为信用证是一个自足文件，有其自身的完整性和独立性。不应参照或依附于其他契约文件。

2）信用证的条件必须单据化。《UCP 500》规定："如信用证载有某些条件，但并未规定需提交与之相符的单据，银行将视这些条件为未予规定而不予置理"。因而，进口方在申请开证时，应将合同的有关规定转化成单据，而不能照搬照抄。比如，合同中规定货物按不同规格包装，则信用证中应要求受益人提交装箱单；合同以 CFR 条件成交，信用证应要求受益人提交的清单中的已装船提单上应注明运费已付等。

3）按时开证。如合同规定开证日期，进口方应在规定期限内开立信用证；如合同只规定了装运期的起止日期，则应让受益人在装运期开始前收到信用证；如合同只规定最迟装运日期，则应在合理时间内开证，以使卖方有足够时间备妥货物并予出运。通常掌握在交货期前 1～1.5 个月左右。

4）关于装船前检验证明。由于信用证是单据业务，银行不过问货物质量，因而可在信用证中要求对方提供双方认可的检验机构出立的装船前检验证明，并明确规定货物的数量和规格。如果受益人所交检验证明的结果和证内规定不符，银行即可拒付。

5）关于保护性规定。《UCP500》中的若干规定，均以"除非信用证另有规定"为前提，比如，"除非信用证另有规定银行将接受下列单据而不论其名称如何"等。如果进口方认为《UCP500》的某些规定将给自己增加风险，则可利用"另有规定"这一前提，在信用证中列入相应的保护性条件，比如按《UCP500》规定，禁止转运对集装箱运输无约束力，若买方仍要求禁止转运，则可在信用证中加列"即使货装集装箱，本证严禁转运"等。

6. 进口设备退税

（1）退税依据。如《国家支持发展的重大技术装备和产品目录（2012 年修订）》、《重大技术装备和产品进口关键零部件、原材料商品清单（2012 年修订）》（财关税〔2012〕14 号）等。

（2）用汇额度。为便于办理进口设备免税事宜，工程项目可研收口阶段应在项目建议书及可研报告中明确本工程项目进口设备用汇额度。用汇额度的上限是本工程能申请免税设备总额度的上限。可研批复的文件中最好有本项目主要设备可享受免税政策的描述。

（3）项目免税确认书办理办法。

1）项目免税确认书的办理，需由国务院有关部门、各省级发展和改革委员会、经贸委（指各省、自治区、直辖市及计划单列市发展和改革委员会、工信委，新疆生产建设兵团经贸委，下同）及各有关企业（指各国家试点企业集团、中央管理企业、国家计划单列企业集团，下同）向国家发展和改革委员会正式报文提出申请，经国家发展和改革委员会审核同意后，出具免税确认书。公司所属各基建项目取得可研批文后，通过各省级发展和改革委员会向国家发展和改革委员会规划司申报。

2）办理免税确认书需提交审核的材料：项目可行性研究报告批复文件或复印件（国家只审批项目建议书的项目，需同时附项目建议书批复文件复印件；授权或委托审批的项目，另附授权或委托函复印件）；项目进口设备清单一式 4 份及项目可行性研究报告中提出的进口设备清单一份；建设单位营业执照复印件；其他需要说明或提供的材料。

（4）海关备案办理办法。

1）建设单位获得国家发展和改革委员会批复的国家鼓励发展的内外资项目确认书后，按照以下流程在项目确认书批复的海关办理备案手续：建设单位填写征免税备案申请表，并提供相关资料报关行录入电子数据，先由申请单位项目所在地海关备案审批，然后由关税处备案审批，备案完成。

2）办理海关备案需提供的资料有：

a）填写进出口货物征免税备案申请表（原件 1 份）并加盖公司公章；

b）国家鼓励发展的内外资项目确认书（原件 1 份）；

c）项目可行性研究报告（原件或复印件 1 份）并加盖公司骑缝章；

d）项目可行性研究报告的批复（原件或复印件 1 份）并加盖公司骑缝章；

e）内外资项目进口设备及技术清单（原件 1 份）并加盖公司公章；

f）按照上述清单填写与项目相关的进口设备详细用途说明（该说明应加盖公司公章并需明确载明进口货物的性能、功能、规格型号及在本企业的用途）及进口设备的技术说明书（要求提供中文资料，如外文要翻译成中文）各 1 份（原件）；

g）建设单位提供其加盖公章的企业法人营业执照复印件 1 份；

h）提供海关所需要的其他与项目审批相关的必要文件；

i）负责派员向项目主管地海关关员当面回答与项目有关的问题。

（5）《征免税证明》办理办法。

1）建设单位在办理完海关备案手续后，还应按照以下流程在项目确认书批复的海关办理征免税证明：减免税建设单位填写进出口货物征免税申请表，报关行录入电子数据，申请单位项目所在地海关征免税审批，出具征免税证明。

2）办理征免税证明的具体要求如下：

a）提供加盖公司公章的进出口货物征免税申请表原件 1 份/到货批次；

b）提供进出口货物征免税备案登记表原件及复印件（复印件加盖公司公章）1 份/到货批次；

c）提供加盖公司公章的完整的外贸合同及附件和到货发票及装箱单等单据的复印件 2 份/到货批次；

d）如进口设备需要提供进口许可证等批件的，应随附该批件的复印件 2 份/到货批次；

e）按照内外资项目进口设备及技术清单填写与项目相关的进口设备详细用途说明（该说明应加盖公司公章并需明确载明进口货物的性能、功能、规格型号及在本企业的用途）及进口设备的技术说明书（要求提供中文资料，如外文要翻译成中文）各 2 份/到货批次；

f）提供海关所需要的其他与项目审批相关的必要文件；

g）负责派员向项目主管地海关关员当面回答与项目有关的具体问题。

（6）《机电进口申请表》办理流程。需提交进口设备许可证的机电设备，应按以下流程办理机电进口申请表：进口合同签订—报国家电网公司机电进出口办公室审核（可能要可研批文）—批复。

（7）报关免税证明。征免税证明由项目所在地海关转到进口地海关后，建设单位凭征免税证明、机电进口申请表、进口设备采购合同，到进口地海关办理通关及免税手续。

五、监理合同管理要点

工程监理应根据电力行业的规定，实现控制"安全、质量、工期、造价"的目标，完成工程建设合同管理和综合信息管理，协调工程建设各有关单位间的工作关系，具体监理服务范围、监理大纲等，应根据工程的实际情况在合同中明确。

1. 工程质量管理

（1）因监理单位责任，没有完成合同中规定的服务内容和达到规定的标准要求，给工程建设造成损失时，建设单位可根据具体情况给予扣罚，最高扣罚额应不超过监理合同总价的10%；如监理单位在工程建设中没有履行其义务，给工程造成重大损失时，建设单位可视程度轻重予以处罚，但最高处罚以监理合同总价为限，并有权中止合同的继续履行。

（2）工程全部或单台机组达标投产后，可支付给监理单位相应的质保金50%。

（3）工程获得分公司、上级公司、省、国家级优质奖（包括鲁班奖）时，可给予监理单位适当的奖励。

2. 工程进度管理

（1）工程未按施工合同所规定的工期完成，建设单位有权扣除监理合同总价的3%。

（2）建设单位要求比原工程合同工期提前完成建设任务时，可视工程提前建成的具体情况和所做贡献大小，给予监理单位适当的奖励。

（3）因建设单位的原因造成施工合同工期延误时，应给予监理单位适当的附加服务补偿。

3. 工程造价管理

（1）工程静态投资突破批准概算，建设单位有权扣除监理合同总价的 3%。在勘察设计阶段，监理单位在初步设计和施工图设计的监理过程中提出的重大设计优化方案被采纳，能够明显降低工程造价，可按本方案使工程造价降低额的1%给予奖励。

（2）设计、施工、调试方案审定后，监理单位在施工监理中对设计、施工、调试提出优化方案或合理化建议得到采纳，使工程造价得以降低，可按本方案使工程造价降低额的 5% 给予奖励。

4. 工程安全管理

在工程监理范围内发生由于施工安全方案措施造成死亡或重大设备事故，建设单位有权扣除监理合同总价的 3%。

注：本章中的数字仅供建设单位在合同执行中参考，不具有强制性。

生产运行的准备工作

第一节　概　　述

一、生产准备工作的基本内容

项目生产运行准备的内容一般应包括成立生产运行准备机构、生产运行准备人员配置、生产运行准备人员培训及定岗、建章立制、物资准备、运营准备和信息系统建设等。项目生产运行准备应根据工程进度制订切实可行的生产运行准备大纲和生产准备计划，统筹安排生产准备工作。发电厂生产准备的时间一般应从工程项目机组建设开始，到机组完成 168h 或（72+24）h 试运行，进入试生产运行为止。

二、生产准备工作的组织机构

1. 生产准备组织机构的确定

生产准备组织机构的确定是各项生产准备工作中的基础工作。通过组织机构的确定，可以决定全厂人员的数量及对各类人员的素质要求，有了人才能进行各种生产准备工作。其组织机构形式要适应电力生产特点的要求；要适应本单位机组容量、机组数量和运营特点的要求；要适应当地环境特点的要求；要适应可能达到的本单位人员素质水平的要求。在适应上述要求的原则下，应尽可能使组织形式简单，人员少而精。

在生产方面的组织机构，根据建设单位的具体情况设置生产准备部。组织机构确定之后，根据各个岗位制订出每一岗位的职责范围，用文字的形式明确其责、权、利。真正做到生产中的任何事情都有明确的岗位来管理，防止有事无人管或一事多人管的现象。

2. 生产准备人员的配置

在确定组织机构和明确岗位责任之后，应根据各岗位工作的重要性及生产准备工作量的复杂程度，逐步地落实有关岗位的人员。因为发电厂生产设备的现代化水平较高，生产过程比较复杂，所以对人员的文化素质要求相应较高。对生产一线的岗位如染机、机、炉、电主值班员、运行班长、检修维护等岗位人员要求具有中专以上文化水平，值长、维护班长应具有大专以上文化水平并有一定的现场实践经验，才能适应其生产工作的需要，否则在工作中就很难处理运行中的一些异常现象，甚至会造成误操作，影响机组的正常运行。各级专责工程师应具有大学本科学历，并有 3～5 年的实际工作经验，方能适应生产的需要。

第二节　生　产　管　理　模　式

电厂的生产管理模式一般可以分为两种，即自我管理模式和委托运营模式。目前，无论采取哪种管理模式，一般不设检修队伍，检修采取外委形式。电厂可以根据上级要求和本单位的实际情况，采取不同的生产管理模式，但都必须按照现代管理机制建立新的管理标准和制度，运用新的管理组织和管理方式，达到高效率和高效益的目的。

一、自我管理模式

自我管理模式是指电厂的机组运行和维护工作都由自己负责，只有检修工作实行外包的管理模式。采用自我管理模式的电厂从基建工作一开始就应按照生产准备工作的要求，根据机组定员逐步配备生产准备人员。人员数量应满足投产机组需要，并应在该机组投产前1年左右逐渐配齐。运行和维护人员中的技术熟练人员要求不低于每类人员总数的1/3。运行人员中的值长原则上应由有3年以上同类机组同岗位运行管理经验的人员担任。

二、委托运营模式

委托运营模式可以分为全部委托运营和部分委托运营模式。

（1）全部委托运营。是指电厂的机组运行、维护和检修工作全部委托运营商负责的管理模式。电厂采用全部委托运营应在机组投产前1年确定，并选定优秀的承包商签订合同，明确生产准备期间的各项工作接口、人员到位时间，保证生产准备工作顺利进行和机组的顺利接管。承包商的选择是保证机组安全稳定运行的关键。应选择具有同类发电机组的运营经验，在电力系统具有良好的企业信誉的承包商；同时要对承包运营人员的资质进行相应的审查，保证具有相应的工作资质。

（2）部分委托运营。是指电厂的机组运行、维护工作部分由自己负责，部分委托运营商负责的管理模式。部分委托运营一般采取主要系统的运行和维护工作自我管理，全部或部分辅助系统的运行和维护工作委托运营的管理模式。

三、检修外包

发电设备的检修外包方式实现了发电企业生产管理方式的转变，是提高发电企业的管理水平、减人增效的有力措施，是发电企业生产发展的方向。发电厂检修对外招标承包时，优良的检修承包商的选择是保证检修质量和安全的关键之一。应选择具有同类发电机组或设备的安装或检修的经验，在电力系统从事发电设备检修多年，具有良好的企业信誉的检修承包商；要对检修承包商人员的素质进行相应的审查，应具备电气一次、二次、机械、试验、特种作业等重要专业人员的相应资质；对承包商的特种作业设施进行审核，应具备从事发电设备检修的各种作业设施和设备。

第三节 生产准备大纲与计划编制

一、生产准备大纲与计划的编制要求

（1）生产准备大纲与计划的编制依据。依据上级公司对生产准备工作的有关要求以及工程设计进度、工程施工进度、设备制造进度、技术协议合同、机组定员标准。

（2）生产准备大纲与计划的编制步骤。编写人员熟悉、掌握编制依据；确定生产准备工作的指导思想和基本原则；合理划分生产准备各阶段的工作内容，保证涵盖生产准备阶段的所有工作，确定生产准备各阶段计划完成时间；分管领导组织讨论确定，行文下发执行。

二、生产准备大纲的编制

生产准备大纲应按照生产准备工作的指导思想、生产准备工作内容和生产准备工作要求三个部分编制。

1. 生产准备工作的指导思想

生产准备工作的指导思想是开展生产准备工作的依据和最高标准，所有生产准备工作都要始终围绕指导思想来进行。生产准备工作的指导思想应立足于建设和培养一流的职工队伍，构建一流的现代化管理机制，建设一流的发电企业。生产准备工作应坚持的基本原则：坚持三个结合，一是人员配备与机组建设需要相结合，二是全能培训与保证重点专业、重点设备、重点系统相结合，三是平稳接机与投产后的提高相结合；突出三个重点，即生产技术、现代化管理和工作作风。

2. 生产准备工作内容

生产准备工作内容可分为六个阶段。各新建机组单位根据机组投产时间，具体安排各部分的具体时间和工作内容。

（1）第一阶段的主要工作内容。提出生产准备人员配备计划；制订生产准备大纲和生产准备计划；建立生产技术管理模式；熟悉机组设计、施工概况、建设模式，掌握电厂系统设计思想、特点以及设备特点；对设计、施工、安装、设备性能在深入学习研究的基础上对存在的问题提出建议。

（2）第二阶段的主要工作内容。培训教材的编制准备；组织到同类型机组及生产厂家收资；技术资料的收集、整理、归档、编目；掌握机组系统的设计特点，主机、主要辅机的特性及运行要求；熟悉有关技术资料，提出建议；建立设备台账；编制备品储备计划。

（3）第三阶段的主要工作内容。编制培训计划及管理办法；编制岗位责任制；建立设备清册，编制随机备品清册；提出各实验室、化验室仪器配置计划；联系进行仿真机培训事宜，确定仿真机培训时间；联系有关电厂和学校，为实习和办学习班做好准备；消化有关技术资料，熟悉图纸，编写专业教材；细化专业培训教材并交付印刷、出版，为厂内培训做准备。

（4）第四阶段的主要工作内容。根据人员情况，组织专业理论培训；成立相关部门，制定相关管理制度；运行规程初稿完成；系统图绘制完成；学习规程、系统图；现场熟悉系统、设备；掌握系统特点，设备性能、原理、作用、控制原理、调节方式方法；举办厂内运行人员培训班（厂家讲课，生产骨干讲课，互讲互学）；维护人员外厂实习，编入实习厂相应班组，原则上要求参加国内同类型机组大修；组织相关人员到有关专业厂家进行设备培训；举办维护专业人员培训班。

（5）第五阶段的主要工作内容。组织进行规程的修编。运行规程、调度规程提交公司会审，会审通过，交付印刷；熟悉有关图纸、设备说明书、设计规范书、系统图等，完善检修规程，修订系统图；编制岗位工作标准和各种规章制度；进行规程、管理制度的学习、考试；各种生产用的报表资料准备齐全，各试验室、检修间达到使用条件；配置生产值班室用品，编制生产值班制度；编制设备分工细则；化学实验室达到使用条件；运行专业各种台账、报表、日志、表格等准备齐全；维护班组编制建立，班组管理健全；各专业维护人员全面学习并掌握各项规程、规定及有关各项管理制度并进行考试。

（6）第六阶段的主要工作内容。生产人员全面参与启动工作；设立技术监督专责人，建立技术监督网；管理接口工作准备；设立消防专责人，编制消防规程；集控运行人员全部经仿真机培训并取得合格证，定岗定责；所有运行人员全部到位，考试合格，定岗定责；运行人员现场熟悉设备系统，系统挂牌完成；运行专业各种办公用品、工器具、劳保用品配齐；运行人员根据工程进度，陆续进入现场，参加分部试运、整体启动；各专业维护人员全部进入现场，全面熟悉设备，配合部分系统的调试工作；根据合同派员参加部分设备的检验、监造；生产各部门工作进入正常运转状态；完成检修规程初稿。

三、生产准备工作要求

生产准备工作要求应主要体现在生产准备机构设置及人员配备要求、生产准备基础资料的编制要求、生产准备人员的培训要求和机组启动前的准备工作要求四个方面。

1. 生产准备机构的设置及人员的配备要求

生产准备机构的设置要求：生产准备部门应在新建机组建设单位在机组投产前1年组建，并由分管生产的副总经理（副厂长）负责。委托运行管理的项目应在机组投产前1年签订委托运行管理合同（协议），合同（协议）应按国家和上级主管单位的要求，经充分协商后，明确生产准备的有关内容。

运行和维护人员的配备要求：运行和维护人员中的技术熟练人员应要求不低于每类人员总数的1/3。运行人员中的值长、单元长原则上应由有3年以上同类机组同岗位运行管理经验的人员担任。新建单位新招员工中，大中专学生比例不宜太高，且应在机组投产前1年进厂。

发电厂运行和维护人员应根据上级公司劳动定员标准的数量要求，在满足工作要求的情况下尽量减少配备。新建机组单位有2台及以上机组在建的，运行和维护人员应分批进厂。

2. 生产准备基础资料的编制要求

（1）编写生产准备计划。一般情况下，生产准备部门要在组建后1个月内，制订出符合实际、具有可操作性的生产准备计划，并及时下发。生产准备计划应包括新机组投产前各阶段的准备工作内容、时间进度安排及责任分工。

（2）规程的编写与审查。机组运行规程一般应在新建机组分部试运前3个月完成编写，机组检修维护规程应在机组总启动前完成初稿。

（3）图、票、卡的准备。绘制系统图，编写操作票、操作卡及系统阀门检查卡应在机组分部试运前3个月准备完毕。

（4）建章立制。培训教材、反事故措施及各项规章制度原则上应在新建机组分部试运前3个月完成，存档备查，并组织相关人员学习。各类记录、表格在机组投产前发放到有关岗位或班组。记录、表格的印刷数量一般考虑用半年至一年。在使用中发现有不当之处，应在重印时进行修改。

3. 生产准备人员的培训要求

（1）人员培训应注重生产准备人员的全能素质培养，加强安全知识、专业理论知识及实际操作技能培训，培养一支一专多能的高素质生产队伍。人员培训应根据生产准备计划制定系统的培训计划和考核办法，认真实施，严格考核。

（2）生产准备人员的培训时间。新建机组单位应根据工程进度安排培训时间，运行人员的培训时间最好不少于12个月，设备维护人员的培训时间最好不少于6个月。

（3）生产准备人员的培训内容及要求。生产准备部门应制订详细的培训计划，做好生产准备人员的培训记录，对每位职工每个阶段的培训效果作出总结、评价，在符合要求并取得相关资格证书后方可上岗，确保生产准备人员满足新机组安全生产的要求。

4. 机组启动前的准备工作要求

生产部门应按当地电网有关要求向电网调度管理机构办理好新设备投运、新机组甩负荷试验申请等有关审批手续，签订新机组并网协议与购售电合同。

生产部门应按当地电网有关要求向电网调度部门报新设备编号建议,提供一次系统接线图、主要设备规范及技术参数、继电保护、自动装置的配置及保护图纸、试运行方案、运行规程、主要运行人员名单、预定投产日期等资料。

生产部门应按并网协议书面向电网调度部门提出试运计划。其内容包括启动试运措施、试运项目、接带负荷、对电网的要求等。试运前二天向值班调度员提出申请。

生产部门应提前 2 个月制定出机组分部试运与整体试运大纲,机组启动前分部试运的重大操作措施及安全措施。在整套启动试运前 1~3 天所有参加整套启动试运的设备和系统均应能满足试运要求,并经运行试验合格。现场配备的消防器材应符合要求,运行、维护人员应全部到位并达到上岗要求。

在机组总启动前,配全各类维修工器具及运行专用工器具;各专业维护部门应参照有关规定配置备品备件,并及时制订下一步的备品备件计划。

新建机组应在整体启动前 6 个月签订供气合同或协议,燃气装置人员培训并取证。

四、生产准备计划的编制

生产准备计划是对生产准备大纲中生产准备工作内容的细化和分解。生产准备计划应按生产管理、运行和维护三个部分分别编制,每个部分又可划分为六个阶段,但是要保证三个部分的时间段划分相同,工作内容上相互对应。本节以生产准备期为 2 年进行各部分的时间段划分。

1. 生产管理部分的编制

(1)第一阶段。时间为 2 个月左右。主要工作内容为:对生产设施、生产技术方面存在的问题提出建议;建立设备台账;建立生产技术管理模式。

(2)第二阶段。时间为 2 个月左右。主要工作内容为:培训教材的编制准备;了解国内电厂,选定实习电厂;技术资料的收集、整理、归档、编目;联系专业学校,为举办理论培训班作准备;建立生产管理体制;制定各项培训的管理办法、目标、要求;制订备品储备计划;制订工器具配备计划、特殊工种配置计划。

(3)第三阶段。时间为 1.5 个月左右。主要工作内容为:生产、技术各管理办法、制度出台;部门建制策划出台,编制岗位责任制;培训教材印刷、出版;建立设备清册,编制专业事故备品清册;部分人员学习系统、设备的设计、制造、检修;提出各实验室、化验室建设计划:人员、仪器配置;提出质检计划,成立质检站;组织培训。

(4)第四阶段。时间为 1.5 个月左右。主要工作内容为:组织厂内培训;组织厂家培训;成立相关部门,制定相关管理制度;提交常规工器具准备,制订大型工器具、电动、液压工具配置计划。

(5)第五阶段。时间 3 个月左右。主要工作内容为:设立安全监察机构,健全安监体系、制度、组织进行规程修编、管理制度学习、考试、熟悉有关图纸、设备说明书、设计规范书、系统图等,完善检修规程,修订系统图;编制岗位工作标准和各种规章制度;各种生产用的报表资料准备齐全,各试验室、检修间达到使用条件;建立有关制度、工作程序;调试期间对燃料消耗、电量进行管理;配置生产值班室用品,编制生产值班制度和设备分工细则。

(6)第六阶段。时间为 2 个月左右。主要工作内容为:生产人员全面参与启动工作;设立技术监督专责人,建立技术监督网;准备与上级管理部门的接口工作;设立消防专责人,编制消防规程;介入灰场、渣场、水库、铁路管理;搞好地下水质监测;制定环保管理制度、指标分析制度；设立科技专责人、可靠性管理专责人；完成检修规程初稿。

2. 生产运行部分的编制

（1）第一阶段。时间为 2 个月左右。主要工作内容为：制订投产前的运行培训计划；到省内外有关电厂调研、收资；熟悉机组设计施工概况、建设模式，掌握电厂系统的设计思想、特点及设备特点；对设计、施工、安装、设备性能在深入学习研究的基础上对存在的问题提出建议；第一批运行人员掌握机组系统的设计特点，主机和主要辅机的设备构造、性能、特点、运行要求，各控制系统的基本状况、原理，熟悉 DCS、DEH、MEH 等系统的资料。

（2）第二阶段。时间为 2 个月左右。主要工作内容为：运行培训教材的编制准备；确定国内实习电厂，到同类型机组及生产厂家收资、实习培训；掌握机组系统的设计特点，主机、主要辅机的特性及运行要求、到有关电厂实习；熟悉关技术资料，提出建议；联系有关电厂和学校，为实习和办学习班做好准备；初步确定运行岗位设置原则和运行管理体制。

（3）第三阶段。时间为 2 个月左右。主要工作内容为：举办全专业培训班，运行人员换专业培训。热能动力专业人员培训内容为集控运行、发电机及变压器、电工学、发电厂电气系统、继电保护、电气设备及运行等。电气专业人员培训内容为集控运行、锅炉设备及运行、汽轮机设备及运行、发电厂热力系统、泵与风机、热力学等。部分人员编写运行培训教材（运行规程的基础）；部分人员到省内外电厂收资，参加实习培训；部分人员进行仿真机培训，取得上岗证。

（4）第四阶段。在本阶段集控运行人员按定员配齐，各辅助运行单位主要生产骨干到位。时间为 1.5 个月左右。主要工作内容为：运行规程初稿完成；系统图绘制完成；规程、系统图学习；现场熟悉系统、设备。掌握系统特点，设备性能、原理、作用、控制原理、方调节式方法；部分人员赴有关电厂实习；部分人员进行仿真机培训，取得上岗证；举办厂内运行人员培训班（厂家讲课、生产骨干讲课、互讲互学）。

（5）第五阶段。本阶段所有运行人员全部配齐，时间为 3 个月左右。主要工作内容为：运行规程、调度规程提交公司会审，会审通过，交付印刷；建立健全运行各项管理制度，如各级人员岗位责任制、两票三制、培训管理制度、技术管理标准等；进行规程、管理制度的学习、考试；运行专业各种办公用品、工器具、劳保用品配齐；化学实验室达到使用条件；运行各种台账、报表、日志、表格等准备齐全；各专业部分运行人员参加同类型机组的运行实习；学习机组相关调试、运行资料；运行管理人员配齐到位。

（6）第六阶段。时间为 2 个月左右。主要工作内容为：集控运行人员全部经仿真机培训取得机组上岗证，定岗定责；所有运行人员全部到位，考试合格，定岗定责；设置正常生产的运行机构，所有运行管理人员上岗定责；按规定建立健全各项运行管理制度；缺陷管理、运行管理微机程序开发完成，具备使用条件；现场熟悉设备系统，系统挂牌完成；根据工程进度，陆续进入现场，参加分部试运、整组启动。

3. 维护部分的编制

（1）第一阶段。时间为 2 个月左右。主要工作内容为：制订投产前维护人员培训计划；到省内外有关电厂调研、收资；熟悉机组设计、施工概况、建设模式，掌握电厂系统的设计思想、特点及设备特点；对设计、施工、安装、设备性能在深入学习研究的基础上对存在的问题提出建议；掌握本专业初步设计及优化设计基本情况，熟悉系统，了解专业相关设备概况。

（2）第二阶段。时间为 2 个月左右。主要工作内容为：着手编制热机专业培训教材；对国内外同类型机组及有关国内生产厂家收资、调研；技术资料的收集、整理、归档、编目；掌握机组系统的设计特点、设备特点，主机及主要辅机的特性及运行要求，各控制系统基本状况；配合设备验收、质检；熟悉并消化联络会有关资料，配合设计、订货及施工审查；了解施工情况，提出完善建议；制订工器具配备计划、特殊工种配置计划；建立设备台账；编制备品储备计划。

（3）第三阶段。时间为 1.5 个月左右。主要工作内容为：准备举办专业强化培训班。编制培训纲要；参与工程设计，配合设备监造、验收及施工监督工作；消化有关技术资料，熟悉图纸，编写专业教材；细化专业培训教材并交付印刷、出版，为厂内培训做准备；建立设备清册，编制专业事故备品清册；组织部分人员到有关单位学习系统、设备的设计、制造、检修；编制、学习专业维护手册。

（4）第四阶段。时间为 1.5 个月左右。主要工作内容为：到外厂实习，编入实习厂相应班组，原则上要求参加国内同类型机组大修；建立班组框架，初建班组管理模式；微机、办公用品、劳保用品配备，常规工器具准备，制订大型工器具、电动、液压工具配置计划；组织相关人员到国内有关专业厂家进行设备培训，举办厂内维护专业人员培训班。

（5）第五阶段。时间为 3 个月左右。主要工作内容为：熟悉有关图纸、设备说明书、设计规范书、系统图等，完善检修规程，修订系统图；编制各岗位工作标准和设备维护相关规章制度。参加系统的安装及调试工作；班组编制建立，班组管理健全；维护人员的工作条件应满足：公用工器具、个人工器具、劳保用品、办公用品设施器具等基本配齐，专业检修间建成。班组建设完成，各种生产用的报表资料准备齐全，部门主要岗位人员到位明确；各专业维护人员全面学习并掌握各项规程、规定及有关各项管理制度并进行考试；自编专业培训教材学习培训；完成检修规程初稿。

（6）第六阶段。时间为 2 个月左右。主要工作内容为：各专业人员结合实际学习运行规程、检修规程；各专业人员全部进入现场，全面熟悉设备，配合部分系统的调试工作；根据合同派员参加部分设备的检验、监造；自编教材学习；部门各项管理工作进入正常运转状态。

第四节　人　员　培　训

一、生产准备人员培训的基本要求

1. 培训对象的分类

生产准备人员一般分为生产管理人员、运行人员和检修维护人员三类。生产管理人员是指在电厂从事安全、生产、技术管理的人员。运行人员是指在电厂从事集控运行、化学运行、水泵运行的人员。检修维护人员是指在电厂从事机、炉、电、热、天然气、化学等设备检修维护、试验的人员。

2. 培训要求

（1）总体要求。生产准备人员培训必须落实培训管理部门，根据生产准备大纲和生产准备计划制订详细的培训计划，明确培训对象、培训内容、培训方法、培训目标，分专业编制培训大纲，有针对性地选取或编制培训教材。培训要制定切实可行的管理措施，无论是理论学习、现场实习还是厂家讲课，都应做到有记录，有检查，有总结。

（2）培训目标。生产管理人员的培训目标为一专多能，运行人员的培养目标为全能值班，检修维护人员的培养目标为一工多艺。

生产管理人员应掌握国家、行业发布的现行有效的电力生产及安全管理的法律法规、制度，熟悉电厂的生产流程，掌握主要设备的结构、性能、原理，熟悉设备的运行、检修、试验标准，熟练掌握岗位要求具备的专业技术管理知识和技能。

运行人员应熟悉现场设备构造、性能、原理及运行要求，掌握设备的运行操作及故障事故处理，掌握设备的日常维护操作技能。

检修维护人员应熟悉现场设备构造、性能、原理，掌握设备的安装检修维护工艺和技术标准。

（3）培训时间。对 9E、9F 及以上燃气发电机组原则上对运行人员的培训不宜少于 15 个月，对检修维护人员的培训不宜少于 10 个月。对联合循环机组容量在 100MW 以下新建电厂原则上对运行人员的培训不宜少于 12 个月，对检修维护人员的培训不宜少于 8 个月。

扩建电厂运行人员和检修维护人员的培训时间可以根据人员实际情况，比照新建电厂的培训时间适当缩减。

二、生产管理人员的培训

1. 生产指挥人员的培训

生产指挥人员是指厂级或车间级负责生产工作的人员，他们必须掌握所管辖范围内的各生产系统情况及各系统内的相互关系，了解各主要设备的主要结构及其主要参数、工作特性，了解各设备、系统中影响安全生产的主要环节和影响经济效益的重点指标。一般情况下，生产管理人员都是有一定的生产实践经验，有一定的技术基础和文化基础的，而且每个人的基本条件相差较多，如原本负责搞运行工作或检修工作或生产管理工作，这样他们所需要学习的重点就不一样，所以，他们的学习培训工作应该以自学为主，集中培训为辅。自学的方式可以查阅一些设计资料图纸，以掌握设备选型依据、各系统情况和布局情况；可从一些设备制造厂的技术资料图纸中了解设备的结构及其特性、参数情况等；参加有关专业性会议，以了解某些方面的技术情况，参加电厂的可行性研究的审查会议和初设的审查会议，以了解电厂的设计原始情况及电厂的总体情况，如没有条件参加时，应阅读上述两种会议的有关文件，以便掌握设计的总体思路。集中培训可以由有关专业技术人员讲课，其内容应包括：有关设备系数、主设备的结构、参数、特性等；设计中采用的新产品、新技术的有关特点、性能等情况；同类设备曾发生的主要问题及解决对策；外单位的其他好经验、好办法以及事故教训等。各级生产指挥人员在电厂施工过程中，应不断地深入施工现场，了解设备、系统的实际情况，并在施工中发现某些不适应生产的问题通过有关设计或施工单位，进行解决。深入现场既能熟悉设备又能发现一些技术问题，对培训、对工程质量两个方面都很重要。

2. 技术人员的培训

技术人员包括各级、各专业的专责工程师、专业工程师和班组技术员等。这些人员是电厂在各专业范围内的生产技术负责人，对所管辖范围内发生的生产技术问题进行研究，提出解决方案。这些人员虽然都具有一定的专业理论基础和生产实践经验，但要处理好一个新建电厂的生产技术问题，同样要进行学习培训工作。他们的学习培训是以自学为主，可以组织必要的技术讲座、专业学习班、到同类电厂进行学习考查等。学习培训的主要内容应包括：

（1）电厂建设的可行性报告和初步设计的有关资料和图纸，以了解电厂建设的必要性和可行性、电厂的客观环境情况、电厂建设和设计的依据、电厂的总体布局以及电厂主要的设备选型的依据等。有条件时应参加可行性研究和初步设计的审核会议，不但可以更深入地了解设计意图，还可以提出个人对设计的具体建议和意见。

（2）深入了解制造厂家的设备说明书及有关图纸、资料，以掌握设备的特性、特点和有关参数，及运行和维修保养的有关规定，作为编写运行规程的可靠依据，了解设备的结构情况，作为编写检修工艺规程的依据和处理设备异常的技术基础。

（3）了解同类设备在外单位的实际运行情况，接受外单位的经验教训，防止设备投产后发生同类性质的问题。

三、运行人员的培训

1. 各运行主要岗位人员的培训

（1）运行主要岗位人员是指各岗位的运行班长和主值班员，这些人员是设备运行的关键操作人员，他们必须具有一定的有关设备操作、调整和异常运行情况的基础理论知识，并有较熟练的运行操作技能和实践经验，这些人的技术水平和工作责任心，是决定设备试运行和投产后运行的安全生产水平高低的重要因素。他们的培训学习是至关重要的，通过培训必须达到以下要求：

1）全面掌握所管辖设备系统的实际情况，设备的特性、参数、基本结构情况，并了解与所管辖设备系统有连带关系的设备系统情况，以及各设备或系统之间的相互影响关系。

2）全面掌握所管辖设备运行规程的内容，能正确进行操作、调整有关试验、测试和事故判断及处理。

3）了解所管辖设备系统在安全、经济运行中，关键环节有哪些，以及如何抓好这些环节，以确保设备的安全、经济运行。

4）了解所管辖的设备系统在同类电厂运行中的经验、教训，如何接受这些经验、教训来搞好本职工作。

（2）具体培训内容及方法如下：

1）通过培训讲课，学习设备特性、结构、参数运行和维护的方法，学习系统图纸，并且要熟练掌握。通过深入现场，了解设备的实际情况和系统的真实情况。每次学习后应经考试合格。

2）学习运行规程。通过学习了解设备系统应该如何正确地操作、调整，为什么要这样操作、调整，不这样操作、调整有哪些危害，以及不准许的一些操作、调整方法。初步掌握设备运行异常的判断及处理。必须熟知、熟记运行规程的有关规定和要求，学习后应考试合格。

3）去同类型电厂进行实习 3～4 个月，从实际上学习设备运行的有关知识，掌握一些实际运行经验和了解设备的实际情况，实习结束后，每个人应写出实习总结报告，内容包括学习到那些知识、经验、教训和学习的心得体会。

（3）通过上述各项内容的培训合格后，在正式上岗前，还必须进行上岗前的综合考试，其内容除上述内容外，还应包括有关岗位责任制内容、安全工作规程、消防规程、其他有关规程制度的内容。每位上岗人员必须取得上岗前考试合格发放的合格证，否则不能上岗。

2. 一般运行岗位人员的培训

（1）一般运行岗位人员的来源，主要有两个方面，一是有一定实践经验的工人，二是从大中专院校新毕业的学生。从目前实际情况来看，新建电厂中，大中专院校的毕业生比例较大，扩建电厂中有一定实践经验的工人居多。

（2）对新毕业的学生，首先应进行入厂培训，对他们进行电力生产在国民经济中重要性的教育、电厂生产特点的教育、电力生产安全第一的教育，以及电厂生产过程的教育，使他们树立作为一个电力工人是光荣的，其责任是重大的思想。

（3）在生产技术培训方面，首先了解电厂的设备系统情况，学习运行规程的有关部分。学习考试合格后，带领他们深入现场，了解设备系统的实际情况，熟悉设备名称，掌握设备的主要参数，掌握本岗位内系统情况。在正式上岗前，必须进行上岗前的考试，合格后方可上岗。

（4）燃气轮发电机组及分布式能源电站的集控运行人员，必须参加仿真机的学习和培训，以训练其实际操作、调整和事故处理的能力，并经考试合格方能上岗。

四、检修维护人员的培训

1. 主要检修维护人员的培训

主要检修维护人员是指各检修维护专业的班长和主要工作人员，他们是电厂检修维护的主要力量。

主要检修维护人员的培训学习方法应采用培训讲课、参观学习、实习和一定的自学方式。学习内容为：设备系统情况，设备结构情况，设备系统上的薄弱环节，设备的主要检修特点、方法，应该使用的专业工具和特殊材料等知识。培训讲课主要应由各专业技术人员来进行，也可以请设计部门或有关制造厂家的专业人员进行讲课。主要检修维护人员还应到同类电厂学习或实习，以达到深入了解设备的特点及检修工作经验。在施工阶段应不断地深入现场，了解施工的质量情况，熟悉设备和系统，对发现的施工质量问题和设计上的不合理问题，及时向有关专业人员反映，以达到保证工程质量和改变设计不合理的现象。主要检修维护人员在机组整体启动前，也应进行上岗前考试。

2. 一般检修维护人员的培训

一般检修维护人员和一般运行岗位人员的来源基本相同，主要是有一定实践经验的工人和从大中专院校新毕业的学生。

对新毕业的学生，同一般运行岗位的一样，首先应进行入厂培训，对他们进行电力生产在国民经济中的重要性的教育，电厂生产特点的教育，电力生产安全第一的教育，以及电厂生产过程的教育，使他们树立作为一个电力工人是光荣的，其责任是重大的思想。

在生产技术培训方面，一般检修维护人员首先了解电厂的设备系统情况，学习有关设备知识和检修知识，到同类电厂学习或实习。学习考试合格后，在主要检修维护人员的带领下深入现场，了解设备系统的实际情况，熟悉设备系统，掌握设备的主要参数，掌握负责检修维护的设备情况。在正式上岗前，必须进行上岗前的考试，合格后方可上岗。

所有检修维护人员在上岗前应参加同类型机组的大修实习一次。

第五节　建　章　立　制

一、建章立制

1. 建章立制的基本概念

为确保新建、扩建发电厂投入生产后的各项工作纳入正轨，在机组投产前，应根据国家和投资方的要求，高标准地建立起各项生产管理规章制度（包括规章制度、规程图纸、各专业设备台账等），是生产准备的一项重要工作。

企业的规章制度是企业为了保证生产、工作等顺利进行，根据有关法律、法令和政策在自己的权限范围内制定的大家必须共同遵守的行政、技术、业务、管理等方面的制度或行为准则。企业建章立制就是建立企业的制度和行为准则。

2. 建章立制的重要性

由于电力系统的行业特点，使得规章制度的组织协调、生产管理、保障设备和人身安全等重要功能显得尤为突出，直接影响企业管理的方方面面，涉及面广，工作量大，技术要求高，因此必须高标准做好这项工作。而规章制度的制订具有很强的技术性和技巧性，要做好这项工作需要花很大的工夫并且需认真地研究，必须要紧密结合本单位实际情况，配备齐全国家、行业、上级部门有关技术标准、规程、规定、规章制度及必要的专业工具书，保证其有效性，严格依照这些法规要求制定规章制度，做到"合法、合理、全面、具体"。

在机组投产前把有关的各种制度建立健全起来。由于建章建制涉及面广，工作量大，为保证顺利完成此项任务，发电厂应制订详细的工作计划，落实责任，按期完成。

二、规章制度的制定

1. 规章制度的制定程序

规章制度的制定应按组织、收资、编写、讨论修改、批准等程序进行。

（1）组织。建立制度制定小组，研究确定制度体系，分工负责。

（2）收资。广泛收集同类机组电厂的相应规章制度，消化吸收。

（3）编写。根据收资情况，结合单位的具体需要编写。

（4）讨论修改。制度编写完毕，应组织电厂各方面人员参加讨论，充分吸收各方面的意见后进一步修改。

（5）批准。制度应由公司总经理批准发布。

各项规章制度一般应在机组投产前 3 个月正式发布，以便于学习、使用。

2. 规章制度体系

规章制度体系包括安全、生产技术管理、运行、检修、计划、物资等各方面。一般来说，表 11-1 所列出的各项规章制度是发电厂应具备的。

表 11-1　　　　　　　　　　　　　发电厂应具备的规章制度

序号	规章制度名称	备　注
1	化学危险品管理标准	
2	气瓶管理标准	
3	禁区明火作业管理标准	
4	防渗治理漏水管理标准	
5	外包工程安全管理标准	
6	爆炸危险场所管理标准	
7	手持式电动工具管理标准	
8	文明生产管理标准	

续表

序号	规章制度名称	备　注
9	工业卫生管理标准	
10	射源及射线装置管理标准	
11	劳动保护该管理标准	
12	女职工劳动保护该管理标准	
13	生产设备管理标准	
14	高压开关设备管理标准	
15	设备命名编号管理标准	
16	设备评级管理标准	
17	设备管理考核管理标准	
18	设备泄漏治理管理标准	
19	生产设备停、复役管理标准	
20	生产照明管理标准	
21	检修用电管理标准	
22	生产设备检修管理标准	
23	生产设备分工管理标准	
24	设备缺陷管理标准	
25	大、小修特殊项目与技改工程管理标准	
26	备品配件管理标准	
27	通信管理标准	
28	运行管理标准	
29	设备可靠性统计管理标准	
30	图纸编码管理标准	
31	生产技术记录管理标准	
32	技术经济指标管理标准	
33	天然气管理标准	
34	电能质量技术监督管理标准	
35	金属技术监督管理标准	
36	化学技术监督管理标准	
37	绝缘技术监督管理标准	
38	热工技术监督管理标准	
39	电测技术监督管理标准	
40	环境保护技术监督管理标准	
41	继电保护技术监督管理标准	
42	节能技术监督管理标准	
43	励磁监督管理标准	

续表

序号	规章制度名称	备注
44	热力试验管理标准	
45	计量管理标准	
46	科学技术进步管理标准	
47	标准化管理标准	
48	环境保护管理标准	
49	科技情报管理标准	
50	科技图书、资料管理管理标准	
51	物资计划管理标准	
52	物资采购管理标准	
53	物资储备定额管理标准	
54	仓库管理标准	
55	工器具管理标准	
56	二级库管理标准	
57	废旧物资回收处理管理标准	
58	修旧利废管理标准	
59	固定资产管理标准	
60	全面质量管理标准	
61	现代化管理标准	
62	班组建设管理标准	
63	职工培训管理标准	
64	职工学历教育管理标准	
65	节水管理办法	
66	综合厂用电率考核细则	
67	损失电量和超发电量考核细则	
68	能耗、计指标管理制度	
69	月度经济活动分析会管理程序	
70	设备缺陷管理标准	
71	节能降耗奖励暂行管理办法	
72	大气、噪声、水污染物排放控制标准	
73	计量管理手册	
74	计量监测体系程序文件	
75	生产经营综合目标责任书考核管理标准	
76	安全生产管理标准	
77	安全职责管理标准	
78	两票管理标准	

序号	规章制度名称	备 注
79	防误工作管理标准	
80	安全生产奖惩管理标准	
81	工伤管理标准	
82	机动车辆安全管理标准	
83	锅炉压力容器监察管理标准	
84	临时用工安全管理标准	
85	劳动保护管理标准	
86	安全日活动制度	
87	安全工器具管理标准	
88	生产现场安全管理标准	
89	事故调查管理标准	
90	防汛物资管理标准	
91	重点部位安全管理制度	
92	重点部位防火措施	
93	公司月度工作报告制度	
94	月度安全分析例会制度	
95	月度经济活动分析会管理程序	
96	节能降耗实施细则	
97	节能降耗经济指标考核部分实施细则	
98	防止电力生产重大事故措施汇编	
99	环境保护管理标准	
100	放射性污染管理标准	
101	固体废弃物管理标准	
102	环保技术监督标准	
103	生产方面经济活动分析会管理办法	
104	电子文件管理办法	
105	办公自动化系统使用管理办法	
106	安全监督管理奖惩标准	
107	按三标管理体系的要求，编制有国家、行业及以上级部门有关法律法规、技术标准、规程、规定等受控文件清册	

三、图纸、资料的准备

1. 系统图册的准备

系统图册的准备是和运行规程的准备有同等意义的一项工作，系统图册也可以作为运行规程的一个重要附件。系统图有三方面的主要作用：一是使有关人员通过系统图来了解实际设备系统的状况，以便于正确地进行操作或调整工作；二是当设备系统在运行过程中发生异常情况时，有关人员可通过设备系统图来分析研究设备系统异常运行的原因，从而找出解决的对策，以达到设备正常运行的目的；三是通过对系统图的分析研究，总结运行的实践经验，可以发现某些设备系统的不足之处，甚至是错误之处，经过认真的分析研究之后，对不合理的系统进行完善化改进，以提高系统的科学性和正确性。系统图册应按不同专业分别编制，如燃气轮机系统图册、汽轮机系统图册、锅炉系统图册、电气一次系统图册、电气二次系统图册、热力控制系统图册、化学水系统图册等。

2. 图纸、技术资料的准备

图纸、技术资料准备的目的是为了使各级工程技术人员、工人、领导人员能够深入、细致、全面地了解发电设备、系统以及建筑物、地下设施的情况；当设备投入运行后，能够正确地进行操作、维修管理；一旦发生异常情况时，可以进行有科学技术依据的分析工作，以查出原因，提出解决对策。

图纸、技术资料准备的主要内容包括三个方面，即搜集、管理、复制测绘工作。图纸、技术资料的来源：主要是工程技术图纸、资料，来源于设计部门，这是最基本、最大量的部分；制造厂家提供的设备图纸和资料；同类型电厂的运行经验及事故总结报告；有关科研、院校对同类设备进行的统计分析资料和实验研究报告；上级机关对该类设备进行的有关科学技术分析和技术方面的文件要求等。通过设计部门和制造厂提供的资料可以了解设备和建筑设施原有的技术状况，通过其他几个途径搜集的技术资料，可以进一步了解并掌握设备在运行过程中的一些动态的技术状况，这两个方面的技术资料，对设备投产后的安全运行会起到十分重要的作用。

（1）技术资料的搜集工作。搜集设计单位的技术资料和图纸数量应满足施工单位、监理单位、工程管理部门、生产准备部门和公司技术档案存档和国家（地方）档案部门所规定的需要。还要搜集在施工过程中设计变更的有关补充图纸、资料。同时向设备制造厂商搜集图纸和资料。有关设备运行的一些动态技术状况的资料，由各专业技术人员向有关单位和部门进行搜集。

（2）图纸、技术资料的管理必须从建设期就要抓好，为投产前的准备和投产后的技术资料管理打下良好基础。建设单位的技术资料档案室，专门管理施工中的技术资料和图纸。必须严格按有关技术档案管理的规定，进行分类、编号管理，建立明确的存档、调档、借阅的具体办法，并认真贯彻落实，以保证技术资料的科学管理，达到防止丢失和借阅方便的目的。技术档案管理的重要环节是存档工作，必须认真抓好，这方面的工作就需要行政领导的参与，要求各方面人员认真贯彻存档的有关规定。

3. 各类记录、表格的准备

（1）机组投产后在运行、检修和管理方面需要的各类记录、表格是比较多的，每一种记录、表格都要由有关管理或技术人员根据其内容确定记录、表格的形式，画出具体的尺寸格式，交印刷单位进行印制，装订成册，在机组投产前发放到有关岗位或班组，印刷数量一般考虑用半年至一年。记录、表格应包括：岗位值班记录本；交接班记录本；设备缺陷记录和消除情况记录本；工作票记录本；操作票统计登记本；工具、仪器、仪表登记本或登记卡片；生产日报表；设备巡回检查记录卡；设备定期试验、测试登记卡等。

（2）检修维护班组一般应准备：班长工作记录本；设备缺陷统计分析本；设备定期检修记录本；设备检修、维护登记卡；设备或仪器、仪表定期试验、测试登记卡；维修工具、仪器、仪表登记卡；设备异常情况分析本；班组工作月报表；材料、备件消耗统计表；班组技术培训记录本及技术问答专用表等。

（3）生产技术管理方面应准备：生产日报、月报表；设备运行情况统计表；运行经济指标统计表、分析表；生产调度会议记录本；设备运行中的异常、障碍、事故统计分析表；设备变更审批表；设备变更和设备改进统计表等。

四、技术规程的编制

1. 技术规程的分类

发电厂使用的技术规程一般分为三类：①运行规程，主要包括调度规程、集控运行规程及各主机辅机运行规程等；②检修、试验规程，主要包括主机检修规程及各辅机检修规程、电气设备检修规程、燃料系统检修规程、继电保护及自动装置试验规程、仪控系统调试规程、计算机监控系统检修和调试规程等；③安全规程，包括安全工作规程、消防规程等。

生产准备阶段需要编制的技术规程主要是运行规程和检修、试验规程。要求规程各项规定必须具有正确性、可操作性和全面性，而且要确保其文字表达清楚。规程需要有实践经验的运行专业工程技术人员来编制。

2. 技术规程的编制程序

技术规程的编制应按组织、收资、编写、审核、批准、印刷等程序进行。

（1）组织。建立规程编制小组，分工负责规程的编写。

（2）收资。收集电厂新建机组的有关技术资料，收集同类机组电厂的技术规程，收集国家、行业有关标准。

（3）编写。根据电厂的设备及其控制、保护系统的结构、原理、安装调试程序编写。

（4）审核。规程编写完毕，应由分管技术工作的领导组织电厂各方面人员审核，必要时在电厂内部审核完毕后，聘请电厂外部的专家进行审核。

（5）批准。审核完毕的规程应由公司总经理批准。

（6）印刷。经批准后的规程一般应在机组投产前 3 个月印刷出版。

3. 技术规程的审查

规程的审查是标准制定过程的重要环节，是确保标准编制质量的重要步骤，标准的审查一般包括原则性审查、规范性审查、技术性审查和文字性审查等。

（1）原则性审查。贯彻国家有关标准化方面的法律、法规；有利于提高企业技术装备的配套能力；要符合国家有关安全、环境保护的强制性标准的要求。

（2）规范性审查。审查规程的封面、首页、名称、书眉、标准编号等是否规范；前言的内容是否全面，制定规程的依据、目的、意义是否明确，基本部分信息、特定部分给出的信息是否全面，是否有利于使用者透彻了解规程的概貌；范围所规定的内容是否与规程的内容相协调一致；规范性引用文件是否有导语，标准一览表排列是否规范，引用的标准名称、年代号是否正确，文本中是否提及所引用标准；定义的概念是否正确、严谨，与上下文是否一致，是否易于理解；所用名词、术语、符号、代号是否统一；是否与文本提及表图内容相呼应，表、图制定的是否规范；法定计量单位是否正确；章条划分是否合理，层次结构是否合理。

（3）技术性审查。规程的技术性审查是一项难度较大的工作，在审查规程的工作中，应对规程技术内容的可行性、完整性、正确性进行审查。审查应注意以下方面的内容：审查技术内容是否符合经济技术发展方向，技术规定是否先进合理，技术要求是规程的主体，是否表达了对质量控制的要求。

1）对规程基本技术参数进行审查。规程基本参数是技术指标中最基本的内容，审查主要基本技术参数制定的是否齐全有依据、规定的参数是否合理、所规定的参数能否反映标准的基本特征、参数之间是否符合标准文本内容的规定。

2）技术参数定量规定要求时，均涉及数值的有效位数如何正确确定和表达的问题，也就是说，凡是需标明量的数值时，均应反映出精度要求，试验结果数据，也应与其他相关标准尽可能统一。审查规程要对技术要求、质量要求、技术方法、工作步骤、技术先进性等着重审核。技术性审查，要视不同的对象来规定所审查的技术内容。

（4）文字性审查。文字性审查是一项细致的工作，审查时应全面地理解标准文本的主题，审查文字使用的是否准确，语句用的是否规范，条文措词要准确、逻辑性强、语气肯定，切忌模棱两可，文本表达的语句应简洁明了、通俗易懂，要避免使用多义词，文字要简练。

第六节　投产前的物资准备

一、燃料的准备

1. 天然气供应

天然气是燃气发电厂物资中供应量最大的一种，在电厂可行性研究中就确定了天然气的来源和接入方式，并和石油天然气公司签订采购意向协议。但在设备投产前要根据工程的进度情况，提前与天然气供应单位联系，并签订具体合同，以确保投产时的天然气供应。对天然气的质量（压力、成分、热值等）一定要与设计的要求一致，否则对设备的试运行会造成困难，甚至会延误试运行的时间。

（1）要加大天然气管线建设速度，确保天然气供应环境畅通无阻。协调好供气单位关系，从可研、初步设计到现场施工全过程跟踪，确保工程调试期间和运营投产后的用气。

（2）要确保天然气供应量。与石油天然气公司建立良好的合作关系，加强与其沟通，保证天然气供应数量。编制采购计划并批复，确保天然气供应各环节畅通无阻。

（3）要精打细算，控制成本。准确掌握国家政策和天然气价格走势、供求关系及未来中长期市场变化，及时做好气价动态分析和长期走势分析，参考同类型机组在本地域和不同地域的天然气价格，制定出切实可行的预算方案。在天然气的供应合同谈判中，力争气价不高于市场平均价，力争将天然气成本控制在市场最低水平。

（4）细化制度管理，严把质检关，确保供气计量的准确。加强天然气质量的监督、检验管理，建立健全了各项管理制度，全面提高燃料管理整体水平。规范天然气计量和分析化验环节，加大计量、分析仪表检查力度，避免出现设备问题影响天然气的计量和化验，定期核对计量数据，避免出现计量误差，影响经济效益。

2. 天然气管理系统的建设

现代化的燃气发电厂应从燃料生产管理的实际需要出发，利用先进的计算机软件技术，开发或使用能够对燃气业务进行有效的信息化管理的燃料管理系统，实现燃气发电厂的燃料现代化运营。燃料管理系统一般应包括燃料计划管理、燃料合同管理、供应商管理、燃料质量管理、燃料结算、统计分析等燃料业务的各环节。

（1）燃料计划管理。燃料计划管理应根据电力公司的年度发电量计划、供热计划、气耗等指标，结合天然气合同照付不议年度天然气气量，再根据电厂的发电、供热、气耗、机组检修计划及机组等情况做出月度、季度的燃料需求计划。

（2）燃料合同管理。根据燃料需求计划，签订月度、年度及中长期供需合同。燃料合同管理主要包括燃料购销合同的执行情况进行管理。

（3）燃料供应管理。燃料的供应管理监督是一项日常性的工作，主要包括燃料供应计划登记、燃料供应计划追加、供应计划停止、燃料日报。

（4）燃料质量管理。包括天然气的计量、成分分析、单位发热量情况。

（5）经营管理。主要是对燃料费用合理支出，执行索赔，对整体效益进行评估等，包括数量核算、采购费用核算、附加费审核、燃料耗用核算、核算不符处理。

（6）统计分析。主要是燃料的统计报表和统计图表，包括生产用气供应、耗用月报表、进厂天然气以成分热值验收情况表、进厂天然气成本费用统计表、生产用天然气供应、耗用统计表等。

二、备品配件的准备

1. 备品配件的分类

备品配件是及时消除设备缺陷、防止事故发生和加速事故抢修的重要保障。按照电力工业生产的特点及备品的重要程度，分为事故性备品和消耗、轮换性备品。事故备品配件是由于设备的异常运行而损坏的备品配件或设备，这类备品配件的准备就要根据备品配件定额，分轻、重、缓、急分别准备。消耗、轮换性备品可以按其损耗周期提前一段时间进行准备。

备品配件的准备主要是消耗性备品配件的准备；事故备件可以先准备一些通用性的，如滚动轴承、小型电动机等以及生产上关键性的备件。材料的准备可按各检修维护部门生产材料计划的要求进行准备。

备品配件主要有随机备品及后续备品。随机备品是设备在订货时，考虑到易损、易毁部件而在基建签订购货协议时确定，尽可能缩小定购量，可以考虑通用性。后续备品是在机组正式生产阶段为了确保机组的正常生产而提前储备的备品配件。

2. 事故性备品

事故备品包括配件性备品、设备性备品和材料性备品。

（1）配件性备品是指主要设备（主机和辅机）的零、部件。这些零、部件具有在正常运行情况下不易磨损，正常检修不需要更换，但损坏后将造成发电设备不能正常运行或直接影响主要设备的安全运行，而且损坏后不易修复，制造周期长或加工需用特殊材料的特点。

（2）设备性备品是指除主机以外的其他重要设备，这些设备一旦损坏，将影响发电的正常运行，而且损坏后不易修复或难于购买。

（3）材料性备品是指为解决主机设备及管道事故抢修所储备的材料以及加工配件性备品所需的特殊材料。

1）属于下列情况之一者，不包括在事故备品储备范围之内：在设备正常运行情况下容易磨损，正常抢修中需要更换的零、部件；为缩短检修时间用的检修轮换部件；在检修中使用的一般材料、设备、工具和仪器；设备损坏后，在短时间内可以修复、购买、制造的零、部件的材料；特殊检修项目需要的大宗材料、特殊材料以及零、部件；现场固定安装的备用设备，如备用励磁机、备用开关、备用水泵等。

2）事故备品储备应注意的事项：重点考虑机组和关键设备的事故备品；互换、通用的零、部件只备一种；材料性事故备品的储备，只考虑在发生事故或意外情况下所需要更换的即可。

3）事故备品储备的原则：

a）保证重点、满足生产需要的原则。电力生产在经济发展中起着举足轻重的作用，提供连续充足的电力供应保证国民经济可持续发展的基础。作为发电企业，有一个科学合理的事故备品储备，是及时消除设备缺陷、加快事故抢修、缩短停运时间、提高设备可用率、确保安全经济运行的重要措施。

b）降低库存、减少资金占用的原则。事故备品储备需要占用大量的流动资金，疏于管理还可能造成库存积压，资源浪费。在满足生产需要的基础上，应尽量降低事故备品储备量，减少资金占用。

c）超前预测、防范技术淘汰的原则。随着科技的进步和加工制造水平的提高，电力设备技术更新改造的速度不断提高。有些备品一旦存放时间过久以后，其技术性能落后于在役设备，失去使用价值，导致报废，带来严重的经济损失。所以，事故备品储备应根据以往的消耗规律，结合目前设备技术现状和发展趋势，预测备品的储存、消耗寿命周期，做到科学储备，尽可能规避技术淘汰风险。

3. 消耗、轮换性备品

（1）消耗性备品。是为消缺缩短检修时间用的消缺零、部件。属于下列情况之一者，不包括在消耗备品储备范围内：计划检修中使用的器材，工具和仪器。在设备正常运行情况下不易磨损的零部件。一般情况下，消耗性备品储备，只考虑一年的需用量。

（2）轮换性备品。是为缩短检修工期用的设备或部件，具备修复再使用的特点。属于下列情况之一者，不包括在轮换性备品储备范围内：使用周期小于两个A级检修周期的部件、设备；不能修复再使用的部件、设备；隶属事故备品定额范围内的；在检修中使用的零件、材料、工具和仪器。

4. 备品配件的管理

（1）新建机组设备的备品配件由发电厂和安装单位共同验收，清理登记，交电厂保管。安装单位使用时，可向电厂领用。

（2）备品配件入库时应进行验收，填写入库验收卡片及记录，经验收人员签字后，连同实物的加工图纸、制造厂的检验合格证等有关资料和凭证，由备品保管人员建档立账保管。验收不合格的备品不准入库。

（3）各类备品配件应单独立账，分类存放，并定期进行清点、保养、试验，做到质量合格，无损伤、变质或丢失。

（4）精密零件和电气设备，要注意温度、湿度和阳光照射的影响。对需要用特殊方式保管的备品配件，由备品配件管理部门和生产部门共同提出保管措施、技术要求，以便妥善保管。金属制品必须定期做好防锈防腐工作。精密长轴要防止弯曲。

（5）备品配件的动用，必须经过审批，防止使用不当。动用事故备品须经生产技术副厂长审批。备品配件动用后，应及时补充，保持原储备量。

三、仪器、仪表、量具、工具及运行消耗材料的准备

1. 仪器、仪表、量具及工具的准备

仪器、仪表、量具、工具等是对于运行岗位和检修维护工作，都是不可缺少的，而且种类多、数量大，在这方面主要强调的是要用好、管好。用好就是不要乱用，不要损坏；管好就是要有一定的管理办法，充分发挥其作用，使其使用时间长，不丢失，不损坏。配备的数量应有一定审批手续，不宜准备过多，以减少占有资金。燃机和计量调压装置要配备专用防爆工具。

专用仪器仪表随设备一起订购，专用工具随设备一起订购。常用仪器仪表，如绝缘电阻表、测温仪、测振仪、测氢仪、万用表、钳形电流表、电导率仪、pH 酸度计、微量硅分析仪、直流接地检测仪等，根据具体工作需要，由相关部门提出计划，集中购置。常用工器具与常用仪器仪表一样，由相关部门提出计划，集中购置。仪器、仪表、量具、工具由生产技术管理部门专业专工负责审核，经厂分管领导批准后才可以购置。

2. 运行消耗性材料的准备

正常运行消耗性材料种类多、规格复杂，包括更换或增添透平油、变压器油、树脂、机械油、软化水处理用化学药品及不构成固定资产独立对象的泵、电动机等磨损性消耗材料。

要搞好运行消耗性材料的准备工作，必须先由各生产部门根据设备特点，提出月消耗材料计划，经审核后交物资供应部门准备。经过几个月的实践后，在基本掌握其消耗规律时，抓紧制定各类物资的消耗定额，使生产工作进入正规化生产过程。

第七节　启 动 试 运

在每台机组投产前，必须及时进行启动验收。在工程全部竣工后，必须及时进行竣工验收。启动验收是全面检查投产机组以及相应配套系统的设备制造、设计、施工、调试质量和生产准备的重要环节，是保证机组安全、经济、迅速、可可靠完整文明地投入生产，形成生产能力，发挥投资效益的关键性程序。具备投产条件的机组，必须及时办理启动验收手续。竣工验收是全面检查工程项目的最后步骤。建设工程的验收工作，必须严格贯彻执行国家和行业有关火力发电厂基本建设工程启动及竣工验收方面的各项规定。

机组的启动试运一般分为分部试运、整套启动试运、试生产三个阶段。机组的启动试运及其各阶段的交接验收，应在试运指挥部的领导下进行。整套启动试运阶段的工作，必须由启动验收委员会进行审议、决策。

一、启动验收工作的组织

1. 启动验收委员会

一般由投资方、建设、质监、锅监、监理、施工、调试、生产、设计、电网调度、制造厂等有关单位的代表组成。设主任委员一名，副主任委员和委员若干名，由建设单位与有关单位协商，提出组成人员名单，上报有关部门批准。启动验收委员会必须在整套启动前组成并开始工作，直到办理移交试生产手续为止。启动验收委员会应在机组整套启动试验运行前，审议试运指挥部有关机组整套启动准备情况的汇报，协调机组整套启动的外部条件，决定机组整套启动的时间和其他有关事宜；在机组完成整套启动试运后，审议试运指挥部有关机组整套启动试运情况和移交生产条件的汇报，协调试运后的未完事项，决定机组移交试生产后的有关事宜，主持移交试生产的签字仪式，办理交接手续。

2. 试运指挥部

由总指挥和副总指挥组成。设总指挥一名，由工程主管单位任命。副总指挥若干名，由总指挥与有关单位协调，提出任职人员名单，上报工程主管单位批准。试运指挥部一般应从分部试运开始的一个月前组成并开始工作，直到办完移交生产手续为止。其主要职责是：全面组织、领导和协调机组启动试运工作；对试运中的安全、质量、进度和效益全面负责；审批启动调试方案和措施；启动委员会成立后，在主任委员的领导下，筹备启动委员会全体会议，启动验收委员会闭会期间，代表启动委员会主持整套启动试运的常务指挥工作，协调解决启动试运中的重大问题；组织领导检查和协调试运指挥部各组及各阶段的交接签证工作。试运指挥部下设分部试运组、整套试运组、验收检查组、生产准备组、综合组、试生产组。根据工作需要，各组可下设若干个专业组，专业组的成员一般由总指挥与有关单位协商任命，并报工程主管单位备案。

（1）分部试运组。一般由施工、调试、建设、生产、设计、监理等有关单位的代表组成，应邀请主要设备厂派员参加。设组长一名，副组长若干名。组长应由主体施工单位出任的副总指挥兼任，其主要职责是负责分部试运阶段的组织协调、统筹安排和指挥领导工作，组织和办理分部试运后验收签证及资料的交接等。

（2）整套试运组。一般由调试、施工、生产、建设、设计、监理、制造厂等有关单位的代表组成。设组长一名，须由主体调试单位出任的副总指挥兼任；副组长两名，须由施工和生产单位出任的副总指挥兼任。其主要职责是负责核实机组整套启动试运应具备的条件；提出整套启动试运计划；负责组织实施启动调试方案和措施；全面负责整套启动试运的现场指挥和具体协调工作。

（3）验收检查组。一般由建设、施工、生产、设计、监理等有关单位的代表组成。设组长一名，副组长若干名。组长一般由建设单位出任的副总指挥兼任。其主要职责是负责建筑与安装工程施工和调整试运质量验收及评定结果、安装调试记录、图纸资料和技术文件的核查和交接工作；组织对厂区外与市政、公交有关工程的验收或核查其验收评定结果；协调设备材料、备品配件、专用仪器和专用工具的清点移交工作等。

（4）生产准备组。一般由生产、建设等有关单位有代表组成。设组长一名，副组长若干名。组长由生产单位出任的副总指挥兼任。其主要职责是负责核查生产准备工作，包括运行和检修人员的配备、培训情况，所需的规程、制度、系统图表、记录表格、安全用具等配备情况。

（5）综合组。一般由建设、施工、生产等有关单位的代表组成。设组长一名，副组长若干名。组长应由建设单位出任的副总指挥兼任。其主要职责是负责试运指挥部的文秘、资料和后勤服务等综合管理工作；发布试运信息；核查协调试运现场的安全，消防和治安保卫工作。

（6）试生产组。一般由生产、调试、建设、施工、设计等有关单位的代表组成，主要设备厂应派员参加。设组长一名，副组长若干名。组长应由生产单位出任的副总指挥兼任，其主要职责是负责组织协调试生产阶段的调试、消缺和实施未完项目等。

3. 参与机组启动试运的有关单位的主要职责

（1）建设单位应全面协助试运指挥部做好机组启动试运全过程中的组织管理，参加试运各阶段的工作检查协调、交接验收和竣工验收的日常工作，协调解决合同执行中的问题和外部关系等。

（2）施工单位应完成启动需要的建筑和安装工程及试运中临时设施的施工；配合机组整套启动的调试工作；编审分部试运阶段的方案和措施，负责完成分部试运工作及分部试运后的验收签证；提交分部试运阶段的记录和有关文件、资料；做好试运设备与运行或施工中设备的安全隔离措施。机组移交试生产前，负责试运现场的安全、消防、治安保卫、消缺检修和文明启动等工作。在试生产阶段，仍负责消除施工缺陷；提交与机组配套的所有文件资料、备品配件和专用工具等。

（3）调试单位应按合同负责编制调试大纲、分系统及机组整套启动试运的方案和措施；提出或复审分部试运阶段的调试方案和措施；参加分部试运后的验收签证；全面检查启动机组所有系统的完整性和合理性；按合同组织协调并完成启动试运全过程中的调试工作。负责提出解决启动试运中重大技术问题的方案和建议，填写调整试运质量验评表，提出调试报告和调试工作总结。

（4）生产单位应在机组整套启动前，负责完成各项生产准备工作，一般应包括天然气、水、汽、气、酸、碱等物资的供应；负责提供电气、热控等设备的运行整定值；参加分部试运及分部试运后的验收签证；做好运行设备与试运设备的安全隔离措施；在启动试运中，负责设备代管和单机试运后的起停操作、运行调整、事故处理和文明生产，对运行中发现的各种问题提出处理意见或建议，移交生产后，全面负责机组的安全运行和维护管理工作。

（5）设计单位应负责必要的设计修改，提交完整的竣工图。

（6）制造单位应按合同进行技术服务和指导，保证设备性能，及时消除设备缺陷；处理制造厂应负责解决的问题，协助处理非责任性的设备问题。

（7）电网调度部门应及时提供归其管辖的主设备和继电保护装置整定值；检查并网机组线的通信、远动、保护、自动化和运行方式等实施情况；审批机组的并网请求和可能影响电网安全运行的试验方案，发布并网或计解列许可命令。

（8）质监部门应按规定对机组启动试运进行质量监督。

（9）监理单位应按合同进行机组启动试运阶段的监理工作。

4．启动试验的一般程序

启动验收一般包括建筑工程验收，分部试运，技术资料、备品、备件的移交及工程验收书，试生产，竣工验收。

二、建筑工程验收

在机组整套启动前，启动验收委员会应对建筑工程进行验收验查。全部竣工后，验收委员会应再对全部工程进行一次全面验收。建筑工程验收一般应包括：

（1）检查完工程度，影响整套机组启动的工程项目应及时处理，限期完工，对不影响安全发电的结尾工程项目，明确规定最后竣工日期（最后竣工日期不得超出试生产结束日）。

（2）检查施工单位应提交技术资料的完整性和准确程度。

（3）对建筑工程质量验收工作及评定结果进行检查，必要时进行抽查。

（4）属于外委工程以及与市政公用单位有关的燃气、上下水、消防、防洪、环境保护、综合利用等工程，在有关单位的参加下验收。

（5）在建筑工程验收中，生产方面人员应特别注意：一方面是结尾项目对整套启动的影响问题，应有专人对现场进行全面检查，确保应启动的设备能正常运行，具备运行人员进行检查、操作、调整和维修人员进行维修的安全通道和工作场所，否则应及时进行处理；另一方面是对地下设施的技术资料，一定要认真细致的检查、核对，确保其完整准确，否则对投产后的生产管理会带来很大麻烦。

三、分部试运

（1）安装工作结束，并按调试顺利完成了必要的检查试验后，即可开始分部试运。分部试运是由厂用电受电开始，到机组整套试运开始为止，由单机试运和分系统试运两部分组成，单机试运是指单台辅机的试运。分系统试运是指按系统对其动力、电气、热控等所有设备进行空载和带负荷的调整性试运。单体调试和单机试运合格后，才能进入分系统试运。

（2）分部试运应具备的条件是:相应的建筑和安装工程已完工，并按 DL/T 5210.1—2009《电力建设施工质量验收及评定规程 第一部分：土建工程》验收合格；试运指挥部及其下属机构已成立，组织落实，人员到位；分部试运的计划、方案和措施已审批、交底。

（3）分部试运应由施工单位牵头，在调试等有关单位的配合下完成，分系统试运中的调试工作一般由调试单位完成。分部试运项目试运合格后，一般应由施工、调试、建设、生产等单位及时进行验收签证。分部试运的记录和报告，应由实施单位负责整理、提供，各项试验结果将作为整套启动的依据。

（4）合同规定由设备制造厂负责单体调试的项目，必须由建设单位组织调试、生产等单位验查验收，验收不合格的项目，不能进入分系统试运和整套启动试运。

（5）已验收签证的设备和系统，如生产或试运需要继续运行时，一般由生产单位代管。代管期间的施工缺陷仍由施工单位消除，其他缺陷应由建设单位组织施工等相关责任单位完成。

（6）系统碱洗、锅炉及其系统的化学清洗和蒸汽冲管是重要的系统试运项目，除必要的临时设施外，应尽量利用正规设备进行。燃机点火前应保证天然气调压站系统和保护系统、热控仪表系统等调试合格，可以投入。取样分析和加药系统也应正常投入。

（7）分部试运过程中，生产方面应有专业人员参加，除配合各种操作、调整、试验工作外，对分部试运情况做好记录，试运发生或发现的设备缺陷、安装问题，应督促安装单位及时处理，对有些设计或制造厂家的问题，应逐级汇报，争取得到合理解决，以确保机组整套启动的顺利进行。

（8）联合循环机组的分部调试，因余热锅炉系统简单，辅助设备少，调试项目较常规火电厂的内容要少很多；汽轮机及其辅机和常规火电厂的调试内容相类似，重点是燃机的分部试运要引起格外的重视。目前，国内燃气轮机大多为进口，因此其调试步骤和内容也略有不同，一般主要由以下项目组成：

1）涡轮润滑油系统清洗；

2）发电机润滑油系统清洗；

3）消防系统调试；

4）气体燃料系统调试；

5）液压启动系统调试；

6）燃烧和通风系统调试；

7）仪器空气系统调试；

8）水洗系统调试；

9）控制系统调试；

10）DC-UPS（直流不间断电源）系统调试；

11）电气系统调试。

四、整套启动试运

整套启动试运阶段是从联合循环机组第一次整套启动时燃机静止启动升速开始，到完成联合循环满负荷试运移交试生产为止。

1. 整套启动试运的条件

（1）试运指挥部及各组人员已全部到位，职责分工明确。

（2）建筑、安装工程已验收合格，满足试运要求；厂区外与市政、公交有关的工程已验收交接，能满足试运要求。

（3）必须在整套启动试运前完成的分部试运、调试和整定项目，均已全部完成并验收签证，分部试运技术资料齐全。

（4）整套启动计划、方案及措施已经总指挥批准，并组织学习交底。有重大影响的调试项目的试验方案和措施，已经总指挥批准；必须报工程主管单位和电网调度部门批准的已办完审批手续。

（5）所有参加整套启动试运的设备和系统，均能满足试运要求。需要核实确认的设备和系统应包括：炉、机、电和辅助设备及其系统；汽轮机旁路系统；热控系统；电气二次及通信系统；启动用的各种电源、汽源、水系统和压缩空气系统；化学处理系统；取样和加药系统；天然气系统；启动试运需要的天然气，化学药品及其他必需品；试运现场的防冻、采暖、通风、照明、降温设施；环保监测设施、生产电梯、保温和油漆；试运设备和系统与运行或施工设备和系统的安全隔离设施；试运现场的安全、文明条件。

（6）配套送出的输变电工程应满足机组满发送出的要求。

（7）满足电网调度提出的并网要求。

（8）已做好各项运行准备。包括运行人员已全部到位，岗位职责明确，培训考试合格，运行规程和制度已配齐，现场已张挂有关的图表和启动曲线表等，设备、管道、阀门等已命名并标识齐全，运行必需的备品配件、专用工具、安全工器具、记录表格和值班用具等备齐。

（9）试运现场的消防、安全和治安保卫，验收合格，满足试运要求，试运指挥部的办公器具已备齐，文秘和后勤服务等项工作已到位，满足试运要求。

（10）质检中心站按《电力建设工程质量监督检查典型大纲》确认并同意进入整套启动试运阶段。

（11）召开启动验收委员会全体会议，听取并审议关于整套启动的汇报并作出准予进入整套启动试运阶段的决定。

2. 整套启动试运

联合循环机组在进行整套启动试运前，还要进行燃机单机启动调试，主要分为以下几个步骤：

（1）启动前测试；

（2）自动电压调节器（AVR）静态测试；

（3）首次点火；

（4）自动电压调节器（AVR）动态测试；

（5）燃机带负荷测试。

在燃机进行单机试运过程中，机、炉汽水系统及辅助系统也要投入运行或在备用状态，燃机单机调试结束后，即可进入联合循环调试。

整套启动试运应按空负荷调试、带负荷调试和满负荷调试三个阶段进行。

（1）空负荷调试。一般包括按启动曲线开机、机组轴系振动监测、调节保安系统有关参数的调试和整定、电气试验、并网带初负荷、超速试验等内容。

（2）带负荷调试。机组分阶段带负荷直至带满负荷。在带负荷调试期间，一般应完成以下主要调试项目：汽水品质调试，相应的投入和试验各种保护及自动装置，厂用电切换试验，启停试验，主汽门严密性试验，真空严密性试验，协调控制系统负荷变动试验（参照《模拟量控制系统负荷变动试验导则》）；汽轮机旁路试验；甩负荷试验（参照《汽轮机甩负荷试验导则》）；视主、辅机性能和自动控制装置功能情况，还可按合同增加自动处理事故的功能试验。

（3）满负荷试运。同时满足下列要求时，才能进入满负荷试运：发电机保持名牌额定功率值，汽水品质合格，按要求投热控自动装置，调节品质基本达到设计要求。期间，机组必须连续运行不得中断，平均负荷率应按 DL/T 5210—2009《电力建设施工质量验收及评定规程》考核。9E、9F 及以上的机组，应连续完成 168h 满负荷运行。100MW 以下几组的满负荷试运行一般分 72h 和 24h 两个阶段。连续完成 72h 满负荷试运后，停机进行全面检查、消缺。消缺后再开机，连续完成 24h 满负荷试运。

（4）完成满负荷试运要求的机组，由总指挥上报启动验收委员会同意后，宣布满负荷试运结束，由试生产组接替整套试运组的试运领导工作。对暂时不具备处理条件而又不影响安全运行的项目，由试运指挥部上报启动验收委员会确定负责处理的单位和完工时间。

（5）由于电网或非施工和调试的原因，机组不能带满负荷时，由总指挥上报启动验收委员会决定应带的最大负荷。

（6）在整套启动试运阶段，应如实做好试运期间的各项记录。

（7）整套启动试运的调试项目和程序，可根据工程和机组的情况，由总指挥确定。个别项目也可在试生产阶段完成。

（8）整套试运启动过程中发生的问题，由建设单位全面负责，组织有关单位消缺完善。

五、技术资料和备品配件、专用工器具等的移交

100MW 机组通过 72h 试运完成后，由建设单位和生产单位对各项设备进行一次全面检查，对检查出的问题和试运中发现的缺陷，有建设单位处理完毕后（对个别难以马上处理的问题已确定了处理的期限），机组应再次启动，带满负荷连续运行 24h 后，则认为机组调试合格，由建设单位移交生产单位，进入试生产阶段，由双方办理设备移交手续。9E、9F 以上的机组，完成 168h 满负荷试运后办理交接手续。

（1）技术资料由建设单位组织有关单位按电力建设施工和验收技术规范向运行单位移交，一般应包括以下各项：

1）据以施工的整套设计图纸、技术条件、设计变更、重要设计修改图。施工过程中，修改过而必须重新绘制的竣工图，包括电气、热工二次线、地下管线、电缆埋设和接地装置竣工图，由建设单位负责组织，设计单位负责重新绘制、施工、调试等有关单位密切配合，完成后移交。

2）制造厂家的整套安装图、说明书及出厂证明书。

3）材料试验记录及质保书。

4）建设及安装工程质量检查及验收记录和中间验收签证，施工和试运过程中，发现的质量及事故和设备缺陷记录。

5）施工过程中补充的地质及水文资料及建筑物、构筑物、大型设备基础的观测记录。

6）建筑物或构筑物及大型设备的重要轴线的测量放线记录及水准点一览表。

7）安装记录和分部试运转及调试试验记录或报告。

8）整套启动试运记录和调试报告。

9）经上级质监站检查的项目、结果、评价及其他有关文件。

10）与工程有关的将来生产上必须作为依据的合同、协议、来往文件及重要会议记录等。

11）凡属外文的技术资料应一并移交。

（2）技术资料的移交由启动验收委员会的验收工作组负责办理，应移交哪些资料，双方如有不同意见，由启动验收委员会决定。

全部资料应在整套启动试运完毕，进入试生产后一个月内移交完毕（或按合同规定），特殊情况由启动委员会决定时间，需在试运前移交的资料，施工单位根据运行单位的需要提前移交。

（3）随同设备供应的备品配件、生产试验仪器和专用工具等，应由建设单位负责组织安装单位移交生产单位。

六、试生产阶段

试生产阶段自总指挥宣布满负荷试运结束开始，对 200MW 及以上的机组、均用 6 个月的时间，不得延期；200MW 以下的机组是否安排试生产期，由总指挥上报启动验收委员会决定。

试生产阶段仍属于基本建设阶段，建设生产调试施工设计设备制造等单位应按建设合同和本规程的要求，继续履行职责，全面完成机组在各种工况下的试运和调试工作。

试生产阶段的主要任务如下：

（1）进一步考验设备、消除缺陷、完成基建未完项目，继续完成未完的调试项目。

（2）主要的性能试验项目。一般包括燃机单循环最大和额定出力试验、燃机单循环热耗试验、燃机轴振测试、锅炉热效率试验、锅炉最大和额定出力试验、汽轮机热耗试验、汽轮机轴系振动测试、汽轮机最大和额定出力试验、联合循环热效率试验、联合循环热耗试验、联合循环最大出力试验、RB 试验、供电气耗测试及污染物排放、噪声、散热等。

（3）按设计要求，在移交试生产时的水平上，继续完善提高自动调节品质和保护。检测仪表、热控自动投入率（按部颁《火电机组自动投入率的统计方法》），并逐步实现全部投入。

（4）全面考核机组的各项性能和技术经济指标。包括供电气耗、热控自动投入率、监测仪表投入率、保护投入率、机组可用小时数、试生产期机组强迫停运次数、厂用电率、机组的瓦（轴）振、汽水品质、汽水损失率、真空严密性、主（再热）汽温、排烟温度等。

试生产的机组，由生产单位全面负责机组的安全运行和正常维修，由施工单位消除施工缺陷。非施工问题，应由建设单位组织责任单位或有关单位进行处理，责任单位应承担经济责任。在试生产期间，由于某种原因，个别设备和自动保护装置不能投入，应由建设单位组织有关单位提出专题报告，报工程主管单位研究解决。

<h1 style="text-align:center">附 录</h1>

<h2 style="text-align:center">关于发展天然气分布式能源的指导意见</h2>

（发改能源〔2011〕2196号）

各省、自治区、直辖市及计划单列市、副省级省会城市，新疆生产建设兵团发展改革委、能源局、财政厅（局）、住房城乡建设厅（局），国务院有关部门、直属机构，有关中央企业：

为提高能源利用效率，促进结构调整和节能减排，推动天然气分布式能源有序发展，现提出如下指导意见。

一、发展天然气分布式能源的重要意义

天然气分布式能源是指利用天然气为燃料，通过冷、热、电三联供等方式实现能源的梯级利用，综合能源利用效率在70%以上，并在负荷中心就近实现能源供应的现代能源供应方式，是天然气高效利用的重要方式。与传统集中式供能方式相比，天然气分布式能源具有能效高、清洁环保、安全性好、削峰填谷、经济效益好等优点。

天然气分布式能源在国际上发展迅速，但我国天然气分布式能源尚处于起步阶段。推动天然气分布式能源具有重要的现实意义和战略意义。天然气分布式能源节能减排效果明显，可以优化天然气利用，并能发挥对电网和天然气管网的双重削峰填谷作用，增加能源供应安全性。目前，我国天然气供应日趋增加，智能电网建设步伐加快，专业化服务公司方兴未艾，天然气分布式能源在我国已具备大规模发展的条件。

二、指导思想和目标

（一）指导思想

以提高能源综合利用效率为首要目标，以实现节能减排任务为工作抓手，重点在能源负荷中心建设区域分布式能源系统和楼宇分布式能源系统。包括城市工业园区、旅游集中服务区、生态园区、大型商业设施等，在条件具备的地方结合太阳能、风能、地源热泵等可再生能源进行综合利用。

（二）基本原则

一是统筹兼顾，科学发展：统筹天然气资源、能源需求、环境保护和经济效益，科学制订发展规划，确保天然气分布式能源健康、有序发展。

二是因地制宜，规范发展：合理选择建设规模，优化系统配置，原则上天然气分布式能源全年综合利用效率应高于70%，在低压配电网就近供应电力。发挥天然气分布式能源的优势，兼顾天然气和电力需求削峰填谷。

三是先行试点，逐步推广：在经济发达、能源品质要求高的地区（包括国家规划设立的生态经济区等）或天然气资源地鼓励采用热电冷联产技术，建立示范工程，通过示范工程积累经验，为大规模推广奠定基础。

四是体制创新，科技支撑：创新天然气分布式能源政策环境和机制，鼓励多种主体参与；加强技术研发，推动产学研结合，推动技术进步和装备制备能力升级。

（三）主要任务和目标

主要任务："十二五"初期启动一批天然气分布式能源示范项目，"十二五"期间建设1000

个左右天然气分布式能源项目，并拟建设 10 个左右各类典型特征的分布式能源示范区域。未来 5～10 年内在分布式能源装备核心能力和产品研制应用方面取得实质性突破。初步形成具有自主知识产权的分布式能源装备产业体系。

目标：2015 年前完成天然气分布式能源主要装备研制。通过示范工程应用，当装机规模达到 500 万 kW，解决分布式能源系统集成，装备自主化率达到 60%；当装机规模达到 1000 万 kW，基本解决中小型、微型燃气轮机等核心装备自主制造，装备自主化率达到 90%。到 2020 年，在全国规模以上城市推广使用分布式能源系统，装机规模达到 5000 万 kW，初步实现分布式能源装备产业化。

三、主要政策措施

（一）加强规划指导

国家发展改革委、能源局根据能源总体规划及相关专项规划，会同住房城乡建设部等有关部门研究制定天然气分布式能源专项规划。各省、区、市和重点城市发改委和能源主管部门会同住房城乡建设主管部门同时制定本地区天然气分布式能源专项规划，并与城镇燃气、供热发展规划统筹协调，确定合理供应结构，统筹安排项目建设。

（二）健全财税扶持政策

中央财政将对天然气分布式能源发展给予适当支持，各省、区、市和重点城市可结合当地实际情况研究出台具体支持政策，给予天然气分布式能源项目一定的投资奖励或贴息。通过合同能源管理实施且符合《关于促进节能服务产业发展增值税、营业税和企业所得税政策问题的通知》（财税〔2010〕110 号）要求的天然气分布式能源项目，可享受相关税收优惠政策。在确定分布式能源气价时要体现天然气分布式能源削峰填谷的特点，给予价格折让。

（三）完善并网及上网运行管理体系

各地和电网企业应加强配电网建设，电网公司将天然气分布式能源纳入区域电网规划范畴，解决天然气分布式能源并网和上网问题。国家发改委、能源局会同有关部门、电网企业及单位研究制定天然气分布式能源电网接入、并网运行、设计等技术标准和规范；价格主管部门会同相关部门研究天然气分布式能源上网电价形成机制及运行机制等体制问题。

（四）充分发挥示范项目带动作用，坚持自主创新

国家能源局要会同住房城乡建设部推进和指导天然气分布式能源示范项目的实施。加大国家对示范项目的支持力度，依托示范项目推动天然气分布式能源装备自主化，加大示范项目自主化考核，引导推动分布式能源装备产业化。进一步推动产、学、研、用相结合发展创新，建立有效的研制和发展机制，加强核心技术研究与验证，促进成果转化，加大分布式能源基础研究和应用研究投入，紧密跟踪世界前沿技术发展，加强交流合作，提升技术创新能力。

（五）鼓励专业化公司发展，加强科技创新和人才培养

鼓励和引导技术咨询和工程设计单位进行技术创新，提高系统集成水平。鼓励专业化公司从事天然气分布式能源的开发、建设、经营和管理，探索适合天然气分布式能源发展的商业运作模式。加强专业化人员培训和国际交流。

参 考 文 献

[1] 张珩生. 充分认识燃气发电在"十二五"将承担的重要角色，电力勘测设计，2010（6）.

[2] 中国电机工程学会. 中国分布式能源联盟. 能源与分布式能源，2010（7）.

[3] 华贲. 天然气分布式供能与"十二五"区域能源规划，华南理工大学出版社，2012.

[4] 华贲. 天然气发电项目分类与审批办法建议，沈阳工程学院学报，2011（8）.

[5] 康慧. 分布式能源系统综述. 电力技术动态，2010（3）.

[6] 崔民选. 天然气战争. 北京：石油工业出版社，2010.

[7] 樊栓狮. 天然气水合物储存与运输技术. 北京：化学工业出版社，2005.

[8] 李代广. 神秘的可燃冰. 北京：化学工业出版社，2009.

[9] 华贲. 天然气冷热电联供能源系统. 北京：中国建筑工业出版社，2010.

[10] 王商峰. 天然气依存度之忧. 能源，2010（5）.

[11] 胡森林. 天然气新格局中的中国机遇. 能源，2010（5）.

[12] 陈卫东. 页岩气将改变全球能源格局. 能源，2010（5）.

[13] 杨旭中，等. 热电联产规划设计手册. 北京：中国电力出版社，2009.

[14] 康慧. 热电联产项目设计接口管理. 区域供热，2012（3）.

[15] 刘泽华，等. 空调冷热源工程. 北京：机械工业出版社，2005.

[16] 蒋能照，等. 水源·地源·水环热泵空调技术及应用. 北京：机械工业出版社，2008.

[17] 朱建章，等. 冷热电三联供系统在北京南站的应用. 铁道标准设计，2008（S1）.